高等学校土木工程系列教材

结构力学（下）

（第4版）

刘昭培　张韫美　主编

内 容 提 要

本书是按原国家教育委员会批准的《结构力学课程教学基本要求》（参考学时 110）编写的。本书分上、下两册。对《基本要求》中规定的学习内容保证了必要的篇幅，同时还编入了进一步加深、加宽的内容。因此，本书除作为土建、水利专业本科生《结构力学》的教材外，也可供土建、水利工程技术人员参考。

图书在版编目（CIP）数据

结构力学（下）/刘昭培，张韫美主编．—4 版（修订版）．—天津：天津大学出版社，2000.5（2020.12重印）

ISBN 978-7-5618-0266-3

Ⅰ.结…　Ⅱ.①刘…　②张…　Ⅲ.结构力学　Ⅳ.0342

中国版本图书馆 CIP 数据核字（1999）第 34791 号

出　版	天津大学出版社
地　址	天津市卫津路 92 号天津大学内（邮编：300072）
电　话	发行部：022-27403647
网　址	publish. tju. edu. cn
印　刷	天津泰宇印务有限公司
发　行	新华书店天津发行所
开　本	185mm×260mm
印　张	14.5
字　数	363 千
版　次	1989 年 12 月第 1 版　2000 年 5 月第 2 版 2003 年 1 月第 3 版　2006 年 4 月第 4 版
印　次	2020 年 12 月第 15 次
定　价	36.00元

本教材已通过天津大学建筑工程学院土木工程专业教材教学指导委员会审查，可作为四年制土木工程专业本科教材。

目 录

*第 10 章　最小势能原理

10.1　概　　述

在结构静力分析中，可以直接应用平衡条件、几何变形条件和物理条件求解结构的内力和位移。这就是一般的静力法。如果将平衡条件或几何变形条件用相应的能量原理代替，以此为基础建立的解法叫做能量法。在静力法中有两个基本方法，即位移法（以结构的位移为基本未知量）和力法（以某些多余未知力为基本未知量）。与此对应，在能量原理中也有两种基本原理：与位移法对应的是最小势能原理；与力法对应的是最小余能原理。

由第 5 章中曾讨论过的虚功原理已经看到，由虚位移原理建立的虚功方程表现的是结构的平衡关系；由虚力原理建立的虚功方程表现的是结构的几何关系。需要指出，在第 5 章中，对这两个原理只讨论了为解决当时面临问题所需要的一个方面，并未给出全面的、完整的论述。实际上，在对虚位移原理和虚力原理进行完整论述的基础上，最小势能原理可以由虚位移原理导出；最小余能原理可以由虚力原理导出。

本章将重点讨论应用较广的最小势能原理。首先对虚位移原理做进一步的讨论，在此基础上导出最小势能原理。

最小势能原理可以用来求精确解，但更重要的是用来求复杂问题的近似解。为此，本章将介绍一种以最小势能原理为基础的近似解法，即里兹法。

10.2　关于虚位移原理的进一步讨论

在 5.2 节中曾讨论过虚功原理，对于某一杆件虚功原理可表述为：杆件 AB 处于静力可能的力状态，又假设有一个与之无关的几何可能的位移状态，则前者的外力由于后者的位移所做的虚外功 T 等于前者的切割面内力由于后者的变形所做的虚变形功 V。对于悬臂杆（图 10-1（a)，(b))，由式（5-9）及式（5-10）所示的表达式，即为

$$
\begin{aligned}
& N_B^* u(l) + Q_B^* v(l) + M_B^* \theta(l) - N(0) u_A^* - Q(0) v_A^* - M(0) \theta_A^* \\
& + \int_A^B (pu + qv + m\theta)\mathrm{d}s = \int_A^B (N\varepsilon + Q\gamma + M\kappa)\mathrm{d}s \qquad (5\text{-}11)
\end{aligned}
$$

上式即为变形杆件的虚功方程。上式外力虚功项中包括了固定端处反力的虚功值，这是因为设想固定端已被切开，位移状态中该端有杆端位移，该处内力便可视做外力而做虚功。当几何可能的位移状态系虚设时，则虚功原理称为虚位移原理。

这里需要说明，在 5.2 节中我们并未对虚位移原理进行完整的论述。在那里，只是从必要条件一个方面来介绍这个原理的。实际上，虚位移原理可以这样表述：变形杆件处于平衡状态的充分和必要条件是对于任意的、微小的、几何可能的虚位移，外力所做的总虚功（T）等于切割面内力所做的虚变形功（V）。对于左端（$S=0$）存在固定约束、该处虚位移

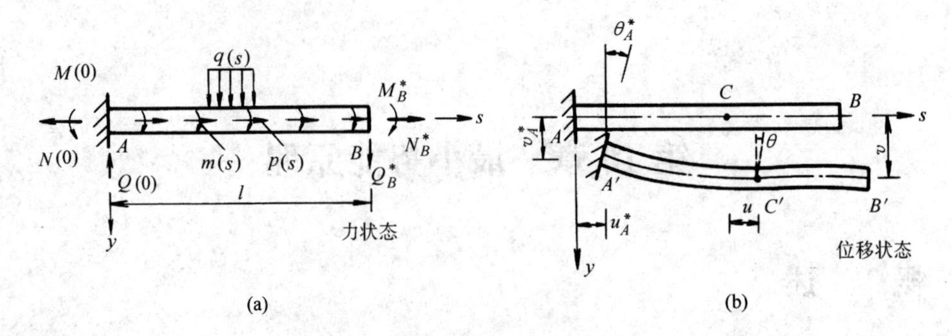

图 10-1　悬臂杆虚功原理的两种状态

为零的悬臂杆，用式子表达就是如下的虚位移方程（$T=V$）

$$
\begin{aligned}
& N_B^* u(l)+Q_B^* v(l)+M_B^* \theta(l)+\int_A^B(p u+q v+m \theta) \mathrm{d} s \\
& \quad=\int_A^B(N \varepsilon+Q \gamma+M \kappa) \mathrm{d} s
\end{aligned}
\tag{10-1}
$$

上式中 N_B^*、Q_B^*、M_B^* 表示自由端处的已知外力，$u(l)$、$v(l)$、$\theta(l)$表示与之相应的杆端虚位移。

在虚位移原理中，所谓几何可能的虚位移是指虚位移满足连续条件和实际体系给定的位移约束条件（图 10-2）。也就是说虚位移不应使杆件内部出现裂口或搭接现象，在位移给定的杆端虚位移应等于零。需要指出，此处所说的虚位移与第 5 章虚功原理中所说的位移状态不完全相同。此处并未解除实际体系的位移边界约束，虚位移只能在这种边界约束所允许的范围内给出，即在位移给定的边界处无虚位移，因此杆端反力不做虚功，故方程（10-1）中不含固定端处反力的虚功项。而在第 5 章虚功原理中的位移状态则是解除了实际体系的位移边界约束，固定端反力可以经历位移状态给定的支座位移而做虚功。

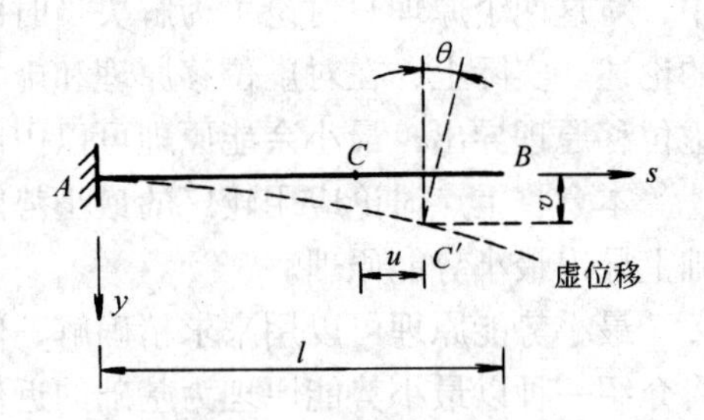

图 10-2　左端固定约束、悬臂杆的虚位移图

虚位移原理应从必要性和充分性两个方面加以论证。以下先做一些推导，然后给以证明。

先从杆端虚位移未受限制的情况出发，我们利用第 5 章中的式（5-9）和式（5-12），该二式相减得

$$
\begin{aligned}
T-V= & {\left[N_B^* u(l)+Q_B^* v(l)+M_B^* \theta(l)-N(0) u_A^*-Q(0) v_A^*\right.} \\
& \left.-M(0) \theta_A^*\right]+\int_A^B(p u+q v+m \theta) \mathrm{d} s-[u(l) N(l) \\
& +v(l) Q(l)+\theta(l) M(l)-u(0) N(0)-v(0) Q(0) \\
& -\theta(0) M(0)]+\int_A^B\left[u \frac{\mathrm{d} N}{\mathrm{d} s}+v \frac{\mathrm{d} Q}{\mathrm{d} s}+\theta\left(\frac{\mathrm{d} M}{\mathrm{d} s}+Q\right)\right] \mathrm{d} s
\end{aligned}
$$

此处 T 为外力虚功式（5-9），V 为虚变形功式（5-10）；再考虑到杆左端实为固定约束，固定端（A）处虚位移等于零，于是上式又可整理成（此时 T 中不含 A 端反力的虚功项）

$$
T=\int_A^B\left(\frac{\mathrm{d} N}{\mathrm{d} s}+p\right) u \mathrm{d} s+\int_A^B\left(\frac{\mathrm{d} Q}{\mathrm{d} s}+q\right) v \mathrm{d} s+\int_A^B\left(\frac{\mathrm{d} M}{\mathrm{d} s}+Q+m\right) \theta \mathrm{d} s
$$

$$+[N_B^* - N(l)]u(l) + [Q_B^* - Q(l)]v(l) + [M_B^* - M(l)]\theta(l) + V \tag{a}$$

现在来证明虚位移原理。先证明必要条件：若杆件 AB 处于平衡状态，则式（a）等号右边前三项被积式小括弧中的式子都为零，中间三项方括弧内的式子也为零，于是得到 $T = V$。这就证明了原理的必要性。再证充分条件：若式（10-1）成立，即 $T = V$，则与式（a）比较必有

$$\begin{aligned}&\int_A^B \left(\frac{\mathrm{d}N}{\mathrm{d}s} + p\right)u\,\mathrm{d}s + \int_A^B \left(\frac{\mathrm{d}Q}{\mathrm{d}s} + q\right)v\,\mathrm{d}s + \int_A^B \left(\frac{\mathrm{d}M}{\mathrm{d}s} + Q + m\right)\theta\,\mathrm{d}s\\&+[N_B^* - N(l)]u(l) + [Q_B^* - Q(l)]v(l) + [M_B^* - M(l)]\theta(l)\\&=0\end{aligned} \tag{b}$$

由于 u、v、θ 的任意性，故上式中积分号内各个小括弧中的式子以及各个方括弧中的式子必都等于零。这就说明杆件内部平衡条件和力的边界条件都得到满足，亦即杆件处于平衡状态。这就证明了原理的充分性。

以上关于虚位移原理的论证表明：虚位移方程（10-1）与体系的全部平衡条件是等价的。因此，人们常常应用虚位移方程来推导或者代替体系的平衡条件，这是虚位移原理的一个重要的应用方面。

上面所论述的虚位移原理，所给的虚位移应是微小的位移。在小挠度理论的范畴内，某种实际位移可以当做一种虚位移，例如在第 5 章中论述功的互等定理时，便是这样做的。除此之外，虚位移也可以是一种无限小的位移。我们用 δu、δv、$\delta\theta$ 表示这种无限小的虚位移，这时，悬臂杆的虚位移方程就是

$$\begin{aligned}&N_B^*\delta u(l) + Q_B^*\delta v(l) + M_B^*\delta\theta(l) + \int_A^B (p\delta u + q\delta v + m\delta\theta)\mathrm{d}s\\&\quad = \int_A^B (N\delta\varepsilon + Q\delta\gamma + M\delta\kappa)\mathrm{d}s\end{aligned} \tag{10-2}$$

其中

$$\delta\varepsilon = \frac{\mathrm{d}\delta u}{\mathrm{d}s} \qquad \delta\gamma = \frac{\mathrm{d}\delta v}{\mathrm{d}s} - \delta\theta \qquad \delta\kappa = \frac{\mathrm{d}\delta\theta}{\mathrm{d}s} \tag{10-3}$$

乃是由于虚位移 δu、δv、$\delta\theta$ 引起的虚变形。

这里“δ”是变分符号。δu、δv 和 $\delta\theta$ 分别代表 u、v 和 θ 的变分。注意函数的变分与函数的微分有原则区别，如函数 $v(s)$ 的微分 $\mathrm{d}v$ 乃是由于自变量 s 的改变引起的；而函数的变分 $\delta v(s)$ 并非因 s 变化，而是由函数（曲线）自身的微小改变所形成。这里需要指出，式（10-3）中函数的变分与微分的次序可以互换。如图 10-3 所示，若令

$$\delta v(s) = \bar{v}(s) - v(s)$$

等号两边求导数则有

$$[\delta v(s)]' = \bar{v}'(s) - v'(s) = \delta[v'(s)]$$

这表明函数变分的导数等于函数导数的变分。就是说变分与微分的次序可以互换。因此，式（10-3）也可以写成

$$\delta\varepsilon = \delta\frac{\mathrm{d}u}{\mathrm{d}s} \qquad \delta\gamma = \delta\left(\frac{\mathrm{d}v}{\mathrm{d}s} - \theta\right) \qquad \delta\kappa = \delta\frac{\mathrm{d}\theta}{\mathrm{d}s}$$

例 10-1 图 10-4 所示简支梁在均布荷载 q 作用下产生挠曲，试应用虚位移原理确定挠曲线 $v(x)$。

【解】 将 $v(x)$ 展为正弦级数

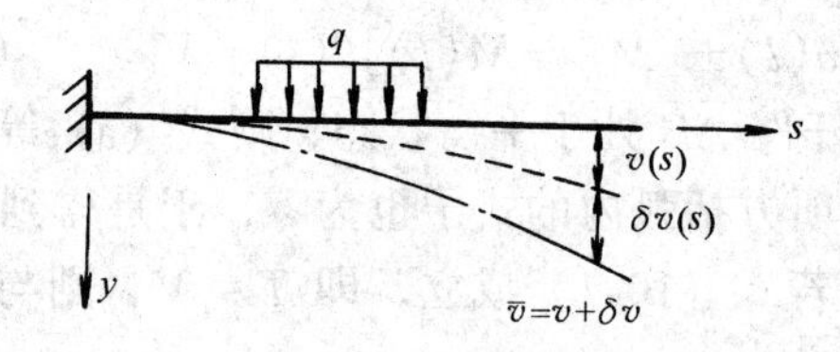

图 10-3　函数$v(s)$的变分

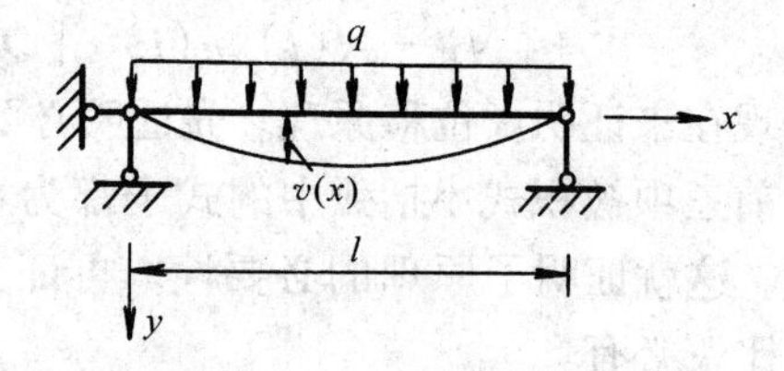

图 10-4　例 10-1 图

$$v(x)=\sum_{m=1,3,5,\cdots} A_m\sin\frac{m\pi x}{l} \tag{a}$$

上列位移函数满足简支端位移为零的位移边界条件: $v(0)=v(l)=0$；因结构与荷载都对称，位移必也对称，故级数中未包括反映反对称位移的偶数项。式（a）两边取变分，得梁的虚位移为

$$\delta v=\sum_{m=1,3,5,\cdots}\delta A_m\cdot\sin\frac{m\pi x}{l}$$

设梁为细长杆，因之可忽略剪切变形的影响，写出梁的虚位移方程为

$$\int_0^l q\delta v\mathrm{d}x=\int_0^l M\delta\kappa\mathrm{d}x \tag{b}$$

注意到这时 $\delta\kappa\mathrm{d}x=\mathrm{d}\delta\theta=\mathrm{d}\left(\frac{\mathrm{d}\delta v}{\mathrm{d}x}\right)$以及$M=EIv''(x)$，代入上式得

$$\int_0^l q\delta v\mathrm{d}x=\int_0^l EIv''(x)\frac{\mathrm{d}^2(\delta v)}{\mathrm{d}x^2}\mathrm{d}x$$

将式(a)和式(b)代入上式，有

$$\int_0^l q\sum_{m=1,3,5,\cdots}\delta A_m\cdot\sin\frac{m\pi x}{l}\mathrm{d}x$$

$$=\int_0^l EI\sum_{m=1,3,5,\cdots}A_m\left(\frac{m\pi}{l}\right)^2\sin\frac{m\pi x}{l}\cdot\sum_{m=1,3,5,\cdots}\delta A_m\left(\frac{m\pi}{l}\right)^2\sin\frac{m\pi x}{l}\mathrm{d}x$$

对上式逐项作积分运算，注意到三角函数的正交关系

$$\int_0^l \sin\frac{m\pi x}{l}\sin\frac{n\pi x}{l}\mathrm{d}x=\begin{cases}0 & (m\neq n)\\ \dfrac{l}{2} & (m=n)\end{cases}$$

再经整理可得到

$$\sum_{m=1,3,5,\cdots}\frac{2ql}{m\pi}\delta A_m=\sum_{m=1,3,5,\cdots}EIA_m\left(\frac{m\pi}{l}\right)^4\frac{l}{2}\delta A_m$$

或

$$\sum_{m=1,3,5,\cdots}\left(\frac{2ql}{m\pi}-\frac{EIm^4\pi^4}{2l^3}A_m\right)\delta A_m=0$$

上式来自虚位移方程，对于任意的 δA_m（$m=1，3，5，\cdots$）都应成立，因此得到

$$\frac{2ql}{m\pi}-\frac{EIm^4\pi^4}{2l^3}A_m=0$$

所以

$$A_m=\frac{1}{m^5\pi^5}\cdot\frac{4ql^4}{EI}$$

代入式（a）即可求得$v(x)$。

位移函数的级数表达式（a）是连续的，又满足了梁端的位移边界条件，如能再满足梁的全部平衡条件（包括梁的平衡微分方程的边界条件），则必是梁的真实解答。而式（a）中的待定系数$A_m(m=1,3,5,\cdots)$乃是应用虚位移原理通过虚功方程来确定的。由于虚位移原理与梁的全部平衡条件等价，所以这样求得的$v(x)$即为所求问题的真实解答。

例 10-2 图 10-5（a）所示为刚架在水平荷载 P 作用下的弯矩图，试用虚位移原理检验此弯矩图是否满足平衡条件。

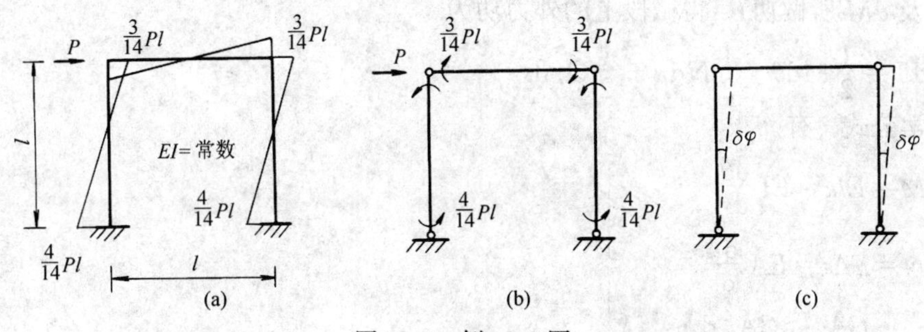

图 10-5　例 10-2 图

【解】　此例只需检验各节点处的杆端弯矩与外荷载是否满足整体平衡条件。为此，解除各节点处限制相对转动的约束，使之变为铰结，施加上相应的杆端弯矩如图 10-5（b）所示。这时结构变为机构，问题变为检验作用于机构上的杆端弯矩与外荷载是否保持平衡。令机构有一虚位移 $\delta\varphi$（图 10-5（c）），则（图 10-5（b））的内、外力在此虚位移上做功。注意到这是一种刚体虚位移，虚变形功等于零，虚位移方程为

$$P\cdot\delta\varphi\cdot l-\frac{3}{14}Pl\cdot\delta\varphi-\frac{3}{14}Pl\cdot\delta\varphi-\frac{4}{14}Pl\cdot\delta\varphi-\frac{4}{14}Pl\cdot\delta\varphi=0$$

或　$$(Pl-Pl)\delta\varphi=0$$

由此式可见，对任意的 $\delta\varphi$ 虚位移方程恒成立，根据虚位移原理知体系处于平衡，因此图 10－5 (a)所示的弯矩图满足平衡条件。

思　考　题

（1）请指出所谓“任意的、微小的、几何可能的虚位移”有哪些具体含义？

（2）在论证虚位移原理时何处用到了虚位移是微小的、任意的、几何可能的这些条件？

（3）为什么说虚位移方程等价于体系的全部平衡条件？

10.3　线性变形体系的变形势能

体系在外力作用下将产生变形和内力，这时，外力做功。对线性变形体系来说，当外力全部卸除后，体系即完全恢复原状。而且，如果我们不考虑在这一过程中任何能量损耗，则外力所做的功将全部以变形能的形式储存于体系内，我们称之为变形势能。设 T 表示外力功，U 表示体系的变形势能，即应有

$$T=U \tag{10-4}$$

下面我们推导变形势能的计算公式。一般说来，体系的杆件中各个截面的内力是不同的，需要截取一个微段（如图 10-6（a））加以研究。当作用于体系上的静力荷载达到最后值时，微段上的弯矩、轴力和剪力也将分别由零增加到最后值 M、N 和 Q。根据式（10-4），微段的变形势能 $\mathrm{d}U$ 满足关系式

$$\mathrm{d}T=\mathrm{d}U \tag{a}$$

式中 $\mathrm{d}T$ 是微段上的外力功，而 M、N、Q 是作用在微段上的外力，相应的变形分别为弯曲变形 $\mathrm{d}\theta$、轴向变形 $\mathrm{d}u$ 和剪切变形 $\gamma\mathrm{d}s$（图 10-6（b）、（c）、（d））略去高价微量（$q\mathrm{d}s$、$\mathrm{d}N$、$\mathrm{d}Q$ 及 $\mathrm{d}M$ 所做功），得微段上的外力功为

$$\mathrm{d}T=\frac{1}{2}M\mathrm{d}\theta+\frac{1}{2}N\mathrm{d}u+\frac{1}{2}Q\gamma\mathrm{d}s \tag{b}$$

由材料力学公式，有

$$\left.\begin{aligned} M&=EI\kappa=EI\,\frac{\mathrm{d}\theta}{\mathrm{d}s}\\ N&=EA\varepsilon=EA\,\frac{\mathrm{d}u}{\mathrm{d}s}\\ Q&=\frac{GA}{k}\gamma=\frac{GA}{k}\left(\frac{\mathrm{d}v}{\mathrm{d}s}-\theta\right)\end{aligned}\right\} \tag{c}$$

所以

$$\mathrm{d}\theta=\frac{M}{EI}\mathrm{d}s,\ \mathrm{d}u=\frac{N}{EA}\mathrm{d}s,\ \gamma\mathrm{d}s=\frac{kQ}{GA}\mathrm{d}s \tag{d}$$

将式（d）代入式（b），根据式（a）的关系，得微段上的变形势能

$$\mathrm{d}U=\mathrm{d}T=\frac{M^2}{2EI}\mathrm{d}s+\frac{N^2}{2EA}\mathrm{d}s+\frac{kQ^2}{2GA}\mathrm{d}s \tag{e}$$

沿杆长积分，得整根杆的变形势能；再将所有各杆的变形势能相加，即得整个体系变形势能的计算公式，即

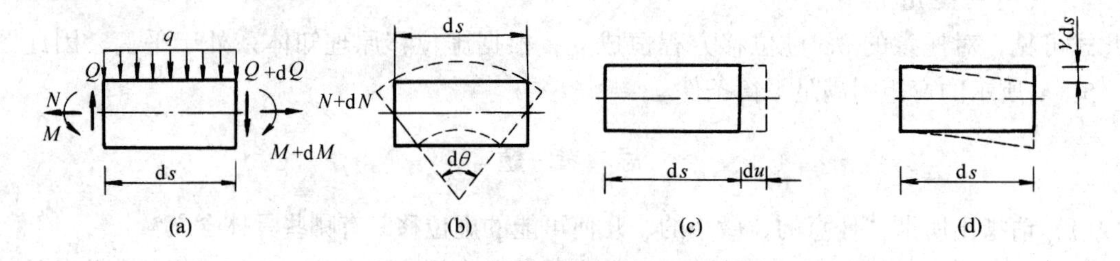

图 10-6　杆件微段的受力及变形

$$U=\Sigma\int\frac{M^2}{2EI}\mathrm{d}s+\Sigma\int\frac{N^2}{2EA}\mathrm{d}s+\Sigma\int\frac{kQ^2}{2GA}\mathrm{d}s \tag{10-5}$$

将式（c）的关系代入，可得用位移表达变形势能的表达式

$$U=\Sigma\int\frac{1}{2}EI\,[\theta'(s)]^2\mathrm{d}s+\Sigma\int\frac{1}{2}EA\,[u'(s)]^2\mathrm{d}s+\Sigma\int\frac{GA}{2k}\,[v'(s)-\theta(s)]^2\mathrm{d}s \tag{10-6}$$

对于线性变形体系，变形势能有以下的性质。

（1）变形势能总是正的，因为在它的计算公式中，M、N 和 Q 都是二次方。

（2）计算变形势能时不能应用叠加原理，即体系在几个力同时作用下的变形势能，不能

由这几个力分别作用下的变形势能相叠加而得到（以单个杆同时受轴力 N_1 和 N_2 的作用为例），即

$$\frac{l}{2EA}(N_1+N_2)^2 \neq \frac{l}{2EA}(N_1^2+N_2^2)$$

(3) 变形势能是状态函数。从式（10-6）可以看出，只要体系的最后变形状态确定，变形势能即惟一地确定。也就是说，如果有几组荷载作用于同一体系，不论其作用的先后次序如何，只要最后的变形形态相同，则在体系内储存的变形势能也都相同。

思 考 题

在推导变形势能表达式的过程中何时应用了线性变形体系的前提条件?

10.4 线性变形体系的最小势能原理

首先给出线性变形体系总势能 Π 的定义，即

$$\Pi = U + W \tag{10-7}$$

式中 U 为体系的变形势能。对于单个杆件，变形势能为

$$\begin{aligned} U = &\frac{1}{2}\int EI[\theta'(s)]^2 \mathrm{d}s + \frac{1}{2}\int EA[u'(s)]^2 \mathrm{d}s \\ &+ \frac{1}{2}\int \frac{GA}{k}[v'(s) - \theta(s)]^2 \mathrm{d}s \end{aligned} \tag{10-8}$$

W 为体系的外力势能。对于 A 端固定的悬臂杆，外力势能是

$$W = -\int_A^B (pu + qv + m\theta)\mathrm{d}s - [N_B^* u(l) + Q_B^* v(l) + M_B^* \theta(l)] \tag{10-9}$$

式中 p、q 分别为轴向和横向分布荷载；m 为分布外力偶；N_B^*、Q_B^*、M_B^* 为自由端处的外力（见图 10-1 (a)）。

当结构和荷载给定后，Π 只与位移分量 u、v、θ 有关，这里 u、v、θ 是 s 的函数。而 Π 以积分的形式又表现为 u、v、θ 的函数，在变分法中称为泛函。泛函 Π 的自变函数是 u、v、θ，这里的 u、v、θ 是连续函数，并满足体系给定的位移边界条件。满足这些条件的位移称为容许位移，也就是几何可能的位移。容许位移可有无限多种，它们满足全部变形谐调条件，但不一定满足平衡条件。容许位移中只有同时（通过几何和物理关系）满足全部平衡条件者才是所给力学问题的真实解答。

以下将证明，u、v、θ 的真实解答将使 Π 取极值。从变分法中知道，泛函 Π 取极值的必要条件是它的一阶变分等于零，即 $\delta\Pi = 0$。为了阐述和证明最小势能原理，需要对总势能进行变分运算。注意到泛函 Π 的自变函数是 u、v、θ，在变分运算中荷载看做不变量。

将式（10-8）和式（10-9）代入式（10-7），然后等号两边取变分，有

$$\begin{aligned} \delta\Pi &= \delta U + \delta W \\ &= \int_A^B EI[\theta'(s)]\delta[\theta'(s)]\mathrm{d}s + \int_A^B EA[u'(s)]\delta[u'(s)]\mathrm{d}s \\ &\quad + \int_A^B \frac{GA}{k}[v'(s) - \theta(s)]\delta[v'(s) - \theta(s)]\mathrm{d}s \\ &\quad - \int_A^B (p\delta u + q\delta v + m\delta\theta)\mathrm{d}s - [N_B^*\delta u(l) + Q_B^*\delta v(l) + M_B^*\delta\theta(l)] \end{aligned}$$

或

$$\delta\Pi=\int_A^B M\delta\kappa\mathrm{d}s+\int_A^B N\delta\varepsilon\mathrm{d}s+\int_A^B Q\delta\gamma\mathrm{d}s$$
$$-\int_A^B(p\delta u+q\delta v+m\delta\theta)\mathrm{d}s-[N_B^*\delta u(l)+Q_B^*\delta v(l)+M_B^*\delta\theta(l)]$$

将上式与虚位移方程（10-2）对比，可见 $\delta\Pi=0$ 与虚位移方程等价，这就说明了变分方程

$$\delta\Pi=0 \tag{10-10}$$

与体系的全部平衡条件是等价的。

由于 Π 的自变函数 u、v、θ 都是预先满足变形谐调条件的容许位移，若再使方程（10-10）成立，则也满足了全部平衡条件，因此必是真实解答。反过来，如果 u、v、θ 是真实解答，则必满足所有平衡条件，从而必使 $\delta\Pi=0$。已知方程（10-10）是泛函 Π 取极值的必要条件，如果考虑二阶变分就可以证明（证明下面给出），对于稳定的平衡状态，这个极值是最小值。于是得出结论：**在几何可能的一切容许位移中，真实的位移使总势能取最小值；反之，使总势能取最小值者必也是真实的位移。这就是最小势能原理。**

现在来证明真实的位移使总势能取最小值。设 u、v、θ 和 ε、γ、κ 为真实解答的位移和变形，相应的总势能为

$$\Pi=\frac{1}{2}\int EI\kappa^2\mathrm{d}s+\frac{1}{2}\int EA\varepsilon^2\mathrm{d}s+\frac{1}{2}\int\frac{GA}{k}\gamma^2\mathrm{d}s$$
$$-\int(pu+qv+m\theta)\,\mathrm{d}s-[N_B^*u(l)+Q_B^*v(l)+M_B^*\theta(l)] \tag{a}$$

其次，考虑在真实位移附近的任一几何可能的位移状态，其位移和变形分别是 $u+\delta u$、$v+\delta v$、$\theta+\delta\theta$ 和 $\varepsilon+\delta\varepsilon$、$\gamma+\delta\gamma$、$\kappa+\delta\kappa$，相应的总势能为

$$\bar{\Pi}=\frac{1}{2}\int EI(\kappa+\delta\kappa)^2\mathrm{d}s+\frac{1}{2}\int EA(\varepsilon+\delta\varepsilon)^2\mathrm{d}s+\frac{1}{2}\int\frac{GA}{k}(\gamma+\delta\gamma)^2\mathrm{d}s$$
$$-\int[p(u+\delta u)+q(v+\delta v)+m(\theta+\delta\theta)]\mathrm{d}s$$
$$-N_B^*[u(l)+\delta u(l)]-Q_B^*[v(l)+\delta v(l)]-M_B^*[\theta(l)+\delta\theta(l)]$$

展开之，经整理可得

$$\bar{\Pi}=\Pi+\delta\Pi+\delta^2\Pi$$

其中 Π 如式 (a) 所示，即

$$\delta\Pi=\int EI\kappa\delta\kappa\mathrm{d}s+\int EA\varepsilon\delta\varepsilon\mathrm{d}s+\int\frac{GA}{k}\gamma\delta\gamma\mathrm{d}s$$
$$-\int(p\delta u+q\delta v+m\delta\theta)\mathrm{d}s-N_B^*\delta u(l)-Q_B^*\delta v(l)-M_B^*\delta\theta(l)$$

$$\delta^2\Pi=\frac{1}{2}\int EI(\delta\kappa)^2\mathrm{d}s+\frac{1}{2}\int EA(\delta\varepsilon)^2\mathrm{d}s+\frac{1}{2}\int\frac{GA}{k}(\delta\gamma)^2\mathrm{d}s$$

二者分别称为总势能的一阶变分和二阶变分。由方程（10-10）知 $\delta\Pi=0$，又因 $\delta\kappa$、$\delta\varepsilon$ 和 $\delta\gamma$ 不会都恒为零，所以 $\delta^2\Pi>0$。于是得到

$$\bar{\Pi}>\Pi$$

上式表明：在体系处于稳定平衡的情况下，与各种几何可能的位移相比，真实的位移使总势能取最小值。证毕。

最小势能原理有广泛的应用。在许多场合下我们可以用总势能的极值条件来导出或者代替体系的平衡方程和力的边界条件。在近似解法中，最小势能原理是里兹法的理论基础。

以上是以单根杆件为例介绍了最小势能原理。实际上这一原理对于任何线性变形体系都是适用的，只不过不同的结构形式其变形势能和外力势能的具体表达式有所不同而已。

例 10-3 试应用最小势能原理导出图 10-7 所示简支梁的平衡微分方程和力的边界条件。设 q 为横向均布荷载，M_B^* 为梁右端外力偶，忽略剪切变形的影响。

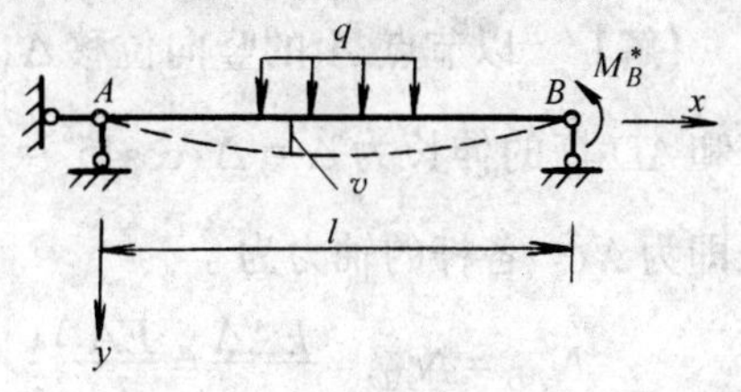

图 10-7 例 10-3 图

【解】 不考虑剪切变形时，$\gamma = v' - \theta = 0$，故有 $v' = \theta$，又 $\kappa = \theta' = v''$，这样可消去一个未知函数 θ。总势能的表达式为

$$\Pi = U + W = \frac{1}{2}\int_0^l EI\kappa^2 \mathrm{d}x - \int_0^l qv\mathrm{d}x - [-M_B^* v'(l)] \tag{a}$$

上式最后一项第一个负号是 Π 的定义式中原有的；第二个负号是因所设外力偶 M_B^* 的转向与$v'(l)$的正方向相反，故二者乘积取负号。

列出总势能的极值条件

$$\delta\Pi = \int_0^l EI\kappa\delta\kappa\mathrm{d}x - \int_0^l q\delta v\mathrm{d}x + M_B^*\delta[v'(l)] = 0 \tag{b}$$

对等号右端第一项作分部积分

$$\begin{aligned}\int_0^l EI\kappa\delta\kappa\mathrm{d}x &= \int_0^l M\delta\left(\frac{\mathrm{d}^2 v}{\mathrm{d}x^2}\right)\mathrm{d}x \\ &= \int_0^l M\frac{\mathrm{d}}{\mathrm{d}x}\left[\delta\left(\frac{\mathrm{d}v}{\mathrm{d}x}\right)\right]\mathrm{d}x \\ &= \left[M\delta\left(\frac{\mathrm{d}v}{\mathrm{d}x}\right)\right]_0^l - \int_0^l \frac{\mathrm{d}M}{\mathrm{d}x}\delta\left(\frac{\mathrm{d}v}{\mathrm{d}x}\right)\mathrm{d}x \\ &= \left[M\delta\left(\frac{\mathrm{d}v}{\mathrm{d}x}\right)\right]_0^l - \left[\frac{\mathrm{d}M}{\mathrm{d}x}\delta v\right]_0^l + \int_0^l \frac{\mathrm{d}^2 M}{\mathrm{d}x^2}\delta v\mathrm{d}x\end{aligned} \tag{c}$$

将式(c)代回式(b)，注意到 $x=0$ 和 $x=l$ 处 $\delta v=0$，经整理得

$$\int_0^l \left(\frac{\mathrm{d}^2 M}{\mathrm{d}x^2} - q\right)\delta v\mathrm{d}x - M(0)\delta[v'(0)] + [M(l) + M_B^*]\delta[v'(l)] = 0 \tag{d}$$

由于 δv 的任意性，于是得到

$$\frac{\mathrm{d}^2 M}{\mathrm{d}x^2} - q = 0 \quad (0 \leqslant x \leqslant l) \tag{e}$$

$$M(0) = 0 \quad (x=0) \tag{f}$$

$$M(l) = -M_B^* \quad (x=l) \tag{g}$$

式（e）即为梁的平衡微分方程；式（f）和式（g）分别是梁左端和右端的边界条件。

如果体系的总势能可以用有限个表征位移的未知参数来描述，则总势能便由容许位移的泛函转化为这些位移参数的函数。这时，泛函的极值条件（变分方程）便转化为函数的极值条件，从而形成以上述位移参数为未知量的代数方程，位移参数即可由这种代数方程解出。例如，我们可以像本书上册第 7 章所介绍的位移法那样，以结构的节点角位移和线位移作为

基本未知量，由总势能的极值条件可以得到求解这种未知量的基本方程。以下用几个算例说明具体做法。

例 10-4 求图 10-8 所示结构在荷载 P 作用下各杆的轴力。设各杆 $EA=$常数，斜杆长为 l。

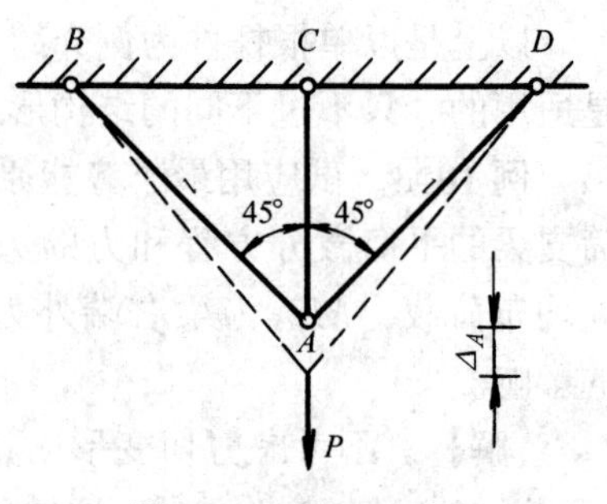

图 10-8 例 10-4 图

【解】 以节点 A 的竖向位移Δ_A 为基本未知量，AB 杆和 AD 杆的伸长为 $\Delta=\Delta_A\cos 45°=\frac{1}{\sqrt{2}}\cdot\Delta_A$，$AC$ 杆的伸长即为Δ_A。各杆的轴力为

$$\left.\begin{aligned}N_{AB}=N_{AD}=\frac{EA\Delta}{l}=\frac{EA}{l}\frac{\Delta_A}{\sqrt{2}}\\ N_{AC}=\frac{\sqrt{2}EA}{l}\Delta_A\end{aligned}\right\}\tag{a}$$

各杆的变形势能在数值上应等于杆轴力与杆伸长量乘积之半，故结构的变形势能为

$$\begin{aligned}U&=\frac{1}{2}N_{AB}\Delta+\frac{1}{2}N_{AD}\Delta+\frac{1}{2}N_{AC}\Delta_A\\&=2\times\frac{1}{2}\frac{EA\Delta_A}{l\sqrt{2}}\cdot\frac{\Delta_A}{\sqrt{2}}+\frac{1}{2}\frac{\sqrt{2}EA}{l}\Delta_A\cdot\Delta_A\end{aligned}$$

或
$$U=\frac{(1+\sqrt{2})EA}{2l}\Delta_A^2\tag{b}$$

外力势能

$$W=-P\Delta_A\tag{c}$$

总势能为

$$\Pi=U+W=\frac{(1+\sqrt{2})EA}{2l}\Delta_A^2-P\Delta_A\tag{d}$$

总势能成为位移参数 Δ_A 的函数，其极值条件是

$$\frac{\mathrm{d}\Pi}{\mathrm{d}\Delta_A}=0\tag{e}$$

将式(d)代入上式，得

$$\frac{(1+\sqrt{2})EA}{l}\Delta_A-P=0$$

$$\Delta_A=\frac{Pl}{(1+\sqrt{2})EA}\tag{f}$$

代入式(a)，得各杆轴力为

$$\left.\begin{aligned}N_{AB}=N_{AD}=\frac{P}{(1+\sqrt{2})\sqrt{2}}\\ N_{AC}=\frac{\sqrt{2}}{(1+\sqrt{2})}P\end{aligned}\right\}\tag{g}$$

例 10-5 图 10-9 (a) 所示刚架节点 C 处作用一外力偶M，节点 B 处作用一水平力P。设各杆 $EI=$常数，求节点 C 的转角 φ_C 和横梁AB 的侧移Δ；设 $M=Pl$，绘出弯矩图。

【解】 以节点 C 的转角 φ_C 和柱CD 的侧移Δ 为基本未知量。按照位移法中转角位移方程写出各杆端弯矩

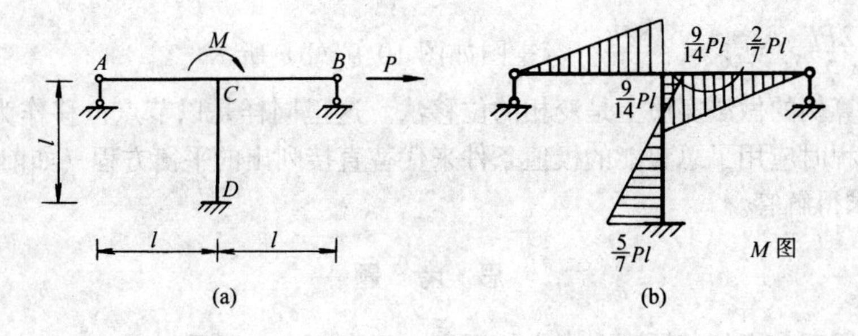

图 10-9 例 10-5 图

$$\left.\begin{aligned}M_{CA}&=3i\varphi_C\\M_{CB}&=3i\varphi_C\\M_{CD}&=2i\left(2\varphi_C-\frac{3\Delta}{l}\right)\\M_{DC}&=2i\left(\varphi_C-\frac{3\Delta}{l}\right)\end{aligned}\right\}\tag{a}$$

式中 $i=\dfrac{EI}{l}$。

对于一般刚架，其剪切变形势能和拉压变形势能与弯曲变形势能相比数值很小，可以略去不计。即在计算刚架的变形势能时可以只计算其弯曲变形势能。在杆件上无其他荷载作用的情况下，受弯杆件的变形势能在数值上应等于杆端弯矩和杆端剪力在相应的杆端角位移和线位移上所做的功。因此，结构的变形势能即为

$$U=\frac{1}{2}M_{CA}\varphi_C+\frac{1}{2}M_{CB}\varphi_C+\frac{1}{2}M_{CD}\varphi_C+\frac{1}{2}Q_{CD}\Delta\tag{b}$$

将式（a）代入上式，可得

$$U=5i\varphi_C{}^2-\frac{6i}{l}\varphi_C\Delta+\frac{6i}{l^2}\Delta^2\tag{c}$$

结构的外力势能

$$W=-M\varphi_C-P\Delta\tag{d}$$

由此得到结构的总势能

$$\Pi=U+W=5i\varphi_C{}^2-\frac{6i}{l}\varphi_C\Delta+\frac{6i}{l^2}\Delta^2-M\varphi_C-P\Delta\tag{e}$$

总势能成为 φ_C 和 Δ 的函数，其极值条件是

$$\frac{\partial\Pi}{\partial\varphi_C}=0,\qquad\frac{\partial\Pi}{\partial\Delta}=0\tag{f}$$

将式（e）代入上式，得

$$\left.\begin{aligned}10i\varphi_C-\frac{6i}{l}\Delta&=M\\-\frac{6i}{l}\varphi_C+\frac{12i}{l^2}\Delta&=P\end{aligned}\right\}\tag{g}$$

由上式解出

$$\varphi_C=\frac{2Ml+Pl^2}{14EI},\qquad\Delta=\frac{3Ml^2+5Pl^3}{42EI}\tag{h}$$

取 $M=Pl$，则 $\varphi_C=\dfrac{3Pl^2}{14EI}$，$\Delta=\dfrac{4Pl^3}{21EI}$。代入式（a），算出杆端弯矩为 $M_{CA}=M_{CB}=\dfrac{9}{14}$

Pl，$M_{CD}=-\dfrac{2Pl}{7}$，$M_{DC}=-\dfrac{5Pl}{7}$。弯矩图如图 10-9（b）所示。

以上两个算例的做法实质上是变相的位移法。这里同样是以节点位移作为基本未知量，在建立基本方程时应用了总势能的极值条件来代替直接列出的平衡方程（如前述，二者是等价的），进而求得解答。

思 考 题

最小势能原理与虚位移原理二者有何区别？又有何内在联系？

10.5 里 兹 法

以上我们看到，如果总势能可以用有限个位移参数来描述，则应用最小势能原理可以求得问题的精确解。这时，体系的全部几何可能的位移状态可用有限个待定的位移参数来表示，而真实的位移状态就是其中的一种，利用总势能的极值条件即可求出这些位移参数的确定值。

但是，在许多场合下（例如，结构上有任意分布的外荷载时），体系的总势能难于精确地用有限个节点位移表示出来。实际上，在一般情况下，弹性杆件的各种几何可能的位移状态需用无限多个位移参数才能描述。如果将杆件的位移展为无穷级数，级数展开式中的无限多个系数便构成未知参数。因此，结构一般属于无限自由度体系，其各种几何可能的位移状态需用无限多个参数才能完备地表示出来。

里兹法是建立在最小势能原理基础上的一种近似分析方法。其基本思路是在位移的级数展开式中取有限项，使无限多个未知参数变为有限个，并根据最小势能原理应用总势能的极值条件来求解。里兹法就是将一个无限自由度体系用有限自由度体系来代替，并依据最小势能原理求得近似解。下面先用两个算例说明计算方法，最后再加以归纳。

例 10-6 试用里兹法求图 10-10 所示悬臂梁的挠曲线方程。设 $EI=$ 常数，不计剪切变形的影响。

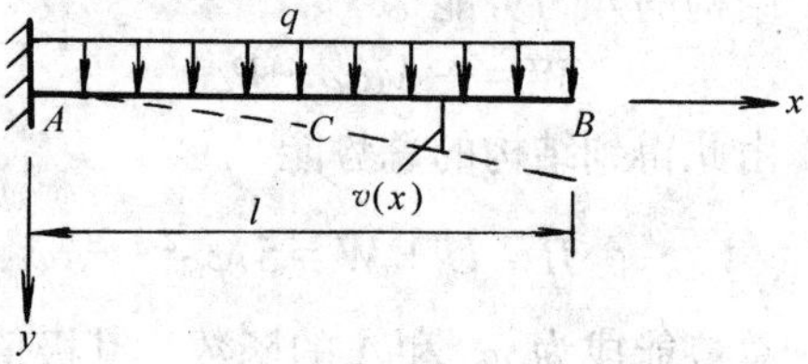

【解】 首先选取容许位移的表达式。悬臂梁的固定端有两个位移边界条件：$v(0)=0$ 和 $\dfrac{\mathrm{d}v(0)}{\mathrm{d}x}=0$，因为此梁是一无限自由度体系，满足这两个条件的容许位移（几何可能的位移）曲线应有无限多个参数。我们选取幂级数，并取有限项（n 项）

图 10-10 例 10-6 图

$$v(x)=a_1x^2+a_2x^3+\cdots+a_nx^{n+1} \tag{a}$$

由于在 $x=0$ 处要满足 $v=v'=0$ 的条件，故在式（a）中未包含常数项和一次项。式（a）取 n 项，共有 n 个任意参数：a_1，a_2，…，a_n，相当于将一个无限自由度体系近似地转化为 n 个自由度的体系。式（a）即表示计算近似体系的总势能的容许位移。应用总势能的极值条件解出参数 a_1，a_2，…，a_n，得到上述的 n 个自由度体系的精确解，也就是原体系的近似解。

〈1〉在式（a）中只取一项（$n=1$）

容许位移取为

$$v(x)=a_1x^2 \tag{b}$$

这时我们把梁按单自由度体系计算。

体系总势能为

$$\Pi=\frac{1}{2}\int_0^l EI(v'')^2\mathrm{d}x-\int_0^l qv\mathrm{d}x \tag{c}$$

将式（b）代入，经运算得

$$\Pi=2EIla_1^2-\frac{1}{3}ql^3a_1$$

由极值条件

$$\frac{\mathrm{d}\Pi}{\mathrm{d}a_1}=4EIla_1-\frac{1}{3}ql^3=0$$

得 $a_1=\dfrac{ql^2}{12EI}$

故 $v(x)=\dfrac{ql^2}{12EI}x^2$

B 点($x=l$)和 C 点($x=\frac{1}{2}l$)的挠度分别为

$$v_B=\frac{ql^4}{12EI}=0.083\,3\frac{ql^4}{EI}$$

$$v_C=\frac{ql^4}{48EI}=0.020\,8\frac{ql^4}{EI}$$

与精确解 $v_B=0.125\dfrac{ql^4}{EI}$，$v_C=0.044\,3\dfrac{ql^4}{EI}$相比，误差相当大。

〈2〉在式（a）中取两项（$n=2$）

为了提高精度，在式（a）中保留两项

$$v(x)=a_1x^2+a_2x^3 \tag{d}$$

将式(d)代入式(c)，经运算得

$$\Pi=\frac{1}{2}EI(4la_1^2+12l^2a_1a_2+12l^3a_2^2)-q\left(\frac{1}{3}l^3a_1+\frac{1}{4}l^4a_2\right)$$

由总势能的极值条件

$$\frac{\partial\Pi}{\partial a_1}=0,\quad \frac{\partial\Pi}{\partial a_2}=0$$

得

$$4EIla_1+6EIl^2a_2=\frac{1}{3}ql^3$$

$$6EIl^2a_1+12EIl^3a_2=\frac{1}{4}ql^4$$

由上式解出

$$a_1=\frac{5ql^2}{24EI},\quad a_2=-\frac{ql}{12EI}$$

故 $v(x)=\dfrac{q}{24EI}(5l^2x^2-2lx^3)$

计算出 B 点和 C 点的挠度为

$$v_B=0.125\frac{ql^4}{EI},\quad v_C=0.041\,7\frac{ql^4}{EI}$$

与精确解相比误差已显著减小。

〈3〉在式（a）中取三项（$n=3$）

容许位移取为

$$v(x)=a_1x^2+a_2x^3+a_3x^4 \tag{e}$$

经同样运算最后可得

$$v(x)=\frac{q}{24EI}(6l^2x^2-4lx^3+x^4) \tag{f}$$

式（f）实际上就是挠曲线的精确解。这里，由于所选的式（e）已把真实位移状态包含在内，故最后所得的结果就是精确解。

例 10-7 图 10-11 所示简支梁受集中荷载 P 作用，试用正弦级数求挠曲线方程，并求集中力 P 作用点处的弯矩值。

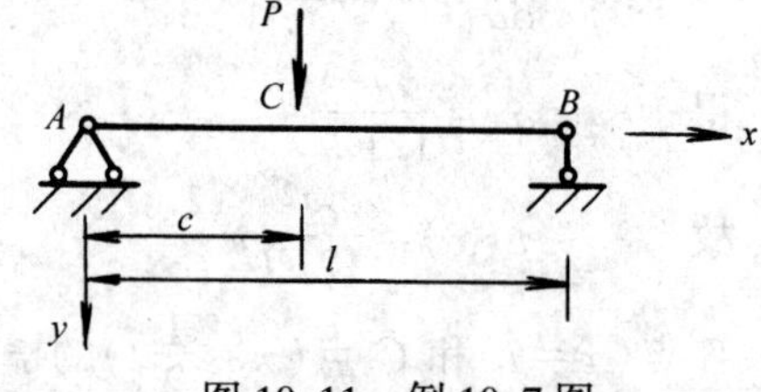

图 10-11 例 10-7 图

【解】 简支梁的位移边界条件是

$$v(0)=v(l)=0 \tag{a}$$

容许位移设为

$$\begin{aligned} v(x) &= a_1\sin\frac{\pi x}{l}+a_2\sin\frac{2\pi x}{l}+\cdots+a_n\sin\frac{n\pi x}{l}+\cdots \\ &= \sum_{n=1}^{\infty}a_n\sin\frac{n\pi x}{l}\quad(0\leqslant x\leqslant l) \end{aligned} \tag{b}$$

可以看出，级数中的每一项：$a_n sin\frac{n\pi x}{l}$都满足边界条件式（a），因此式（b）必也满足条件式（a），从而构成了体系总势能的容许位移。梁的总势能表达式（不计剪切变形的影响）为

$$\Pi=\frac{1}{2}\int_0^l EI[v''(x)]^2\mathrm{d}x-Pv(c)$$

将式（b）代入上式并展开，注意到三角函数的正交关系，经积分运算得

$$\Pi=\frac{EI\pi^4}{4l^3}\sum_{n=1}^{\infty}n^4a_n^2-P\sum_{n=1}^{\infty}a_n\sin\frac{n\pi c}{l}$$

把它代入总势能的极值条件

$$\frac{\partial\Pi}{\partial a_n}=0\quad(n=1,2,3,\cdots)$$

由此求得参数 a_n 为

$$a_n=\frac{2Pl^3}{EI\pi^4}\cdot\frac{1}{n^4}\sin\frac{n\pi c}{l}$$

代入式（b）得

$$v(x)=\frac{2Pl^3}{EI\pi^4}\sum_{n=1}^{\infty}\frac{1}{n^4}\sin\frac{n\pi c}{l}\sin\frac{n\pi x}{l} \tag{c}$$

此级数收敛很快，只需取少数几项就能得到满意的解。如荷载 P 作用于跨度中点（$c=\frac{l}{2}$），则荷载作用点处的位移为

$$v=\frac{2Pl^4}{EI\pi^4}\left(1+\frac{1}{3^4}+\frac{1}{5^4}+\cdots\right)$$

只取第一项，得

$$v=\frac{Pl^3}{48.7EI}$$

与精确解 $v=\frac{Pl^3}{48EI}$比较，误差只有1.5%。

梁的弯矩$M(x)$(与10.3节不同，设下侧受拉为正）计算如下

$$M(x)=-EIv''(x)=\frac{2Pl}{\pi^2}\sum_{n=1}^{\infty}\frac{1}{n^2}\sin\frac{n\pi c}{l}\sin\frac{n\pi x}{l} \tag{d}$$

荷载作用于跨度中点时荷载作用点处的弯矩为

$$M=\frac{2Pl}{\pi^2}\left(1+\frac{1}{3^2}+\frac{1}{5^2}+\cdots\right)$$

只取一项，得

$$M=\frac{2Pl}{\pi^2}=\frac{Pl}{4.93}$$

与精确解 $M=\frac{Pl}{4}$相比，误差为23.3%。

一般来讲，按照里兹法求得的位移精确度较好，求得的内力精度较差。将位移的表达式（c）与弯矩的表达式（d）加以比较，式（c）的级数项中有$\frac{1}{n^4}$因子，式（d）的级数项中有$\frac{1}{n^2}$因子，可见弯矩的级数式收敛性差。因此，按照里兹法求内力需要多取一些项。

结合以上两个例题，现在把里兹法解直梁弯曲问题的一般做法归纳如下。

（1）梁的总势能 Π 可用梁的挠度 v 表示为

$$\Pi=\frac{1}{2}\int_0^l EI[v''(x)]^2\mathrm{d}x-\int_0^l q(x)v(x)\mathrm{d}x \tag{10-11}$$

（2）根据位移边界条件，选取梁的容许位移表达式。容许位移表示为 n 个函数的线性组合

$$v(x)=\sum_{i=1}^{n}a_i\varphi_i(x) \tag{10-12}$$

式中$\varphi_i(x)$是所选择的满足位移边界条件的函数；$a_i(i=1,2,\cdots,n)$是 n 个任意参数。这相当于把梁当做了 n 个自由度的体系。

（3）将式（10-12）代入式（10-11），得

$$\begin{aligned}\Pi&=\frac{1}{2}\int_0^l EI(\sum_{i=1}^{n}a_i\varphi_i'')^2\mathrm{d}x-\int_0^l q(x)(\sum_{i=1}^{n}a_i\varphi_i)\mathrm{d}x\\&=\Pi(a_1,a_2,\cdots,a_n)\end{aligned} \tag{10-13}$$

Π 成为参数a_i 的二次函数。

（4）由总势能的极值条件，可建立 n 个线性代数方程，即

$$\frac{\partial\Pi}{\partial a_1}=0,\ \frac{\partial\Pi}{\partial a_2}=0,\ \cdots,\ \frac{\partial\Pi}{\partial a_n}=0 \tag{10-14}$$

由此解出 n 个参数a_1，a_2，…，a_n。

（5）将求得的 a_i 值代回式（10-12），即得出挠曲线$v(x)$的近似值。根据求得的$v(x)$还可进一步求出梁的内力。

思 考 题

里兹法的基本思路是什么？

习 题

10.1　试用虚位移原理和正弦级数求图示简支梁的挠曲线。设 $EI=$ 常数，不计剪切变形的影响。

10.2　求简支梁在跨中集中力 P 作用下的弯曲变形势能和剪切变形势能，并求二者的比值。设梁的截面为矩形，高跨比 $h/l=\frac{1}{10}$，$E/G=\frac{8}{3}$。

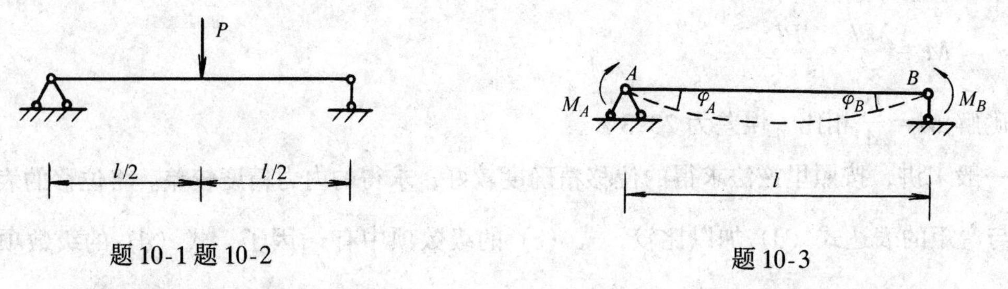

题 10-1 题 10-2　　　　题 10-3

10.3　求图示简支梁的弯曲变形势能；(1) 表示为杆端力偶 M_A 和 M_B 的函数；(2) 表示为杆端转角 φ_A 和 φ_B 的函数。

10.4　试用最小势能原理解图示结构。

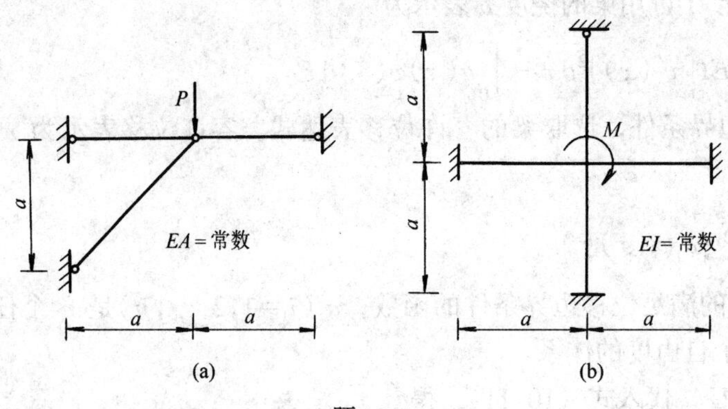

题 10-4

10.5　试用最小势能原理解图示刚架。

10.6　图示结构由于某种原因支座 C 下沉了 Δ，试用最小势能原理求反力 R。

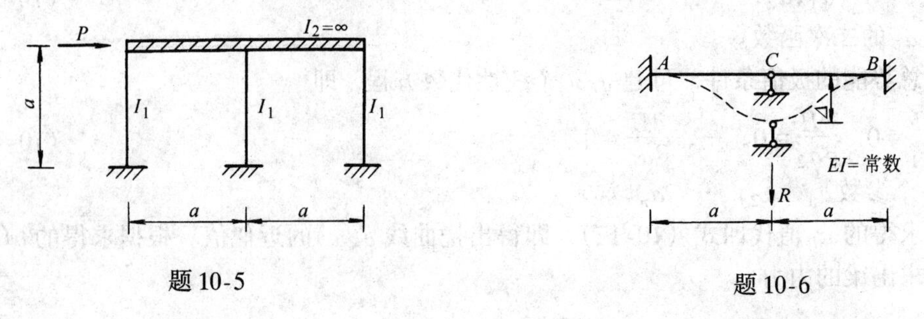

题 10-5　　　　题 10-6

10.7　试用里兹法求图示简支梁的挠曲线。容许位移选为 $v(x) = \sum_{n=1}^{\infty} a_n \sin\frac{n\pi x}{l}$。

10.8　试用里兹法求图示两端固定梁的挠曲线。容许位移选为

$v(x) = \sum_{n=1}^{\infty} a_n\left(1 - \cos\frac{2n\pi x}{l}\right)$。

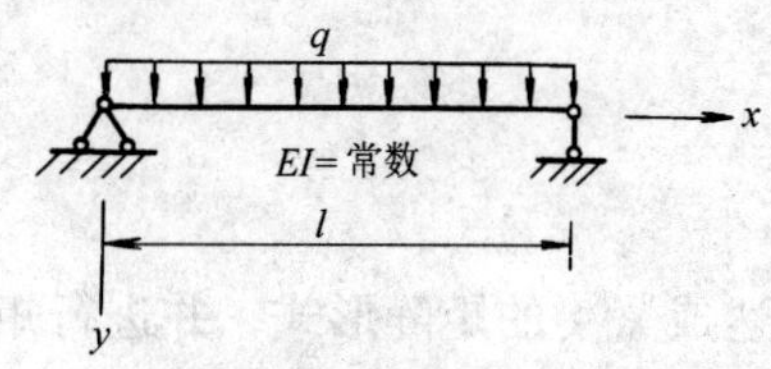

题 10-7

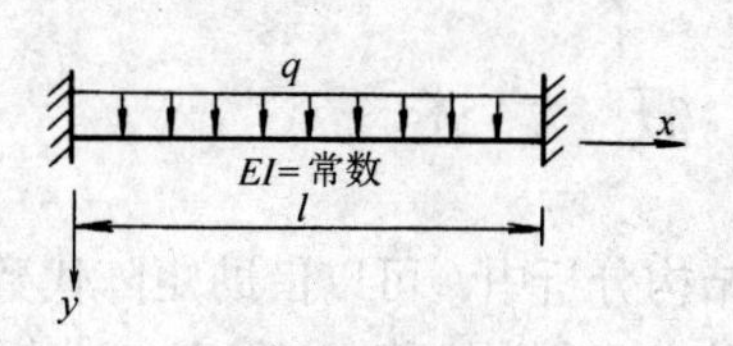

题 10-8

10.9　试用里兹法求图示悬臂梁在三角形分布荷载作用下的挠曲线。容许位移取为 $v(x)=a_1x^2+a_2x^3+\cdots$

10.10　试用里兹法求图示楔形悬臂梁（厚度为 1）的挠曲线。容许位移选为

$$v(x) = a_1\left(1 - \frac{x}{l}\right)^2 + a_2\frac{x}{l}\left(1 - \frac{x}{l}\right)^2 + a_3\frac{x^2}{l^2}\left(1 - \frac{x}{l}\right)^2 + \cdots$$

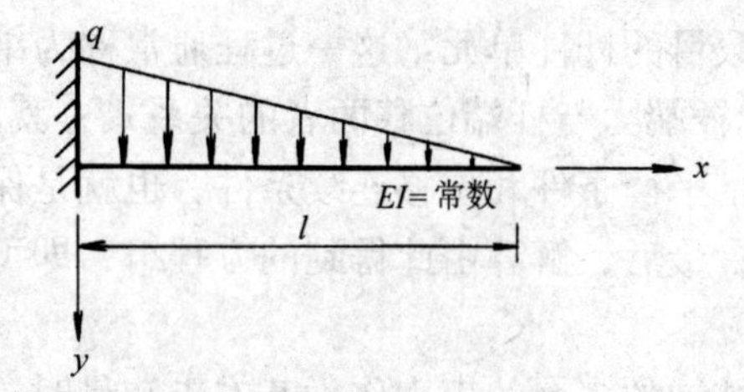

题 10-9

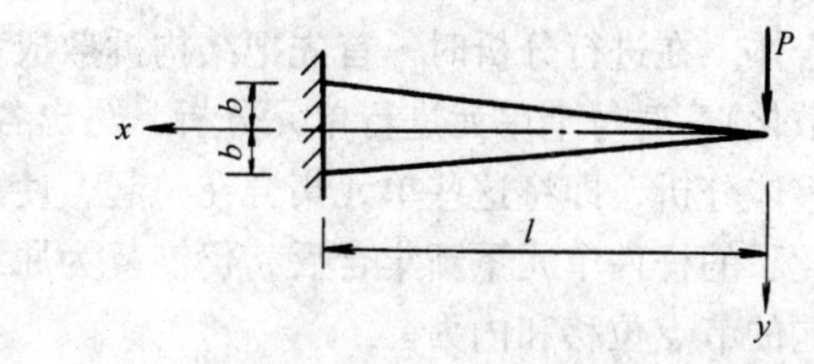

题 10-10

习 题 答 案

10.1　$v\left(\frac{l}{2}\right) = \frac{Pl^3}{48EI}$

10.6　$R = \frac{24EI\Delta}{a^3}$

10.7　$v\left(\frac{l}{2}\right) = \frac{5ql^4}{384EI}$

10.8　$v\left(\frac{l}{2}\right) = \frac{ql^4}{384EI}$

第11章 结构矩阵分析

11.1 概　　述

在结构分析中，可以借助矩阵代数使各项公式表达成紧凑的矩阵形式，并进行矩阵运算，这种方法称为矩阵方法。这一分析方法，自20世纪40年代数字电子计算机问世以后，得到人们的普遍重视，从而有了很大的进展。其原因就是矩阵表达式便于编制计算机程序，因此最适宜在高速数字电子计算机上进行自动化运算。

矩阵方法用于分析杆件结构时，通常称为结构矩阵分析法。将它推广用于分析连续体时，就称为有限单元法（或有限元法）。也可以认为，结构矩阵分析法就是有限单元法在杆件结构分析中的应用。

结构矩阵分析法的基本思想是：把整个结构看做是由若干单个杆件（称为单元）所组成的集合体。在进行分析时，首先把结构拆散成有限数目的杆件单元（这一过程通常称为结构的离散化），对每个单元进行单元分析，写出各单元杆端力与杆端位移两者的关系式；其次，进行整体分析，即将这些单元集合在一起，使其满足平衡条件和位移连续条件，也就是保证离散化了的杆件单元重新集合后，仍恢复为原结构；最后，解算由此得到的方程组，即可求出结构的节点位移和内力。

与前面结构力学传统分析方法相对应，当选取结构的多余约束力作为基本未知量时，称为矩阵力法，亦称柔度法；当选取结构的节点位移作为基本未知量时，称为矩阵位移法，亦称刚度法；当选取结构中部分多余约束力及部分节点位移作为基本未知量时，则称为混合法。在杆件结构的分析中，混合法很少采用。对于某一给定的超静定结构，矩阵力法的基本体系和多余约束力的选择不是惟一的，因此它不适合编制通用的计算机程序，故应用亦较少。而矩阵位移法的基本体系和节点位移未知量的选择一般来说是惟一的，它较易编制通用的计算机程序，矩阵位移法又分为刚度法和直接刚度法，两者的基本原理并无本质的区别，只是在形成总刚度矩阵时，使用的方法不同。相比较来说，直接刚度法要简便得多，因此得到广泛的应用。本书只介绍矩阵位移法中的直接刚度法。

在电子计算机得到广泛应用之前，结构分析是以计算尺、手摇计算器等为工具的，可称之为“手算”。手算只能局限于解决较简单的结构计算问题，因之需要把实际问题简化到用这些工具能解决的地步。为了避免大量的、繁琐的、重复性的运算，以往依赖手算时，在计算技巧上曾做了很多的研究工作。矩阵分析是以电子计算机为工具，称之为“电算”。电算适合应用于系统化、模式化的计算过程。电子计算机的运算速度很快，大量的、重复性的计算并不会增加难度，但如计算时头绪杂乱，则将给编制电算程序带来困难。在手算中行之有效的一些技巧性方法，在电算中便丧失了它的优越性。人们讲：“手算怕繁，电算怕乱。”就是这种含义。

在本章中，也用手算计算了少量简单的问题，这有助于了解结构矩阵分析的原理和过程，其计算结果也可为检验电算程序的正确性提供依据。

11.2 矩阵位移法的概念及连续梁的计算

本节将讨论仅承受节点力偶的连续梁的计算，这样便于以简单问题为例来叙述矩阵位移法的概念和方法。作用于有非节点荷载的情况将在以后讨论。

一、矩阵位移法的概念

下面以一两跨连续梁为例，说明矩阵位移法的一些基本概念。

图 11-1（a）所示为一两跨连续梁，i_{AB}、i_{BC}分别为AB及BC段的线刚度，P_A、P_B、P_C为节点A、B、C处作用的荷载（外力偶）。对此连续梁的各节点及各个梁单元给以如图 11-1（b）所示的编号：节点A、B、C依次编号为 1、2、3；其角位移分别为Δ_1、Δ_2、Δ_3。AB和BC两梁单元分别编号为①、②，其线刚度为i_1、i_2。这些分量，正好和计算机各算法语言中的数组的下标变量相对应。

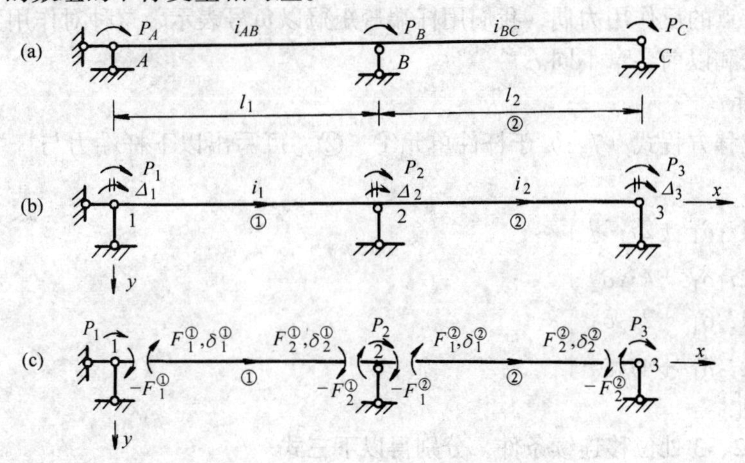

图 11-1　两跨连续梁的离散化

矩阵位移法的一般步骤如下。

（1）离散化　分拆结构为单元与节点，并编号。对结构建立整体（结构）坐标系，对单元建立局部（单元）坐标系。

（2）单元分析　在各单元端部作用有杆端力并发生杆端位移，单元分析的目的是研究各单元杆端力与杆端位移的物理关系（相当于位移法中的转角位移方程），从而建立单元刚度方程。

（3）整体分析　将离散后的各单元重新集合，根据单元两端的杆端位移与节点处的节点位移的连续条件（称变形协调条件或几何关系）和节点处力的平衡条件建立总刚度方程（即位移法方程）。

（4）计算　求解总刚度方程，得到节点位移，然后计算各单元杆端力及支座反力等。

下面先依传统的做法建立图 11-1 中连续梁的位移法方程；再改为以矩阵形式表示，通过对比、分析，说明矩阵位移法的一些概念。

1．离散化

首先为此连续梁建立整体坐标系 xoy（或称结构坐标系）。取 x 轴与连续梁轴线重合，从左指向右为正方向，y 轴则以从上指向下为正方向。按右手坐标系的规定，节点力偶 P 及节点角位移 Δ 均以顺时针方向为正。图 11-1（c）为离散后的杆件单元和节点（为清晰起见，只绘出了杆端弯矩）。我们对每个单元也需建立坐标系，称为局部坐标系（或单元坐标系），并以 $\bar{x}\bar{o}\bar{y}$ 表示。对连续梁而言，可设单元①、②的局部坐标系与整体坐标系 xoy 方向一致，图 11-1（c）中，我们在单元杆轴上画一箭头来表示 $\bar{x}$ 轴的指向，并认为箭头方向系由单元始端指向单元末端。今后，对单元的始、末端分别称为单元的 1、2 端。

因用位移法计算图 11-1 中连续梁时，只需以节点转角为基本未知量，随之，在单元分析中，便可只以杆端弯矩和杆端角位移为讨论对象，我们分别以 F 及 δ 表示，并统称为杆端力及杆端位移。F 或 δ 的上角标圆圈中的数字表示力或位移所属的单元号，它们的下角标数字则表示单元的端号。同样，按右手坐标系规定，单元杆端力 F 及单元杆端位移 δ 均以顺时针方向为正。

在图 11-1 中，所有力和位移所标示的方向均为正向。需要注意，本章的一切物理量都是在某一坐标系下讨论的，在同一坐标系下，作用力和反作用力差一负号，在图 11-1（c）中，杆件给予节点的反作用力偶，我们用杆端弯矩冠以负号表示，这种对作用力与反作用力的画法与标记法和以前各章不同。

2. 单元分析

应用转角位移方程式（7-1）于杆件单元①、②，可写出以下杆端力与杆端位移的关系式

$$\left.\begin{aligned}F_1^{①}&=4i_1\delta_1^{①}+2i_1\delta_2^{①}\\F_2^{①}&=2i_1\delta_1^{①}+4i_1\delta_2^{①}\end{aligned}\right\}\tag{a}$$

$$\left.\begin{aligned}F_1^{②}&=4i_2\delta_1^{②}+2i_2\delta_2^{②}\\F_2^{②}&=2i_2\delta_1^{②}+4i_2\delta_2^{②}\end{aligned}\right\}\tag{b}$$

3. 整体分析

由节点 1、2、3 处位移连续条件，分别得以下三式

$$\left.\begin{aligned}&\delta_1^{①}=\Delta_1\\&\delta_2^{①}=\delta_1^{②}=\Delta_2\\&\delta_2^{②}=\Delta_3\end{aligned}\right\}\tag{c}$$

把式（c）代入式（a）、式（b）分别得

$$\left.\begin{aligned}F_1^{①}&=4i_1\Delta_1+2i_1\Delta_2\\F_2^{①}&=2i_1\Delta_1+4i_1\Delta_2\end{aligned}\right\}\tag{d}$$

$$\left.\begin{aligned}F_1^{②}&=4i_2\Delta_2+2i_2\Delta_3\\F_2^{②}&=2i_2\Delta_2+4i_2\Delta_3\end{aligned}\right\}\tag{e}$$

式（d）和式（e）为由节点位移计算单元杆端力（杆端弯矩）的公式

再由节点 1、2、3 处的平衡条件，有

$$\left.\begin{aligned}&\Sigma M_1=P_1-F_1^{①}=0\\&\Sigma M_2=P_2-F_2^{①}-F_1^{②}=0\\&\Sigma M_3=P_3-F_2^{②}=0\end{aligned}\right\}\tag{f}$$

将式（d）、式（e）代入式（f），化简可得

$$\left.\begin{aligned}&4i_1\Delta_1+2i_1\Delta_2=P_1\\&2i_1\Delta_1+(4i_1+4i_2)\Delta_2+2i_2\Delta_3=P_2\\&2i_2\Delta_2+4i_2\Delta_3=P_3\end{aligned}\right\}\tag{g}$$

这就是本例的位移法方程。

我们现在引用矩阵形式。设以 e 表示单元序号，取 e=1，2，则上面的式（a）、式（b）可统一写为下列单元刚度方程

$$\boldsymbol{F}^{ⓔ}=\boldsymbol{k}^{ⓔ}\boldsymbol{\delta}^{ⓔ}\tag{11-1}$$

其中

$$\boldsymbol{k}^{ⓔ}=\begin{bmatrix}k_{11}^{ⓔ} & k_{12}^{ⓔ}\\ k_{21}^{ⓔ} & k_{22}^{ⓔ}\end{bmatrix}=\begin{bmatrix}4i_e & 2i_e\\ 2i_e & 4i_e\end{bmatrix}\tag{11-2}$$

称为单元刚度矩阵，简称单刚，矩阵的元素称为单元刚度影响系数，而

$$\boldsymbol{\delta}=\begin{bmatrix}\delta_1^{ⓔ}\\ \delta_2^{ⓔ}\end{bmatrix}=\begin{bmatrix}\varphi_1^{ⓔ}\\ \varphi_2^{ⓔ}\end{bmatrix}\tag{11-3}$$

称为单元杆端位移列阵，而

$$\boldsymbol{F}^{ⓔ}=\begin{bmatrix}F_1^{ⓔ}\\ F_2^{ⓔ}\end{bmatrix}=\begin{bmatrix}M_1^{ⓔ}\\ M_2^{ⓔ}\end{bmatrix}\tag{11-4}$$

称为单元杆端力列阵。

位移法方程（g）也称总刚度方程，写成矩阵形式为

$$\boldsymbol{K\Delta}=\boldsymbol{P}\tag{11-5}$$

其中

$$\boldsymbol{K}=\begin{bmatrix}4i_1 & 2i_1 & 0\\ 2i_1 & 4i_1+4i_2 & 2i_2\\ 0 & 2i_2 & 4i_2\end{bmatrix}\tag{11-6}$$

称为总刚度矩阵，简称总刚，而

$$\boldsymbol{\Delta}=[\Delta_1\quad\Delta_2\quad\Delta_3]^{\mathrm{T}}\tag{11-7}$$

$$\boldsymbol{P}=[P_1\quad P_2\quad P_3]^{\mathrm{T}}\tag{11-8}$$

分别称为节点位移列阵及节点荷载列阵。

我们可看出总刚式（11-6）左上方的框子正是单元①的单刚，而右下方的框子正是单元②的单刚。

总刚度方程式（11-5）或式（g）是以节点位移为未知量的线性方程组，求解它可得出基本未知量 Δ_1、Δ_2、Δ_3，再代入式（d）及式（e）可得出单元杆端力。

需要指出，以上在建立图 11-1 中连续梁的单元刚度方程时，除认为杆件无轴向变形外，已考虑了各单元两端的竖向位移为零的条件，故杆端只发生角位移。这种像简支梁两端没有线位移而仅有角位移的特殊单元称为简支式单元。

二、多跨连续梁的总刚度方程

以上求解两跨连续梁时导出刚度方程的方法，也可推广应用于更多跨的连续梁。

图 11-2 示一具有 n 个支座的多跨连续梁，以支点为节点，节点及单元编号自 1 开始，从左到右递增，共有 n 个节点，$n-1$ 个单元。各单元的线刚度分别为 i_1，i_2，…，i_{n-1}。在各节点处分别作用有节点荷载（外力偶）P_1，P_2，…，P_n。

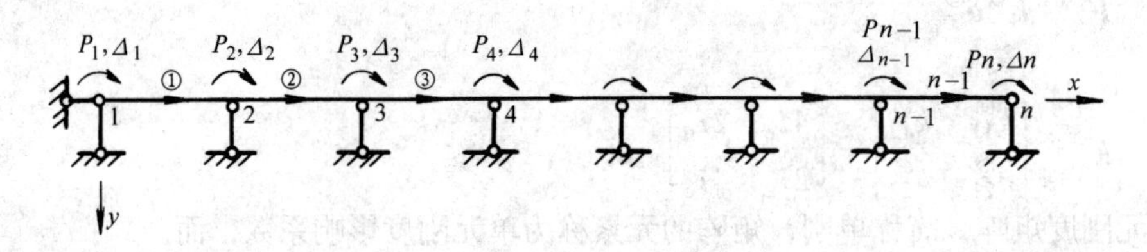

图 11-2　$n-1$ 跨连续梁的计算简图

与求解两跨连续梁时同样，以 1、2 标记各单元的始、末端，可得出简支式单元ⓔ的单元刚度方程为

$$\left.\begin{aligned} F_1^{ⓔ} &= 4i_e\delta_1^{ⓔ} + 2i_e\delta_2^{ⓔ} \\ F_2^{ⓔ} &= 2i_e\delta_1^{ⓔ} + 4i_e\delta_2^{ⓔ} \end{aligned}\right\} \quad (e = 1,2,\cdots,n-1) \tag{11-9}$$

节点处位移连续条件为

$$\left.\begin{aligned} &\delta_1^{①} = \Delta_1 \\ &\delta_2^{(e-1)} = \delta_1^{ⓔ} = \Delta_e \quad (e=2,3,\cdots,n-1) \\ &\delta_2^{(n-1)} = \Delta_n \end{aligned}\right\} \tag{11-10}$$

把式（11-10）代入式（11-9）得

$$\left.\begin{aligned} F_1^{ⓔ} &= 4i_e\Delta_e + 2i_e\Delta_{e+1} \\ F_2^{ⓔ} &= 2i_e\Delta_e + 4i_e\Delta_{e+1} \end{aligned}\right\} \quad (e = 1,2,\cdots,n-1) \tag{11-11}$$

仿照式（f），可列出节点处平衡条件为

$$\left.\begin{aligned} &P_1 - F_1^{①} = 0 \\ &P_e - F_2^{(e-1)} - F_1^{ⓔ} = 0 \quad (e=2,3,\cdots,n-1) \\ &P_n - F_2^{(n-1)} = 0 \end{aligned}\right\} \tag{11-12}$$

将式（11-11）代入式（11-12）化简得

$$\left.\begin{aligned} &4i_1\Delta_1 + 2i_1\Delta_2 = P_1 \\ &2i_{e-1}\Delta_{e-1} + (4i_{e-1} + 4i_e)\Delta_e + 2i_e\Delta_{e+1} = P_e \quad (e=2,3,\cdots,n-1) \\ &2i_{n-1}\Delta_{n-1} + 4i_{n-1}\Delta_n = P_n \end{aligned}\right\} \tag{11-13}$$

上式即为总刚度方程，改写成矩阵形式为

$$
\begin{bmatrix}
4i_1 & 2i_1 & & & & & \\
2i_1 & 4i_1+4i_2 & 2i_2 & & & & \\
 & 2i_2 & 4i_2+4i_3 & & & & \\
 & & & \ddots & & & \\
 & & & 4i_{n-3}+4i_{n-2} & 2i_{n-2} & & \\
 & & & 2i_{n-2} & 4i_{n-2}+4i_{n-1} & 2i_{n-1} \\
 & & & & 2i_{n-1} & 4i_{n-1}
\end{bmatrix}
\begin{bmatrix} \Delta_1 \\ \Delta_2 \\ \Delta_3 \\ \vdots \\ \Delta_{n-2} \\ \Delta_{n-1} \\ \Delta_n \end{bmatrix}
=
\begin{bmatrix} P_1 \\ P_2 \\ P_3 \\ \vdots \\ P_{n-2} \\ P_{n-1} \\ P_n \end{bmatrix}
\qquad (11\text{-}14)
$$

上式可简写成

$$\boldsymbol{K\Delta} = \boldsymbol{P}$$

显然总刚 $\boldsymbol{K}$ 为三对角矩阵，元素为

$$
\left.
\begin{aligned}
& K_{11} = 4i_1; K_{nn} = 4i_{n-1} \\
& K_{jj} = 4(i_{j-1} + i_j) \quad (j = 2,3,\cdots,n-1) \\
& K_{j,j-1} = K_{j-1,j} = 2i_{j-1} \quad (j = 2,3,\cdots,n) \\
& \text{其余元素为零}
\end{aligned}
\right\} \qquad (11\text{-}15)
$$

式（11-14）的总刚中各个实线框所包容的即为各相应单元的单元刚度矩阵，由各单元的单刚直接组集成总刚的具体方法将在 11.6 节中讨论。

三、连续梁两端支承条件的处理

在推导连续梁的总刚度方程（11-14）时，没有考虑连续梁两端为固定支座的情况。对于图 11-3 所示两端为固定支座的三跨连续梁，我们先不考虑左右两端的转动约束，由式（11-14）得出它的总刚度方程为

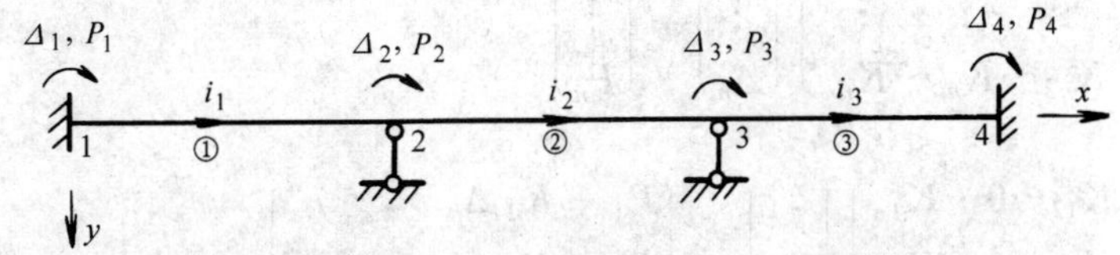

图 11-3　两端为固定支座的三跨连续梁

$$
\begin{bmatrix}
4i_1 & 2i_1 & 0 & 0 \\
2i_1 & 4(i_1 + i_2) & 2i_2 & 0 \\
0 & 2i_2 & 4(i_2 + i_3) & 2i_3 \\
0 & 0 & 2i_3 & 4i_3
\end{bmatrix}
\begin{bmatrix} \Delta_1 \\ \Delta_2 \\ \Delta_3 \\ \Delta_4 \end{bmatrix}
=
\begin{bmatrix} P_1 \\ P_2 \\ P_3 \\ P_4 \end{bmatrix}
\qquad \text{(h)}
$$

然后再考虑两端转角为零的支承条件。按此条件有 $\Delta_1=\Delta_4=0$，相应的节点力 P_1、P_4 则成为未知的约束反力偶。在求解这一线性方程组之前，先对位移列阵及相应的荷载列阵和总刚度矩阵作重新排列分组或分块。把未知的节点位移（亦称自由节点位移）$\boldsymbol{\Delta}_F=[\Delta_2\Delta_3]^T$排列在前，已知的节点位移（亦称约束节点位移）$\boldsymbol{\Delta}_R=[\Delta_1\Delta_4]^T$排列在后，式（h）便应改为

$$\left(\begin{array}{cc:cc} 4(i_1+i_2) & 2i_2 & 2i_1 & 0 \\ 2i_2 & 4(i_2+i_3) & 0 & 2i_3 \\ \hdashline 2i_1 & 0 & 4i_1 & 0 \\ 0 & 2i_3 & 0 & 4i_3 \end{array}\right)\begin{pmatrix}\Delta_2\\ \Delta_3\\ \cdots\\ \Delta_1\\ \Delta_4\end{pmatrix}=\begin{pmatrix}P_2\\ P_3\\ \cdots\\ P_1\\ P_4\end{pmatrix} \tag{i}$$

给予上式中各分块以相应的符号，可简记为

$$\begin{bmatrix}\boldsymbol{K}_{FF} & \vdots & \boldsymbol{K}_{FR}\\ \cdots\cdots & \vdots & \cdots\cdots\\ \boldsymbol{K}_{RF} & \vdots & \boldsymbol{K}_{RR}\end{bmatrix}\begin{bmatrix}\boldsymbol{\Delta}_F\\ \cdots\cdots\\ \boldsymbol{\Delta}_R\end{bmatrix}=\begin{bmatrix}\boldsymbol{P}_F\\ \cdots\\ \boldsymbol{P}_R\end{bmatrix} \tag{j}$$

这样作得出的总刚度矩阵不再为三对角矩阵。展开式（j）得

$$\boldsymbol{K}_{FF}\boldsymbol{\Delta}_F+\boldsymbol{K}_{FR}\boldsymbol{\Delta}_R=\boldsymbol{P}_F \tag{k}$$

$$\boldsymbol{K}_{RF}\boldsymbol{\Delta}_F+\boldsymbol{K}_{RR}\boldsymbol{\Delta}_R=\boldsymbol{P}_R \tag{l}$$

因 $\boldsymbol{\Delta}_R$ 及 $\boldsymbol{P}_F$ 为已知，由式（k）计算自由节点位移为

$$\boldsymbol{\Delta}_F=\boldsymbol{K}_{FF}^{-1}(\boldsymbol{P}_F-\boldsymbol{K}_{FR}\boldsymbol{\Delta}_R) \tag{m}$$

求出 $\boldsymbol{\Delta}_F$ 后，代入式（l）则可计算支座约束反力 $\boldsymbol{P}_R$。

上述方法要改变总刚度方程的排列顺序，并且破坏总刚度矩阵的带形特征（非零元素集中在主对角线两侧的矩阵称为带形矩阵），仅适合于手算。当作电算时，因为总刚已形成，重新排列总刚交换其某些行、列较为复杂且要增加很多计算量。为避免改变总刚的行、列，我们通常不再形成式（l）和用以求支座约束反力，而采用下面的方法引入支承条件。

1. 主1副零法

我们先就一般情况进行讨论。设第 i 个节点位移受到支座的约束，而 P_i 为未知的约束反力。我们可把原总刚度方程

$$\begin{pmatrix}K_{11} & K_{12}\cdots K_{1i}\cdots K_{1n}\\ K_{21} & K_{22}\cdots K_{2i}\cdots K_{2n}\\ \vdots & \vdots \quad\; \vdots \quad\; \vdots\\ K_{i1} & K_{i2}\cdots K_{ii}\cdots K_{in}\\ \vdots & \vdots \quad\; \vdots \quad\; \vdots\\ K_{n1} & K_{n2}\cdots K_{ni}\cdots K_{nn}\end{pmatrix}\begin{pmatrix}\Delta_1\\ \Delta_2\\ \vdots\\ \Delta_i\\ \vdots\\ \Delta_n\end{pmatrix}=\begin{pmatrix}P_1\\ P_2\\ \vdots\\ P_i\\ \vdots\\ P_n\end{pmatrix} \tag{n}$$

经过移项变为

$$\begin{pmatrix}K_{11} & K_{12}\cdots 0\cdots K_{1n}\\ K_{21} & K_{22}\cdots 0\cdots K_{2n}\\ \vdots & \vdots \quad \vdots \quad \vdots\\ 0 & 0\cdots 1\cdots 0\\ \vdots & \vdots \quad \vdots \quad \vdots\\ K_{n1} & K_{n2}\cdots 0\cdots K_{nn}\end{pmatrix}\begin{pmatrix}\Delta_1\\ \Delta_2\\ \vdots\\ \Delta_i\\ \vdots\\ \Delta_n\end{pmatrix}=\begin{pmatrix}P_1-K_{1i}\Delta_i\\ P_2-K_{2i}\Delta_i\\ \vdots\\ (P_i-\sum\limits_{\substack{j=1\\ j\neq i}}^{n}K_{ij}\Delta_j)/K_{ii}\\ \vdots\\ P_n-K_{ni}\Delta_i\end{pmatrix} \tag{o}$$

如我们放弃用第 i 个方程求约束反力 P_i，设支座为刚性支座，对此方程只要求用它得出 $\Delta_i=0$，则可将式（o）的右端列阵改写为 $[P_1 \quad P_2 \cdots P_{i-1} \quad 0 \quad P_{i+1} \cdots P_n]^{\mathrm{T}}$。这就保证了解出的 Δ_i 等于零，体现了引入这一刚性支承条件后的结果。

根据上面的分析，我们的具体做法是把总刚的主对角线元素 K_{ii} 改为 1，第 i 行、i 列的其余元素都改为零，对应的荷载项 P_i 也改为零。

把上述方法用于图 11-3 的结构，则式（h）修改为

$$\begin{bmatrix} 1 & 0 & 0 & 0 \\ 0 & 4(i_1+i_2) & 2i_2 & 0 \\ 0 & 2i_2 & 4(i_2+i_3) & 0 \\ 0 & 0 & 0 & 1 \end{bmatrix} \begin{bmatrix} \Delta_1 \\ \Delta_2 \\ \Delta_3 \\ \Delta_4 \end{bmatrix} = \begin{bmatrix} 0 \\ P_2 \\ P_3 \\ 0 \end{bmatrix} \tag{p}$$

设支座产生沉陷为 b，则第 i 个节点位移已知，即 $\Delta_i=b$。我们仍利用式（o）改写总刚度方程。仿照上面做法，此时不再用第 i 个方程来求约束反力 P_i，但让它保证解出 $\Delta_i=b$，把式（o）的右端列阵变为 $[P_1-K_{1i}b \quad P_2-K_{2i}b \quad \cdots \quad P_{i-1}-K_{i-1,i}b \quad b \quad P_{i+1}-K_{i+1,i}b \quad \cdots \quad P_n-K_{ni}b]^{\mathrm{T}}$ 即可达到这一目的，体现了引入这一已知支承位移的影响。

上述引入支承条件的方法是精确的方法，要使总刚中与所引入支座位移对应的主对角线元素改为 1，对应的行及列中的非主对角线元素改为零，这一方法称为“主 1 副零”法。

2. 置大数法

为了使修改总刚度方程的程序更简单，我们可采用下面的“置大数”法近似地引入支承条件。设第 i 个节点位移已知为 $\Delta_i=b$，我们采用把总刚中主对角线元素 K_{ii} 改为一个很大的数 G（相对 i 行其他元素而言），对应的荷载项 P_i 改为 $G\cdot b$。这样第 i 个方程变为

$$K_{i1}\Delta_1+\cdots+K_{i,i-1}\Delta_{i-1}+G\Delta_i+K_{i,i+1}\Delta_{i+1}+\cdots+K_{in}\Delta_n=G\cdot b$$

若把上式两边同除以大数 G，则除 Δ_i 的系数外，其他系数都很小，可近似认为是零，上式变为 $\Delta_i=b$，这个结果就体现了引入已知位移条件。

采用主 1 副零法或置大数法引入支承条件时，我们都未改变总刚度方程的排列顺序，并保持了总刚度矩阵的对称性和带形特性，就节点位移而言，修改后的方程组与原方程组式（n）是同解的。

这种先形成总刚度方程，再引入支承条件予以修改的做法，称为后处理法，即在形成总刚度方程之后，再处理支承条件。这种方法的优点是程序比较简单。

按主 1 副零法，对图 11-2 所示连续梁的左、右端引入固定支承条件的做法为

$$\left.\begin{array}{l} \text{如左端固定，取 } K_{11}=1,\ K_{12}=K_{21}=0,\ P_1=0 \\ \text{如右端固定，取 } K_{nn}=1,\ K_{n,n-1}=K_{n-1,n}=0,\ P_n=0 \end{array}\right\} \tag{11-16}$$

引入支座条件后，可用追赶法（见附录Ⅱ）或其他解线性方程组的方法解总刚度方程，从而求出节点位移 $\boldsymbol{\Delta}$，再用式（11-11）求出单元杆端力 $\boldsymbol{F}^{ⓔ}$。支座反力可由支座所在节点的平衡条件求出。

例 11-1 试求图 11-4 所示三跨连续梁的节点转角，并绘弯矩图。

【解】

（1）坐标系、单元和节点编号已在图 11-4 中标明，梁右端转角 $\Delta_4=0$，而相应的支座反力 P_4 为未知。

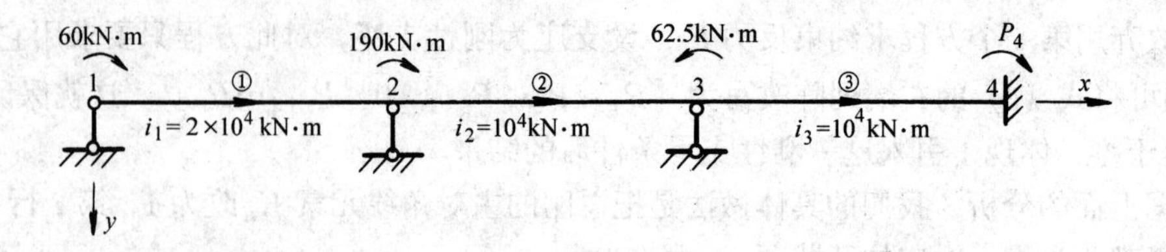

图 11-4　例 11-1 图

(2) 节点荷载列阵

$$\boldsymbol{P} = [60 \quad 190 \quad -62.5 \quad P_4]^{\mathrm{T}}(\mathrm{kN \cdot m})$$

(3) 按式 (11-14) 形成总刚度矩阵为

$$\boldsymbol{K} = 10^4 \times \begin{bmatrix} 4\times2 & 2\times2 & 0 & 0 \\ 2\times2 & 4\times(2+1) & 2\times1 & 0 \\ 0 & 2\times1 & 4\times(1+1) & 2\times1 \\ 0 & 0 & 2\times1 & 4\times1 \end{bmatrix}$$

$$= 10^4 \times \begin{bmatrix} 8 & 4 & 0 & 0 \\ 4 & 12 & 2 & 0 \\ 0 & 2 & 8 & 2 \\ 0 & 0 & 2 & 4 \end{bmatrix}(\mathrm{kN \cdot m})$$

(4) 按式 (11-16) 引入支座条件后，总刚度方程变为

$$10^4 \times \begin{bmatrix} 8 & 4 & 0 & 0 \\ 4 & 12 & 2 & 0 \\ 0 & 2 & 8 & 0 \\ 0 & 0 & 0 & 1 \end{bmatrix}\begin{bmatrix} \Delta_1 \\ \Delta_2 \\ \Delta_3 \\ \Delta_4 \end{bmatrix} = \begin{bmatrix} 60 \\ 190 \\ -62.5 \\ 0 \end{bmatrix}$$

(5) 解上面的线性方程组求节点位移，得

$$\boldsymbol{\Delta} = 10^{-4} \times [-1.734\,3 \quad 18.487 \quad -12.434 \quad 0]^{\mathrm{T}}(\mathrm{rad})$$

(6) 由式 (11-11) 求单元杆端力

$$\boldsymbol{F}^{①} = \begin{bmatrix} F_1^{①} \\ F_2^{①} \end{bmatrix} = \begin{bmatrix} 4i_1 & 2i_1 \\ 2i_1 & 4i_1 \end{bmatrix}\begin{bmatrix} \Delta_1 \\ \Delta_2 \end{bmatrix} = 10^4 \times \begin{bmatrix} 8 & 4 \\ 4 & 8 \end{bmatrix} \times 10^{-4} \times \begin{bmatrix} -1.743\,4 \\ 18.487 \end{bmatrix} = \begin{bmatrix} 60.00 \\ 140.9 \end{bmatrix}(\mathrm{kN \cdot m})$$

$$\boldsymbol{F}^{②} = \begin{bmatrix} F_1^{②} \\ F_2^{②} \end{bmatrix} = \begin{bmatrix} 4 & 2 \\ 2 & 4 \end{bmatrix}\begin{bmatrix} 18.487 \\ -12.434 \end{bmatrix} = \begin{bmatrix} 49.08 \\ -12.76 \end{bmatrix}(\mathrm{kN \cdot m})$$

$$\boldsymbol{F}^{③} = \begin{bmatrix} F_1^{③} \\ F_2^{③} \end{bmatrix} = \begin{bmatrix} 4 & 2 \\ 2 & 4 \end{bmatrix}\begin{bmatrix} -12.434 \\ 0 \end{bmatrix} = \begin{bmatrix} -49.74 \\ -24.87 \end{bmatrix}(\mathrm{kN \cdot m})$$

(7) 支座反力可由节点平衡条件求出。

右端固定支座反力偶 $P_4 = F_2^{③} = -24.87$ (kN·m) (↓)

(8) 弯矩图如图 11-5 (画在受拉侧)。

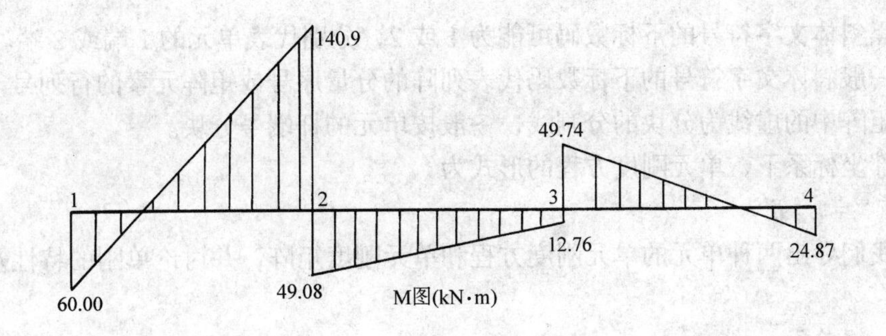

图 11-5　例 11-1 的弯矩图

思　考　题

(1) 在图 11-1 及图 11-2 的连续梁中，它们的端部都是简支的，为什么推导单元刚度方程时，我们不使用转角位移方程式（7-2)？如果使用式（7-2）应如何处理？有什么优缺点？

(2) 为什么图 11-1（c）中可不绘出杆端剪力？为什么考虑节点处平衡条件时（如式(f))，未考虑 $\Sigma F_y = 0$（竖直方向合力为零)，这一条件满足吗？

(3) 如何求图 11-2 中连续梁支座的竖向反力？

(4) 把置大数法用于刚性支座，这时它是精确的方法，还是近似的方法？图 11-2 中连续梁的左右端为固定端，用此法时式（11-16）应如何修改？

11.3　平面杆件结构的单元分析

杆件结构离散为有限个单元后，单元分析就是找出单元的杆端位移和杆端力的关系式，建立单元刚度方程。

与连续梁不同的是：在一般杆件结构中，各单元的方向不完全相同。因此，必然会有若干杆件的局部坐标系不能与整体坐标系相一致。对于这些杆件单元，我们要先针对其局部坐标系建立单元刚度方程，而后再通过坐标变换，将所得结果转换为相应于整体坐标系的刚度方程。

在本章我们作如下一些规定。

(1) 直杆单元的轴线为局部坐标系的 $\bar{x}$ 轴，在单元轴线上画一箭头表示 $\bar{x}$ 轴的正向，亦即由单元的 1 端指向 2 端的方向。

(2) 一律采用右手直角坐标系，在整体坐标系与局部坐标系的 x 与 $\bar{x}$ 轴确定之后，由其正向按顺时针方向转 90°为 y 与 $\bar{y}$ 轴的正向。一切与转动有关的量，如节点角位移、杆端角位移、集中力偶、分布力偶、杆端弯矩等，均以顺时针转向为正；一切与平动有关的量，如节点线位移、杆端线位移、集中力（包括杆端轴力、剪力)、分布力等，用沿坐标轴分解的两个分量表示，并以其方向与坐标轴正向相同时为正。应当注意这显然同结构力学、材料力学中通常有关轴力和剪力的正负规定是不同的。

(3) 代表单元各量值的文字符号，如果在上面有一横线，则表示为局部坐标系下的量，否则为整体坐标系下的量。

（4）黑斜体文字符号的下标数码可能为 1 或 2，分别代表单元的 1 端或 2 端。

（5）一般斜体文字符号的下标数码代表列阵的分量序号或矩阵元素的行列号。

（6）矩阵中的虚线为分块的分割线，一般按单元的杆端号分块。

在局部坐标系下，单元刚度方程的形式为

$$\overline{\boldsymbol{F}}^{ⓔ}=\overline{\boldsymbol{k}}^{ⓔ}\overline{\boldsymbol{\delta}}^{ⓔ} \tag{11-17}$$

下面我们导出两种单元的单元刚度方程和单元刚度矩阵，并讨论单刚的特性及各分量的意义。

一、一般单元

设等截面直杆单元ⓔ的弹性模量为 E、横截面积为 A、惯性矩为 I、长度为 l。选局部坐标系如图 11-6 所示。单元 1 或 2 端各有 3 个杆端位移（$\bar{x}$ 向线位移 $\bar{\delta}_1$ 或 $\bar{\delta}_4$，$\bar{y}$ 向线位移 $\bar{\delta}_2$ 或 $\bar{\delta}_5$，角位移 $\bar{\delta}_3$ 或 $\bar{\delta}_6$）与其相应的 3 个杆端力（轴力 $\bar{F}_1$ 或 $\bar{F}_4$，剪力 $\bar{F}_2$ 或 $\bar{F}_5$，弯矩 $\bar{F}_3$ 或 $\bar{F}_6$）。在图 11-6 中，杆端位移和杆端力均按正向示出。

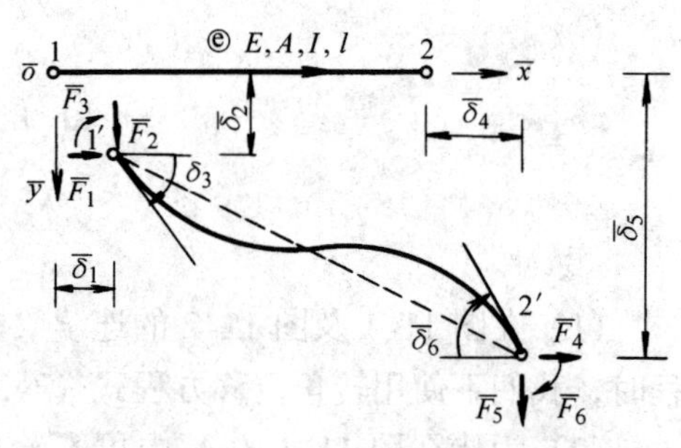

图 11-6　一般单元的位移图

在这种单元中，单元杆端位移列阵为

$$\overline{\boldsymbol{\delta}}^{ⓔ}=[\overline{\boldsymbol{\delta}}_1^{\mathrm{T}}\ \vdots\ \overline{\boldsymbol{\delta}}_2^{\mathrm{T}}]^{ⓔ\mathrm{T}}=[\bar{\delta}_1\bar{\delta}_2\bar{\delta}_3\ \vdots\ \bar{\delta}_4\bar{\delta}_5\bar{\delta}_6]^{ⓔ\mathrm{T}}=[\bar{u}_1\bar{v}_1\bar{\varphi}_1\ \vdots\ \bar{u}_2\bar{v}_2\bar{\varphi}_2]^{ⓔ\mathrm{T}} \tag{11-18}$$

单元杆端力列阵为

$$\overline{\boldsymbol{F}}^{ⓔ}=[\overline{\boldsymbol{F}}_1^{\mathrm{T}}\ \vdots\ \overline{\boldsymbol{F}}_2^{\mathrm{T}}]^{ⓔ\mathrm{T}}=[\bar{F}_1\bar{F}_2\bar{F}_3\ \vdots\ \bar{F}_4\bar{F}_5\bar{F}_6]^{ⓔ\mathrm{T}}=[\bar{X}_1\bar{Y}_1\bar{M}_1\ \vdots\ \bar{X}_2\bar{Y}_2\bar{M}_2]^{ⓔ\mathrm{T}} \tag{11-19}$$

因为我们所讨论的问题局限于线性变形体系的范围，故不必考虑轴向力、轴向变形与弯曲内力、弯曲变形的相互影响问题。它们可分别考虑再予以组合。

利用力法或转角位移方程式（7-1）可分别得出当 $\overline{\boldsymbol{\delta}}^{ⓔ}$ 中一个分量为 1，而其余分量均为零时的单元杆端力如图 11-7（a）～（f）所示。各图中未绘出的杆端位移分量和杆端力分量，在该情况下其数值为零。

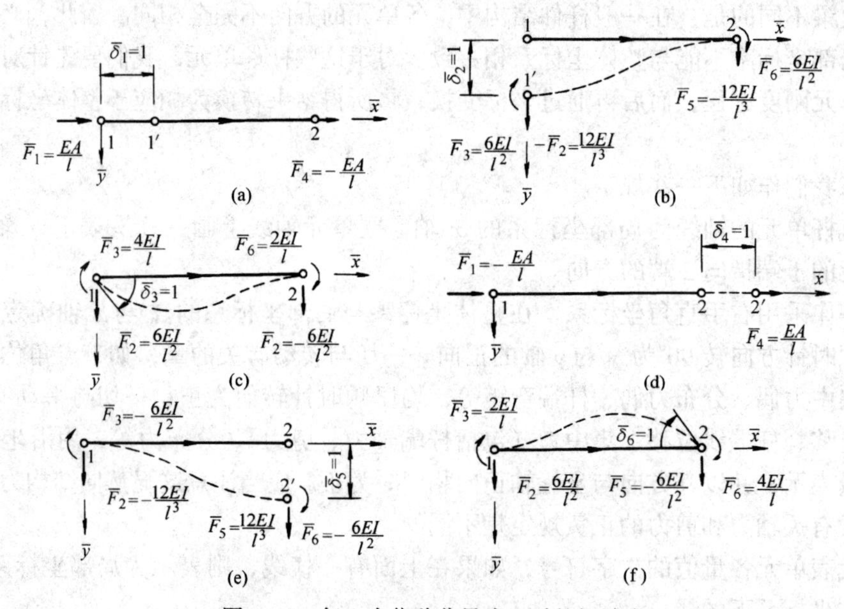

图 11-7　仅一个位移分量为 1 时的杆端力

当单元的杆端位移分量为任意值时，以图 11-7 所示的 6 种情形为基础进行叠加，即可得出杆端力的各分量。这些计算式综合在一起，即为单元刚度方程，以矩阵形式表示为

$$\begin{Bmatrix}\bar{F}_1\\ \bar{F}_2\\ \bar{F}_3\\ \bar{F}_4\\ \bar{F}_5\\ \bar{F}_6\end{Bmatrix}^{ⓔ}=\begin{bmatrix}\frac{EA}{l} & 0 & 0 & -\frac{EA}{l} & 0 & 0\\ 0 & \frac{12EI}{l^3} & \frac{6EI}{l^2} & 0 & -\frac{12EI}{l^3} & \frac{6EI}{l^2}\\ 0 & \frac{6EI}{l^2} & \frac{4EI}{l} & 0 & -\frac{6EI}{l^2} & \frac{2EI}{l}\\ -\frac{EA}{l} & 0 & 0 & \frac{EA}{l} & 0 & 0\\ 0 & -\frac{12EI}{l^3} & -\frac{6EI}{l^2} & 0 & \frac{12EI}{l^3} & -\frac{6EI}{l^2}\\ 0 & \frac{6EI}{l^2} & \frac{2EI}{l} & 0 & -\frac{6EI}{l^2} & \frac{4EI}{l}\end{bmatrix}^{ⓔ}\begin{Bmatrix}\bar{\delta}_1\\ \bar{\delta}_2\\ \bar{\delta}_3\\ \bar{\delta}_4\\ \bar{\delta}_5\\ \bar{\delta}_6\end{Bmatrix}^{ⓔ} \tag{11-20}$$

其中单元刚度矩阵为

$$\bar{\boldsymbol{k}}^{ⓔ}=\begin{bmatrix}\bar{\boldsymbol{k}}_{11} & \bar{\boldsymbol{k}}_{12}\\ \bar{\boldsymbol{k}}_{21} & \bar{\boldsymbol{k}}_{22}\end{bmatrix}^{ⓔ}=\left[\begin{array}{ccc|ccc}\frac{EA}{l} & 0 & 0 & -\frac{EA}{l} & 0 & 0\\ 0 & \frac{12EI}{l^3} & \frac{6EI}{l^2} & 0 & -\frac{12EI}{l^3} & \frac{6EI}{l^2}\\ 0 & \frac{6EI}{l^2} & \frac{4EI}{l} & 0 & -\frac{6EI}{l^2} & \frac{2EI}{l}\\ \hline -\frac{EA}{l} & 0 & 0 & \frac{EA}{l} & 0 & 0\\ 0 & -\frac{12EI}{l^3} & -\frac{6EI}{l^2} & 0 & \frac{12EI}{l^3} & -\frac{6EI}{l^2}\\ 0 & \frac{6EI}{l^2} & \frac{2EI}{l} & 0 & -\frac{6EI}{l^2} & \frac{4EI}{l}\end{array}\right]^{ⓔ} \tag{11-21}$$

式（11-21）是平面杆件结构的一般单元在局部坐标系下的单元刚度矩阵。它是六阶方阵。

为考查 $\bar{\boldsymbol{k}}^{ⓔ}$中任一元素（单元的任一刚度影响系数）$k_{ij}(i,j=1,2,\cdots,6)$的物理意义，我们从式（11-20）中，取出第 i 个方程式，即

$$\bar{F}_i=\sum_{l=1}^{6}\bar{k}_{il}\bar{\delta}_l$$

令第 j 个位移分量$\bar{\delta}_j=1$，其余的位移分量$\bar{\delta}_l=0(l\neq j)$，把它们代入上式，即得出 $\bar{F}_i=\bar{k}_{ij}$，故 $\bar{k}_{ij}$表示第j 个杆端位移分量为 1，其余的杆端位移分量为零时所引起的第 i 个杆端力。在 $\bar{F}_i=\bar{k}_{ij}$中，i 取 1 至 6，则得 $\bar{\boldsymbol{k}}^{ⓔ}$的第 j 列中的 6 个元素，故 $\bar{\boldsymbol{k}}^{ⓔ}$的第 j 列元素的物理意义为第j 个杆端位移分量为 1，其余的杆端位移分量为零时所引起的 6 个杆端力，此种情形，对应图 11-7 中的一个分图。$\bar{\boldsymbol{k}}^{ⓔ}$中第 i 行的各元素则分别表示单元ⓔ的各个杆端位移分量分别为 1 时所引起的各自对应第 i 个杆端力的数值。

根据反力互等定理，可知 $\bar{k}_{ij}=\bar{k}_{ji}$，因此 $\bar{\boldsymbol{k}}^{ⓔ}$是对称方阵。

由式（11-21）可以看出，如将其中的第4行加到第1行上，则第1行的各元素均为零，故单刚 $\bar{\boldsymbol{k}}^{ⓔ}$的行列式等于零。因此，$\bar{\boldsymbol{k}}^{ⓔ}$是个奇异矩阵，它的逆矩阵不存在。这也就是说，若已知单元的杆端位移 $\bar{\boldsymbol{\delta}}^{ⓔ}$，利用式（11-20）可惟一地确定相应的杆端力 $\bar{\boldsymbol{F}}^{ⓔ}$。反之若已知单元的杆端力 $\bar{\boldsymbol{F}}^{ⓔ}$，利用式（11-20）则不能确定相应的杆端位移 $\bar{\boldsymbol{\delta}}^{ⓔ}$。这是由于图11-6所示的单元并无支座，因而在杆端力作用下，除了弹性变形外，还可以有不确定的刚体位移。要消除这些刚体位移，至少应增加3个约束条件。

对于一般单元，当单元两端没有线位移仅考虑两端的角位移时，单元刚度方程式（11-20）应删去1、2、4、5行和列的元素，这时一般单元就变为11.2节中所讨论的简支式单元。也就是说简支式单元是一般单元的一种特殊情况。用这种删去单元两端并不存在或不考虑的位移所对应行、列的方法，还可以得到其他形式的特殊单元。

二、轴力单元

当杆件只有轴力时，称为轴力单元亦称二力杆。只承受节点荷载的桁架，其中各个杆件即为轴力单元。此种单元只产生轴向变形，受力后保持平直，故其杆端的角位移不是独立的位移参数，因而不必考虑。在局部坐标系下，给定 $\bar{x}$ 向线位移，即可确定单元轴力。对在局部坐标系下确定单元内力状态而言，$\bar{y}$ 向线位移本可以不必引入，为了便于作坐标变换，我们仍考虑每个杆端有沿 $\bar{x}$ 轴和 $\bar{y}$ 轴的两个线位移，但在构成单元刚度矩阵时，应使 $\bar{y}$ 向线位移并不引起轴力。轴力单元的杆端位移列阵为

$$\bar{\boldsymbol{\delta}}^{ⓔ}=[\bar{\boldsymbol{\delta}}_1^{\mathrm{T}} \vdots \bar{\boldsymbol{\delta}}_2^{\mathrm{T}}]^{ⓔ}=[\bar{\delta}_1\bar{\delta}_2 \vdots \bar{\delta}_3\bar{\delta}_4]^{ⓔ\mathrm{T}}=[\bar{u}_1\bar{v}_1 \vdots \bar{u}_2\bar{v}_2]^{ⓔ\mathrm{T}} \tag{11-22}$$

式中：$\bar{\delta}_1$、$\bar{\delta}_3$ 分别为1、2端 $\bar{x}$ 向线位移；$\bar{\delta}_2$、$\bar{\delta}_4$ 分别为1、2端 $\bar{y}$ 向线位移。

轴力单元的杆端力列阵为

$$\bar{\boldsymbol{F}}^{ⓔ}=[\bar{\boldsymbol{F}}_1^{\mathrm{T}} \vdots \bar{\boldsymbol{F}}_2^{\mathrm{T}}]^{ⓔ\mathrm{T}}=[\bar{F}_1\bar{F}_2 \vdots \bar{F}_3\bar{F}_4]^{ⓔ\mathrm{T}}=[\bar{X}_1\bar{Y}_1 \vdots \bar{X}_2\bar{Y}_2]^{ⓔ\mathrm{T}} \tag{11-23}$$

式中：$\bar{F}_1$、$\bar{F}_3$ 分别为1、2端 $\bar{x}$ 向杆端力即轴力；$\bar{F}_2$、$\bar{F}_4$ 分别为1、2端 $\bar{y}$ 向杆端力即剪力，应恒为零。

利用图11-7（a）及（d），可得轴力单元的单元刚度方程为

$$\begin{pmatrix}\bar{F}_1\\ \bar{F}_2\\ \bar{F}_3\\ \bar{F}_4\end{pmatrix}^{ⓔ}=\begin{pmatrix}\frac{EA}{l} & 0 & -\frac{EA}{l} & 0\\ 0 & 0 & 0 & 0\\ -\frac{EA}{l} & 0 & \frac{EA}{l} & 0\\ 0 & 0 & 0 & 0\end{pmatrix}^{ⓔ}\begin{pmatrix}\bar{\delta}_1\\ \bar{\delta}_2\\ \bar{\delta}_3\\ \bar{\delta}_4\end{pmatrix}^{ⓔ} \tag{11-24}$$

轴力单元的单元刚度矩阵为

$$\bar{\boldsymbol{k}}^{ⓔ}=\left[\begin{array}{c:c}\bar{\boldsymbol{k}}_{11} & \bar{\boldsymbol{k}}_{12}\\ \hdashline \bar{\boldsymbol{k}}_{21} & \bar{\boldsymbol{k}}_{22}\end{array}\right]^{ⓔ}=\left(\begin{array}{cc:cc}\frac{EA}{l} & 0 & -\frac{EA}{l} & 0\\ 0 & 0 & 0 & 0\\ \hdashline -\frac{EA}{l} & 0 & \frac{EA}{l} & 0\\ 0 & 0 & 0 & 0\end{array}\right)^{ⓔ} \tag{11-25}$$

很明显，轴力单元的单元刚度矩阵是四阶对称方阵。它也是奇异的矩阵。

思 考 题

（1）本章中，一般杆件单元的杆端轴力和杆端剪力的正负规定同第7章的规定有什么不

同？

(2) 在一般杆件单元的单刚中，当 $j=2, 3, 5, 6$ 时，$\bar{k}_{1j}=\bar{k}_{4j}=\bar{k}_{j1}=\bar{k}_{j4}=0$ 的物理意义是什么？

(3) 对由连续梁离散而得的单元，如还需考虑 $\bar{y}$ 向线位移及对应的杆端剪力，试写出它的单元刚度方程，这种单元在什么情况下使用？

(4) 一般单元的单元刚度矩阵的秩是多少？说明其物理意义。

11.4 坐 标 变 换

在上一节，我们是在局部坐标系下推导单元刚度方程的。但在进行整体分析，考虑节点的平衡及位移连续条件时，则需参照一个共同的坐标系*，这就是整体坐标系。一般地说，同一个物理量在不同的坐标系上，其分量将有不同的数值，本节要建立不同坐标系下的分量之间及单元刚度矩阵之间的转换关系。

规定好整体坐标系后，结构的位形即可用各节点的坐标予以标定。在许多“电算”程序中，节点的坐标值是必须输入的数据。

图 11-8 示一单元ⓔ，其中 $\overline{xoy}$ 为局部坐标系，xoy 为整体坐标系。单元ⓔ在整体坐标系下的杆端位移列阵及杆端力列阵分别为

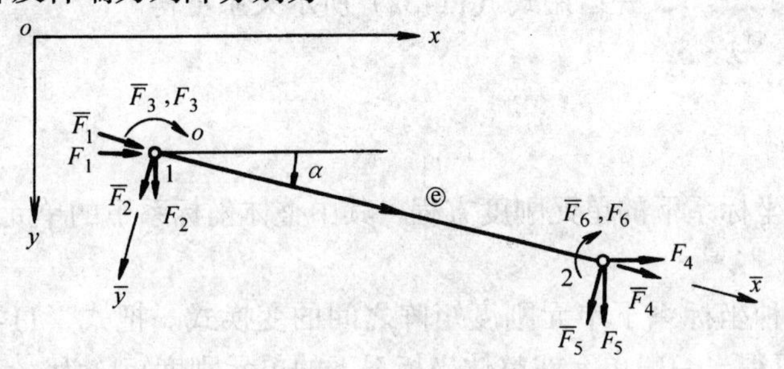

图 11-8 两种坐标系下的杆端力

$$\boldsymbol{\delta}^{ⓔ}=[\boldsymbol{\delta}_1^{\mathrm{T}} \vdots \boldsymbol{\delta}_2^{\mathrm{T}}]^{ⓔ\mathrm{T}}=[\delta_1\delta_2\delta_3 \vdots \delta_4\delta_5\delta_6]^{ⓔ\mathrm{T}}=[u_1v_1\varphi_1 \vdots u_2v_2\varphi_2]^{ⓔ\mathrm{T}} \tag{11-26}$$

$$\boldsymbol{F}^{ⓔ}=[\boldsymbol{F}_1^{\mathrm{T}} \vdots \boldsymbol{F}_2^{\mathrm{T}}]^{ⓔ\mathrm{T}}=[F_1F_2F_3 \vdots F_4F_5F_6]^{ⓔ\mathrm{T}}=[X_1Y_1M_1 \vdots X_2Y_2M_2]^{ⓔ\mathrm{T}} \tag{11-27}$$

式中各分量的意义与局部坐标系上的相类似，即 $\delta_1 \sim \delta_3$（或 $\delta_4 \sim \delta_6$）分别为 1 端（或 2 端）沿 x、y 方向的线位移及转角，而 $F_1 \sim F_6$ 则分别为 $\delta_1 \sim \delta_6$ 相应的杆端力分量。

我们先考察两种坐标系下杆端力之间的关系。在图 11-8 中，不难推出两者有以下关系

$$\left.\begin{aligned} &\overline{F_1}=F_1\cos\alpha+F_2\sin\alpha, &&\overline{F_4}=F_4\cos\alpha+F_5\sin\alpha \\ &\overline{F_2}=-F_1\sin\alpha+F_2\cos\alpha, &&\overline{F_5}=-F_4\sin\alpha+F_5\cos\alpha \\ &\overline{F_3}=F_3, &&\overline{F_6}=F_6 \end{aligned}\right\} \tag{11-28}$$

式中 α 为由 x 轴正向转向 $\bar{x}$ 轴正向的角度，以顺时针方向为正。令

$$c_x=\cos\alpha, \qquad c_y=\sin\alpha \tag{11-29}$$

式中 c_x 及 c_y 分别为 $\bar{x}$ 轴在整体坐标系下的 x 方向及 y 方向的方向余弦。

---

* 在考虑节点平衡及位移连续条件时，结构的各节点亦可采用不同的坐标系，但本书不讨论这种情况。

杆端力之间的坐标变换式（11-28）可用矩阵形式表示为

$$\overline{\boldsymbol{F}}^{ⓔ}=\boldsymbol{\lambda}^{ⓔ}\boldsymbol{F}^{ⓔ} \tag{11-30}$$

式中 $\boldsymbol{\lambda}^{ⓔ}$为单元坐标变换矩阵，其展开形式为

$$\boldsymbol{\lambda}^{ⓔ}=\left[\begin{array}{ccc:ccc} c_x & c_y & 0 & & & \\ -c_y & c_x & 0 & & \boldsymbol{0} & \\ 0 & 0 & 1 & & & \\ \hdashline & & & c_x & c_y & 0 \\ & \boldsymbol{0} & & -c_y & c_x & 0 \\ & & & 0 & 0 & 1 \end{array}\right] \tag{11-31}$$

我们可以看出 $\boldsymbol{\lambda}^{ⓔ}$的每一行（列）各元素的平方和都为 1，而所有两个不同行（列）的对应元素乘积之和都为零。因此 $\boldsymbol{\lambda}^{ⓔ}$为一正交矩阵，根据正交矩阵的性质，有

$$\boldsymbol{\lambda}^{ⓔ-1}=\boldsymbol{\lambda}^{ⓔ\mathrm{T}} \tag{11-32}$$

很显然，两种坐标系下的杆端位移之间也有同样的变换关系。因此有

$$\overline{\boldsymbol{\delta}}^{ⓔ}=\boldsymbol{\lambda}^{ⓔ}\boldsymbol{\delta}^{ⓔ} \tag{11-33}$$

将式（11-30）及式（11-33）代入式（11-17）得

$$\boldsymbol{\lambda}^{ⓔ}\boldsymbol{F}^{ⓔ}=\overline{\boldsymbol{k}}^{ⓔ}\boldsymbol{\lambda}^{ⓔ}\boldsymbol{\delta}^{ⓔ}$$

将上式两边前乘 $\boldsymbol{\lambda}^{ⓔ-1}$，并运用式（11-32）所示关系可得

$$\boldsymbol{F}^{ⓔ}=\boldsymbol{\lambda}^{ⓔ\mathrm{T}}\overline{\boldsymbol{k}}^{ⓔ}\boldsymbol{\lambda}^{ⓔ}\boldsymbol{\delta}^{ⓔ}$$

或

$$\boldsymbol{F}^{ⓔ}=\boldsymbol{k}^{ⓔ}\boldsymbol{\delta}^{ⓔ} \tag{11-34}$$

式（11-34）即整体坐标系下的单元刚度方程，其中整体坐标系下的单元刚度矩阵为

$$\boldsymbol{k}^{ⓔ}=\boldsymbol{\lambda}^{ⓔ\mathrm{T}}\overline{\boldsymbol{k}}^{ⓔ}\boldsymbol{\lambda}^{ⓔ} \tag{11-35}$$

式（11-35）就是两种坐标系下单元刚度矩阵之间的变换式。把式（11-31）及式（11-21）代入式（11-35），可得出一般单元在整体坐标系下的单元刚度矩阵为

$$\boldsymbol{k}^{ⓔ}=\left[\begin{array}{c:c} \boldsymbol{k}_{11} & \boldsymbol{k}_{12} \\ \hdashline \boldsymbol{k}_{21} & \boldsymbol{k}_{22} \end{array}\right]^{ⓔ}=\left[\begin{array}{ccc:ccc} S_1 & S_2 & -S_3 & -S_1 & -S_2 & -S_3 \\ & S_4 & S_5 & -S_2 & -S_4 & S_5 \\ & & 2S_6 & S_3 & -S_5 & S_6 \\ \hdashline & & & S_1 & S_2 & S_3 \\ & \text{对称} & & & S_4 & -S_5 \\ & & & & & 2S_6 \end{array}\right]^{ⓔ} \tag{11-36}$$

式中

$$\left.\begin{array}{ll} S_1=\dfrac{EA}{l}c_x^2+\dfrac{12EI}{l^3}c_y^2, & S_2=\left(\dfrac{EA}{l}-\dfrac{12EI}{l^3}\right)c_xc_y \\ S_3=\dfrac{6EI}{l^2}c_y, & S_4=\dfrac{EA}{l}c_y^2+\dfrac{12EI}{l^3}c_x^2 \\ S_5=\dfrac{6EI}{l^2}c_x, & S_6=\dfrac{2EI}{l} \end{array}\right\} \tag{11-37}$$

以上推导过程和方法完全适合于轴力单元。轴力单元在整体坐标系下的杆端位移列阵和杆端力列阵为

$$\boldsymbol{\delta}^{ⓔ}=[\boldsymbol{\delta}_1^{\mathrm{T}} \vdots \boldsymbol{\delta}_2^{\mathrm{T}}]^{ⓔ\mathrm{T}}=[\delta_1\delta_2 \vdots \delta_3\delta_4]^{ⓔ\mathrm{T}}=[u_1 v_1 \vdots u_2 v_2]^{ⓔ\mathrm{T}} \tag{11-38}$$

$$\boldsymbol{F}^{ⓔ}=[\boldsymbol{F}_1^{\mathrm{T}} \vdots \boldsymbol{F}_2^{\mathrm{T}}]^{ⓔ\mathrm{T}}=[F_1F_2 \vdots F_3F_4]^{ⓔ\mathrm{T}}=[X_1 Y_1 \vdots X_2 Y_2]^{ⓔ\mathrm{T}} \tag{11-39}$$

式中：各分量的意义与局部坐标系下的相类似，即 δ_1、δ_3 分别为 1、2 端 x 向线位移；δ_2、δ_4 分别为 1、2 端 y 向线位移；$F_1 \sim F_4$ 分别为与 $\delta_1 \sim \delta_4$ 相应的杆端力分量。坐标变换矩阵可由式（11-31）删去第 3、6 行及列后得出，即

$$\boldsymbol{\lambda}^{ⓔ}=\left(\begin{array}{cc:cc} c_x & c_y & & \\ -c_y & c_x & \multicolumn{2}{c}{\mathbf{0}} \\ \hdashline & & c_x & c_y \\ \multicolumn{2}{c:}{\mathbf{0}} & -c_y & c_x \end{array}\right)^{ⓔ} \tag{11-40}$$

式（11-30）、式（11-32）～式（11-35）这些关系式对轴力单元仍然成立。在整体坐标系下轴力单元的单元刚度矩阵为

$$\boldsymbol{k}^{ⓔ}=\left[\begin{array}{c:c} \boldsymbol{k}_{11} & \boldsymbol{k}_{12} \\ \hdashline \boldsymbol{k}_{12} & \boldsymbol{k}_{22} \end{array}\right]^{ⓔ}=\left(\begin{array}{cc:cc} U_1 & U_2 & -U_1 & -U_2 \\ & U_3 & -U_2 & -U_3 \\ \hdashline & & U_1 & U_2 \\ \multicolumn{2}{c:}{\text{对称}} & & U_3 \end{array}\right) \tag{11-41}$$

式中

$$U_1=\frac{EA}{l}c_x^2, \quad U_2=\frac{EA}{l}c_x c_y, \quad U_3=\frac{EA}{l}c_y^2 \tag{11-42}$$

思 考 题

（1）已知一般杆件单元局部坐标系下的杆端位移列阵 $\bar{\boldsymbol{\delta}}^{ⓔ}$ 与杆端力列阵 $\bar{\boldsymbol{F}}^{ⓔ}$，试推导在整体坐标系下杆端位移列阵 $\boldsymbol{\delta}^{ⓔ}$ 与杆端力列阵 $\boldsymbol{F}^{ⓔ}$ 的矩阵表达式。

（2）已知一般杆件单元整体坐标系下的单元刚度矩阵 $\boldsymbol{k}^{ⓔ}$，试推导在局部坐标系下单元刚度矩阵 $\bar{\boldsymbol{k}}^{ⓔ}$ 的矩阵表达式。

（3）轴力单元的单刚式（11-41）的各行（或列）元素的代数和为零的物理意义是什么？

11.5 节点、单元及未知位移分量编号

用矩阵位移法分析结构，主要靠电算完成，为了便于编制电算程序，使参与运算矩阵中的某元素方便地表示结构的某个物理量，我们需要按一定规律对结构各节点和单元以及各节点位移分量用自然数编号。节点位移分量的编号也就是此位移分量在节点位移列阵中从小到大依次排列的序号。

由 11.2 节已知，如节点位移列阵中同时包括自由节点位移和约束节点位移两种元素，需对总刚度方程引入支承条件后才能求解。若我们仅对未知的自由节点位移分量编号，得到的节点位移列阵中，就没有已知的约束节点位移分量，随之在建立单元刚度方程和总刚度方程时，便要考虑支承条件。这样得到的总刚度方程，可以直接求解，这就是所谓的“先处理法”，即先于总刚度方程的形成便要考虑支承条件。很明显，用先处理法建立的总刚度方程的阶数不会大于用后处理法建立的方程阶数。用先处理法建立的总刚度方程的阶数即未知位移分量总数，我们称之为结构的自由度。为了使用先处理法，我们先讨论单元、节点及位移

分量等编号之间的关系。

一、单元两端节点号数组

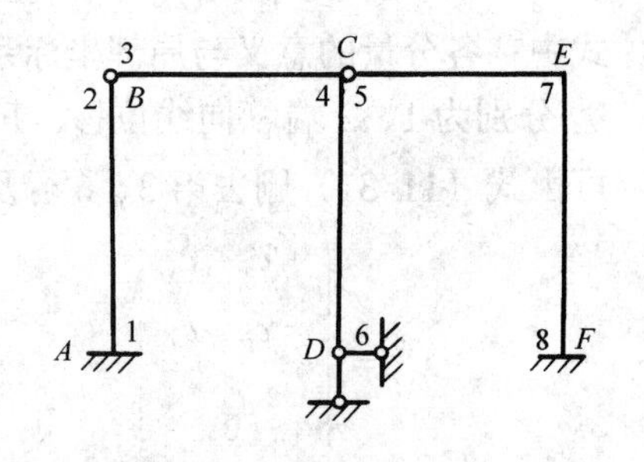

图 11-9 刚架铰结简图

首先，我们建立整体坐标系并将所要计算的结构离散；然后，对节点和单元分别按自然数顺序编号。当结构某些单元的联结并非刚结时，在此节点处便不能只给予一个编号。例如图 11-9 所示刚架在 B 点铰结，柱 AB 的 B 端及梁 BC 的 B 端的角位移都是独立的未知量，因一个节点编号只能代表一个角位移，如对此节点采用一个编号，表现 B 节点处两单元实际的角位移情况时，将出现困难。若我们对 B 点编两个节点号 2 及 3，它们的角位移分别表征两单元此处的杆端角位移，上述困难就可顺利解决。在一般情况下，多个单元在某处联结时，把在此处相互刚结的单元在刚结处编一节点号，若某单元不与其他单元在此处刚结，则需在该单元的杆端处另编一节点号。如图 11-9 所示结构的 C 点应编 4 及 5 两个节点号。

对节点编号后，再对单元编号并建立各单元的局部坐标系，则各单元 1（始）端和 2（末）端对应的节点号就惟一地确定了。于是我们可构造一个标志各单元两端节点号的数码表。此表的列数即单元数，并按单元序号从小到大依次排列，表中上、下共两行，分别记入各单元 1 及 2 端的节点编号。对于这样一个数码表，我们称之为单元两端节点号数组，并以 $\boldsymbol{J}_{\mathrm{e}}$* 表示。在附录Ⅰ的计算程序中，我们用二维数组 JE 存贮 $\boldsymbol{J}_{\mathrm{e}}$。

例 11-2 求图 11-2 所示连续梁的单元两端节点号数组 $\boldsymbol{J}_{\mathrm{e}}$。

【解】 由图 11-2 所示编号及坐标系可得

$$\boldsymbol{J}_{\mathrm{e}}=\begin{pmatrix}1 & 2 & 3 & \cdots & n-2 & n-1\\ 2 & 3 & 4 & \cdots & n-1 & n\end{pmatrix}$$

其中，上面一行为由①至$\textcircled{\small n-1}$各单元 1 端的节点编号，下面一行为相应单元 2 端的节点编号。例如，由图 11-2 可看出：单元③的 1 端节点号为 3，2 端节点号为 4，故 $\boldsymbol{J}_{\mathrm{e}}$ 的第 3 列第 1、2 行元素即应分别为 3 与 4。

在附录Ⅰ计算程序中，二维数组 JE 的元素 JE（i，e）用来表示 $\boldsymbol{J}_{\mathrm{e}}$ 的一个元素。圆括弧中第二个量值 e 为单元号，亦即该元素在数组 $\boldsymbol{J}_{\mathrm{e}}$ 中所在之列的序号；圆括弧中第一个量值 i 可取 1 或 2，用以表征单元ⓔ的 1 端或 2 端，亦即该元素在数组 $\boldsymbol{J}_{\mathrm{e}}$ 中所在之行的序号。数组元素JE(i,e)为单元ⓔ的 i 端的节点编号，亦即它系位于数组 $\boldsymbol{J}_{\mathrm{e}}$ 中第 i 行的第 e 列**。于是可写出

$$\left.\begin{aligned}\mathrm{JE}(1,\mathrm{e}) &= \text{单元 ⓔ1 端的节点号}\\ \mathrm{JE}(2,\mathrm{e}) &= \text{单元 ⓔ2 端的节点号}\end{aligned}\right\}\qquad(11\text{-}43)$$

在例 11-2 中，显然式（11-43）可为JE(1,e)＝e、JE(2,e)＝e＋1。在较通用的计算机程

---

* $\boldsymbol{J}_{\mathrm{e}}$ 也可写成矩阵形式，但对它进行矩阵的运算（如加或乘）没有意义，为强调这一点，在本书中，我们称之为数组，当需写出所含元素时，我们不用符号[ ]，而用符号( )，以区别于矩阵。类似的还有节点位移号数组 $\boldsymbol{J}_{\mathrm{n}}$、单元定位数组 $\boldsymbol{m}^{ⓔ}$等，这些数组和 $\boldsymbol{J}_{\mathrm{e}}$ 一样，进行矩阵运算没有意义。

** 今后表示其他二维数组的一个元素时，也采取这种标记法，即取圆括弧中第一量值表示该元素所在之行，取第二量值表示所在之列。

序中,均要求把 $\boldsymbol{J}_e$ 数组输入并存贮。

例 11-3 试对图 11-10(a)所示结构的节点和单元进行编号,并列出编号后结构单元两端节点号数组 $\boldsymbol{J}_e$。

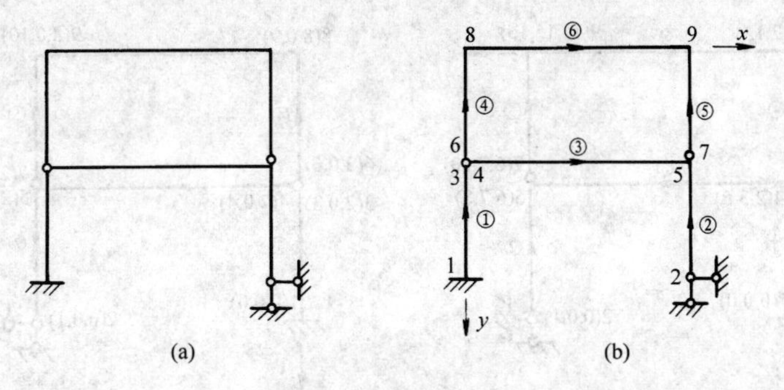

图 11-10 例 11-3 图

【解】

对各节点和单元编号并取坐标系如图 11-10(b)所示,由此得

$$\boldsymbol{J}_e=\begin{pmatrix}1 & 2 & 4 & 6 & 7 & 8\\ 3 & 5 & 5 & 8 & 9 & 9\end{pmatrix}$$

二、位移号及节点位移号数组

在对所分析的结构建立整体坐标系并对节点编号之后,其中总有一部分位移分量不是独立的未知量,这是由于支座、单元间存在非刚性联结及直杆轴向刚性等约束所造成的。在先处理法中,仅对独立的位移分量(亦称未知位移分量)按自然数顺序编号,通常将这种编号简称为位移号。若因受刚性支座等的约束而使某位移分量为零时,我们规定将此位移分量编为 0 号。若某些位移分量由于联结条件或直杆轴向刚性条件的限制彼此相等,则将它们编为同一位移号。习惯上我们给结构编位移号时,要按节点号顺序分先后进行;而在同一节点号处,还要再按 x 向线位移、y 向线位移、角位移的顺序依次编位移号。

将一节点的三个位移分量的位移号(如为桁架节点,则只有两个位移分量)排为一竖列,并按节点号的顺序从左到右把这些竖列横排,这样形成的数码表称为节点位移号数组 $\boldsymbol{J}_n$。它的第 j 列就是第 j 号节点的三个位移分量的位移号,即JN(1,j)、JN(2,j)及 JN(3,j)分别为 j 节点 x 向、y 向线位移及角位移的位移号。

在附录Ⅰ的平面刚架程序中,要将 $\boldsymbol{J}_n$ 数组输入,才能进行运算。

例 11-4 对图 11-10(b)所示已编单元号和节点号的结构,根据图示的支承条件和联结条件,要求:(1)对结构的未知位移编号并建立节点位移号数组;(2)设忽略杆件的轴向变形,再对未知位移重新编号建立节点位移号数组。

【解】

(1)将图 11-10(b)中的整体坐标系、单元号及节点号重绘在图 11-11(a)中。按节点号的先后依次给各位移分量编位移号,并写在节点号后的圆括号内,编号时要注意考虑支承条件和单元联结条件。例如,节点 1 为固定支座,3 个位移分量均为零。按规定应编为(0,0,0);节点 2 只有角位移编为 1 号,写为(0,0,1);为节点 3、4、6 所共有的 x 向及 y 向线位移分别编为 2 及 3 号,而角位移各不相同,按前面所述编号顺序规定应分别编为 4、5、9 号。依次做法,最后得节点位移号数组为

$$
\boldsymbol{J}_{\mathrm{n}}=\begin{pmatrix} 0 & 0 & 2 & 2 & 6 & 2 & 6 & 11 & 14 \\ 0 & 0 & 3 & 3 & 7 & 3 & 7 & 12 & 15 \\ 0 & 1 & 4 & 5 & 8 & 9 & 10 & 13 & 16 \end{pmatrix}
$$

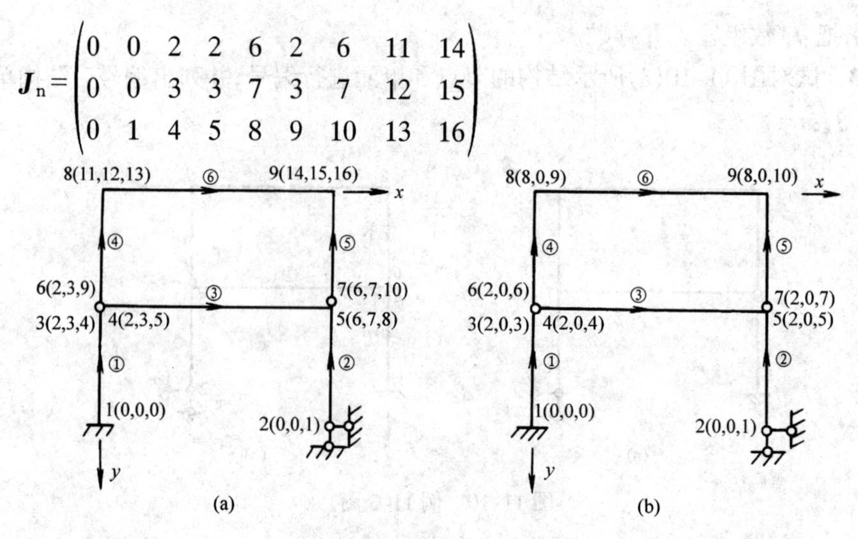

图 11-11　例 11-4 图

(2) 忽略杆件的轴向变形时，各节点 y 向位移均为零；有水平杆件联结的节点如节点 3、4、5、6、7 的 x 向位移相同，编为 2 号等。节点位移编号如图 11-11（b）所示。节点位移号数组为

$$
\boldsymbol{J}_{\mathrm{n}}=\begin{pmatrix} 0 & 0 & 2 & 2 & 2 & 2 & 2 & 8 & 8 \\ 0 & 0 & 0 & 0 & 0 & 0 & 0 & 0 & 0 \\ 0 & 1 & 3 & 4 & 5 & 6 & 7 & 9 & 10 \end{pmatrix}
$$

在图 11-12 中标示了两水平方向单元间的 6 种非刚性联结，我们分别编两个节点号，根据图中的联结条件，我们可得出这两节点号的位移分量间的关系如表 11-1 所示。

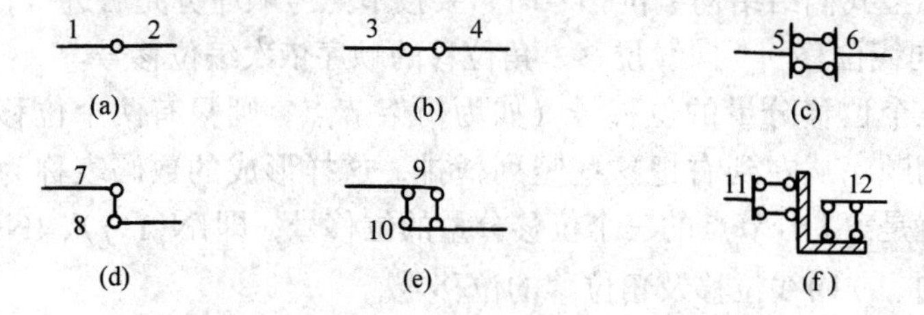

图 11-12　两水平方向单元间的非刚性联结示意图

表 11-1　图 11-12 中非刚性联结的位移分量关系

图　号	节点号	水平位移	竖直位移	角位移
(a)	1、2	相同	相同	不相同
(b)	3、4	相同	不相同	不相同
(c)	5、6	相同	不相同	相同
(d)	7、8	不相同	相同	不相同
(e)	9、10	不相同	相同	相同
(f)	11、12	不相同	不相同	相同

图 11-12 的每个分图各有两个节点，如一个节点固定（此点不用编节点号），则另一节

点就为支座节点。对于这个支座节点，根据表 11-1，只需对位移分量不相同的编位移号，位移分量相同的，编为 0 号，即处理了这些非固定支座的编号。

三、单元定位数组

设结构的自由度为 n，即未知位移分量共有 n 个，则结构的节点位移列阵为

$$\boldsymbol{\Delta}=[\Delta_1\Delta_2\cdots\Delta_n]^{\mathrm{T}} \tag{11-44}$$

结构离散后，单元ⓔ的杆端位移阵列为

$$\boldsymbol{\delta}^{ⓔ}=[\delta_1\delta_2\cdots\delta_d]^{\mathrm{T}} \tag{11-45}$$

式中 d 为单元的杆端位移分量数，对一般单元 $d=6$；对轴力单元 $d=4$。

为了能简单方便地形成杆端位移与相应节点位移间的协调条件，我们把单元ⓔ1 端及 2 端的位移号排成一行（1 端在前），对此数码表称之为单元定位数 $\boldsymbol{m}^{ⓔ}$（有的书称为定位向量），它的展开式为

$$\boldsymbol{m}^{ⓔ}=(m_1m_2\cdots m_d)^{ⓔ} \tag{11-46}$$

式中的 d 个元素 $m_1\sim m_d$ 分别是单元ⓔ两端位移分量所对应的位移号的数值。

在计算机程序中，根据已输入并存贮的单元两端节点号数组 $\boldsymbol{J}_{\mathrm{e}}$ 和节点位移号数组 $\boldsymbol{J}_n$，可以求出任一单元ⓔ的定位数组 $\boldsymbol{m}^{ⓔ}$，确定其中各元素数值的式子为

$$\left.\begin{aligned}&\text{与 1 端位移相应者：} m_i=\mathrm{JN}(i,\mathrm{JN}(1,\mathrm{e}))\\&\text{与 2 端位移相应者：} m_{d/2+i}=\mathrm{JN}(i,\mathrm{JE}(2,\mathrm{e}))\end{aligned}\right\}\left(i=1,2,\cdots,\frac{d}{2}\right) \tag{11-47}$$

利用单元定位数组，位移协调条件可通过下式予以满足

$$\left.\begin{aligned}&\text{当 } m_i=0,\text{则 } \delta_i=0\\&\text{当 } m_i\neq 0,\text{则 } \delta_i=\Delta_{m_i}\end{aligned}\right\}(i=1,2,\cdots,d) \tag{11-48}$$

利用 $\boldsymbol{m}^{ⓔ}$，我们可以确定：单元杆端位移列阵 $\boldsymbol{\delta}^{ⓔ}$ 中某一分量 δ_i 是对应支座（当 $m_i=0$ 时）或对应节点位移列阵 $\boldsymbol{\Delta}$ 中的第 m_i 个分量（当 $m_i\neq 0$ 时），即确定其在 $\boldsymbol{\Delta}$ 中的“位置”，故称单元定位数组。

例 11-5 试写出图 11-11（a）、（b）中所示已给予编号之结构的单元定位数组。

【解】

根据定义式（11-46）和图上的编号，很容易写出如下方程。

〈1〉对图 11-11（a）所示情况

$\boldsymbol{m}^{①}=(0\ 0\ 0\ 2\ 3\ 4),\boldsymbol{m}^{②}=(0\ 0\ 1\ 6\ 7\ 8)$

$\boldsymbol{m}^{③}=(2\ 3\ 5\ 6\ 7\ 8),\boldsymbol{m}^{④}=(2\ 3\ 9\ 11\ 12\ 13)$

$\boldsymbol{m}^{⑤}=(6\ 7\ 10\ 14\ 15\ 16),\boldsymbol{m}^{⑥}=(11\ 12\ 13\ 14\ 15\ 16)$

〈2〉对图 11-11（b）所示情况

$\boldsymbol{m}^{①}=(0\ 0\ 0\ 2\ 0\ 3),\boldsymbol{m}^{②}=(0\ 0\ 1\ 2\ 0\ 5)$

$\boldsymbol{m}^{③}=(2\ 0\ 4\ 2\ 0\ 5),\boldsymbol{m}^{④}=(2\ 0\ 6\ 8\ 0\ 9)$

$\boldsymbol{m}^{⑤}=(2\ 0\ 7\ 8\ 0\ 10),\boldsymbol{m}^{⑥}=(8\ 0\ 9\ 8\ 0\ 10)$

例 11-6 试对图 11-13（a）所示结构编号，忽略杆件的轴向变形，并建立结构的单元两端节点号数组 $\boldsymbol{J}_{\mathrm{e}}$、节点位移号数组 $\boldsymbol{J}_{\mathrm{n}}$、所有轴线在水平方向之杆件单元的定位数组 $\boldsymbol{m}^{ⓔ}$ 及它们的杆端位移列阵同结构节点位移的关系。

【解】

建立整体坐标系及各单元局部坐标系，并对各节点及单元编号如图 11-13（b）所示。

再根据杆件的支承条件和直杆轴向刚性条件对每一节点的三个位移分量编位移号，写在节点后的圆弧号之中。应注意各节点竖向（y 向）位移均为零；在同一水平线上的节点，其水平向（x 向）位移的位移号相同。水平杆件为单元⑧～⑪。按图中的数码依各数组定义得出

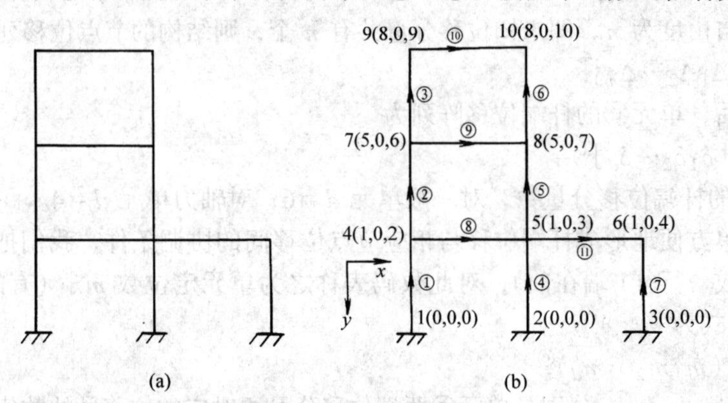

图 11-13　例 11-6 图

$$\boldsymbol{J}_{\mathrm{e}}=\begin{pmatrix}1 & 4 & 7 & 2 & 5 & 8 & 3 & 4 & 7 & 9 & 5\\ 4 & 7 & 9 & 5 & 8 & 10 & 6 & 5 & 8 & 10 & 6\end{pmatrix}$$

$$\boldsymbol{J}_{\mathrm{n}}=\begin{pmatrix}0 & 0 & 0 & 1 & 1 & 1 & 5 & 5 & 8 & 8\\ 0 & 0 & 0 & 0 & 0 & 0 & 0 & 0 & 0 & 0\\ 0 & 0 & 0 & 2 & 3 & 4 & 6 & 7 & 9 & 10\end{pmatrix}$$

$$\boldsymbol{m}^{⑧}=(1\ 0\ 2\ 1\ 0\ 3),\boldsymbol{m}^{⑨}=(5\ 0\ 6\ 5\ 0\ 7)$$

$$\boldsymbol{m}^{⑩}=(8\ 0\ 9\ 8\ 0\ 10),\boldsymbol{m}^{⑪}=(1\ 0\ 3\ 1\ 0\ 4)$$

$$\boldsymbol{\delta}^{⑧}=[\Delta_1\quad 0\quad \Delta_2\quad \Delta_1\quad 0\quad \Delta_3]^{\mathrm{T}}$$

$$\boldsymbol{\delta}^{⑨}=[\Delta_5\quad 0\quad \Delta_6\quad \Delta_5\quad 0\quad \Delta_7]^{\mathrm{T}}$$

$$\boldsymbol{\delta}^{⑩}=[\Delta_8\quad 0\quad \Delta_9\quad \Delta_8\quad 0\quad \Delta_{10}]^{\mathrm{T}}$$

$$\boldsymbol{\delta}^{⑪}=[\Delta_1\quad 0\quad \Delta_3\quad \Delta_1\quad 0\quad \Delta_4]^{\mathrm{T}}$$

思　考　题

（1）改变结构的整体坐标系，单元两端节点号数组 $\boldsymbol{J}_{\mathrm{e}}$ 是否改变？如某单元的局部坐标系改变其正方向，$\boldsymbol{J}_{\mathrm{e}}$ 变化吗？

（2）改变结构的整体坐标系或改变某单元局部坐标系的正方向或改变单元的编号，这些因素能改变节点位移号数组 $\boldsymbol{J}_{\mathrm{n}}$ 吗？

（3）是否可为两单元刚性联结的节点编两个节点号？

11.6　平面杆件结构的整体分析

整体分析就是将离散后的各单元重新组合，恢复为原结构，使其满足结构节点的位移连续条件和力平衡条件，从而得出总刚度方程。

形成结构总刚度方程，可以用 11.2 中所叙述的做法。但对于较复杂的结构，用 11.2 中的做法将非常繁锁且不易模式化。为使计算过程纳入一种统一的模式，一般地均采用所谓

"直接刚度法"。我们先以图11-14所示只包含有两个单元的刚架为例来说明这一方法。

结构的坐标系和编号已在图 11-14 中标明，在节点荷载 $\boldsymbol{P}=[P_1P_2P_3P_4P_5]^{\mathrm{T}}$ 作用下，结构变形并产生了节点位移 $\boldsymbol{\Delta}=[\Delta_1\Delta_2\Delta_3\Delta_4\Delta_5]^{\mathrm{T}}$ 。在前面 11.2 中已看到，矩阵位移法和传统的位移法具有同一理论基础，都是先以杆件为对象，建立杆端力与杆端位移的关系；再以节点为对象，利用节点处位移连续和力的平衡条件求节点位移。但两者的具体做法不同，在计算整个结构变形后杆件对节点的作用力时，后者系分别使每个节点位移单独发生，计算其单独贡献，然后叠加；而矩阵位移法则系分别使每个单元产生与实际相符的变形，计算每个单元的单独贡献，然后叠加。

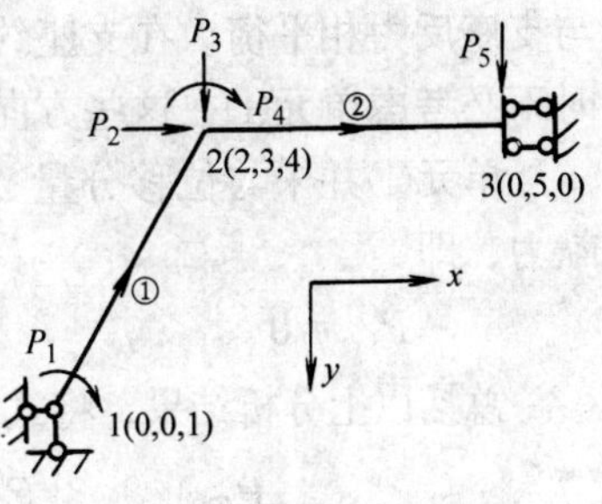

图 11-14　两单元刚架计算简图

使单元杆端位移 $\boldsymbol{\delta}^{ⓔ}$满足有关支承条件与结构的自由节点位移 $\boldsymbol{\Delta}$ 之间的协调条件，即使式（11-48）成立，便能保证单元变形与结构的实际变形相一致。在通过单元分析，获得杆端力与杆端位移的关系式之后，按作用力与反作用力的关系，计算单元对节点的作用力在理论上并无困难，我们当前的问题乃是要形成一种模式化的做法，以便使计算工作易于用电算实现。

单元ⓔ单独变形时沿自由节点位移分量方向给予全部节点的作用力称为单元变形对节点平衡的贡献力，简称为单元贡献力，并以 $\boldsymbol{P}_{\mathrm{G}}^{ⓔ}$ 表示。它和自由节点位移分量阵 $\boldsymbol{\Delta}$ 是同阶列阵，$\boldsymbol{P}_{\mathrm{G}}^{ⓔ}$ 中的第 i 号分量 $P_{\mathrm{G}i}^{ⓔ}$即是与$\boldsymbol{\Delta}$ 中位移分量 Δ_i 相应的贡献力。

以下以图 11-14 中结构为例，讨论形成单元贡献力和节点处平衡方程的方法。

一、确定单元贡献力

1. 单元①变形时的单独贡献

按单元刚度方程（11-34），单元①的杆端力为

$$\boldsymbol{F}^{①}=\boldsymbol{k}^{①}\boldsymbol{\delta}^{①}$$

或

$$\begin{pmatrix}F_1\\F_2\\\vdots\\F_6\end{pmatrix}^{①}=\begin{pmatrix}k_{11}&k_{12}&\cdots&k_{16}\\k_{21}&k_{22}&\cdots&k_{26}\\\vdots&\vdots&&\vdots\\k_{61}&k_{62}&\cdots&k_{66}\end{pmatrix}^{①}\begin{pmatrix}\delta_1\\\delta_2\\\vdots\\\delta_6\end{pmatrix}^{①}\tag{a}$$

在整体分析中，系以结构的节点位移 $\boldsymbol{\Delta}$ 为未知量，故首先按式（11-48）利用单元定位数组 $\boldsymbol{m}^{①}$使位移协调条件得以满足。由$\boldsymbol{m}^{①}=(0\quad0\quad1\quad2\quad3\quad4)$，得

$$\boldsymbol{\delta}^{①}=[\delta_1\delta_2\delta_3\delta_4\delta_5\delta_6]^{①\mathrm{T}}=[0\;0\Delta_1\Delta_2\Delta_3\Delta_4]^{\mathrm{T}}\tag{b}$$

另一方面，为了求解 $\boldsymbol{\Delta}$，应建立沿 $\Delta_1\sim\Delta_5$ 方向的平衡式，故需寻求单元①在这些方向的贡献力。前已说明，杆端力 $\boldsymbol{F}^{①}$的反作用力是单元①对节点平衡的贡献力。在本例中，由单元①的定位数组 $\boldsymbol{m}^{①}$或式（b）所示关系可知，$\delta_3^{①}$ 与 Δ_1 相应，故 $F_3^{①}$ 的反作用力 $-F_3^{①}$ 即为单元①沿 Δ_1 方向的贡献力。依此类推，可以确定出沿 Δ_2、Δ_3、Δ_4 方向的贡献力分别为 $-F_4^{①}$、$-F_5^{①}$、$-F_6^{①}$。于是有

$$P_{\mathrm{G1}}^{①}=-F_3^{①},\;P_{\mathrm{G2}}^{①}=-F_4^{①},\;P_{\mathrm{G3}}^{①}=-F_5^{①},\;P_{\mathrm{G4}}^{①}=-F_6^{①}\tag{c}$$

受节点 1 处铰支座的约束，$\delta_1^{①}$、$\delta_2^{①}$ 为零，单元①对节点 1 的反作用力 $-F_1^{①}$、$-F_2^{①}$ 与支座反力相平衡。在支座约束方向的平衡条件系用以确定支座反力，求解自由节点位移 $\boldsymbol{\Delta}$ 时不必考虑单元①在这些方向的贡献力。

单元①并未与位移分量 Δ_5 所在节点相联，故单元①单独变形时沿 Δ_5 方向不会产生贡献力，即

$$P_{G5}^{①}=0 \tag{d}$$

总括以上分析结果，将式（a）代入，并注意到 $\delta_1^{①}=\delta_2^{①}=0$，可得单元①的贡献力 $\boldsymbol{P}_G^{①}$ 为

$$\boldsymbol{P}_G^{①}=\begin{pmatrix} P_{G1} \\ P_{G2} \\ P_{G3} \\ P_{G4} \\ P_{G5} \end{pmatrix}=-\begin{pmatrix} F_3^{①} \\ F_4^{①} \\ F_5^{①} \\ F_6^{①} \\ 0 \end{pmatrix}=-\begin{pmatrix} k_{33}^{①} & k_{34}^{①} & k_{35}^{①} & k_{36}^{①} & 0 \\ k_{43}^{①} & k_{44}^{①} & k_{45}^{①} & k_{46}^{①} & 0 \\ k_{53}^{①} & k_{54}^{①} & k_{55}^{①} & k_{56}^{①} & 0 \\ k_{63}^{①} & k_{64}^{①} & k_{65}^{①} & k_{66}^{①} & 0 \\ 0 & 0 & 0 & 0 & 0 \end{pmatrix}\begin{pmatrix} \Delta_1 \\ \Delta_2 \\ \Delta_3 \\ \Delta_4 \\ \Delta_5 \end{pmatrix} \tag{e}$$

或缩写为

$$\boldsymbol{P}_G^{①}=-\boldsymbol{K}_G^{①}\boldsymbol{\Delta} \tag{f}$$

而

$$\boldsymbol{K}_G^{①}=\begin{pmatrix} k_{33}^{①} & k_{34}^{①} & k_{35}^{①} & k_{36}^{①} & 0 \\ k_{43}^{①} & k_{44}^{①} & k_{45}^{①} & k_{46}^{①} & 0 \\ k_{53}^{①} & k_{54}^{①} & k_{55}^{①} & k_{56}^{①} & 0 \\ k_{63}^{①} & k_{64}^{①} & k_{65}^{①} & k_{66}^{①} & 0 \\ 0 & 0 & 0 & 0 & 0 \end{pmatrix} \tag{g}$$

$\boldsymbol{K}_G^{①}$ 称为单元①的贡献矩阵，它是由单元①的刚度矩阵中的元素和零元素组成的与结构的总刚度同阶的方阵，它显然是对称的。

可以看出，在由单元刚度矩阵形成单元贡献矩阵的过程中，单元定位数组起了重要的作用。下面我们要总结出一种有规律地利用单元定位数组 $\boldsymbol{m}^{①}$ 和单刚 $\boldsymbol{k}^{①}$ 直接形成 $\boldsymbol{K}_G^{①}$ 的方法。步骤如下。

（1）写出单元刚度矩阵 $\boldsymbol{k}^{①}$，在矩阵的上边增加一行，在其右侧增加一列；并将 $\boldsymbol{m}^{①}$ 中的各元素填入以上所增行、列的相应位置如式（h）所示。

$$\boldsymbol{k}^{①}=\begin{matrix} 0 & 0 & 1 & 2 & 3 & 4 & \\ \end{matrix}$$
$$\boldsymbol{k}^{①}=\begin{pmatrix} k_{11} & k_{12} & k_{13} & k_{14} & k_{15} & k_{16} \\ k_{21} & k_{22} & k_{23} & k_{24} & k_{25} & k_{26} \\ k_{31} & k_{32} & k_{33} & k_{34} & k_{35} & k_{36} \\ k_{41} & k_{42} & k_{43} & k_{44} & k_{45} & k_{46} \\ k_{51} & k_{52} & k_{53} & k_{54} & k_{55} & k_{56} \\ k_{61} & k_{62} & k_{63} & k_{64} & k_{65} & k_{66} \end{pmatrix}^{①}\begin{matrix} 0 \\ 0 \\ 1 \\ 2 \\ 3 \\ 4 \end{matrix} \tag{h}$$

（2）在 $\boldsymbol{k}^{①}$中划去与定位数组的零元素对应的行、列（这一步骤在运用较熟练时可不进

行)。

(3) 设 $\boldsymbol{k}^{①}$右侧定位数组中某非零元素为 α，上侧定位数组中某非零元素值为 β，此二非零元素所对应的 $\boldsymbol{k}^{①}$中的刚度影响系数即为单元①贡献矩阵 $\boldsymbol{K}_G^{①}$ 中元素 $K_{G\alpha\beta}$。对本例有

$$K_{G11}=k_{33}，K_{G12}=k_{34}，K_{G13}=k_{35}，K_{G14}=k_{36}$$
$$K_{G21}=k_{43}，K_{G22}=k_{44}，K_{G23}=k_{25}，K_{G24}=k_{46}$$
$$K_{G31}=k_{53}，K_{G32}=k_{54}，K_{G33}=k_{55}，K_{G34}=k_{56}$$
$$K_{G41}=k_{63}，K_{G42}=k_{64}，K_{G43}=k_{65}，K_{G44}=k_{66}$$

(4) 根据第 (3) 步的结果，在贡献矩阵的相应位置处填写各元素的值；在最后剩下的空白位置处再补入零元素即得单元贡献矩阵，如式 (g) 所示。

求单元贡献矩阵的过程称为把单刚元素“对号入座”，即根据单刚各元素对应的位移号所指示的位置，把其送入贡献矩阵中。

2. 单元②变形时的单独贡献

采用与确定单元①的贡献时同样的方法，可求出单元②的贡献矩阵 $\boldsymbol{K}_G^{②}$ 及贡献力 $\boldsymbol{P}_G^{②}$。首先参照图 11-14 列出单元定位数组，为

$$\boldsymbol{m}^{②}=(2\ 3\ 4\ 0\ 5\ 0) \tag{i}$$

写出单刚 $\boldsymbol{k}^{②}$并在其上边及右侧的行、列位置上填入定位数组相应元素，如式 (j)

$$\begin{array}{c} \begin{array}{cccccc} 2 & 3 & 4 & 0 & 5 & 0 \end{array} ② \\ \boldsymbol{k}^{②}=\begin{pmatrix} k_{11} & k_{12} & k_{13} & k_{14} & k_{15} & k_{16} \\ k_{21} & k_{22} & k_{23} & k_{24} & k_{25} & k_{26} \\ k_{31} & k_{32} & k_{33} & k_{34} & k_{35} & k_{36} \\ k_{41} & k_{42} & k_{43} & k_{44} & k_{45} & k_{46} \\ k_{51} & k_{52} & k_{53} & k_{54} & k_{55} & k_{56} \\ k_{61} & k_{62} & k_{63} & k_{64} & k_{65} & k_{66} \end{pmatrix} \begin{array}{c} 2 \\ 3 \\ 4 \\ 0 \\ 5 \\ 0 \end{array} \end{array} \tag{j}$$

按照上面针对单元①所总结出的步骤、方法，不难写出 $\boldsymbol{K}_G^{②}$ 中的非零元素，即

$$K_{G22}=k_{11},K_{G23}=k_{12},K_{G24}=k_{13},K_{G25}=k_{15}$$
$$K_{G32}=k_{21},K_{G33}=k_{22},K_{G34}=k_{23},K_{G35}=k_{25}$$
$$K_{G42}=k_{31},K_{G43}=k_{32},K_{G44}=k_{33},K_{G45}=k_{35}$$
$$K_{G52}=k_{51},K_{G53}=k_{52},K_{G54}=k_{53},K_{G55}=k_{55}$$

以上这些等式，也可不必写出，直接把单刚元素对号入座填入 $\boldsymbol{K}_G^{②}$ 的相应位置上，然后补入零元素，得

$$\boldsymbol{K}_G^{②}=\begin{pmatrix} 0 & 0 & 0 & 0 & 0 \\ 0 & k_{11}^{②} & k_{12}^{②} & k_{13}^{②} & k_{15}^{②} \\ 0 & k_{21}^{②} & k_{22}^{②} & k_{23}^{②} & k_{25}^{②} \\ 0 & k_{31}^{②} & k_{32}^{②} & k_{33}^{②} & k_{35}^{②} \\ 0 & k_{51}^{②} & k_{52}^{②} & k_{53}^{②} & k_{55}^{②} \end{pmatrix} \tag{k}$$

而贡献力为

$$\boldsymbol{P}_G^{②}=-\boldsymbol{K}_G^{②}\boldsymbol{\Delta} \tag{l}$$

二、建立节点平衡方程

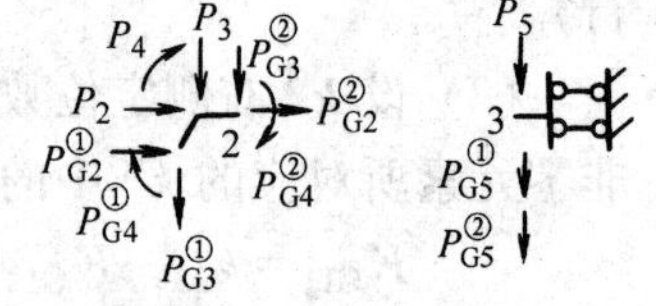

图 11-15　图 11-14 节点处的力平衡图

作用在节点上沿自由节点位移分量方向的力为 $\boldsymbol{P}$、$\boldsymbol{P}_{\mathrm{G}}^{①}$ 及 $\boldsymbol{P}_{\mathrm{G}}^{②}$，在图 11-15 中，以节点为对象示出了它们的各个分量。平衡方程综合写为

$$\boldsymbol{P}+\boldsymbol{P}_{\mathrm{G}}^{①}+\boldsymbol{P}_{\mathrm{G}}^{②}=\boldsymbol{0} \tag{m}$$

把式 (f) 及式 (l) 代入式 (m)，得

$$(\boldsymbol{K}_{\mathrm{G}}^{①}+\boldsymbol{K}_{\mathrm{G}}^{②})\boldsymbol{\Delta}=\boldsymbol{P} \tag{n}$$

式 (n) 可简写为

$$\boldsymbol{K\Delta}=\boldsymbol{P} \tag{o}$$

式中 $\boldsymbol{K}$ 即为结构总刚度矩阵

$$\boldsymbol{K}=\boldsymbol{K}_{\mathrm{G}}^{①}+\boldsymbol{K}_{\mathrm{G}}^{②} \tag{p}$$

把式 (g) 及式 (k) 代入得

$$\boldsymbol{K}=\begin{bmatrix} k_{33}^{①} & k_{34}^{①} & k_{35}^{①} & k_{36}^{①} & 0 \\ k_{43}^{①} & k_{44}^{①}+k_{11}^{②} & k_{45}^{①}+k_{12}^{②} & k_{46}^{①}+k_{13}^{②} & k_{15}^{②} \\ k_{53}^{①} & k_{54}^{①}+k_{21}^{②} & k_{55}^{①}+k_{22}^{②} & k_{56}^{①}+k_{23}^{②} & k_{25}^{②} \\ k_{63}^{①} & k_{64}^{①}+k_{31}^{②} & k_{65}^{①}+k_{32}^{②} & k_{66}^{①}+k_{33}^{②} & k_{35}^{②} \\ 0 & k_{51}^{②} & k_{52}^{②} & k_{53}^{②} & k_{55}^{②} \end{bmatrix} \tag{q}$$

上式说明结构总刚度矩阵为各单元贡献矩阵的和，即 $\boldsymbol{K}_{\mathrm{G}}^{ⓔ}$ 表示单元ⓔ对总刚 $\boldsymbol{K}$ 的贡献，这就是称 $\boldsymbol{K}_{\mathrm{G}}^{ⓔ}$ 为单元贡献矩阵的原因。把各单元贡献矩阵相加的过程，称为“同号相加”。

一般而言，设我们所分析的结构经离散后共有 n 个自由节点位移分量（自由度为 n）和 $n\mathrm{e}$ 个单元，节点位移列阵及根据荷载情况而构成的荷载列阵均为 n 阶列阵，于是

$$\boldsymbol{\Delta}=[\Delta_1\Delta_2\cdots\Delta_n]^{\mathrm{T}} \tag{11-49}$$

$$\boldsymbol{P}=[P_1P_2\cdots P_n]^{\mathrm{T}} \tag{11-59}$$

结构的总刚方程为

$$\boldsymbol{K\Delta}=\boldsymbol{P} \tag{11-51}$$

其中总刚度矩阵

$$\boldsymbol{K}=\sum_{\mathrm{e}=1}^{n\mathrm{e}}\boldsymbol{K}_{\mathrm{G}}^{ⓔ} \tag{11-52}$$

总刚度矩阵 $\boldsymbol{K}$ 和各单元贡献矩阵 $\boldsymbol{K}_{\mathrm{G}}^{ⓔ}$ 皆为 n 阶方阵，$\boldsymbol{K}_{\mathrm{G}}^{ⓔ}$ 可由定位数组 $\boldsymbol{m}^{ⓔ}$ 及单刚 $\boldsymbol{k}^{ⓔ}$ 形成。

像上文所述，反复按相同的步骤和规则，把结构各单元的单刚中元素依次“对号入座，同号相加”组集成结构总刚的方法称为直接刚度法。因这一方法简单而得到了广泛应用。

实际通过电算确定总刚时，为节省计算机的内存和计算时间，不必在完整地求出各 $\boldsymbol{K}_{\mathrm{G}}^{ⓔ}$ 之后，再依式 (11-52) 进行叠加；而采用仅对 $\boldsymbol{K}_{\mathrm{G}}^{ⓔ}$ 中的非零元素“边定位、边累加”的方法。过程如下。

(1)对总刚 $\boldsymbol{K}$ 置零。
(2)对 $\mathrm{e}=1,2,\cdots,n\mathrm{e}$ 完成：
　①计算 $\boldsymbol{k}^{ⓔ}$ 及 $\boldsymbol{m}^{ⓔ}$；
　②对于 $i,j=1,2,\cdots,d$ 完成：
　若 $m_i\neq0$ 且 $m_j\neq0$ 做 $K_{m_i,m_j}\Leftarrow K_{m_i,m_j}+k_{ij}$　　(11-53)

式中：ne 为单元总数；d 为单元ⓔ的杆端位移分量数；k_{ij} 为单刚 $\boldsymbol{k}^{ⓔ}$ 中的第 i 行、第 j 列处的刚度影响系数；m_i、m_j 分别为单元定位数组 $\boldsymbol{m}^{ⓔ}$ 中第 i 及第 j 个元素的数值；K_{m_i,m_j} 为总刚 $\boldsymbol{K}$ 中第 m_i 行第 m_j 列的元素。

总刚 $\boldsymbol{K}$ 的元素 K_{ij} 称为总刚度影响系数，它的物理意义是结构的节点位移列阵 $\boldsymbol{\Delta}$ 第 j 个位移分量为 1，其余的位移分量为零时，在第 i 个位移分量方向上所需要的节点力。根据反力互等定理或由 $\boldsymbol{k}^{ⓔ}$ 及 $\boldsymbol{K}_{G}^{ⓔ}$ 的对称性，容易证明总刚 $\boldsymbol{K}$ 是对称的。

例 11-7 计算图 11-16（a）所示刚架的总刚 $\boldsymbol{K}$。已知各杆 $E=200\ \text{GPa}$，$A=20\ \text{cm}^2$，$I=400\ \text{cm}^4$。图（a）中括号内的数字为节点坐标值，单位是 cm。

【解】

（1）对单元、节点和位移分量编号，并建立局部坐标系如图 11-16（b）所示。表 A 给出了单元的基本数据。

（2）按式（11-36）及式（11-37）计算各单元单刚，并把三个单元的定位数组中的各元素分别写在单刚的上边和右侧的相应位置处。

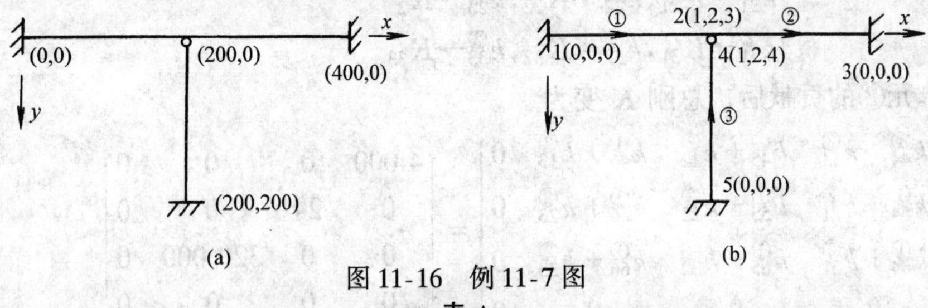

图 11-16 例 11-7 图

表 A

单元号	端点号	定位数组	杆长（cm）	$c_x=\cos\alpha$	$c_y=\sin\alpha$
①	1→2	(0 0 0 1 2 3)	200	1	0
②	2→3	(1 2 3 0 0 0)	200	1	0
③	5→4	(0 0 0 1 2 4)	200	0	−1

$$
\begin{array}{cccccccc}
1 & 2 & 3 & 0 & 0 & 0 & & \boldsymbol{m}^{②} \\
0 & 0 & 0 & 1 & 2 & 3 & \boldsymbol{m}^{①} &
\end{array}
$$

$$
\boldsymbol{k}^{①}=\boldsymbol{k}^{②}=\begin{bmatrix}
2\,000 & 0 & 0 & -2\,000 & 0 & 0 \\
 & 12 & 1\,200 & 0 & -12 & 1\,200 \\
 & & 160\,000 & 0 & -1\,200 & 80\,000 \\
 & & & 2\,000 & 0 & 0 \\
 & \text{对称} & & & 12 & -1\,200 \\
 & & & & & 160\,000
\end{bmatrix}
\begin{array}{cc}
0 & 1 \\
0 & 2 \\
0 & 3 \\
1 & 0 \\
2 & 0 \\
3 & 0
\end{array}
$$

$$
\begin{array}{ccccccc}
0 & 0 & 0 & 1 & 2 & 4 & \boldsymbol{m}^{③}
\end{array}
$$

$$
\boldsymbol{k}^{③}=\begin{bmatrix}
12 & 0 & 1\,200 & -12 & 0 & 1\,200 \\
 & 2\,000 & 0 & 0 & -2\,000 & 0 \\
 & & 160\,000 & -1\,200 & 0 & 80\,000 \\
 & & & 12 & 0 & -12\,000 \\
 & \text{对称} & & & 2\,000 & 0 \\
 & & & & & 160\,000
\end{bmatrix}
\begin{array}{c}
0 \\
0 \\
0 \\
1 \\
2 \\
4
\end{array}
$$

(3) 按式 (11-53) 组集总刚，过程如下。

对单元①：$\boldsymbol{m}^{①}=(0\ 0\ 0\ 1\ 2\ 3)$

$$k_{44}^{①}\to K_{11},k_{45}^{①}\to K_{12},k_{46}^{①}\to K_{13}$$
$$k_{54}^{①}\to K_{21},k_{55}^{①}\to K_{22},k_{56}^{①}\to K_{23}$$
$$k_{64}^{①}\to K_{31},k_{65}^{①}\to K_{32},k_{66}^{①}\to K_{33}$$

加入单元①的贡献后，总刚 $\boldsymbol{K}$ 暂为

$$\begin{bmatrix} k_{44}^{①} & k_{45}^{①} & k_{46}^{①} & 0 \\ k_{54}^{①} & k_{55}^{①} & k_{56}^{①} & 0 \\ k_{64}^{①} & k_{65}^{①} & k_{66}^{①} & 0 \\ 0 & 0 & 0 & 0 \end{bmatrix}=\begin{bmatrix} 2\,000 & 0 & 0 & 0 \\ 0 & 12 & -1\,200 & 0 \\ 0 & -1\,200 & 160\,000 & 0 \\ 0 & 0 & 0 & 0 \end{bmatrix}$$

对单元②：$\boldsymbol{m}^{②}=(1\ 2\ 3\ 0\ 0\ 0)$

$$k_{11}^{②}\to K_{11},k_{12}^{②}\to K_{12},k_{13}^{②}\to K_{13}$$
$$k_{21}^{②}\to K_{21},k_{22}^{②}\to K_{22},k_{23}^{②}\to K_{23}$$
$$k_{31}^{②}\to K_{31},k_{32}^{②}\to K_{32},k_{33}^{②}\to K_{33}$$

累加单元②的贡献后，总刚 $\boldsymbol{K}$ 变为

$$\begin{bmatrix} k_{44}^{①}+k_{11}^{②} & k_{45}^{①}+k_{12}^{②} & k_{46}^{①}+k_{13}^{②} & 0 \\ k_{54}^{①}+k_{21}^{②} & k_{55}^{①}+k_{22}^{②} & k_{56}^{①}+k_{23}^{②} & 0 \\ k_{64}^{①}+k_{31}^{②} & k_{65}^{①}+k_{32}^{②} & k_{66}^{①}+k_{33}^{②} & 0 \\ 0 & 0 & 0 & 0 \end{bmatrix}=\begin{bmatrix} 4\,000 & 0 & 0 & 0 \\ 0 & 24 & 0 & 0 \\ 0 & 0 & 320\,000 & 0 \\ 0 & 0 & 0 & 0 \end{bmatrix}$$

对单元③：$\boldsymbol{m}^{③}=(0\ 0\ 0\ 1\ 2\ 4)$

$$k_{44}^{③}\to K_{11},k_{45}^{③}\to K_{12},k_{46}^{③}\to K_{14}$$
$$k_{54}^{③}\to K_{21},k_{55}^{③}\to K_{22},k_{56}^{③}\to K_{24}$$
$$k_{64}^{③}\to K_{41},k_{65}^{③}\to K_{42},k_{66}^{③}\to K_{44}$$

累加最后一个单元③的贡献后，得出总刚为

$$\boldsymbol{K}=\begin{bmatrix} k_{44}^{①}+k_{11}^{②}+k_{44}^{③} & k_{45}^{①}+k_{12}^{②}+k_{45}^{③} & k_{46}^{①}+k_{13}^{②} & k_{46}^{③} \\ k_{54}^{①}+k_{21}^{②}+k_{54}^{③} & k_{55}^{①}+k_{22}^{②}+k_{55}^{③} & k_{56}^{①}+k_{23}^{②} & k_{56}^{③} \\ k_{64}^{①}+k_{31}^{②} & k_{65}^{①}+k_{32}^{②} & k_{66}^{①}+k_{33}^{②} & 0 \\ k_{64}^{③} & k_{65}^{③} & 0 & k_{66}^{③} \end{bmatrix}$$

$$=\begin{bmatrix} 4\,012(\text{kN/cm}) & 0(\text{kN/cm}) & 0(\text{kN}) & -1\,200(\text{kN}) \\ & 2\,024(\text{kN/cm}) & 0(\text{kN}) & 0(\text{kN}) \\ & & 320\,000(\text{kN}\cdot\text{cm}) & 0(\text{kN}\cdot\text{cm}) \\ \text{对称} & & & 160\,000(\text{kN}\cdot\text{cm}) \end{bmatrix}$$

例 11-8 计算图 11-17 (a) 所示桁架的总刚，各杆的 $EA=$ 常数。图 (a) 中括号内的数字为节点坐标值，单位为 m。

【解】

(1) 建立各单元的局部坐标系，并对单元、节点及位移分量编号如图 11-17 (b) 所示。表 B 列出了各单元的基本数据。

（2）按式（11-41）及式（11-42）计算各单元的单刚，并把单元定位数组写在单刚上边及右侧。

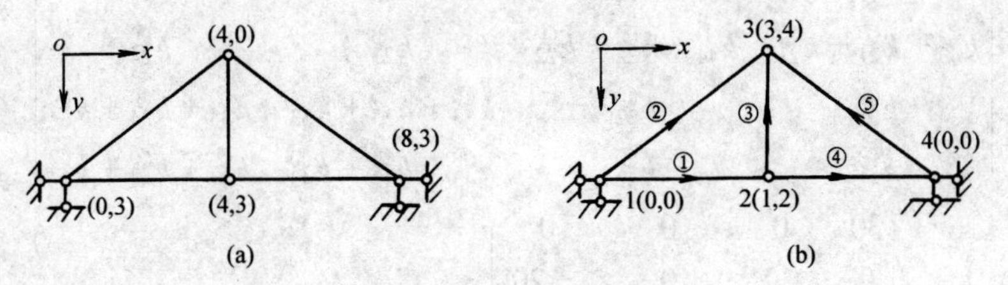

图 11-17　例 11-8 图

表 B

单元号	端点号	定位数组	杆长（m）	$c_x=\cos\alpha$	$c_y=\sin\alpha$
①	1→2	(0 0 1 2)	4	1	0
②	1→3	(0 0 3 4)	5	0.8	−0.6
③	2→3	(1 2 3 4)	3	0	−1
④	2→4	(1 2 0 0)	4	1	0
⑤	4→3	(0 0 3 4)	5	−0.8	−0.6

$$
\begin{array}{cccc|cc}
1 & 2 & 0 & 0 & \boldsymbol{m}^{④} & \\
0 & 0 & 1 & 2 & \boldsymbol{m}^{①} &
\end{array}
$$

$$
\boldsymbol{k}^{①}=\boldsymbol{k}^{④}=\frac{EA}{4}\begin{pmatrix} 1 & 0 & -1 & 0 \\ 0 & 0 & 0 & 0 \\ -1 & 0 & 1 & 0 \\ 0 & 0 & 0 & 0 \end{pmatrix}\begin{matrix} 0 & 1 \\ 0 & 2 \\ 1 & 0 \\ 2 & 0 \end{matrix}
$$

$$
\begin{matrix} 0 & 0 & 3 & 4 & \boldsymbol{m}^{②} \end{matrix}
$$

$$
\boldsymbol{k}^{②}=\frac{EA}{5}\begin{pmatrix} 0.64 & -0.48 & -0.64 & 0.48 \\ & 0.36 & 0.48 & -0.36 \\ & \text{对称} & 0.64 & -0.48 \\ & & & 0.36 \end{pmatrix}\begin{matrix} 0 \\ 0 \\ 3 \\ 4 \end{matrix}
$$

$$
\begin{matrix} 1 & 2 & 3 & 4 & \boldsymbol{m}^{③} \end{matrix}
$$

$$
\boldsymbol{k}^{③}=\frac{EA}{3}\begin{pmatrix} 0 & 0 & 0 & 0 \\ 0 & 1 & 0 & -1 \\ 0 & 0 & 0 & 0 \\ 0 & -1 & 0 & 1 \end{pmatrix}\begin{matrix} 1 \\ 2 \\ 3 \\ 4 \end{matrix}
$$

$$
\begin{matrix} 0 & 0 & 3 & 4 & \boldsymbol{m}^{⑤} \end{matrix}
$$

$$
\boldsymbol{k}^{⑤}=\frac{EA}{5}\begin{pmatrix} 0.64 & 0.48 & -0.64 & -0.48 \\ & 0.36 & -0.48 & -0.36 \\ & \text{对称} & 0.64 & 0.48 \\ & & & 0.36 \end{pmatrix}\begin{matrix} 0 \\ 0 \\ 3 \\ 4 \end{matrix}
$$

(3) 按式 (11-53) 组集总刚，最后得

$$\boldsymbol{K}=\begin{bmatrix} k_{33}^{①}+k_{11}^{③}+k_{11}^{④} & k_{34}^{①}+k_{12}^{③}+k_{12}^{④} & k_{13}^{③} & k_{14}^{③} \\ k_{43}^{①}+k_{21}^{③}+k_{21}^{④} & k_{44}^{①}+k_{22}^{③}+k_{22}^{④} & k_{23}^{③} & k_{24}^{③} \\ k_{31}^{③} & k_{32}^{③} & k_{33}^{②}+k_{33}^{③}+k_{33}^{⑤} & k_{34}^{②}+k_{34}^{③}+k_{34}^{⑤} \\ k_{41}^{③} & k_{42}^{③} & k_{43}^{②}+k_{43}^{③}+k_{43}^{⑤} & k_{44}^{②}+k_{44}^{③}+k_{44}^{⑤} \end{bmatrix}$$

$$=\frac{EA}{60(\mathrm{m})}\begin{bmatrix} 30 & 0 & 0 & 0 \\ 0 & 20 & 0 & -20 \\ 0 & 0 & 15.36 & 0 \\ 0 & -20 & 0 & 28.64 \end{bmatrix}$$

根据定位数组，我们能快速地用单元单刚的影响系数（元素）表示结构总刚的任一个影响系数（元素）。如对例 11-7，我们用单元单刚的影响系数 $k_{ij}^{ⓔ}$ 表示总刚的影响系数 K_{21}、K_{33}、K_{34}。

例 11-7 的单元定位数组为 $\boldsymbol{m}^{①}=(0\ 0\ 0\ 1\ 2\ 3)$、$\boldsymbol{m}^{②}=(1\ 2\ 3\ 0\ 0\ 0)$、$\boldsymbol{m}^{③}=(0\ 0\ 0\ 1\ 2\ 4)$。总刚影响系数 K_{21} 由单元定位数组的元素同时包含位移号 2、1 的单元的单刚的影响系数组成，①单元的单元定位数组第 5 个元素为 2、第 4 个元素为 1，故①单元的单刚的元素 $k_{54}^{①}$ 是总刚元素 K_{21} 的组成元素；②单元的单元定位数组第 2 个元素为 2、第 1 个元素为 1，故②单元的单刚的元素 $k_{21}^{②}$ 也是总刚元素 K_{21} 的组成元素；③单元的单元定位数组第 5 个元素为 2、第 4 个元素为 1，故③单元的单刚的元素 $k_{54}^{③}$ 同样是总刚的影响系数 K_{21} 的组成元素，所以 $K_{21}=k_{54}^{①}+k_{21}^{②}+k_{54}^{③}$ 单元。总刚元素 K_{33} 由单元定位数组元素包含位移号 3 的单元的单刚元素组成，①单元的单元定位数组第 6 个元素为 3，故①单元的单刚元素 $k_{66}^{①}$ 是总刚元素 K_{33} 的组成元素；②单元的单元定位数组第 3 个元素为 3，故②单元的单刚的影响系数定位数组 $k_{33}^{②}$ 也是总刚元素 K_{33} 的组成元素，所以 $K_{33}=k_{66}^{①}+k_{33}^{②}$。总刚元素 K_{34} 由单元定位数组的元素同时包含位移号 3、4 的单元的单刚元素组成，全部单元均不满足这一条件，所以 $K_{34}=0$。

思 考 题

(1) 总刚的元素 K_{ij} 同第 7 章位移法典型方程中的系数 r_{ij} 是否相同，在推导它们时有什么不同?

(2) 采用“边定位、边累加”的公式 (11-53) 形成总刚，与直接求出各单元贡献矩阵，然后按式 (11-52) 形成总刚相比有什么优点?

11.7 非节点荷载的处理

在以上各节的讨论中，我们只考虑了结构上作用节点荷载的情形。由此得到的矩阵位移法的基本方程，即总刚度方程，它表述了节点位移和节点荷载的关系。实际上无论恒载或活载，常常是作用在杆件单元上的分布荷载或集中荷载，而不是直接作用在节点上。对于这种非节点荷载的处理：一种方法是，用若干集中荷载代替分布荷载，并把集中荷载的作用点也看做节点，这样单元数目和节点未知位移分量数显然增多，从而增加了计算工作量；另一种

则是目前通用的处理方法，即采用所谓的等效节点荷载。现以图 11-18（a）所示刚架为例加以说明。

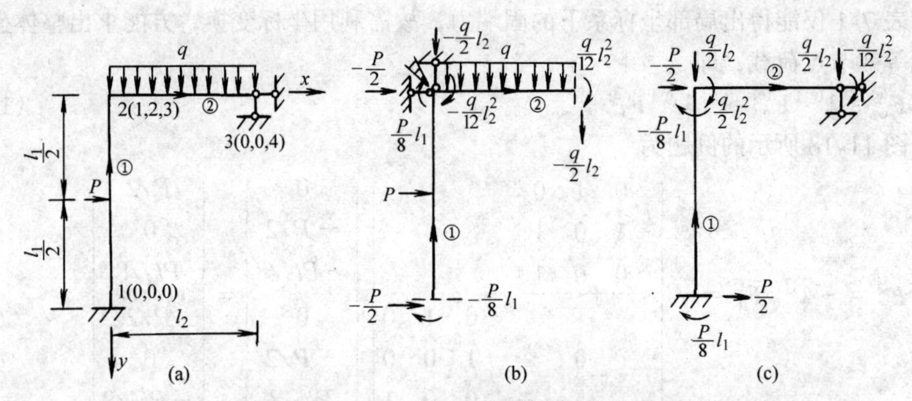

图 11-18　非节点荷载化为其等效节点荷载

对结构的节点、单元及节点位移分量编号，并建立坐标系如图 11-18（a）所示。

首先仿照第 7 章的做法，在施加荷载之前，设想在结构的每一节点处添加一附加固定支座，对支座所在的节点，则加在距支座无限接近处。经这样处理后，倘承受荷载作用，全部节点便都没有线位移和角位移，原支座没有任何支座反力，各单元均相当于固端梁。施加原给荷载如图 11-18（b）后（因此时原支座没有任何支座反力，为了使图面清晰，没有将原支座画入），由于荷载的作用，各单元杆端产生固端力 $\overline{\boldsymbol{F}}_{\mathrm{f}}^{ⓔ}$，此力亦即各单元杆端对附加固定支座所产生的附加约束反力。写出依杆端分组的分量为

$$\overline{\boldsymbol{F}}_{\mathrm{f}}^{ⓔ}=[\overline{\boldsymbol{F}}_{\mathrm{f1}}^{\mathrm{T}}\ \vdots\ \overline{\boldsymbol{F}}_{\mathrm{f2}}^{\mathrm{T}}]^{ⓔ\mathrm{T}}=[\overline{F}_{\mathrm{f1}}\overline{F}_{\mathrm{f2}}\overline{F}_{\mathrm{f3}}\ \vdots\ \overline{F}_{\mathrm{f4}}\overline{F}_{\mathrm{f5}}\overline{F}_{\mathrm{f6}}]^{ⓔ\mathrm{T}} \tag{11-54}$$

式中：$\overline{F}_{\mathrm{f1}}$、$\overline{F}_{\mathrm{f4}}$为 1、2 端的固端轴力；$\overline{F}_{\mathrm{f2}}$、$\overline{F}_{\mathrm{f5}}$为 1、2 端的固端剪力，$\overline{F}_{\mathrm{f3}}$、$\overline{F}_{\mathrm{f6}}$为 1、2 端的固端弯矩。固端力的值可查表 7-1 或由力法计算。对于表 7-1 承受横向荷载的固端梁，因我们不考虑弯曲变形和轴向变形的相互影响，故固端轴力均为零（应用表 7-1 时需注意改按本章正负号规定，1 端的固端剪力应加一负号）。对于本例，各单元的固端力为

$$\overline{\boldsymbol{F}}_{\mathrm{f}}^{①}=\left[0\quad -\frac{P}{2}\quad -\frac{P}{8}l_1\ \vdots\ 0\quad -\frac{P}{2}\quad \frac{P}{8}l_1\right]^{\mathrm{T}}$$

$$\overline{\boldsymbol{F}}_{\mathrm{f}}^{②}=\left[0\quad -\frac{q}{2}l_2\quad -\frac{q}{12}l_2^2\ \vdots\ 0\quad -\frac{q}{2}l_2\quad \frac{q}{12}l_2^2\right]^{\mathrm{T}}$$

然后我们放松附加固定支座，取消其约束作用；这相当于在图 11-18（b）中受力情况的基础上，对各单元而言，在附加约束反力作用的杆端，再施加以与各个附加约束反力大小相等方向相反的荷载，如图 11-18（c）所示。因杆端与节点紧相联结，这些由单元本身原给荷载情况所决定的荷载，实际上即作用于节点处，可称之为单元等效节点荷载，并以 $\overline{\boldsymbol{F}}_{\mathrm{e}}^{ⓔ}$ 表示。这样便有

$$\overline{\boldsymbol{F}}_{\mathrm{e}}^{ⓔ}=-\overline{\boldsymbol{F}}_{\mathrm{f}}^{ⓔ} \tag{11-55}$$

显然，在图 11-18 中，将图（b）和图（c）两种情况进行叠加，图（b）中的附加约束反力 $\overline{\boldsymbol{F}}_{\mathrm{f}}^{ⓔ}$ 和图（c）中所施加的节点荷载 $\overline{\boldsymbol{F}}_{\mathrm{e}}^{ⓔ}$ 相互抵消，附加固定支座的约束反力就为零，即等于没有附加固定约束恢复为图（a）所示原来荷载作用的情况，即图（a）= 图（b）+ 图（c）。因在图（b）中全部节点位移均为零，故图（a）和图（c）两种情况的节点位移相同，因此我们称图（c）中节点荷载 $\overline{\boldsymbol{F}}_{\mathrm{e}}^{ⓔ}$ 为图（a）中作用在单元ⓔ上的非节点荷载的等效节

点荷载。所谓等效是指在这两种荷载分别作用下，结构的节点位移完全相同。图 11-18（c）中的结构仅承受节点荷载，此种情况下结构之节点位移的计算，前面已叙述过了。

因查表 7-1 仅能得出局部坐标系下的固端力，故需利用坐标变换，方能求出整体坐标系下的单元等效节点荷载，即

$$\boldsymbol{F}_{\mathrm{e}}^{ⓔ}=\boldsymbol{\lambda}^{ⓔ\mathrm{T}}\overline{\boldsymbol{F}}_{\mathrm{e}}^{ⓔ}=-\boldsymbol{\lambda}^{ⓔ\mathrm{T}}\overline{\boldsymbol{F}}_{\mathrm{f}}^{ⓔ} \tag{11-56}$$

对于图 11-18 所示的例题为

$$\boldsymbol{F}_{\mathrm{e}}^{①}=-\boldsymbol{\lambda}^{①\mathrm{T}}\overline{\boldsymbol{F}}_{\mathrm{f}}^{①}=-\left(\begin{array}{ccc:ccc}0&1&0&&&\\-1&0&1&&\mathbf{0}&\\0&0&1&&&\\\hdashline&&&0&1&0\\&\mathbf{0}&&-1&0&0\\&&&0&0&1\end{array}\right)\left(\begin{array}{c}0\\-P/2\\-Pl_1/8\\\hdashline 0\\-P/2\\Pl_1/8\end{array}\right)=\left(\begin{array}{c}P/2\\0\\Pl_1/8\\\hdashline P/2\\0\\-Pl_1/8\end{array}\right)$$

$$\boldsymbol{F}_{\mathrm{e}}^{②}=-\boldsymbol{\lambda}^{②\mathrm{T}}\overline{\boldsymbol{F}}_{\mathrm{f}}^{②}=-\boldsymbol{I}\overline{\boldsymbol{F}}_{\mathrm{f}}^{②}=\left[0\quad \frac{q}{2}l_2\quad \frac{q}{12}l_2^2\,\vdots\,0\quad \frac{q}{2}l_2\quad -\frac{q}{12}l_2^2\right]^{\mathrm{T}}$$

式中 $\boldsymbol{I}$ 为单位矩阵。

单元等效节点荷载 $\boldsymbol{F}_{\mathrm{e}}^{ⓔ}$ 是作用在单元ⓔ两端节点的外荷载，根据单元定位数组 $\boldsymbol{m}^{ⓔ}$，我们可以判断出 $\boldsymbol{F}_{\mathrm{e}}^{ⓔ}$ 的某一分量是否作用在支座上（看 $\boldsymbol{m}^{ⓔ}$ 中相应的元素是否为零）及该分量系沿哪一个未知位移分量方向作用。施加于支座节点的分量不影响总刚度方程的建立（因先处理法不需考虑支座约束方向的平衡条件），应予以删去；作用在某未知位移分量方向上的分量，应按单元进行累加，待所有单元的影响都计入后即形成结构等效节点荷载列阵 $\boldsymbol{P}_{\mathrm{e}}$。$\boldsymbol{P}_{\mathrm{e}}$ 与节点位移列阵 $\boldsymbol{\Delta}$ 同阶，$\boldsymbol{P}_{\mathrm{e}}$ 的第 i 个分量即是沿 $\boldsymbol{\Delta}$ 中第 i 个节点位移分量方向作用的荷载分量。

$\boldsymbol{P}_{\mathrm{e}}$ 是所有作用在结构上的非节点荷载的等效节点荷载。在能自动使非节点荷载转化为等效节点荷载的计算程序中，可对各非节点荷载依次考虑，并进行叠加，即

$$\boldsymbol{P}_{\mathrm{e}}=\sum_{j=1}^{nf}\boldsymbol{P}_{\mathrm{e}}^{(ej)} \tag{11-57}$$

式中：nf 为非节点荷载总数；ej 为第 j 个非节点荷载所作用之单元的单元号；$\boldsymbol{P}_{\mathrm{e}}^{(ej)}$ 与节点位移列阵 $\boldsymbol{\Delta}$ 同阶，它是第 j 个非节点荷载的等效节点荷载列阵。因第 j 个非节点荷载作用在单元(ej)上，则可利用由式(11-56)得到的 $\boldsymbol{F}_{\mathrm{e}}^{(ej)}$ 及定位数组 $\boldsymbol{m}^{(ej)}$ 对号入座而得到 $\boldsymbol{P}_{\mathrm{e}}^{(ej)}$。确定其分量的式子为

$$P_{\mathrm{e}m_i}^{(ej)}\Leftarrow P_{\mathrm{e}m_i}^{(ej)}+F_{\mathrm{e}i}^{(ej)}\quad (m_i\neq 0。i=1,2,3,\cdots,d) \tag{11-58}$$

式中：$F_{\mathrm{e}i}^{(ej)}$ 为第 j 个非节点荷载的单元等效节点荷载 $\boldsymbol{F}_{\mathrm{e}}^{(ej)}$ 的第 i 个分量；m_i 为单元(ej)的定位数组 $\boldsymbol{m}^{(ej)}$ 的第 i 个元素。若 $\boldsymbol{m}^{(ej)}$ 中有相同的非零元素，则与此元素对应的 $\boldsymbol{F}_{\mathrm{e}}^{(ej)}$ 中的那些分量被自动相加为 $\boldsymbol{P}_{\mathrm{e}}^{(ej)}$ 的对应分量。

以图 11-18 所示结构为例。第一个非节点荷载为集中荷载，作用在单元①上，因 $\boldsymbol{m}^{①}=(0\ 0\ 0\ 1\ 2\ 3)$，由式（11-58）得 $\boldsymbol{P}_{\mathrm{e}}^{①}$ 的第 1、2、3 个分量，分别为 $\boldsymbol{F}_{\mathrm{e}}^{①}$ 的第 4、5、6 个分量，而第 4 个分量 $P_{\mathrm{e}4}^{①}=0$，故

$$\boldsymbol{P}_{\mathrm{e}}^{①}=\left[\frac{P}{2}\quad 0\quad -\frac{P}{8}l_1\quad 0\right]^{\mathrm{T}}$$

第二个非节点荷载为均布荷载，作用在单元②上，因 $\boldsymbol{m}^{②}=(1\ 2\ 3\ 0\ 0\ 4)$，则 $\boldsymbol{P}_{\mathrm{e}}^{②}$ 的第

1、2、3、4 个分量分别为 $\boldsymbol{F}_e^{②}$ 的第 1、2、3、6 个分量，即

$$\boldsymbol{P}_e^{②}=\left[0 \quad \frac{q}{2}l_2 \quad \frac{q}{12}l_2^2 \quad -\frac{q}{12}l_2^2\right]^T$$

最后按式（11-57）得结构的等效节点荷载

$$\boldsymbol{P}_e=\boldsymbol{P}_e^{①}+\boldsymbol{P}_e^{②}=\left[\frac{P}{2} \quad \frac{q}{2}l_2 \quad \frac{q}{12}l_2^2-\frac{P}{8}l_1 \quad -\frac{q}{12}l_1^2\right]^T$$

如果除了非节点荷载外，还有直接作用在节点上的节点荷载 $\boldsymbol{P}_d$，则节点荷载列阵（或称综合节点荷载列阵）为

$$\boldsymbol{P}=\boldsymbol{P}_e+\boldsymbol{P}_d \tag{11-59}$$

当有非节点荷载作用时，图 11-18（a）中结构的单元杆端力可以由两部分叠加而得：一部分是节点有约束，各杆件为固端梁情形下的杆端力（图 11-18（b）中情况）；另一部分为其等效节点荷载作用下的杆端力（图 11-18（c）中的情况），如果还有直接节点荷载作用，后一部分则应为综合节点荷载作用下的杆端力，即

$$\overline{\boldsymbol{F}}^{ⓔ}=\overline{\boldsymbol{F}}_f^{ⓔ}+\overline{\boldsymbol{k}}^{ⓔ}\overline{\boldsymbol{\delta}}^{ⓔ}=\overline{\boldsymbol{F}}_f^{ⓔ}+\overline{\boldsymbol{k}}^{ⓔ}\boldsymbol{\lambda}^{ⓔ}\boldsymbol{\delta}^{ⓔ} \tag{11-60}$$

利用坐标变换公式，上式可改写为

$$\overline{\boldsymbol{F}}^{ⓔ}=\overline{\boldsymbol{F}}_f^{ⓔ}+\boldsymbol{\lambda}^{ⓔ}\boldsymbol{k}^{ⓔ}\boldsymbol{\delta}^{ⓔ} \tag{11-61}$$

把式（11-55）代入上式可得

$$\overline{\boldsymbol{F}}^{ⓔ}=-\overline{\boldsymbol{F}}_e^{ⓔ}+\boldsymbol{\lambda}^{ⓔ}\boldsymbol{k}^{ⓔ}\boldsymbol{\delta}^{ⓔ} \tag{11-62}$$

求出各单元杆端力后，支座反力可由支座节点平衡条件求出。

利用上述方法，可计算由于支座沉降、杆件制造误差、温度变化或承受预应力等广义非节点荷载的等效节点荷载，从而解决这些问题。

为了计算方便，表 11-2 中给出了 4 种非节点荷载的单元等效节点荷载，其中第 1、2 种可查表 7-1 得出，第 3 种读者可用力法解一次超静定杆得出，第 4 种可用第 1 种的结果为基础，通过积分的方法得出（详见例 11-9）。

表 11-2　梁长为 l 的固端梁的等效节点荷载 $\overline{\boldsymbol{F}}_e$

类型	简　图	$\overline{\boldsymbol{F}}_e$
1	1 ↓c 2；a	$\left[0 \quad \frac{c(l-a)^2(l+2a)}{l^3} \quad \frac{ca(l-a)^2}{l^2} \quad 0 \quad \frac{ca^2(3l-2a)}{l^3} \quad -\frac{ca^2(l-a)}{l^2}\right]^T$
2	1 c 2；a	$\left[0 \quad -\frac{6ca(l-a)}{l^3} \quad \frac{c(l-a)(l-3a)}{l^2} \quad 0 \quad \frac{6ca(l-a)}{l^3} \quad \frac{ca(3a-2l)}{l^2}\right]^T$
3	1 c 2；a	$\left[c\left(1-\frac{a}{l}\right) \quad 0 \quad 0 \quad \frac{ca}{l} \quad 0 \quad 0\right]^T$
4	a c；1 2	$\left[0 \quad \left(\frac{7}{20}a+\frac{3}{20}c\right)l \quad \left(\frac{a}{20}+\frac{c}{30}\right)l^2 \quad 0 \quad \left(\frac{3}{20}a+\frac{7}{20}c\right)l \quad -\left(\frac{a}{30}+\frac{c}{20}\right)l^2\right]^T$

附录Ⅰ中的刚架计算程序能自动将表 11-2 中的 4 种非节点荷载按表中公式转化为等效

节点荷载并累加入节点荷载列阵。

例 11-9 计算图 11-19（a）所示受线性分布荷载的固端梁的等效节点荷载。

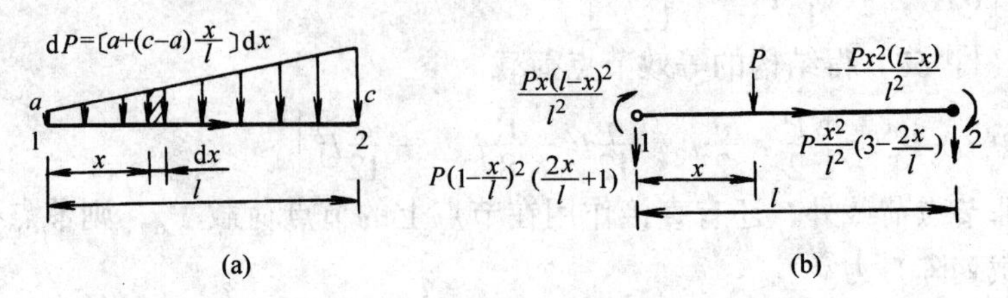

图 11-19 例 11-9 图

【解】

根据表 11-2 第 1 种情况，直接得出的集中荷载 P 作用下的等效节点荷载，等效剪力及弯矩已画在图 11-19（b）中，等效轴力为零。为求图 11-19（a）中线性分布荷载的等效节点荷载只需将 P 表示为 x 的函数，沿有荷载分布的区段积分即可。

在图 11-19（a）中 $\mathrm{d}P=\left[a+(c-a)\dfrac{x}{l}\right]\mathrm{d}x$。

设 $u=\dfrac{x}{l}$，$\mathrm{d}x=l\mathrm{d}u$，当 $x=0$ 时 $u=0$；当 $x=l$ 时 $u=1$。

1 端的等效剪力为

$$\overline{F}_{e2}=\int_0^l\left[a+(c-a)\frac{x}{l}\right]\left(1-\frac{x}{l}\right)^2\left(1+\frac{2x}{l}\right)\mathrm{d}x$$
$$=\int_0^1[a+(c-a)u](1-u)^2(1+2u)l\mathrm{d}u=\left(\frac{7}{20}a+\frac{3}{20}c\right)l$$

1 端的等效弯矩为

$$\overline{F}_{e3}=\int_0^l\left[a+(c-a)\frac{x}{l}\right]\frac{x(l-x)^2}{l^2}\mathrm{d}x=\int_0^1[a+(c-a)u]lu(1-u)^2l\mathrm{d}u$$
$$=\left(\frac{a}{20}+\frac{c}{30}\right)l^2$$

2 端的等效剪力为

$$\overline{F}_{e5}=\int_0^l\left[a+(c-a)\frac{x}{l}\right]\frac{x^2}{l^2}\left(3-\frac{2x}{l}\right)\mathrm{d}x=\int_0^1[a+(c-a)u]u^2(3-2u)l\mathrm{d}u$$
$$=\left(\frac{3}{20}a+\frac{7}{20}c\right)l$$

2 端的等效弯矩为

$$\overline{F}_{e6}=-\int_0^l\left[a+(c-a)\frac{x}{l}\right]\frac{x^2}{l^2}(l-x)\mathrm{d}x=-\int_0^1[a+(c-a)u]u^2l(1-u)l\mathrm{d}u$$
$$=-\left(\frac{a}{30}+\frac{c}{20}\right)l^2$$

1、2 端的等效轴力显然为零。组合以上结果，得

$$\overline{\boldsymbol{F}}_{e}=\left[0\quad\left(\frac{7}{20}a+\frac{3}{20}c\right)l\quad\left(\frac{a}{20}+\frac{c}{30}\right)l^2\quad 0\quad\left(\frac{3}{20}a+\frac{7}{20}c\right)l\quad -\left(\frac{a}{30}+\frac{c}{20}\right)l^2\right]^{\mathrm{T}}$$

例 11-10 忽略梁和柱的轴向变形，求图 11-20（a）所示结构的综合节点荷载列阵 $\boldsymbol{P}$。图（a）中圆括号内的数字为非节点荷载的序号。

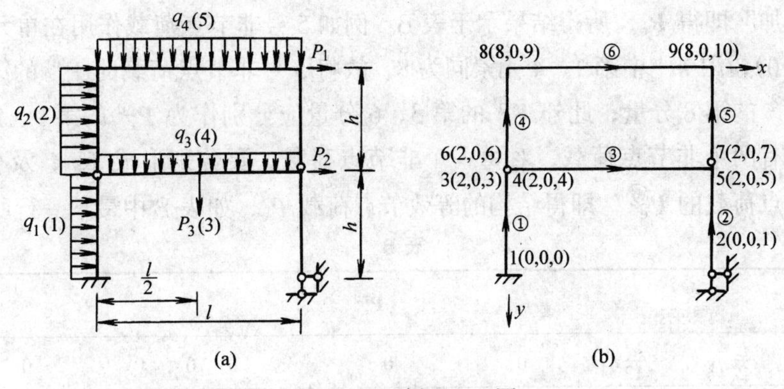

图 11-20　例 11-10 图

【解】

〈1〉建立坐标系，对结构的单元、节点和节点位移分量编号

如图 11-20（b）所示（见例 11-4）。

〈2〉求直接节点荷载

$\boldsymbol{P}_{\mathrm{d}}=[0\ P_2\ 0\ 0\ 0\ 0\ 0\ P_1\ 0\ 0]^{\mathrm{T}}$

〈3〉求各非节点荷载的单元等效节点荷载 $\boldsymbol{F}_{\mathrm{e}}$ 及所作用单元的定位数组 $\boldsymbol{m}$

查表 11-2 求出 $\overline{\boldsymbol{F}}_{\mathrm{e}}$，按式（11-56）进行坐标变换求出 $\boldsymbol{F}_{\mathrm{e}}$，其中梁③、⑥坐标变换矩阵为单位矩阵，柱①、④的坐标变换矩阵的转置矩阵为

$$\boldsymbol{\lambda}^{①\mathrm{T}}=\boldsymbol{\lambda}^{④\mathrm{T}}=\left[\begin{array}{ccc:ccc} 0 & 1 & 0 & & & \\ -1 & 0 & 0 & & \boldsymbol{0} & \\ 0 & 0 & 1 & & & \\ \hdashline & & & 0 & 1 & 0 \\ & \boldsymbol{0} & & -1 & 0 & 0 \\ & & & 0 & 0 & 1 \end{array}\right]$$

求出各非节点荷载的单元等效节点荷载 $\boldsymbol{F}_{\mathrm{e}}^{(ej)}$ 列于表 A；各非节点荷载作用单元的定位数组 $\boldsymbol{m}^{(ej)}$ 也列于表 A 中。

表 A

序号 j	作用单元号 ej	等效结点荷载 $\boldsymbol{F}_{\mathrm{e}}^{(ej)}$	定位数组 $\boldsymbol{m}^{(ej)}$
1	①	$\left[\frac{h}{2}q_1\quad 0\quad \frac{h^2}{12}q_1\quad \frac{h}{2}q_1\quad 0\quad -\frac{h^2}{12}q_1\right]^{\mathrm{T}}$	(0 0 0 2 0 3)
2	④	$\left[\frac{h}{2}q_2\quad 0\quad \frac{h^2}{12}q_2\quad \frac{h}{2}q_2\quad 0\quad -\frac{h^2}{12}q_2\right]^{\mathrm{T}}$	(2 0 6 8 0 9)
3	③	$\left[0\quad \frac{P_3}{2}\quad \frac{l}{8}P_3\quad 0\quad \frac{P_3}{2}\quad -\frac{l}{8}P_3\right]^{\mathrm{T}}$	(2 0 4 2 0 5)
4	③	$\left[0\quad \frac{l}{2}q_3\quad \frac{l^2}{12}q_3\quad 0\quad \frac{l}{2}q_3\quad -\frac{l^2}{12}q_3\right]^{\mathrm{T}}$	(2 0 4 2 0 5)
5	⑥	$\left[0\quad \frac{l}{2}q_4\quad \frac{l^2}{12}q_4\quad 0\quad \frac{l}{2}q_4\quad -\frac{l^2}{12}q_4\right]^{\mathrm{T}}$	(8 0 9 8 0 10)

〈4〉求结构等效节点荷载 $\boldsymbol{P}_{\mathrm{e}}$

利用单元(ej)的定位数组 $\boldsymbol{m}^{(ej)}$，按式（11-58）使 $\boldsymbol{F}_{\mathrm{e}}^{(ej)}$ 中分量“对号入座”可得出 $\boldsymbol{P}_{\mathrm{e}}^{(ej)}$，

然后“同号相加”即得 $\boldsymbol{P}_e$，所得结果示于表 B。例如 5 号非节点荷载作用在单元⑥上，$\boldsymbol{m}^{⑥}=(8\ 0\ 9\ 8\ 0\ 10)$，因 $\boldsymbol{m}^{⑥}$中第 1、4 元素同为 8，故将 5 号非节点荷载的 $\boldsymbol{F}_e^{⑥}$ 的第 1、4 分量相加后作为 $\boldsymbol{P}_e^{⑥}$ 的第 8 分量；此外 $\boldsymbol{F}_e^{⑥}$ 的第 3、6 分量应分别作为 $\boldsymbol{P}_e^{⑥}$ 的第 9、10 分量。在单元③上作用有两个非节点荷载，对每一个非节点荷载，要分别形成 $\boldsymbol{F}_e^{③}$，及相应的 $\boldsymbol{P}_e^{③}$。总合各个非节点荷载的 $\boldsymbol{P}_e^{ⓔj}$，即得结构的等效节点荷载 $\boldsymbol{P}_e$，如表 B 中最下一行所示。

表 B

序号 j	$\boldsymbol{P}_e^{ⓔj}$									
1	$[\ 0$	$\frac{h}{2}q_1$	$-\frac{h^2}{12}q_1$	0	0	0	0	0	0	$0\ ]^T$
2	$[\ 0$	$\frac{h}{2}q_2$	0	0	0	$\frac{h^2}{12}q_2$	0	$\frac{h}{2}q_2$	$-\frac{h^2}{12}q_2$	$0\ ]^T$
3	$[\ 0$	0	0	$\frac{l}{8}P_3$	$-\frac{1}{8}P_3$	0	0	0	0	$0\ ]^T$
4	$[\ 0$	0	0	$\frac{l^2}{12}q_3$	$-\frac{l^2}{12}q^3$	0	0	0	0	$0\ ]^T$
5	$[\ 0$	0	0	0	0	0	0	0	$\frac{l^2}{12}q_4$	$-\frac{l^2}{12}q_4\ ]^T$
$\Sigma\boldsymbol{P}_e$	$[\ 0$	$\frac{h}{2}(q_1+q_2)$	$-\frac{h^2}{12}q_1$	$\frac{l}{8}P_3+\frac{l^2}{12}q^3$	$-\left(\frac{l}{8}P_3+\frac{l^2}{12}q_3\right)$	$\frac{h^2}{12}q_2$	0	$\frac{h}{2}q_2$	$\frac{l^2}{12}q_4-\frac{h^2}{12}q_2$	$-\frac{l^2}{12}q_4\ ]^T$

〈5〉求综合节点荷载

$$\boldsymbol{P}=\boldsymbol{P}_e+\boldsymbol{P}_d=\left\{0 \quad \frac{h}{2}(q_1+q_2)+P_2 \quad -\frac{h^2}{12}q_1 \quad \frac{l}{8}P_3+\frac{l^2}{12}q_3 \quad -\left(\frac{l}{8}P_3+\frac{l^2}{12}q_3\right)\right.$$
$$\left.\frac{h^2}{12}q_2 \quad 0 \quad \frac{h}{2}q_2+P_1 \quad \frac{l^2}{12}q_4-\frac{h^2}{12}q_2 \quad -\frac{l^2}{12}q_4\right\}$$

思 考 题

（1）图 11-18（a）与（c）情形的支座反力是否相同？为什么？如何求结构的支座反力？

（2）节点荷载列阵 $\boldsymbol{P}$ 同第 7 章位移法的典型方程中的自由项 R_{iP}有什么联系？

（3）如果非节点荷载不垂直于杆件，应如何计算其等效节点荷载？

11.8　平面杆件结构的解题步骤及算例

根据前面讲述的内容，现将直接刚度法中先处理法的解题步骤归纳如下。

（1）整理原始数据，对结构离散化，选择结构的整体坐标系及每个单元的局部坐标系；对单元和节点编号，并考虑节点的约束条件，对节点的未知位移分量编号。

（2）由单元两端的节点位移号形成单元定位数组 $\boldsymbol{m}^{ⓔ}$。按式（11-36）或式（11-41）计算在整体坐标系下的单元刚度矩阵 $\boldsymbol{k}^{ⓔ}$。

（3）根据单元定位数组 $\boldsymbol{m}^{ⓔ}$，按式（11-53）把单元刚度矩阵的各元素“对号入座，同号相加”组集成结构的总刚度矩阵 $\boldsymbol{K}$。

(4) 对非节点荷载按表 11-2 或其他方法计算单元等效节点荷载 $\bar{\boldsymbol{F}}_e$，按式（11-56）变换为整体坐标系下的单元等效节点荷载 $\boldsymbol{F}_e$，然后利用单元定位数组按式（11-58）和式（11-57）“对号入座”累加为结构的等效节点荷载 $\boldsymbol{P}_e$，再加上直接节点荷载 $\boldsymbol{P}_d$ 形成综合节点荷载 $\boldsymbol{P}$。

(5) 列出并求解总刚度方程，得出各未知节点位移 $\boldsymbol{\Delta}$。

(6) 利用单元定位数组，按式（11-48）从 $\boldsymbol{\Delta}$ 取出单元杆端位移 $\boldsymbol{\delta}^{ⓔ}$，按式（11-62）计算单元杆端力 $\bar{\boldsymbol{F}}^{ⓔ}$。

(7) 根据问题要求，由支座节点力平衡条件求支座反力及绘内力图等。

以下通过三个例题来具体说明计算步骤。

例 11-11 试计算例 11-8 中桁架的各杆轴力。桁架受节点荷载如图 11-21 所示。

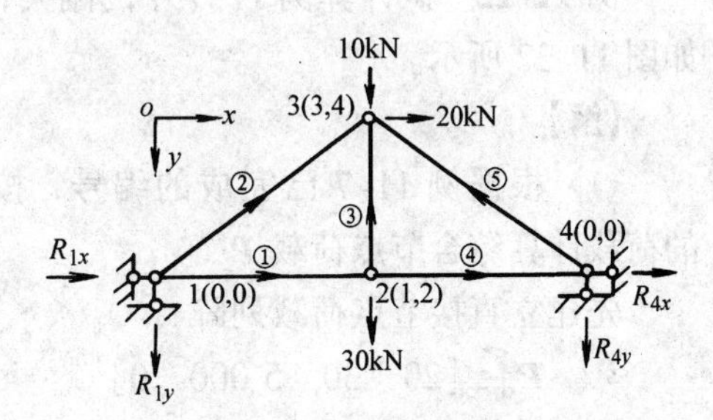

图 11-21　例 11-11 图

【解】

〈1〉根据在例 11-8 中已完成的编号，按本题所给荷载得

$$\boldsymbol{P}=\boldsymbol{P}_d=[0\ 30\ 20\ 10]^T(\mathrm{kN})$$

〈2〉利用例 11-8 的计算结果，列出桁架的总刚度方程为

$$\frac{EA}{60}\begin{pmatrix}30 & 0 & 0 & 0\\ 0 & 20 & 0 & -20\\ 0 & 0 & 15.36 & 0\\ 0 & -20 & 0 & 28.64\end{pmatrix}\begin{pmatrix}\Delta_1\\ \Delta_2\\ \Delta_3\\ \Delta_4\end{pmatrix}=\begin{pmatrix}0\\ 30\\ 20\\ 10\end{pmatrix}$$

〈3〉解总刚度方程得

$$\boldsymbol{\Delta}=\frac{1(\mathrm{kN\cdot m})}{EA}[0\quad 367.78\quad 78.125\quad 277.78]^T$$

〈4〉计算各单元的杆端力

求出节点位移 $\boldsymbol{\Delta}$ 后，由式（11-48）求出单元杆端位移 $\boldsymbol{\delta}^{ⓔ}$，再代入式（11-62）得单元杆端力 $\bar{\boldsymbol{F}}^{ⓔ}=\boldsymbol{\lambda}^{ⓔ}\boldsymbol{k}^{ⓔ}\boldsymbol{\delta}^{ⓔ}$。

$$\bar{\boldsymbol{F}}^{①}=\boldsymbol{I}\cdot\frac{EA}{4}\begin{pmatrix}1 & 0 & -1 & 0\\ 0 & 0 & 0 & 0\\ -1 & 0 & 1 & 0\\ 0 & 0 & 0 & 0\end{pmatrix}\begin{pmatrix}0\\ 0\\ 0\\ 367.78/EA\end{pmatrix}=\begin{pmatrix}0\\ 0\\ 0\\ 0\end{pmatrix}(\mathrm{kN})$$

$$\bar{\boldsymbol{F}}^{②}=\begin{pmatrix}0.8 & -0.6 & & \\ 0.6 & 0.8 & \multicolumn{2}{c}{\boldsymbol{0}}\\ & & 0.8 & -0.6\\ \multicolumn{2}{c}{\boldsymbol{0}} & 0.6 & 0.8\end{pmatrix}\frac{EA}{5}\begin{pmatrix}0.64 & -0.48 & -0.64 & 0.48\\ -0.48 & 0.36 & 0.48 & -0.36\\ -0.64 & 0.48 & 0.64 & -0.48\\ 0.48 & -0.36 & -0.48 & 0.36\end{pmatrix}\begin{pmatrix}0\\ 0\\ 78.125/EA\\ 277.78/EA\end{pmatrix}=\begin{pmatrix}20.83\\ 0\\ -20.83\\ 0\end{pmatrix}(\mathrm{kN})(受压)$$

同理可求出

$$\bar{\boldsymbol{F}}^{③} = [-30.00 \quad 0 \quad 30.00 \quad 0]^{\mathrm{T}} \ (\mathrm{kN}) \ (受拉)$$

$$\bar{\boldsymbol{F}}^{④} = [\quad 0 \quad 0 \quad 0 \quad 0]^{\mathrm{T}} \ (\mathrm{kN})$$

$$\bar{\boldsymbol{F}}^{⑤} = [45.83 \quad 0 \quad -45.83 \quad 0]^{\mathrm{T}} \ (\mathrm{kN}) \ (受压)$$

〈5〉计算支座反力

根据节点1、4平衡条件（即用节点法）可求出

$$R_{1x} = 16.67(\mathrm{kN})(压), R_{1y} = -12.50(\mathrm{kN})(压)$$

$$R_{4x} = -36.67(\mathrm{kN})(压), R_{4y} = -27.50(\mathrm{kN})(压)$$

例 11-12 试计算例 11-7 中的刚架，设其所受荷载如图 11-22 所示。

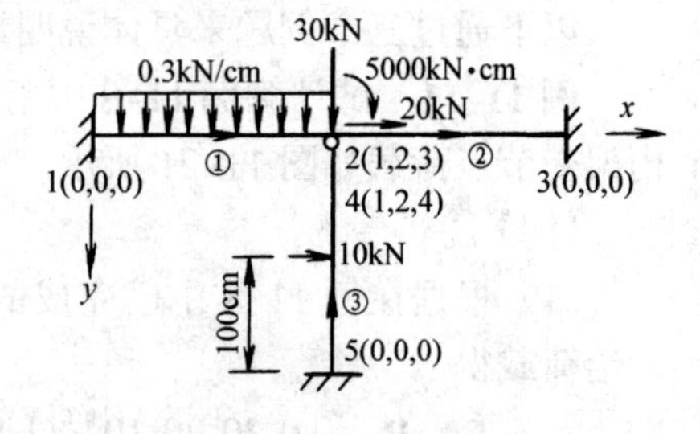

图 11-22 例 11-22 图

【解】

〈1〉根据例 11-7 已完成的编号，按图 11-22 给出的荷载计算综合节点荷载 $\boldsymbol{P}$

先建立直接节点荷载列阵

$$\boldsymbol{P}_{\mathrm{d}} = [20 \quad 30 \quad 5\,000 \quad 0]^{\mathrm{T}}$$

然后计算非节点荷载的等效节点荷载列阵。

对单元①上的均布荷载

查表 11-2 得 $\bar{\boldsymbol{F}}_{\mathrm{e}}^{①} = [0 \quad 30 \quad 1\,000 \quad 0 \quad 30 \quad -1\,000]^{\mathrm{T}}$

$$\boldsymbol{F}_{\mathrm{e}}^{①} = \boldsymbol{I}\bar{\boldsymbol{F}}_{\mathrm{e}}^{①} = [0 \quad 30 \quad 1\,000 \quad 0 \quad 30 \quad -1\,000]^{\mathrm{T}}$$

又因 $\boldsymbol{m}^{①} = (0\ 0\ 0\ 1\ 2\ 3)$，对号入座要求 $\boldsymbol{F}_{\mathrm{e}4}^{①} \rightarrow \boldsymbol{P}_{\mathrm{e}1}^{①}$、$\boldsymbol{F}_{\mathrm{e}5}^{①} \rightarrow \boldsymbol{P}_{\mathrm{e}2}^{①}$、$\boldsymbol{F}_{\mathrm{e}6}^{①} \rightarrow \boldsymbol{P}_{\mathrm{e}3}^{①}$，故

$$\boldsymbol{P}_{\mathrm{e}}^{①} = [0 \quad 30 \quad -1\,000 \quad 0]^{\mathrm{T}}$$

对单元③上的集中荷载

查表 11-2 得 $\bar{\boldsymbol{F}}_{\mathrm{e}}^{③} = [0 \quad 5 \quad 250 \quad 0 \quad 5 \quad -250]^{\mathrm{T}}$

按式（11-56）进行坐标变换得

$$\boldsymbol{F}_{\mathrm{e}}^{③} = \boldsymbol{\lambda}^{③\mathrm{T}}\bar{\boldsymbol{F}}_{\mathrm{e}}^{③} = \begin{pmatrix} 0 & 1 & 0 & & & \\ -1 & 0 & 0 & & \boldsymbol{0} & \\ 0 & 0 & 1 & & & \\ & & & 0 & 1 & 0 \\ & \boldsymbol{0} & & -1 & 0 & 0 \\ & & & 0 & 0 & 1 \end{pmatrix} \begin{pmatrix} 0 \\ 5 \\ 250 \\ 0 \\ 5 \\ -250 \end{pmatrix} = \begin{pmatrix} 5 \\ 0 \\ 250 \\ 5 \\ 0 \\ -250 \end{pmatrix}$$

又因 $\boldsymbol{m}^{③} = (0\ 0\ 0\ 1\ 2\ 4)$，故 $\boldsymbol{P}_{\mathrm{e}}^{③} = [5 \quad 0 \quad 0 \quad -250]^{\mathrm{T}}$。

把全部非节点荷载的等效节点荷载叠加得 $\boldsymbol{P}_{\mathrm{e}} = \boldsymbol{P}_{\mathrm{e}}^{①} + \boldsymbol{P}_{\mathrm{e}}^{③} = [5 \quad 30 \quad -1\,000 \quad -250]^{\mathrm{T}}$

最后按式（11-59）可得

$$\boldsymbol{P} = \boldsymbol{P}_{\mathrm{d}} + \boldsymbol{P}_{\mathrm{e}} = [25(\mathrm{kN}) \quad 60(\mathrm{kN}) \quad 4\,000(\mathrm{kN \cdot cm}) \quad -250(\mathrm{kN \cdot cm})]^{\mathrm{T}}$$

〈2〉利用例 11-7 的计算结果，列出总刚度方程

$$\begin{pmatrix} 4\,012 & 0 & 0 & -1\,200 \\ 0 & 2\,024 & 0 & 0 \\ 0 & 0 & 320\,000 & 0 \\ -1\,200 & 0 & 0 & 160\,000 \end{pmatrix} \begin{pmatrix} \Delta_1 \\ \Delta_2 \\ \Delta_3 \\ \Delta_4 \end{pmatrix} = \begin{pmatrix} 25 \\ 60 \\ 4\,000 \\ -250 \end{pmatrix}$$

〈3〉解总刚度方程

$$\boldsymbol{\Delta} = [5.776\,9\times10^{-3}(\mathrm{cm})\ 2.964\,4\times10^{-2}(\mathrm{cm})$$
$$1.250\,0\times10^{-2}(\mathrm{rad})\ -1.519\,2\times10^{-3}(\mathrm{rad})]^{\mathrm{T}}$$

〈4〉计算各单元的杆端力

由式（11-48）计算单元杆端位移 $\boldsymbol{\delta}^{ⓔ}$，再由式（11-62）$\overline{\boldsymbol{F}}^{ⓔ} = -\overline{\boldsymbol{F}}_{\mathrm{e}}^{ⓔ} + \boldsymbol{\lambda}^{ⓔ}\boldsymbol{k}^{ⓔ}\boldsymbol{\delta}^{ⓔ}$计算单元杆端力。

$$\overline{\boldsymbol{F}}^{①} = -\begin{pmatrix} 0 \\ 30 \\ 1\,000 \\ \hdashline 0 \\ 30 \\ -1\,000 \end{pmatrix} + \boldsymbol{I}\left(\begin{array}{ccc:ccc} 2\,000 & 0 & 0 & -2\,000 & 0 & 0 \\ 0 & 12 & 1\,200 & 0 & -12 & 1\,200 \\ 0 & 1\,200 & 160\,000 & 0 & -1\,200 & 80\,000 \\ \hdashline -2\,000 & 0 & 0 & 2\,000 & 0 & 0 \\ 0 & -12 & -1\,200 & 0 & 12 & -1\,200 \\ 0 & 1\,200 & 80\,000 & 0 & -1\,200 & 160\,000 \end{array}\right)$$

$$\begin{pmatrix} 0 \\ 0 \\ 0 \\ \hdashline 5.776\,9\times10^{-3} \\ 2.964\,4\times10^{-2} \\ 1.250\,0\times10^{-2} \end{pmatrix} = \begin{pmatrix} -11.55\ (\mathrm{kN}) \\ -15.36\ (\mathrm{kN}) \\ -35.57\ (\mathrm{kN\cdot cm}) \\ \hdashline 11.55\ (\mathrm{kN}) \\ -44.64\ (\mathrm{kN}) \\ 2\,964\ (\mathrm{kN\cdot cm}) \end{pmatrix}$$

$$\overline{\boldsymbol{F}}^{②} = \boldsymbol{I}\left(\begin{array}{ccc:ccc} 2\,000 & 0 & 0 & -2\,000 & 0 & 0 \\ 0 & 12 & 1\,200 & 0 & -12 & 1\,200 \\ 0 & 1\,200 & 160\,000 & 0 & -1\,200 & 80\,000 \\ \hdashline -2\,000 & 0 & 0 & 2\,000 & 0 & 0 \\ 0 & -12 & -1\,200 & 0 & 12 & -1\,200 \\ 0 & 1\,200 & 80\,000 & 0 & -1\,200 & 16\,000 \end{array}\right)\begin{pmatrix} 5.776\,9\times10^{-3} \\ 2.964\,4\times10^{-2} \\ 1.250\,0\times10^{-2} \\ \hdashline 0 \\ 0 \\ 0 \end{pmatrix}$$

$$= \begin{pmatrix} 11.55\ (\mathrm{kN}) \\ 15.36\ (\mathrm{kN}) \\ 2\,036\ (\mathrm{kN\cdot cm}) \\ \hdashline -11.55\ (\mathrm{kN}) \\ -15.36\ (\mathrm{kN}) \\ 1\,036\ (\mathrm{kN\cdot cm}) \end{pmatrix}$$

$$
\overline{\boldsymbol{F}}^{③}=-\begin{pmatrix}0\\5\\250\\ \hdashline 0\\5\\-250\end{pmatrix}+\left(\begin{array}{ccc:ccc}0&-1&0&&&\\1&0&0&&\mathbf{0}&\\0&0&1&&&\\ \hdashline &&&0&-1&0\\&\mathbf{0}&&1&0&0\\&&&0&0&1\end{array}\right)
$$

$$
\left(\begin{array}{ccc:ccc}12&0&1\,200&-12&0&1\,200\\0&2\,000&0&0&-2\,000&0\\1\,200&0&160\,00&-1\,200&0&80\,000\\ \hdashline -12&0&-1\,200&12&0&-1\,200\\0&-2\,000&0&0&2\,000&0\\1\,200&0&80\,000&-1\,200&0&160\,000\end{array}\right)\begin{pmatrix}0\\0\\0\\ \hdashline 5.776\,9\times10^{-3}\\2.964\,4\times10^{-2}\\-1.519\,2\times10^{-3}\end{pmatrix}
$$

$$
=\begin{pmatrix}59.29\ (\text{kN})\\-6.892\ (\text{kN})\\-378.5\ (\text{kN}\cdot\text{cm})\\ \hdashline -59.29\ (\text{kN})\\-3.108\ (\text{kN})\\0.000\ (\text{kN}\cdot\text{cm})\end{pmatrix}
$$

〈5〉计算支座反力

根据节点 1、3、5 的平衡条件，求出它们的支座反力，为（在整体坐标系下）

$$\boldsymbol{R}_1=[-11.55(\text{kN})\quad -15.36(\text{kN})\quad -35.57(\text{kN}\cdot\text{cm})]^{\mathrm{T}}$$

$$\boldsymbol{R}_3=[-11.55(\text{kN})\quad -15.36(\text{kN})\quad 1\,036(\text{kN}\cdot\text{cm})]^{\mathrm{T}}$$

$$\boldsymbol{R}_5=[-6.892(\text{kN})\quad -59.29(\text{kN})\quad -378.5(\text{kN}\cdot\text{cm})]^{\mathrm{T}}$$

〈6〉内力图的绘制

根据以上所求出各单元的杆端力及各单元所承受的非节点荷载可绘出结构的 M、Q、N 图如图 11-23（按第 7 章内力的规定）。

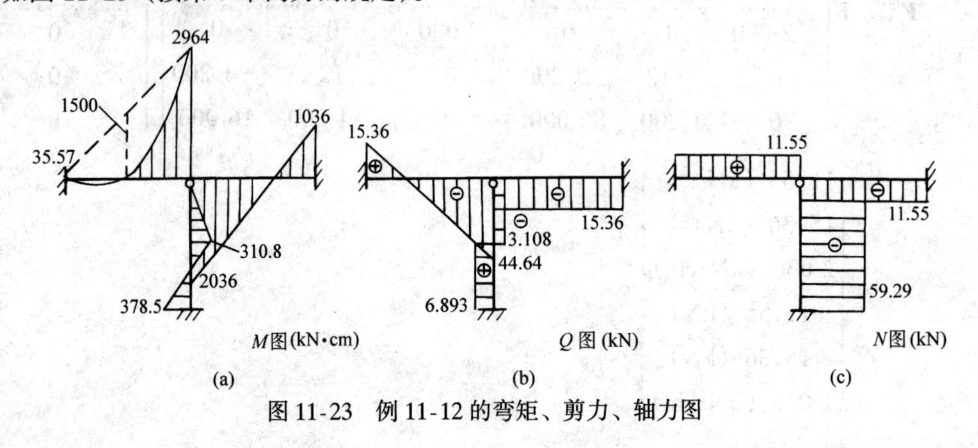

图 11-23 例 11-12 的弯矩、剪力、轴力图

若忽略轴向变形计算例 11-12，因各单元无轴向变形，将得出各单元轴力为零，这时单元的实际轴力应按节点平衡条件计算出。因此在忽略单元轴向变形时，用式（11-62）等计算的轴力有时是不正确的，这时应用平衡条件，计算单元的实际轴力。当用附录Ⅰ的刚架程序时，也有这一问题存在，在忽略轴向变形时，应利用平衡条件，对单元的轴力进行修正。这种修正，一般只能靠手算完成，故电算很少忽略轴向变形。

例 11-13 试计算图 11-24（a）所示加劲梁的内力。已知横梁的 $E_1=18$ GPa、$A_1=5\times10^2$ cm^2、$I_1=2\times10^5$ cm^4，加劲杆的 $E=200$ GPa、$A=2$ cm^2。

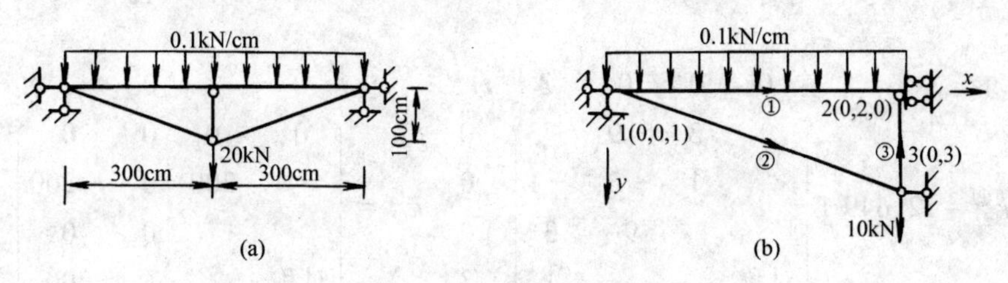

图 11-24 例 11-13 图

【解】

本例为对称结构受对称荷载作用的特定情况，可取如图 11-24（b）所示的左半部结构进行分析。单元和节点以及节点位移分量的编号已示于图中。由对称条件知节点 2 无转角和水平位移，节点 3 也无水平位移，故可用水平定向支座及水平链杆支座分别代替右半部结构的作用。对称轴上的轴力单元③的截面面积应取原竖向加劲杆截面面积的一半，即1 cm^2；而作用在对称轴上节点 3 的集中荷载也应取原荷载的一半，即 10 kN。对于横梁与加劲杆的联节点，可以编两个节点号使其分别对应横梁和加劲杆的联结杆端；也可以如图 11-24（b）所示编 1 个节点号（如图中的节点 1 或节点 2），此节点号的三个位移分量即表征横梁在此端的三个位移分量，而前两个线位移分量也表征加劲杆在此端的两个线位移（第三个角位移分量对加劲杆没有意义），这样正好满足了横梁和加劲杆的联结条件，即两个线位移应保持相同。

〈1〉离散化

对简化后所得的半结构建立坐标系并对节点、单元及节点位移分量编号，如图 11-24（b）所示。根据已知的原始数据，整理出表 A，表中列出了各单元的定位数组。

表 A

单元号	端点号	定位数组	杆长（cm）	E（kN/cm^2）	A（cm^2）	I（cm^4）	c_x	c_y
①	1→2	（0 0 1 0 2 0）	300	1 800	500	2×10^5	1	0
②	1→3	（0 0 0 3）	$100\sqrt{10}$	20 000	2	—	$3/\sqrt{10}$	$1/\sqrt{10}$
③	3→2	（0 3 0 2）	100	20 000	1	—	0	−1

〈2〉求各单元的单刚

按式（11-36）或式（11-41）求各单元的单刚，并把定位数组写在单刚方括号的上端和右侧。

$$\boldsymbol{k}^{①}=\begin{bmatrix} 3\,000 & 0 & 0 & -3\,000 & 0 & 0 \\ & 160 & 24\,000 & 0 & -160 & 24\,000 \\ & & 4.8\times10^6 & 0 & -24\,000 & 2.4\times10^6 \\ & & & 3\,000 & 0 & 0 \\ & & & & 160 & -24\,000 \\ & \text{对称} & & & & 4.8\times10^6 \end{bmatrix}\begin{matrix} 0 \\ 0 \\ 1 \\ 0 \\ 2 \\ 0 \end{matrix}$$

（列定位：0 0 1 0 2 0，$\boldsymbol{m}^{①}$）

$$\boldsymbol{k}^{②}=12.649\,1\begin{bmatrix} 9 & 3 & -9 & -3 \\ & 1 & -3 & -1 \\ & & 9 & 3 \\ \text{对称} & & & 1 \end{bmatrix}\begin{matrix} 0 \\ 0 \\ 0 \\ 3 \end{matrix} \qquad \boldsymbol{k}^{③}=\begin{bmatrix} 0 & 0 & 0 & 0 \\ & 200 & 0 & -200 \\ & & 0 & 0 \\ \text{对称} & & & 200 \end{bmatrix}\begin{matrix} 0 \\ 3 \\ 0 \\ 2 \end{matrix}$$

（列定位：$\boldsymbol{m}^{②}$：0 0 0 3；$\boldsymbol{m}^{③}$：0 3 0 2）

〈3〉形成总刚

利用各单元定位数组，按式（11-53）组集总刚，过程如下。

单元①：$\boldsymbol{m}^{①}=(0\ 0\ 1\ 0\ 2\ 0)$

$$k_{33}^{①}\to K_{11},k_{35}^{①}\to K_{12},k_{53}^{①}\to K_{21},k_{55}^{①}\to K_{22}$$

单元②：$\boldsymbol{m}^{②}=(0\ 0\ 0\ 3)$

$$k_{44}^{②}\to K_{33}$$

单元③：$\boldsymbol{m}^{③}=(0\ 3\ 0\ 2)$

$$k_{22}^{③}\to K_{33},k_{24}^{③}\to K_{32},k_{42}^{③}\to K_{23},k_{44}^{③}\to K_{22}$$

$$\boldsymbol{K}=\begin{bmatrix} k_{33}^{①} & k_{35}^{①} & 0 \\ k_{53}^{①} & k_{55}^{①}+k_{44}^{③} & k_{42}^{③} \\ 0 & k_{24}^{③} & k_{44}^{②}+k_{22}^{③} \end{bmatrix}$$

$$=\begin{bmatrix} 4.8\times10^6(\text{kN·cm}) & -24\,000(\text{kN}) & 0(\text{kN}) \\ -24\,000(\text{kN}) & 360(\text{kN/cm}) & -200(\text{kN/cm}) \\ 0(\text{kN}) & -200(\text{kN/cm}) & 212.649(\text{kN/cm}) \end{bmatrix}$$

〈4〉计算综合节点荷载

直接节点荷载 $\boldsymbol{P}_{\text{d}}=[0\ 0\ 10]^{\text{T}}$。

单元②所承受均布荷载的等效节点荷载（查表 11-2）为

$$\boldsymbol{F}_{\text{e}}^{①}=\overline{\boldsymbol{F}}_{\text{e}}^{①}=[0\quad 15\quad 750\quad 0\quad 15\quad -750]^{\text{T}}$$

又因 $\boldsymbol{m}^{①}=(0\ 0\ 1\ 0\ 2\ 0)$；在“对号入座”时，要求 $F_{\text{e3}}^{①}\to P_{\text{e1}}^{①}$，$F_{\text{e5}}^{①}\to P_{\text{e2}}^{①}$，故

$$\boldsymbol{P}_{\text{e}}^{①}=[750\quad 15\quad 0]^{\text{T}}$$

$$\boldsymbol{P}=\boldsymbol{P}_{\text{d}}+\boldsymbol{P}_{\text{e}}=[750(\text{kN·cm})\ 15(\text{kN})\ 10(\text{kN})]^{\text{T}}$$

〈5〉建立并求解总刚度方程

总刚度方程为

$$\begin{bmatrix} 4.8\times10^6 & -24\,000 & 0 \\ -24\,000 & 360 & -200 \\ 0 & -200 & 212.649 \end{bmatrix}\begin{bmatrix} \Delta_1 \\ \Delta_2 \\ \Delta_3 \end{bmatrix}=\begin{bmatrix} 750 \\ 15 \\ 10 \end{bmatrix}$$

其解为

$$\boldsymbol{\Delta}=[2.868\,9\times10^{-3}(\text{rad})\quad 0.542\,52(\text{cm})\quad 0.557\,28(\text{cm})]^{\text{T}}$$

〈6〉计算各单元的杆端力

按式（11-48）求 $\boldsymbol{\delta}^{ⓔ}$，再由式（11-62）计算 $\overline{\boldsymbol{F}}^{ⓔ}$。

$$\overline{\boldsymbol{F}}^{①}=-\begin{pmatrix} 0 \\ 15 \\ 750 \\ 0 \\ 15 \\ -750 \end{pmatrix}+\boldsymbol{I}\begin{pmatrix} 3\,000 & 0 & 0 & -3\,000 & 0 & 0 \\ 0 & 160 & 2\,400 & 0 & -160 & 24\,000 \\ 0 & 24\,000 & 4.8\times10^6 & 0 & -24\,000 & 2.4\times10^6 \\ -3\,000 & 0 & 0 & 3\,000 & 0 & 0 \\ 0 & -160 & -24\,000 & 0 & 160 & -24\,000 \\ 0 & 24\,000 & 2.4\times10^6 & 0 & -24\,000 & 4.8\times10^6 \end{pmatrix}$$

$$\begin{pmatrix} 0 \\ 0 \\ 2.868\,9\times10^{-3} \\ 0 \\ 0.542\,52 \\ 0 \end{pmatrix}=\begin{pmatrix} 0(\text{kN}) \\ -32.95(\text{kN}) \\ 0(\text{kN}\cdot\text{cm}) \\ 0(\text{kN}) \\ 2.951(\text{kN}) \\ 5\,385(\text{kN}\cdot\text{cm}) \end{pmatrix}$$

$$\overline{\boldsymbol{F}}^{②}=\frac{1}{\sqrt{10}}\begin{pmatrix} 3 & 1 & 0 & 0 \\ -1 & 3 & 0 & 0 \\ 0 & 0 & 3 & 1 \\ 0 & 0 & -1 & 3 \end{pmatrix}\times12.649\,1\begin{pmatrix} 9 & 3 & -9 & -3 \\ 3 & 1 & -3 & -1 \\ -9 & -3 & 9 & 3 \\ -3 & -1 & 3 & 1 \end{pmatrix}\begin{pmatrix} 0 \\ 0 \\ 0 \\ 0.557\,28 \end{pmatrix}$$

$$=\begin{pmatrix} -22.29 \\ 0 \\ 22.29 \\ 0 \end{pmatrix}(\text{kN})(\text{受拉})$$

$$\overline{\boldsymbol{F}}^{③}=\begin{pmatrix} 0 & -1 & 0 & 0 \\ 1 & 0 & 0 & 0 \\ 0 & 0 & 0 & -1 \\ 0 & 0 & 1 & 0 \end{pmatrix}\begin{pmatrix} 0 & 0 & 0 & 0 \\ 0 & 200 & 0 & -200 \\ 0 & 0 & 0 & 0 \\ 0 & -200 & 0 & 200 \end{pmatrix}\begin{pmatrix} 0 \\ 0.557\,28 \\ 0 \\ 0.542\,52 \end{pmatrix}$$

$$=\begin{pmatrix} -2.951 \\ 0 \\ 2.951 \\ 0 \end{pmatrix}(\text{kN})(\text{受拉})$$

〈7〉计算支座反力及绘内力图

（略）。

习　题

11.1　计算图示连续梁的总刚度矩阵。$EI=$ 常数。

11.2　计算图示连续梁的杆端弯矩，并绘弯矩图。$E=200$ GPa，$I=3\times10^5$ cm^4，$l=4$ m，$M=20$ kN·m。

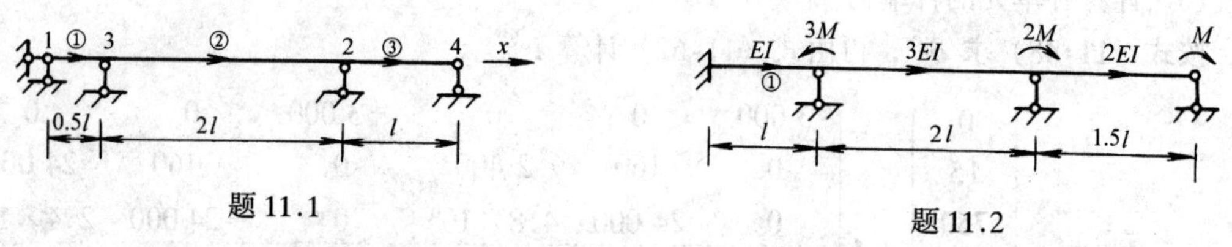

题 11.1　　　　题 11.2

11.3　试推导 1 端的杆端弯矩 M_1 恒为零（铰结）的梁单元ⓔ的单元刚度方程。

11.4　图示由两段等截面杆组成的一轴力单元ⓔ，试计算其单刚 $\bar{k}^{ⓔ}$。

题 11.3　　　　题 11.4

11.5　某单元ⓔ的 1 端坐标为（3 m，4 m）、2 端坐标为（7 m，1 m），$E=200$ GPa，$A=2\times10^2$ cm，$I=4\times10^4$ cm^4，试计算单元的坐标变换矩阵及整体坐标系下的单元刚度矩阵。

11.6　已知单元①的坐标变换矩阵 $\boldsymbol{\lambda}^{①}$、局部坐标系下的杆端位移 $\bar{\boldsymbol{\delta}}^{①}$、杆端力 $\bar{\boldsymbol{F}}^{①}$ 及单刚 $\bar{\boldsymbol{k}}^{①}$，单元②的坐标变换矩阵为 $\boldsymbol{\lambda}^{②}$，试计算 $\bar{\boldsymbol{\delta}}^{①}$、$\bar{\boldsymbol{F}}^{①}$、$\bar{\boldsymbol{k}}^{①}$ 在单元②的局部坐标系下的表达式（设 $\bar{\boldsymbol{\delta}}^{①}$、$\bar{\boldsymbol{F}}^{①}$、$\bar{\boldsymbol{k}}^{①}$ 在单元②局部坐标系下的表示符号为 $\boldsymbol{\delta}^{①}_{\text{II}}$、$\boldsymbol{F}^{①}_{\text{II}}$、$\boldsymbol{k}^{①}_{\text{II}}$）。

11.7　对图示结构的节点、单元及节点位移分量编号。（1）求单元两端节点号数组 $\boldsymbol{J}_{\text{e}}$、节点位移号数组 $\boldsymbol{J}_{\text{n}}$ 及各单元的定位数组 $\boldsymbol{m}^{ⓔ}$。（2）忽略杆件的轴向变形对节点位移分量重新编号，重求 $\boldsymbol{J}_{\text{n}}$ 及 $\boldsymbol{m}^{ⓔ}$。

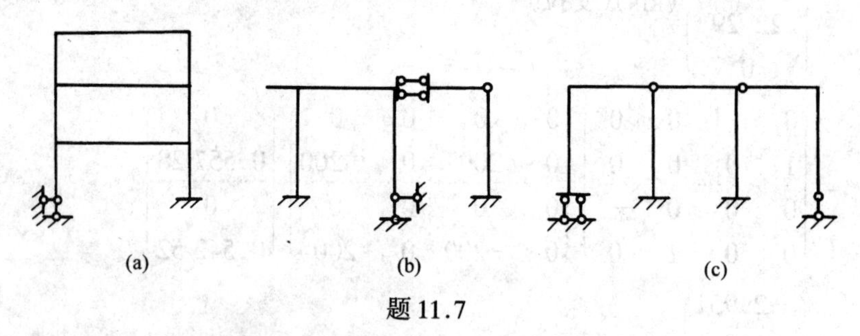

题 11.7

11.8～11.10　求下列结构的总刚度矩阵。

11.8　桁架各杆件相同 $E=200$ GPa，$A=3$ cm^2，$l=1$ m。

11.9　刚架各杆件相同 $E=200$ GPa，$A=40$ cm^2，$I=2.5\times10^3$ cm^4，$l=3$ m。

11.10　忽略刚架各杆轴向变形，各杆 $E=200$ GPa，$I=10^3$ cm^4，$l=3$ m。

11.11　计算图示单元（长度为 l）上非节点荷载的等效节点荷载。

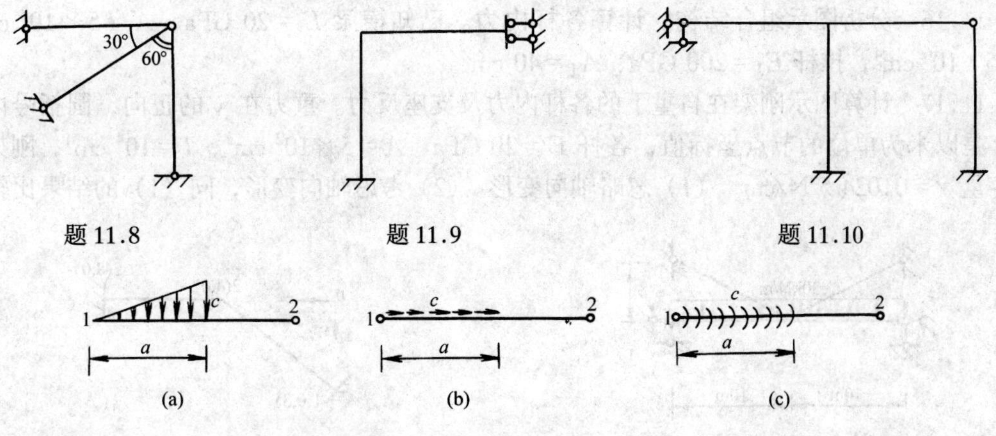

题 11.11

(a) 局部三角形荷载；(b) 局部均布轴向荷载；(c) 局部均布力偶

11.12　计算图示结构的综合节点荷载 $q=10$ kN/m，$P_1=2$ kN，$P_2=5$ kN，$P_3=4$ kN，$h=4$ m，$l=6$ m。(1) 忽略轴向变形。(2) 考虑轴向变形。

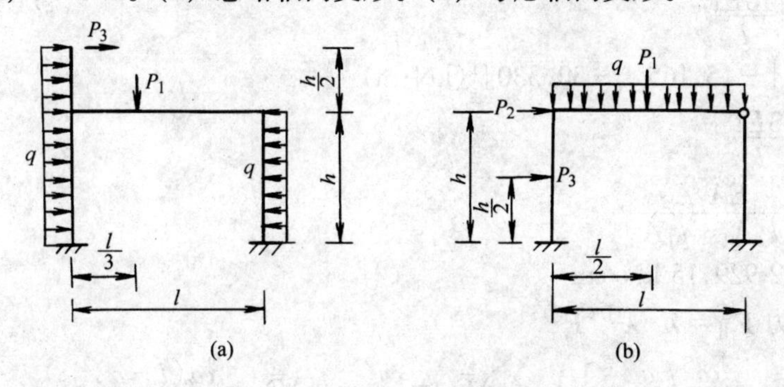

题 11.12

11.13　图示连续梁 2 号支座沉陷 $s=2$ cm，求其等效节点荷载。$i_1=i_3=4\times10^2$ kN·m，$l_1=l_3=3$ m，$i_2=3\times10^2$ kN·m，$l_2=4$ m。

11.14　计算图示桁架的内力。各杆 E、A 相同，$E=200$ GPa、$A=2$ cm^2，各杆长度 $l_1=4$ m、$l_2=3$ m、$l_3=5$ m，集中力荷载 $P=2$ kN 作用线同 2 杆轴线一致（垂直向下），各支座在同一水平线上。

11.15　设忽略各杆轴向变形，计算图示刚架的内力及支座反力，绘内力图。各杆 $E=200$ GPa、$A=10^2$ cm、$I=10^4$ cm^4。

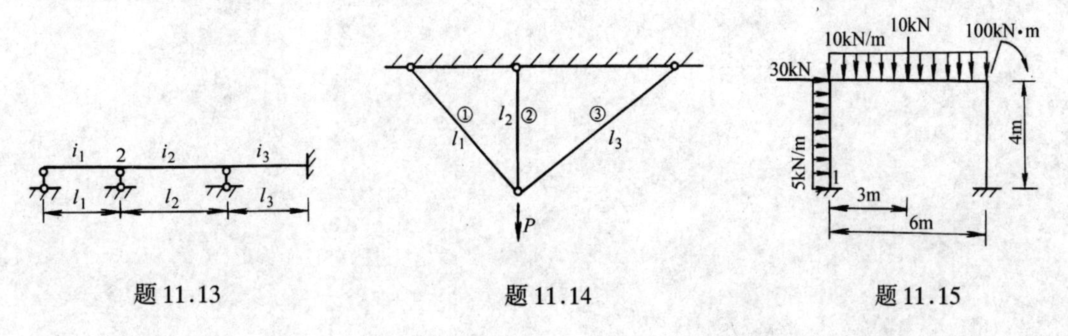

题 11.13　　题 11.14　　题 11.15

11.16　分析图示组合结构，计算各杆内力。已知横梁 $E=20$ GPa、$A=5\times10^3$ cm^2、$I=5\times10^6$ cm^4，拉杆 $E_1=200$ GPa、$A_1=40$ cm^2。

11.17　计算图示刚架在自重下的各杆内力及支座反力。重力在 y 的正向，圆括号内的数字是以米为单位的节点坐标值，各杆 $E=20$ GPa、$A=5\times10^2$ cm^2、$I=10^4$ cm^4，刚架材料容重 $\gamma=0.024\,5$ N/cm^3。(1) 忽略轴向变形。(2) 考虑轴向变形，同 (1) 的结果比较。

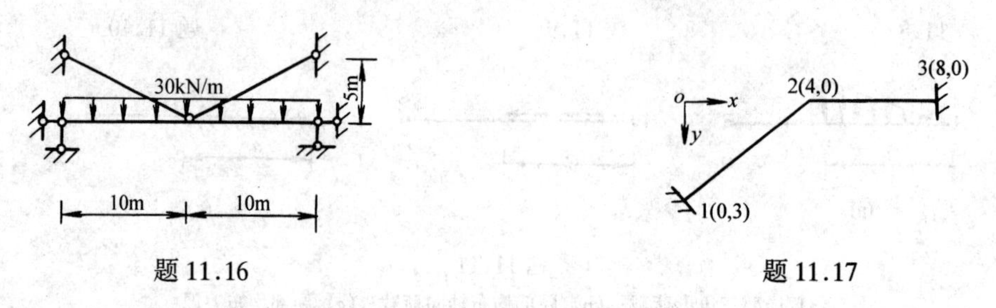

题 11.16　　　　题 11.17

习 题 答 案

11.1　$K_{33}=\dfrac{10EI}{l}$

11.2　$\boldsymbol{F}^{①}=[-15.165\quad -30.330]^{\mathrm{T}}(\mathrm{kN\cdot m})$

11.3　$\bar{k}_{55}=\dfrac{3EI}{l}$

11.4　$\bar{k}_{11}=\dfrac{EA_1A_2}{l_2A_1+l_1A_2}$

11.5　$k_{22}=2\,929.15$ kN/cm

11.6　杆端力 $\boldsymbol{F}_{Ⅱ}^{①}=\boldsymbol{\lambda}^{②}\boldsymbol{\lambda}^{①\mathrm{T}}\overline{\boldsymbol{F}}^{①}$

11.11　(a)$\overline{F}_{e6}=\dfrac{ca^3}{l}\left(\dfrac{a}{5l}-\dfrac{1}{4}\right)$　(b)$\overline{F}_{e4}=\dfrac{ca^2}{2l}$　(c)$\overline{F}_{e3}=\dfrac{ca(l-a)^2}{l^2}$

11.13　$P_2=7$ kN·m

11.14　杆②轴力 1.228 5 kN(拉)

11.15　支座 1 约束力偶 6 993.7 kN·cm(↑)

11.16　拉杆轴力为 346.60 kN(拉)

11.17　3 支座约束力偶(1) 1 519.2 N·m(↓)　(2) 1 596.9 N·m(↓)

附录Ⅰ 连续梁及平面刚架静力分析的源程序

本附录中连续梁和平面刚架静力分析的两个计算程序均用两种算法语言编写，其中用FORTRAN77编写的源程序和用BASIC编写的源程序在PC微机上调试通过。

Ⅰ.1 连续梁静力分析程序

一、程序功能

本程序能计算在结点力偶作用下多跨连续梁（在每一跨范围内弯曲刚度 EI 为常数）的节点角位移及各单元的杆端弯矩。

二、计算模型及计算方法说明

以图11-2为计算简图，各单元的线刚度为

$$i_j = \frac{(EI)_j}{l_j} \quad (j=1,\ 2,\ \cdots,\ n-1) \tag{Ⅰ-1}$$

式中 $(EI)_j$ 为 j 单元的弯曲刚度，l_j 为 j 单元的长度。利用式（11-15）形成连续梁的总刚度矩阵 $\boldsymbol{K}$，再按式（11-16）引入左、右端的支承条件。然后，用追赶法（见附录Ⅱ）解总刚度方程得出节点位移，再代入式（11-11）求出单元杆端力。

三、程序总框图及主要标识符说明

连续梁程序的总框图如图Ⅰ-1。

主要标识符说明：

标识符如有方括号，方括号中的字母表示在BASIC程序中的标识符；如没有方括号，则表示该标识符系通用于两种语言的程序。此外BASIC中的变量和数组不区分整型量和实型量。

NJ——节点总数（整型量），输入参数。

NNE [NE] ——单元总数，其值为NJ－1。

IL、IR——左、右端支座信息（整型量），输入参数，值为0表示简支端；值为1表示固定端。

TL（20）[TL＄]——输入参数，存第一个记录的80（BASIC为255）个字符，储存本问题的标题。

AL（20）—— AL（Ⅰ）为Ⅰ单元的长度，输入参数（实型数组）。

EI（20）—— EI（Ⅰ）为Ⅰ单元的弯曲刚度，输入参数（实型数组）。

EL（20）—— EI（Ⅰ）为Ⅰ单元的线刚度（实型数组）。

P（21）——节点力偶，输入参数（实型数组），解方程后变为节点（角）位移。

AK（21，21）——存放总刚度矩阵（实型数组）。

F1、F2——分别为单元的左、右端的杆端力（弯矩）。

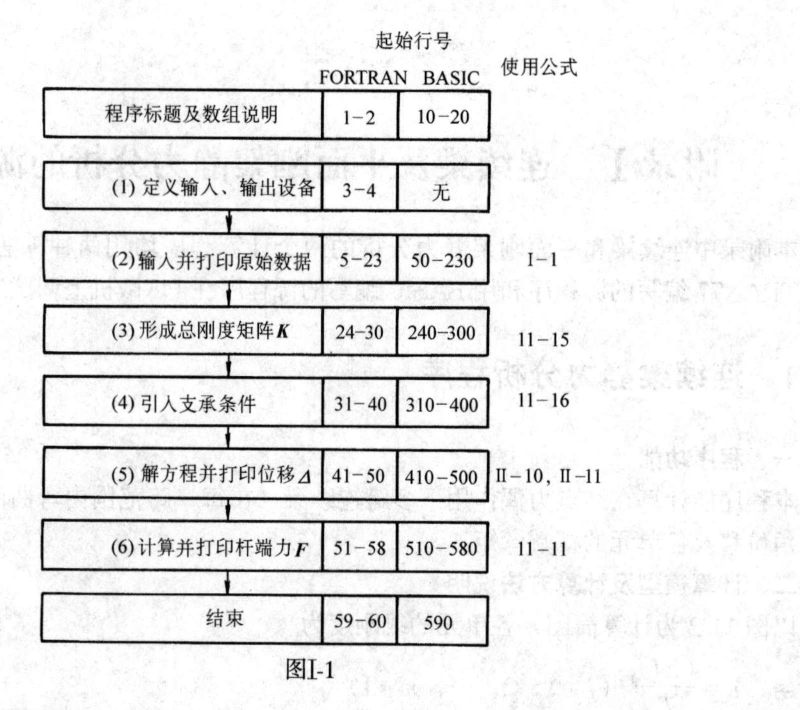

图I-1

四、源程序及其解释

连续梁静力分析源程序（FORTRAN）

```
1: C       STRUCTURAL ANAL YSIS PROGRAM FOR CONTINUOUS BEAM
2:         DIMENSION AL(20),EI(20),EL(20),AK(21,21),P(21),TL(20)
3:         OPEN (2, FILE='PRN')
4:         OPEN (6, FILE='CBEAM.DAT')
5:         READ (6, 99) TL
6:99       FORMAT (20A4)
7:         WRITE (2, 99) TL
8:         READ (6, 100) NJ, IL, IR
9:100      FORMAT (3I5)
10:        WRITE (2, 98) NJ, IL, IR
11:98       FORMAT (5X,'NUMBER OF NODE=', I2/3X,'CODE OF SUPPORTS'
12:        &  ,': LEFT=', I1, 2X.'RIGHT=', I1, 3X,' (0=SIMPLY SUPPORT'
13:        &  'ED', 2X,'1=BUILT-IN')
14:         NNE=NJ-1
15:         READ (6, 103) (AL (I), EI (I), I=1, NNE)
16:         WRITE (2, 102) (I, AL (I), EI (I), I=1, NNE)
17: 102     FORMAT (3X,'NO.E', 3X,'LENGTH', 6X,'STIFFNESS'/ (I5, 2G15.5))
18:         READ (6, 103) (P (I), I=1, NJ)
19:103      FORMAT (8F10.0)
20:         WRITE (2, 104) (P (I), I=1, NJ)
```

```
21:104      FORMAT (10X,'NODAL MOMENTS OF FORCE (LOAD)'/ (5G14.6))
22:         DO 10 I=1, NNE
23:10       EL (I) =EI (I) /AL (I)
24:         AK (1, 1) =4. * EL (I)
25:         AK (NJ, NJ) =4. * EL (NNE)
26:         DO 13 J=2, NNE
27:13       AK (J, J) =4. * (EL (J-1) +EL (J))
28:         DO 14 J=2, NJ
29:         AK (J, J-1) =2. * EL (J-1)
30:14       AK (J-1, J) =2. * EL (J-1)
31:         IF (IL.EQ.0) GOTO 15
32:         AK (1, 1) =1.
33:         AK (1, 2) =0.
34:         AK (2, 1) =0.
35:         P (1) =0.
36:15       IF (IR.EQ.0) GOTO 16
37:         AK (NJ, NJ) =1.
38:         AK (NNE, NJ) =0.
39:         AK (NJ, NNE) =0.
40:         P (NJ) =0.
41:16       DO 18 K=1, NNE
42:         I=K+1
43:         C=-AK (I, K) /AK (K, K)
44:         P (I) =P (I) +C * P (K)
45:18       AK (I, I) =AK (I, I) +C * AK (K, I)
46:         P (NJ) =P (NJ) /AK (NJ, NJ)
47:         DO 20 I=NNE, 1, -1
48:20       P (I) = (P (I) -AK (I, I+1) * P (I+1)) /AK (I, I)
49:         WRITE (2, 105) (P (I), I=1, NJ)
50:105      FORMAT (/10X,'ANGLE (RADIAN) OF ROTATION'/ (5G14.5))
51:         WRITE (2, 106)
52:106      FORMAT (15X,'MOMENTS OF BEAM ENDS'/3X,'NO.BEAM', 4X,
53:       & '1 (LEFT)', 9X,'2 (RIGHT)')
54:         DO 21 I=1, NNE
55:         F1=4. * EL (I) * P (I) +2. * EL (I) * P (I+1)
56:         F2=2. * EL (I) * P (I) +4. * EL (I) * P (I+1)
57:21       WRITE (2, 107) I, F1, F2
58:107      FORMAT (I8, 2G16.5)
59:         STOP
```

```
60:     END
```

连续梁静力分析源程序（BASIC）

```
10      REM STRUCTURAL ANAL YSIS PROGRAM FOR CONTINUOUS BEAM
20      DIM AL (20), EI (20), P (21), AK (21, 21), EL (20)
50      READ TL $
70      PRINT TL $
80      READ NJ, IL, IR
100     PRINT TAB (8);"NUMBER OF NODE=", NJ
130     PRINT TAB (2);"CODE OF SUPPORTS: LEFT="; IL;
        "RIGHT="; IR;"0=SIMPLY SUPPORTED 1=BUILT-IN"
140     NE=NJ-1
145     PRINT" NO.E    LENGTH    STIFFNESS"
150     FOR I=1 TO NE
155     READ AL (I), EI (I)
160     PRINT TAB (4); I; TAB (10); AL (I); TAB (25); EI (I)
165     EL (I) =EI (I) /AL (I)
170     NEXT I
180     PRINT TAB (10);"NODAL MOMENTS OF FORCE (LOAD)"
190     FOR I=1 TO NJ
200     READ P (I)
210     PRINT SPC (3); P (I);
220     NEXT I
230     PRINT
240     AK (1, 1) =4 * EL (1)
250     AK (NJ, NJ) =4 * EL (NE)
260     FOR J=2 TO NE
265     AK (J, J) =4 * (EL (J-1) +EL (J))
270     NEXT J
280     FOR J=2 TO NJ
290     AK (J, J-1) =2 * EL (J-1)
295     AK (J-1, J) =2 * EL (J-1)
300     NEXT J
310     IF IL=0 THEN 360
320     AK (1, 1) =1
330     AK (1, 2) =0
340     AK (2, 1) =0
350     P (1) =0
360     IF IR=0 THEN 410
370     AK (NJ, NJ) =1
```

```
380     AK (NE, NJ) =0
390     AK (NJ, NE) =0
400     P (NJ) =0
410     FOR K=1 TO NE
420     I=K+1
430     C= -AK (I, K) /AK (K, K)
440     P (I) =P (I) +C * P (K)
445     AK (I, I) =AK (I, I) +C * AK (K, I)
450     NEXT K
460     P (NJ) =P (NJ) /AK (NJ, NJ)
470     FOR J=NE TO 1 STEP-1
475     P (I) = (P (I) -AK (I, I+1) * P (I+1)) /AK (I, I)
480     NEXT I
490     PRINT TAB (10);"ANGLE (RADIAN) OF ROTATION"
492     FOR I=1 TO NJ
494     PRINT SPC (3); P (I);
496     NEXT I
500     PRINT
510     PRINT TAB (15);"MOMENTS OF BEAM ENDS"
530     PRINT TAB (2);" NO.BEAM"; TAB (26),"1 (LEFT)"; SPC (8);"2
        (RIGHT)"
540     FOR I=1 TO NE
550     F1=4 * EL (I) * P (I) +2 * EL (I) * P (I+1)
560     F2=2 * EL (I) * P (I) +4 * EL (I) * P (I+1)
570     PRINT TAB (3); I; TAB (24); F1; TAB (40); F2
580     NEXT I
590     END
700     DATA"  EXAMPLE 11-1 FIG.11-4"
710     DATA 4, 0, 1
720     DATA 1., 2.E4, 1., 1.E4, 1., 1.E4
730     DATA 60., 190., -62.5, 0.
```

源程序解释

〈1〉定义输入、输出设备（Microsoft 用于 PC 微机的 FORTRAN 语言）

3:* 定义打印机为 2 号通道，以后凡是用 2 号通道输出的信息，均由打印机打印出来。如把 PRN 改为 CON 则由显示屏输出；改为 CBEAM.OUT 则输出结果送入磁盘文件 CBEAM.OUT。

4:打开磁盘文件 CBEAM.DAT,并被定义为 6 号通道,以后凡是用 6 号通道输入的数据，均从文件 CBEAM.DAT 读入。

〈2〉输入并打印原始数据

5:-7:[50-70]* 输入并打印第 1 个记录的 80 个字符（BASIC 程序为双引号之间的字符），即问题的标题。

8:-13:[80-130]输入并打印第 2 个记录的 3 个整数，即节点总数 NJ，左、右端支座信息 IL、IR。

14:[140]计算单元总数。

15:-17:[145-170]输入并打印各单元的长度 AL 及弯曲刚度 EI。

18:-21:[180-230]输入并打印节点力偶 P。

22:-23:[165]按式（Ⅰ-1）计算各单元的线刚度 EL。

〈3〉形成总刚度矩阵 ***K***

按式（11-15）计算总刚度矩阵的各元素。因用追赶法解方程时，并不使用 3 条对角线以外的元素，对这些元素可以不置零。

24:-27:[240-270]计算主对角线元素。

28:-30:[280-300]计算另外两条对角线元素。

〈4〉引入支承条件

按式（11-16）引入连续梁的支承条件。

31:-35:[310-350]引入左端支座的支承条件。

36:-40:[360-400]引入右端支座的支承条件。

〈5〉解方程并打印节点位移 $\boldsymbol{\Delta}$

41:-45:[410-450]按式（Ⅱ-10）用追法向前消元。

46:-48:[460-480]按式（Ⅱ-11）用赶法向后回代。

49:-50:[490-500]打印节点位移 $\boldsymbol{\Delta}$。

〈6〉计算并打印杆端力 ***F***

51-53:[510-530]打印杆端力表名。

54:-56:[540-560]按式（11-11）计算单元的杆端力（弯矩）。

57:-58:[570-580]打印杆端弯矩。

五、数据输入格式说明及算例

根据源程序的输入语句，作出表Ⅰ-1，将要计算例题需输入的数据填入此表中。

表Ⅰ-1　连续梁的输入数据

标　题	EXAMPLE 11-1　FIG.11-4							
节点总数	4	左支座	0	右支座	1			
单元号	长度	刚度	长度	刚度	长度	刚度	长度	刚度
①—④	1.	2.E4	1.	1.E4	1.	1.E4		
节点力偶	60.	190.	-62.5	0.				

表中的标题可填写不大于 80 个字符（对 FORTRAN 源程序）或者小于 256 个字符（对 BASIC 源程序）。左支座或右支座后填 0 表示简支端，填 1 表示固定端。每 4 个单元填写一

* 一个数字后面有一冒号表示 FORTRAN 源程序的行号，若其后有方括号，其中的数字为 BASIC 源程序的语句标号。

行，按单元号递增填写，同一单元先填长度，再填弯曲刚度，一行应填4个单元共8个实型数。对节点力偶每行填8个实型数，按节点号递增依次填写作用在该处的外力偶，一行应填8个节点力偶。如为固定端，可填节点力偶为零。

例Ⅰ-1 试用连续梁程序计算例11-1。

【解】

〈1〉准备原始数据

由例11-1、图11-4，设各单元的长度为1 m，则单元①、②及③的弯曲刚度应分别为2×10^4 kN·m²、10^4 kN·m²及10^4 kN·m²。对本例取名为EXAMPLE 11-1　FIG.11-4。将图11-4中的数据填入表Ⅰ-1。

〈2〉建立数据文件

对于FORTRAN程序，当我们采用规定格式输入时，应注意整型数占5列，而实型数占10列；但我们常采用自由格式输入。建立磁盘文件CBEAM.DAT，根据表Ⅰ-1，敲入4条记录如下：

```
        EXAMPLE 11-1   FIG.11-4
4, 0, 1
1., 2.E4, 1., 1.E4, 1., 1.E4
60., 190., -62.5, 0.
```

对于BASIC程序，我们从700句开始，根据表Ⅰ-1，修改或敲入置数语句（见源程序末尾）。

〈3〉程序运行及输出结果

运行FORTRAN程序，得到输出结果如下：

```
        EXAMPLE 11-1   FIG.11-4
        NUMBER OF NODE=4
CODE OF SUPPORTS:    LEFT=0   RIGHT=1    (0=SIMPLY SUPPORTED   1=BUILT-IN)
    NO.E   LENGTH   STIFFNESS
      1       1.0000       20000.
      2       1.0000       10000.
      3       1.0000       10000.
            NODAL MOMENTS OF FORCE   (LOAD)
   60.0000      190.000      -62.5000      .000000
            ANGLE (RADIAN) OF ROTATION
   -.17434E-03     .18487E-02     -.12434E-02     -.00000
            MOMENTS OF BEAM ENDS
   NO.BEAM   1 (LEFT)    2 (RIGHT)
      1          60.000        140.92
      2          49.079       -12.763
      3         -49.737       -24.868
```

也可运行BASIC程序，得到类似的输出结果（省略）。

〈4〉根据输出结果，绘内力图

见图11-5。

Ⅰ.2 平面刚架静力分析程序

一、程序功能

本程序能计算平面刚架的节点位移和杆端内力，并能直接输入 4 种非节点荷载（见表 11-2)。本程序也可计算平面桁架及组合结构（见例Ⅰ-3)。

二、计算原理和方法

计算原理和方法已在 11.3～11.8 节中叙述。因我们采用等带高斯消去法解方程组（见附录Ⅱ四)，应先计算总刚 $\boldsymbol{K}$ 的半带宽。

总刚由式（11-53）形成，对于单元ⓔ，由式（11-53）(2）中第②条知，当定位数组的元素 m_i、m_j 都不为零时，单刚 $\boldsymbol{k}^{ⓔ}$的元素 k_{ij}、k_{ji}应分别累加入总刚的元素K_{m_i,m_j}、K_{m_j,m_i}，即总刚元素 K_{m_i,m_j}或K_{m_j,m_i}可不为零，由半带宽的定义及式（Ⅱ-12）(i）可得总刚 $\boldsymbol{K}$ 的半带宽不小于 $|m_j-m_i|+1$。因此我们应计算定位数组 $\boldsymbol{m}^{ⓔ}$的非零元素中最大值减去最小值，设为 $D^{ⓔ}$。因单元ⓔ存在，结构总刚 $\boldsymbol{K}$ 的带宽不应小于$D^{ⓔ}+1$。设结构共有 ne 个单元，便需检索全部 ne 个单元求出最大值，即为总刚 $\boldsymbol{K}$ 的半带宽。用公式表示为

$$\left.\begin{array}{l} D^{ⓔ}=\boldsymbol{m}^{ⓔ}\text{中非零元素最大值减最小值（e}=1,2,\cdots,n\text{e）} \\ \text{总刚 }\boldsymbol{K}\text{ 的半带宽 }d=1+\max\left(D^{①},D^{②},\cdots,D^{ⓝⓔ}\right) \end{array}\right\} \qquad (Ⅰ\text{-}2)$$

设已知在整体坐标系 xoy 下某单元 1 端的坐标为（x_1，y_1)、2 端的坐标为（x_2，y_2)，则此单元的单元常数即单元长度 l 与 $\bar{x}$ 轴对 xoy 坐标系的方向余弦应为

$$\left.\begin{array}{l} l=\sqrt{(x_2-x_1)^2+(y_2-y_1)^2} \\ c_x=\dfrac{x_2-x_1}{l},\ c_y=\dfrac{y_2-y_1}{l} \end{array}\right\} \qquad (Ⅰ\text{-}3)$$

三、程序总框图、源程序及其说明

平面刚架程序的总框图如图Ⅰ-2。

平面刚架静力分析源程序（FORTRAN）（主程序）

```
1:C        ANALYSIS PROGRAM FOR PLANE FRAME
2:         DIMENSION JE(2,40),JEAI(40),JN(3,33),M(6),EAI(3,15),
3:        & JPF (2, 40), PF (2, 40), P (90), FE (6), T (6, 6), TL (20),
4:        & JPJ (50), PJ (50), AKE (6, 6), F (6), AK (90, 30), X (33), Y (33)
5:         OPEN (2, FILE='PRN')
6:         OPEN (6, FILE='FRAME.DAT')
7:1        READ (6, 100) TL
8:100      FORMAT (20A4)
9:         READ (6, 101) NJ, N, NNE, NMT, NPJ, NPF
10:101     FORMAT (16I5)
11:        IF (NJ.EQ.0) STOP
12:        WRITE (2, 99)
13:99      FORMAT (////)
14:        WRITE (2, 100) TL
```

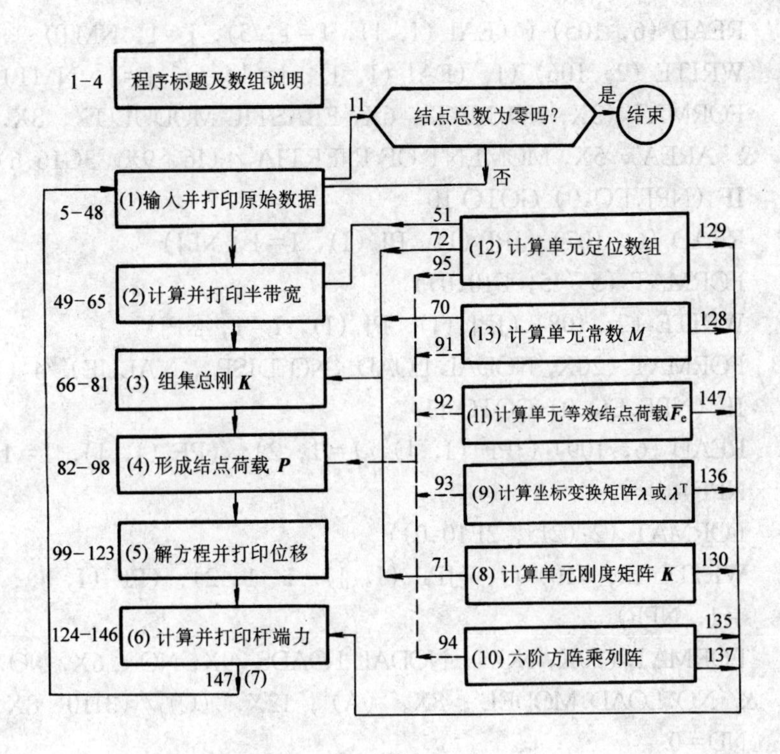

图I-2

注：图中数字表示 FORTRAN 主程序中行号，右边方框旁的数字，则为调用此子程序的主程序行号。对于 BASIC 程序，需把这些数字乘 10 变为它的语句标号。

```
15:         WRITE (2, 102) NJ, N, NNE, NMT, NPJ, NPF
16:102      FORMAT (10X,'NUMBER OF NODES              =', I3,
17:       &       /10X,'NUMBER OF DEGREE OF FREEDOM=', I3,
18:       &       /10X,'NUMBER OF ELEMENTS           =', I3,
19:       &       /10X,'NUMBER OF MATERIALS          =', I3,
20:       &       /10X,'NUMBER OF NODAL LOADS        =', I3,
21:       &       /10X,'NUMBER OF NON-NODAL LOADS =', I3,)
22:         READ (6, 98) ((JN (J, I), J=1, 3), X (I), Y (I), I=1, NJ)
23:         WRITE (2, 97) (I, (JN (J, I), J=1, 3), X (I), Y (I), I=1, NJ)
24:98       FORMAT (2 (3I5, 2F10.0))
25:97       FORMAT (3X,'NO.N', 2X,'NO.DISP. (X, Y, ANG.ROT.)', 2X,
26:       & 'X-COORDINATE Y-COORDINATE'/ (4I6, 9X, 2G14.6))
27:         READ (6, 96) (JE (J, I), J=1, 2), JEAI (I), I=1, NNE)
28:96       FORMAT (15I5)
29:         WRITE (2, 103) (I, (JE (J, I), J=1, 2), JEAI (I), I=1, NNE)
30:103      FORMAT (8X,'NO.E', 5X,'1 (NODE)', 3X,'2 (NODE)', 3X,
31:       & 'NO.MAT'/4 (I10))
32:104      FORMAT (8F10.0)
33:105      FORMAT (6F10.0)
```

```
34:          READ (6, 105) ( (EAI (I, J), I=1, 3), J=1, NMT)
35:          WRITE (2, 106) (J, (EAI (I, J), I=1, 3), J=1, NMT)
36:106       FORMAT (3X,'NO.MAT", 6X,'ELASTIC MODULUS', 8X,
37:         & 'AREA', 5X,'MOMENT OF INERTIA'/ (I6, 9X, 3G16.6))
38:          IF (NPJ.EQ.0) GOTO 10
39:          READ (6, 107) (JPJ (I), PJ (I), I=1, NPJ)
40:107       FORMAT (5 (I5, F10.0))
41:          WRITE (2, 108) (JPJ (I), PJ (I), I=1, NPJ)
42:108       FORMAT (20X,'NODAL LOAD (NO.DISP., VALUE)'/4 (I6, G12.5))
43:10        IF (NPF.EQ.0) GOTO 11
44:          READ (6, 109) (JPF (I, J), I=1, 2), (PF (I, J), I=1, 2), J=1,
             NPF)
45:109       FORMAT (2 (2I5, 2F10.0))
46:          WRITE (2, 110) (J, (JPF (I, J), I=1, 2), (PF (I, J), I=1, 2), J
             =1, NPF)
47:110       FORMAT (20X,'NON-NODAL LOADS'/9X,'NO', 6X,'NO.E', 3X,
48:         & 'NO.LOAD.MODEL', 8X,' (A)', 12X,' (C)'/ (3I10, 8X, 2G15.5))
49:11        ND=0
50:          DO 13 IE=1, NNE
51:          CALL CALM (M, IE, JE, JN)
52:          MX=0
53:          MI=N
54:          DO 12 I=1, 6
55:          L=M (I)
56:          IF (L.EQ.0) GOTO 12
57:          IF (L.GT.MX) MX=L
58:          IF (L.LT.MI) MI=L
59:12        CONTINUE
60:13        IF (ND.LT.MX-MI) ND=MX-MI
61:          ND=ND+1
62:          WRITE (2, 112) ND
63:112       FORMAT (/10X, 5 ('* *'),'RESULTS OF CALCULATION',
64:         & 5 ('* *') /15X,'SEMI-BAND WIDTH=', I3)
65:          IF (ND.GT.30) STOP 1
66:          DO 20 J=1, ND
67:          DO 20 I=1, N
68:20        AK (I, J) =0.
69:          DO 25 IE=1, NNE
70:          CALL CSL (CX, CY, AL, JE, IE, X, Y)
```

```
71:        CALL STIFFN (AKE, JEAI (IE), CX, CY, AL, EAI)
72:        CALL CALM (M, IE, JE, JN)
73:        DO 25 I=1, 6
74:        IF (M (I) .EQ.0) GOTO 25
75:        DO 23 J=1, 6
76:        IF (M (J) .EQ.0.OR.M (I) .GT.M (J)) GOTO 23
77:        I1=M (I)
78:        J1=M (J) -I1+1
79:        AK (I1, J1) =AK (I1, J1) +AKE (I, J)
80:23     CONTINUE
81:25     CONTINUE
82:        DO 34 I=1, N
83:34     P (I) =0.
84:        IF (NPJ.EQ.0) GOTO 36
85:        DO 35 I=1, NPJ
86:        I1=JPJ (I)
87:35     P (I1) =P (I1) +PJ (I)
88:36     IF (NPF.EQ.0) GOTO 39
89:        DO 37 I=1, NPF
90:        IE=JPF (1, I)
91:        CALL CSL (CX, CY, AL, JE, IE, X, Y)
92:        CALL CFE (FE, JPF (2, I), PF (1, I), PF (2, I), AL)
93:        CALL TRANS (T, CX, -CY)
94:        CALL MULV6 (F, T, FE)
95:        CALL CALM (M, IE, JE, JN)
96:        DO 37 J=1, 6
97:        J1=M (J)
98:37     IF (J1.GT.0) P (J1) =P (J1) +F (J)
99:39     N1=N-1
100:       DO 40 K=1, N1
101:       IM=MIN0 (K+ND-1, N)
102:       DO 40 I=K+1, IM
103:       CX=-AK (K, I-K+1) /AK (K, 1)
104:       P (I) =P (I) +CX * P (K)
105:       DO 40 J=I, IM
106:       L=J-I+1
107:40     AK (I, L) =AK (I, L) +CX * AK (K, J-K+1)
108:       P (N) =P (N) /AK (N, 1)
109:       DO 50 I=N1, 1, -1
```

```
110:      IM=MIN0 (I+ND-1, N)
111:      DO 48 J=I+1, IM
112:48    P (I) =P (I) -AK (I, J-I+1) * P (J)
113:50    P (I) =P (I) /AK (I, 1)
114:      WRITE (2, 120)
115:120   FORMAT (5X,'NO.N', 4X,'X-DISPLACEMENT', 2X,
116:     & 'Y-DISPLACEMENT', 3X,'ANG.ROT. (RAD)')
117:      DO 53 K=1, NJ
118:      DO 52 I=1, 3
119:      F (I) =0.
120:      I1=JN (I, K)
121:52    IF (I1.GT.0) F (I) =P (I1)
122:53    WRITE (2, 121) K, F (1), F (2), F (3)
123:121   FORMAT (I8, 2X, 3G16.5)
124:      WRITE (2, 122)
125:122   FORMAT ('    NO.E', 5X,'N (1)', 8X,'Q (1)', 8X,'M (1)',
126:     & 8X,'N (2)', 8X,'Q (2)', 8X,'M (2)')
127:      DO 70 IE=1, NNE
128:      CALL CSL (CX, CY, AL, JE, IE, X, Y)
129:      CALL CALM (M, IE, JE, JN)
130:      CALL STIFFN (AKE, JEAI (IE), CX, CY, AL, EAI)
131:      DO 55 I=1, 6
132:      L=M (I)
133:      F (I) =0.
134:55    IF (L.GT.0) F (I) =P (L)
135:      CALL MULV6 (FE, AKE, F)
136:      CALL TRANS (T, CX, CY)
137:      CALL MULV6 (F, T, FE)
138:      IF (NPF.EQ.0) GOTO 70
139:      DO 60 I=1, NPF
140:      IF (JPF (1, I) .NE.IE) GOTO 60
141:      CALL CFE (FE, JPF (2, I), PF (1, I), PF (2, I), AL)
142:      DO 57 J=1, 6
143:57    F (J) =F (J) -FE (J)
144:60    CONTINUE
145:70    WRITE (2, 123) IE, (F (I), I=1, 6)
146:123   FORMAT (I5, 2X, 6G12.5)
147:      GOTO 1
148:      END
```

子程序

```
1:        SUBROUTINE STIFFN (AKE, I1, CX, CY, AL, EAI)
2:        DIMENSION EAI (3, 1), AKE (6, 6)
3:        CX2=CX * CX
4:        CY2=CY * CY
5:        B1=EAI (1, I1) * EAI (2, I1) /AL
6:        S6=2. * EAI (1, I1) * EAI (3, I1) /AL
7:        B2=3. * S6/AL
8:        B3=2. * B2/AL
9:        S1=B1 * CX2+B3 * CY2
10:       S2= (B1-B3) * CX * CY
11:        S3=B2 * CY
12:        S4=B1 * CY2+B3 * CX2
13:        S5=B2 * CX
14:        AKE (1, 1) =S1
15:        AKE (1, 2) =S2
16:        AKE (1, 3) =-S3
17:        AKE (1, 4) =-S1
18:        AKE (1, 5) =-S2
19:        AKE (1, 6) =-S3
20:        AKE (2, 2) =S4
21:        AKE (2, 3) =S5
22:        AKE (2, 4) =-S2
23:        AKE (2, 5) =-S4
24:        AKE (2, 6) =S5
25:        AKE (3, 3) =2. * S6
26:        AKE (3, 4) =S3
27:        AKE (3, 5) =-S5
28:        AKE (3, 6) =S6
29:        AKE (4, 4) =S1
30:        AKE (4, 5) =S2
31:        AKE (4, 6) =S3
32:        AKE (5, 5) =S4
33:        AKE (5, 6) =-S5
34:        AKE (6, 6) =2. * S6
35:        DO 10 J=2, 6
36:        DO 10 I=1, J-1
37:10      AKE (J, I) =AKE (I, J)
38:        RETURN
```

```
39:      END
40:      SUBROUTINE TRANS (T, CX, CY)
41:      DIMENSION T (6, 6)
42:      DO 10 J=1, 6
43:      DO 10 I=1, 6
44:10    T (I, J) =0.
45:      DO 20 I=1, 4, 3
46:      T (I, I) =CX
47:      T (I, I+1) =CY
48:      T (I+1, I) =-CY
49:      T (I+1, I+1) =CX
50:20    T (I+2, I+2) =1.
51:      RETURN
52:      END
53:      SUBROUTINE MULV6 (U, A, V)
54:      DIMENSION U (6), A (6, 6), V (6)
55:      DO 10 I=1, 6
56:      U (I) =0.
57:      DO 10 J=1, 6
58:10    U (I) =U (I) +A (I, J) * V (J)
59:      RETURN
60:      END
61:      SUBROUTINE CFE (FE, IND, A, C, AL)
62:      DIMENSION FE (6)
63:      DO 5 I=1, 6
64:5     FE (I) =0.
65:      GOTO (10, 20, 30, 40      ), IND
66:10    S1= (1.-A/AL) * *2 * C
67:      S2=A/AL
68:      FE (2) = (2. * S2+1.) * S1
69:      FE (5) =C-FE (2)
70:      FE (3) =S1 * A
71:      FE (6) =-FE (3) * A/ (AL-A)
72:      RETURN
73:20    S1=A/AL
74:      FE (5) =6. * C * S1 * (1.-S1) /AL
75:      FE (2) =-FE (5)
76:      FE (3) =C * (1.-S1) * (1.-3. * S1)
77:      FE (6) =C * S1 * (3. * S1-2.)
```

```
78:        RETURN
79:30      FE (4) =A * C/AL
80:        FE (1) =C-FE (4)
81:        RETURN
82:40      S1=A * AL/20.
83:        S2=C * AL/20.
84:        FE (2) =7. * S1+3. * S2
85:        FE (5) =3. * S1+7. * S2
86:        FE (3) = (S1+S2/1.5) * AL
87:        FE (6) =- (S1/1.5+S2) * AL
88:        RETURN
89:        END
90:        SUBROUTINE CALM (M, IE, JE, JN)
91:        DIMENSION M (1), JE (2, 1), JN (3, 1)
92:        DO 10 I=1, 3
93:        M (I) =JN (I, JE (1, IE))
94:10      M (I+3) =JN (I, JE (2, IE))
95:        RETURN
96:        END
97:        SUBROUTINE CSL (CX, CY, AL, JE, IE, X, Y)
98:        DIMENSION JE (2, 1), X (1), Y (1)
99:        I=JE (1, IE)
100:       J=JE (2, IE)
101:       S1=X (J) -X (I)
102:       S2=Y (J) -Y (I)
103:       AL=SQRT (S1 * S1+S2 * S2)
104:       CX=S1/AL
105:       CY=S2/AL
106:       RETURN
107:       END
```

平面刚架静力分析源程序（BASIC）

```
10     REM ANALYSIS PROGRAM FOR PLANE FRAME (BY HOU CHAOSHENG)
20     DIM JE (2, 40), JI (40), M (6), EI (3, 15), JF (2, 40), PF (2, 40)
30     DIM P (90), FE (6), T (6, 6), JP (50), PJ (50), KE (6, 6), F (6),
       AK (90, 30), X (33), Y (33), JN (3, 33)
70     READ TL $
90     READ NJ
110    IF NJ=0 THEN END
```

```
115   READ N, NE, NM, NP, NF
120   PRINT: PRINT: PRINT: PRINT
140   PRINT TL$
160   PRINT TAB (10);"NUMBER OF NODES                  =";  NJ
170   PRINT TAB (10);"NUMBER OF DEGREE OF FREEDOM      =";  N
180   PRINT TAB (10);"NUMBER OF ELEMENTS               =";  NE
190   PRINT TAB (10);"NUMBER OF MATERIALS              =";  NM
200   PRINT TAB (10);"NUMBER OF NODAL LOADS            =";  NP
210   PRINT TAB (10);"NUMBER OF NON-NODAL LOADS        =";  NF
220   PRINT"NO.N NO.DISP.(X,Y,ANG.ROT.)X-COORDINATE Y-COORDI
      NATE"
225   FOR I=1 TO NJ
230   READ JN (1, I), JN (2, I), JN (3, I), X (I), Y (I)
235   PRINT TAB (2); I; TAB (8); JN (1, I); TAB (14); JN (2, I); TAB
      (20); JN (3, I); TAB (31); X (I); TAB (45); Y (I)
240   NEXT I
260   PRINT"   NO.E    1 (NODE)    2 (NODE)    NO.MAT"
270   FOR I=1 TO NE
280   READ JE (1, I), JE (2, I), JI (I)
290   PRINT TAB (9); I; TAB (19); JE (1, I); TAB (29); JE (2, I); TAB
      (39); JI (I)
300   NEXT I
310   PRINT"NO.MAT.    ELASTIC MODULUS    AREA    MOMENT OF INER-
      TIA"
330   FOR J=1 TO NM
340   READ EI (1, J), EI (2, J), EI (3, J)
350   PRINT TAB(4);J;TAB(14);EI(1,J);TAB(30);EI(2,J);TAB(45);EI(3,J)
360   NEXT J
380   IF NP=0 THEN 430
385   PRINT TAB (20);"NODAL LOADS (NO.DISP., VALUE)"
390   FOR I=1 TO NP
400   READ JP (I), PJ (I)
410   PRINT JP (I); SPC (1); PJ (I); SPC (3);
420   NEXT I
425   PRINT
430   IF NF=0 THEN 490
433   PRINT TAB (20);"NON-NODAL LOADS"
436   PRINT"NO.NO.E NO.MODE     (A)"; TAB (40);" (C)"
440   FOR J=1 TO NF
```

```
450    READ JF (1, J), JF (2, J), PF (1, J), PF (2, J)
460    PRINT TAB(3);J;TAB(8),JF(1,J);TAB(15);JF(2,J);TAB(25);PF(1,J);
       TAB(40);PF(2,J)
480    NEXT J
490    ND=0
500    FOR IE=1 TO NE
510    GOSUB 2900
520    MX=0
530    MI=N
540    FOR I=1 TO 6
550    L=M (I)
560    IF L=0 THEN 590
570    IF L>MX THEN MX=L
580    IF L<MI THEN MI=L
590    NEXT I
600    IF ND<MX-MI THEN ND=MX-MI
605    NEXT IE
610    ND=ND+1
620    PRINT
630    PRINT TAB (10);"* * * * * * * * * RESULTS OF CALCULA-
       TION * * * * * * * * * * *"
640    PRINT TAB (15);"SEMI-BAND WIDTH="; ND
650    IF ND>30 THEN END
660    FOR J=1 TO ND
670    FOR I=1 TO N
675    AK (I, J) =0.
680    NEXT I, J
690    FOR IE=1 TO NE
695    I1=JI (IE)
700    GOSUB 2970
710    GOSUB 2010
720    GOSUB 2900
730    FOR I=1 TO 6
740    IF M (I) =0 THEN 810
750    FOR J=1 TO 6
760    IF M (J) =0 OR M (I) >M (J) THEN 800
770    J1=M (J): I1=M (I)
780    J1=J1-I1+1
790    AK (I1, J1) =AK (I1, J1) +KE (I, J)
```

```
800     NEXT J
810     NEXT I, IE
820     FOR I=1 TO N
825     P (I) =0.
830     NEXT I
840     IF NP=0 THEN 880
850     FOR I=1 TO NP
860     I1=JP (I)
865     P (I1) =P (I1) +PJ (I)
870     NEXT I
880     IF NF=0 THEN 990
890     FOR I=1 TO NF
900     IE=JF (1, I)
910     GOSUB 2970
920     GOSUB 2610
925     CY=-CY
930     GOSUB 2400
940     GOSUB 2530
950     GOSUB 2900
960     FOR J=1 TO 6
970     J1=M (J)
975     IF J1>0 THEN P (J1) =P (J1) +F (J)
980     MEXT J, I
990     N1=N-1
1000    FOR K=1 TO N1
1010    IM=K+KD-1
1015    IF IM>N THEN IM=N
1020    FOR I=K+1 TO IM
1030    CX=-AK (K, I-K+1) /AK (K, 1)
1040    P (I) =P (I) +CX * P (K)
1050    FOR J=I TO IM
1060    L=J-I+1
1065    AK (I, L) =AK (I, L) +CX * AK (K, J-K+1)
1070    NEXT J, I, K
1080    P (N) =P (N) /AK (N, 1)
1090    FOR I=N1 TO 1 STEP-1
1100    IM=I+ND-1
1105    IF IM>N THEN IM=N
1110    FOR J=I+1 TO IM
```

```
1120    P (I) =P (I) -AK (I, J-I+1) * P (J)
1125    NEXT J
1128    P (I) =P (I) /AK (I, 1)
1130    NEXT I
1140    PRINT"NO.N      X-DISPLACEMENT Y-DISPLACEMENT      ANG.ROT.
        (RAD)"
1170    FOR K=1 TO NJ
1180    FOR I=1 TO 3
1190    F (I) =0.
1200    I1=JN (I, K)
1210    IF I1>0 THEN F (I) =P (I1)
1215    NEXT I
1220    PRINT TAB (3); K; TAB (13); F (1); TAB (27); F (2); TAB (40);
        F (3)
1230    NEXT K
1240    PRINT"NO.E    N(1)    Q(1)    M(1)    N(2)    Q(2)    M(2)"
1270    FOR IE=1 TO NE
1275    I1=JI (IE)
1280    GOSUB 2970
1290    GOSUB 2900
1300    GOSUB 2010
1310    FOR I=1 TO 6
1320    L=M (I)
1330    F (I) =0.
1335    IF L>0 THEN F (I) =P (L)
1340    NEXT I
1350    FOR I=1 TO 6
1351    FE (I) =0.
1352    FOR J=1 TO 6
1353    FE (I) =FE (I) +KE (I, J) * F (J)
1354    NEXT J, I
1360    GOSUB 2400
1370    GOSUB 2530
1380    IF NF=0 THEN 1450
1390    FOR I=1 TO NF
1400    IF JF (1, I) > <IE THEN 1440
1410    GOSUB 2610
1420    FOR J=1 TO 6
1430    F (J) =F (J) -FE (J)
```

```
1435    NEXT J
1440    NEXT I
1450    PRINT TAB(2);IE;TAB(6);F(1):TAB(18);F(2);TAB(30)F(3);TAB(42);
        F(4);TAB(54);F(5);TAB(66);F(6)
1460    NEXT IE
1470    GOTO 70
1480    END
2010    REM CALCULATION OF STIFFNESS MATRIX OF ELEMENT
2030    C2=CX * CX
2040    C1=CY * CY
2050    B1=EI (1, I1) * EI (2, I1) /AL
2060    S6=2 * EI (1, I1) * EI (3, I1) /AL
2070    B2=3 * S6/AL
2080    B3=2 * B2/AL
2090    S1=B1 * C2+B3 * C1
2100    S2= (B1-B3) * CX * CY
2110    S3=B2 * CY
2120    S4=B1 * C1+B3 * C2
2130    S5=B2 * CX
2140    KE(1,1)=S1:KE(1,2)=S2:KE(1,3)=-S3
2170    KE(1,4)=-S1:KE(1,5)=-S2:KE(1,6)=-S3
2220    KE(2,2)=S4:KE(2,3)=S5:KE(2,4)=-S2
2230    KE(2,5)=-S4:KE(2,6)=S5
2250    KE(3,3)=2 * S6:KE(3,4)=S3:KE(3,5)=-S5
2280    KE(3,6)=S6
2290    KE(4,4)=S1:KE(4,5)=S2:KE(4,6)=S3
2340    KE(5,5)=S4:KE(5,6)=-S5:KE(6,6)=2 * S6
2350    FOR JJ=2 TO 6
2360    FOR II=1 TO JJ-1
2370    KE (JJ, II) =KE (II, JJ)
2380    KEXT, II, JJ
2390    RETURN
2400    REM CALCULATION OF COORDINATE TRANSFORMATION MATRIX
2420    FOR II=1 TO 6
2430    FOR JJ=1 TO 6
2440    T (II, JJ) =0
2450    NEXT JJ, II
2460    FOR II=1 TO 4 STEP 3
2470    T (II, II) =CX
```

```
2480    T (II, II+1) =CY
2490    T (II+1, II) =-CY
2500    T (II+1, II+1) =CX
2510    T (II+2, II+2) =1
2515    NEXT II
2520    RETURN
2530    REM MATRIX MULTIPLY VECTOR (F=T * FE)
2550    FOR II=1 TO 6
2560    F (II) =0.
2570    FOR JJ=1 TO 6
2580    F (II) =F (II) +T (II, JJ) * FE (JJ)
2590    NEXT JJ, II
2600    RETURN
2610    REM CALCULATION OF EQUIVALENT NODAL LOAD
2620    A=PF (1, I): C=PF (2, I)
2630    FOR II=1 TO 6
2640    FE (II) =0.
2645    NEXT II
2650    ON JF (2, I) GOTO 2660, 2730, 2790, 2820
2660    S1= (1.-A/AL) ∧2 * C
2670    S2=A/AL
2680    FE (2) = (2.* S2+1.) * S1
2690    FE (5) =C-FE (2)
2700    FE (3) =S1 * A
2710    FE (6) =-FE (3) * A/ (AL-A)
2720    RETURN
2730    S1=A/AL
2740    FE (5) =6. * C * S1 * (1.-S1) /AL
2750    FE (2) =-FE (5)
2760    FE (3) =C * (1.-S1) * (1.-3.* S1)
2770    FE (6) =C *S1 * (3.* S1-2.)
2780    RETURN
2790    FE (4) =A * C/AL
2800    FE (1) =C-FE (4)
2810    RETURN
2820    S1=A * AL/20.
2830    S2=C * AL/20.
2840    FE (2) =7.* S1+3.* S2
2850    FE (5) =3.* S1+7.* S2
```

```
2860    FE (3) = (S1+S3/1.5) * AL
2870    FE (6) =- (S1/1.5+S3) * AL
2880    RETURN
2900    REM CALCULATION OF ARRAY OF NO.DISP. OF ELEMENT
2920    FOR II=1 TO 3
2930    M (II) =JN (II, JE (1, IE))
2940    M (II+3) =JN (II, JE (2, IE))
2950    NEXT II
2960    RETURN
2970    REM CALCULATION OF CONSTENTS OF ELEMENT
3010    S1=X (JE (2, IE)) -X (JE (1, IE))
3020    S2=Y (JE (2, IE)) -Y (JE (1, IE))
3030    AL=SQR (S1 * S1+S2 * S2)
3040    CX=S1/AL
3050    CY=S2/AL
3070    RETURN
4000    DATA"EXAMPLE 11-12 FIG.11-22 AND FIG.11-16"
4010    DATA 5, 4, 3, 1, 3, 2
4020    DATA 0, 0, 0, 0., 0., 1, 2, 3, 200., 0.
4030    DATA 0, 0, 0, 400., 0., 1, 2, 4, 200., 0.
4040    DATA 0, 0, 0, 200., 200.
4050    DATA 1, 2, 1, 2, 3, 1, 5, 4, 1
4060    DATA 2.E4, 20., 400.
4070    DATA 1, 20., 2, 30., 3.5000.
4080    DATA 1, 4, 0.3, 0.3, 3, 1, 100., 10.
4090    DATA "", 0
```

主要标识符说明

TL（20）［TL$］——输入参数，存第一个记录的80（BASIC为255）个字符，为本问题的标题。

NJ——基本输入参数，节点总数（整型量）。

N——基本输入参数，结构的自由度即总刚度方程的阶数（整型量）。

NNE［NE］——基本输入参数，单元总数（整型量）。

NMT［NM］——基本输入参数，单元类型总数（整型量）。同类型的单元，*E*、*A*、*I*相同。

NPJ［NP］——基本输入参数，直接节点荷载总数（整型量）。

NPF［NF］——基本输入参数，非节点荷载总数（整型量）。

JN（3，33）——节点位移号数组$\boldsymbol{J}_{\mathrm{n}}$，输入参数（整型数组）。

X（33）、Y（33）——节点坐标数组，X（I）、Y（I）分别为I号节点的x坐标、y坐标，输入参数（实型数组）。

JE（2，40）——单元两端节点号数组 $\boldsymbol{J}_e$，输入参数（整型数组）。

JEAI（40）［JI］——单元类型信息数组，JEAI（I）为 I 单元的类型号。同类型的单元的弹性模量、横截面积及惯性矩均相同。输入参数（整型数组）。

EAI（3，15）［EI］——各类型单元的物理、几何性质数组，EAI（1，I）、EAI（2，I）、EAI（3，I）分别为第 I 号类型单元的弹性模量、横截面积、惯性矩。输入参数（实型数组）。

JPJ（50）［JP］——直接节点荷载的位移号数组。JPJ（I）为与第 I 个直接节点荷载相应位移分量的位移号。输入参数（整型数组）。

PJ（50）——直接节点荷载数值数组。PJ（I）为第 I 个直接节点荷载的数值。输入参数（实型数组）。

JPF（2，40）［JF］——非节点荷载作用的单元号及类型数组。JPF（1，I）为第 I 个非节点荷载作用的单元号。JPF（2，I）为第 I 个非节点荷载的类型，其值能取 1 至 4，对应表 11-2 中的四种非节点荷载。输入参数（整型数组）。

PF（2，40）——非节点荷载的参数数组。PF（1，I）、PF（2，I）为第 I 个非节点荷载的 a、c 参数，参阅表 11-2，其意义取决于 JPF（2，I），即非节点荷载的类型。输入参数（实型数组）。

M（6）——单元定位数组 $\boldsymbol{m}^{ⓔ}$。

ND——总刚度矩阵的半带宽

AK（90，30）——存总刚度矩阵的上半带元素。

AKE（6，6）［KE］——存整体坐标系下的单元刚度矩阵。

P（90）——存节点荷载列阵，解方程后变为节点位移。

T（6，6）——存坐标变换矩阵 $\boldsymbol{\lambda}^{ⓔ}$或其转置矩阵 $\boldsymbol{\lambda}^{ⓔT}$。

FE（6）——存局部坐标下的单元等效节点荷载$\overline{\boldsymbol{F}}_e^{ⓔ}$，在求内力时，系用以存整体坐标系下单元刚度矩阵同单元杆端位移的乘积。

F（6）——求节点荷载列阵时存整体坐标系下的单元等效节点荷载 $\boldsymbol{F}_e^{ⓔ}$。求内力时，存整体坐标系下的单元杆端位移列阵 $\boldsymbol{\delta}^{ⓔ}$，最后用以存局部坐标系下的单元杆端力列阵 $\overline{\boldsymbol{F}}^{ⓔ}$。

STIFFN［SUB2010］——子程序，计算整体坐标系下的单元刚度矩阵。

TRANS［SUB2400］——子程序，计算坐标变换矩阵 $\boldsymbol{\lambda}^{ⓔ}$或其转置矩阵 $\boldsymbol{\lambda}^{ⓔT}$。

MULV6［SUB2530］——子程序，做六阶方阵乘六阶列阵。

CFE［SUB2610］——子程序，计算局部坐标系下单元等效节点荷载$\overline{\boldsymbol{F}}_e^{ⓔ}$。

CALM［SUB2900］——子程序，确定单元定位数组 $\boldsymbol{m}^{ⓔ}$。

CSL［SUB2970］——子程序，计算单元常数，即单元的长度及 $\bar{x}$ 轴在整体坐标系下的方向余弦。

SQRT［SQR］——标准函数，计算非负实数的平方根。

MAX0、MIN0 —— FORTRAN 语言标准函数，分别为求整型量的最大值、最小值。

源程序解释

1. 主程序

〈1〉 输入并打印原始数据

5:-6:定义输入、输出设备(见Ⅰ.1节四、(1)中,对3:-4:的解释)。

7:-21:[70-210]输入并打印标题记录和基本数据记录。在11:[110]句,若输入的节点总数NJ为零时,则结束计算。

22:-48:[220-480]输入并打印第3组至第7组记录的数据(详见表Ⅰ-2)。

〈2〉计算并打印半带宽[参阅式(Ⅰ-2)]

49:[490]送最小的初值。

50:[500]为检索全部单元作循环。

51:[510]调用子程序计算单元定位数组 $\boldsymbol{m}^{ⓔ}$ 并存入数组M中。

52:-59:[520-590]找出单元定位数组中非零分量的最大值及最小值存入MX及MI。

60:-64[600-640]按式(Ⅰ-2)计算并打印半带宽。

65:[650]半带宽大于30则停止计算,若要计算,应修改数组AK的定义说明语句。

〈3〉 组集总刚度矩阵 $\boldsymbol{K}$ [参阅式(11-53)]

66:-68:[660-680]总刚置零。

69:[690]对每一单元作循环。

70:-72:[700-720]分别调用子程序,计算单元常数、整体坐标系下的单刚 $\boldsymbol{k}^{ⓔ}$ 及单元定位数组 $\boldsymbol{m}^{ⓔ}$。

73:-81:[730-810]按式(11-53)(2)中第②条对号入座并同号相加组集总刚。因总刚只存上半带的元素在76:[760]句仅做总刚上三角的元素。78:[780]按式(Ⅱ-2)(i)计算列码。

〈4〉 形成综合节点荷载 $\boldsymbol{P}$ [参阅式(11-59)]

82:-83:[820-830]荷载列阵置零。

84:-87:[840-870]把直接节点荷载累加入荷载列阵。

88:-98:[880-980]把非节点荷载化为等效节点荷载,对号入座累加入荷载列阵。91:[910]计算单元常数。92:[920]按表11-2计算局部坐标系下的单元等效节点荷载。93:[925-930]按式(11-31),但要把 c_y 加一负号计算坐标变换矩阵的转置矩阵 $\boldsymbol{\lambda}^{ⓔT}$,存入数组T。94:[940]调用矩阵乘列阵子程序按式(11-56)计算整体坐标系下的单元等效节点荷载。95:[950]计算单元定位数组。96:-98:[960-980]按式(11-58)及式(11-57)把单元等效节点荷载累加入荷载列阵。

〈5〉 解方程并打印节点位移

99:-107:[990-1070]按式(Ⅱ-14)作等带向前消元。

108:-113:[1080-1130]按式(Ⅱ-15)作等带向后回代。

114:-123:[1140-1230]按节点顺序打印节点位移。

〈6〉 计算并打印杆端力 $\overline{\boldsymbol{F}}^{ⓔ}$ [参阅式(11-62)]

124:-126:[1240]打印杆端力表名。

127:[1270]对每一个单元作循环。

128:-130:[1275-1300]调用子程序计算单元常数、单元定位数组及整体坐标系下的单元刚度矩阵 $\boldsymbol{k}^{ⓔ}$。

131:-134:[1310-1340]按式(11-48)从节点位移列阵 $\boldsymbol{\Delta}$ 中,取出单元杆端位移列阵 $\boldsymbol{\delta}^{ⓔ}$

存入 F 数组。

135:-137:[1350-1370]完成矩阵乘法 $\boldsymbol{\lambda}^{ⓔ}\boldsymbol{k}^{ⓔ}\boldsymbol{\delta}^{ⓔ}$的计算,结果存入 F 数组。136:[1360]为调用子程序计算坐标变换矩阵 $\boldsymbol{\lambda}^{ⓔ}$,结果存入 T 数组中。

138:-144:[1380-1440]如单元受有非节点荷载,求其等效节点荷载$\overline{\boldsymbol{F}}_e^{ⓔ}$,按式(11-62)计算杆端力。140:[1400]检索全部非节点荷载时,判断非节点荷载是否作用在当前所计算的单元上。141:[1410]计算单元等效节点荷载。142:-144:[1420-1440]将单元等效节点荷载的负值累加入数组 F。

145:-146:[1450-1460]打印单元杆端力$\overline{\boldsymbol{F}}^{ⓔ}$即 F 数组。

〈7〉计算下一个问题

147:[1470] 已完成本问题的计算,返回程序开始,计算下一个问题。

2. 子程序

①1:-39:[2010-2390]对I1 号类型的单元按式(11-37)及式(11-36)形成整体坐标系下的单刚,并存入数组 AKE [KE]。

3:-13:[2030-2130]按式(11-37)计算常数 $S_1 \sim S_6$。

14:-34:[2140-2340]按式(11-36)形成单元刚度矩阵的上三角元素。

35:-37:[2350-2380]利用单刚的对称性,形成单刚的下三角元素。

②40:-52:[2400-2520]按式(11-31)形成单元坐标变换矩阵,并存入 T 数组。若公式中 c_y 取负值将得到坐标变换矩阵的转置矩阵。

③53:-60:[2530-2600]六阶方阵乘六阶列阵。对 FORTRAN 程序为 $\boldsymbol{AV} \Rightarrow \boldsymbol{U}$;对 BASIC 程序为 $\boldsymbol{TF}_e \Rightarrow \boldsymbol{F}$。

④61:89[2610-2890]按表 11-2 计算单元等效节点荷载$\overline{\boldsymbol{F}}_e$并存入数组 FE。

65:[2650]根据非节点荷载的不同类型,选择不同的计算公式。

⑤90:-96:[2900-2960]按式(11-47)形成单元定位数组 $\boldsymbol{m}^{ⓔ}$,并存入数组 M。

⑥97:-107:[2970-3070]按式(I-3)计算单元常数,即单元的长度 l 和 $\bar{x}$ 轴在 xoy 坐标系的方向余弦 c_x、c_y。

四、数据输入格式说明及算例

根据源程序的输入语句,作出表I-2,将所计算问题的输入数据填入表I-2 中。

每一个平面刚架的计算题需要输入如表I-2 所示的 7 组数据。但当节点荷载数为 0 时,则没有第 6 组节点荷载数据。若非节点荷载数为 0 时,则没有第 7 组非节点荷载数据。

第 1 组数据为标题。对 FORTRAN 源程序来讲,它为一个记录,即一行,最多可输入 80 个字符;对 BASIC 源程序来讲,它为置数语句中两个双引号之间的部分,最多可输入 255 个字符。

第 2 组数据为基本数据,它为 6 个整数。其中自由度即为未知位移分量总数。弹性模量、横截面积及惯性矩均相同的单元可划为同一类型;单元类型数即表征结构有多少种不同类型的单元。对 FORTRAN 程序来讲这第 2 组整数为一个记录。

第 3 组数据为节点数据。按节点号顺序填写。每个节点填写 3 个整数及两个实数,依次为 x 向位移号、y 向位移号、角位移号、x 坐标及 y 坐标。对 FORTRAN 源程序来讲,每两个节点的数据为一个记录。

第 4 组数据为单元数据。按单元号顺序填写。每个单元填写 3 个整数,依次为本单元 1

端的节点号、2 端的节点号及本单元的类型号，即本单元的弹性模量等属于哪一种类型。对 FORTRAN 源程序来讲，每 5 个单元的数据为一个记录。

第 5 组数据为单元类型数据。按类型号顺序填写。每种类型填写 3 个实数，依次为本类型的弹性模量、横截面积及惯性矩。对 FORTRAN 源程序来讲，每两种类型为一个记录。

第 6 组数据为节点荷载数据。按对每个节点荷载所编的序号的顺序填写。每个节点荷载填写一个整数及一个实数，依次为荷载作用位置和方向对应的位移号及荷载的数值。对 FORTRAN 源程序来讲，每 5 个节点荷载为一个记录。

第 7 组数据为非节点荷载数据。按对各个非节点荷载所编序号的顺序填写。每个非节点荷载填写两个整数及两个实数，依次为非节点荷载作用单元的单元号、非节点荷载的类型、非节点荷载的两个参数 a 及 c。非节点荷载的类型与参数 a、c 的物理意义参阅表 11-2。对 FORTRAN 源程序来讲，每两个非节点荷载为一个记录。

表Ⅰ-2　平面刚架的输入数据

1 标题	EXAMPLE 11-12 FIG.11-22 AND FIG.11-16

2 基本数据	节点总数	自由度	单元总数	单元类型数	节点荷载数	非节点荷载数
	5	4	3	1	3	2

3 节点数据	起止节点号	x向位移号	y向位移号	角位移号	x坐标	y坐标	x向位移号	y向位移号	角位移号	x坐标	y坐标
	1—2	0	0	0	0.	0.	1	2	3	200.	0.
	3—4	0	0	0	400.	0.	1	2	4	200.	0.
	5—6	0	0	0	200.	200.					

4 单元数据	起止单元号	1端节点号	2端节点号	单元类型号	1端节点号	2端节点号	单元类型号	1端节点号	2端节点号	单元类型号	1端节点号	2端节点号	单元类型号	1端节点号	2端节点号	单元类型号
	①—⑤	1	2	1	2	3	1	5	4	1						

5 单元类型数据	起止类型号	弹性模量	横截面积	惯性矩	弹性模量	横截面积	惯性矩
	1—2	2.E4	20.	400.			

6 节点荷载数据	起止序号	位移号	数值	位移号	数值	位移号	数值	位移号	数值	位移号	数值
	1—5	1	20.	2	30.	3	5 000.				

7 非节点荷载	起止序号	单元号	类型	参数 a	参数 c	单元号	类型	参数 a	参数 c
	1—2	1	4	0.3	0.3	3	1	100.	10.

每个问题要依次输入以上7组数据（第6组或第7组可以没有）。一个问题的数据输入结束后，可连续输入下一问题的7组数据。当对最后一个问题，完成以上手续后，可输入任意一个标题，并输入节点总数为零，则程序就会正常结束。对FORTRAN源程序来讲，整个数据应取磁盘文件名FRAME·DAT。若采用规定格式输入时，应注意整型数占5列，而实型数占10列，也可采用自由格式输入。对BASIC源程序来讲，我们可从4000句开始，修改或敲入置数语句。

例Ⅰ-2 试用平面刚架程序计算例11-12。

【解】

〈1〉整理输入数据

根据图11-12及图11-16与例11-7，3个单元的弹性模量、横截面积及惯性矩都相同，定为1号类型，本例的单元类型为1。本例有3个节点荷载，对作用在节点2的x方向的荷载定其序号为1，作用在该点y方向的荷载定其序号为2，而作用在该点的外力偶则定其序号为3。本例还有两个非节点荷载，取均布荷载的序号为1，它作用在单元①上，按表11-2，荷载类型为4，参数a及c均为0.3；取另一集中荷载的序号为2，它作用在单元③上，按表11-2，荷载类型为1，参数a为100.，参数c为10.。把图11-22及11-16中和以上的这些数据均填入表Ⅰ-2。对本例题取标题为： EXAMPLE 11-12 FIG.11-12 AND FIG.11-16。

对于FORTRAN源程序，应建立磁盘文件FRAME·DAT，按表Ⅰ-2及规定敲入以下数据：

```
EXAMPLE 11-12    FIG.11-12 AND FIG.11-16
5，4，3，1，3，2
0，0，0，0.，0.，1，2，3，200.，0.
0，0，0，400.，0.，1，2，4，200.，0.
0，0，0，200.，200.
1，2，1，2，3，1，5，4，1
2.E4，20.，400.
1，20.，2，30.，3，5000.
1，4，0.3，0.3，3，1，100.，10.
END
0
```

对于BASIC源程序，可从4000句开始，根据表Ⅰ-2，修改或敲入置数语句（见源程序末尾）。

〈2〉程序运行及结果输出

运行FORTRAN程序，得到输出结果如下：

```
EXAMPLE 11-12    EIG.11-22 AND.11-16
        NUMBER OF NODES                  =5
        NUMBER OF DEGREE OF FREEDOM      =4
        NUMBER OF ELEMENTS               =3
        NUMBER OF MATERIALS              =1
```

```
        NUMBER OF NODAL LOADS              =3
        NUMBER OF NON-NODAL LOADS          =2
NO.N NO.DISP.(X, Y, ANG.ROT.)  X-COORDINATE  Y-CORORDINATE
1     0      0      0        .000000        .000000
2     1      2      3        200.000        .000000
3     0      0      0        400.000        .000000
4     1      2      4        200.000        .000000
5     0      0      0        200.000        200.000
        NO.E        1(NODE)   2(NODE)    NO.MAT
        1            1         2          1
        2            2         3          1
        3            5         4          1
NO.MAT    ELASTIC MODULUS    AREA     MOMENT OF INERTIA
   1        20000.0        20.0000     400.000
                NODAL LOAD (NO.DISP., VALUE)
   1 20.000         2 30.000           3 5000.0
                NON-NODAL LOADS
        NO      NO.E   NO.LOAD.MODEL       (A)          (C)
        1       1        4                .30000       .30000
        2       3        1                100.00       10.000

        * * * * * * * * * * RESULTS OF CALCULATION * * * * * * * * * *
                SEMI-BAND WIDTH=4
NO.N X-DISPL ACEMENT Y-DISPLACEMENT ANG.ROT.(RAD)
  1      .00000            .00000              .00000
  2      .57769E-02        .29644E-01          .12500E-01
  3      0.00000           .00000              .00000
  4      .57769E-02        .29644E-01          -.15192E-02
  5      .00000            .00000              .00000
NO.E    N(1)       Q(1)       M(1)       N(2)       Q(2)       M(2)
  1   -11.554    -15.356    -35.573     11.554    -44.644     2 964.4
  2    11.554     15.356    2 035.6    -11.554    -15.356     1 035.6
  3    59.289    -6.892 3   -378.47    -59.289    -3.107 7     .00000
```

运行 BASIC 程序，可得到类似的输出结果（省略）。

〈3〉根据输出结果，绘内力图

见图 11-23 及变形图（略）。

例I-3 试用平面刚架程序计算例 11-11 及例 11-13。

【解】

为了能应用本程序的一般单元计算由轴力单元组成的桁架及组合结构，对比一般单元的单刚式（11-36）与轴力单元的单刚式（11-41）后，可以发现，如令一般单元的惯性矩 $I=0$，由式（11-36）计算的单刚的第 3、6 行和列的元素全为零，划去这些元素后，一般单元的单刚式同轴力单元的单刚式完全相同。故对一般单元，令惯性矩 $I=0$，并设单元两端的角位移的位移号为 0，一般单元就退化为轴力单元。

例 11-11 按图 11-21 及图 11-17 中的数据，填写数据表，例 11-13 按图 11-24 填写数据表。依照数据表，修改或建立磁盘文件 FRAME·DAT 敲入下列数据：

```
      EXAMPLE 11-11 FIG.11-21 AND FIG.11-17
  4，4，5，1，3，0
  0，0，0，0.，3.，1，2，0，4.，3.
  3，4，0，4.，0.，0，0，0，8.，3.
  1，2，1，1，3，1，2，3，1，2，4，1，4，3，1
  1.，1.，0.
  2，30.，3，20.，4，10.
 EXAMPLE 11-13 FIG.11-24
  3，3，3，3，1，1
  0，0，1，0.，0.，0，2，0，300.，0.
  0，3，0，300.，100.
  1，2，1，1，3，2，3，2，3
  1800.，500.，2.E5，2.E4，2.，0.
  2.E4，1.，0.
  3，10.
  1，4，0.1，0.1
    END
  0
```

运行 FORTRAN 程序，就可得出两个算例的结果。如要运行 BASIC 程序，应把源程序中的置数语句，修改如下：

```
4000  DATA "EXAMPLE11-11 FIG.11-21 AND FIG.11-17"
4010  DATA 4，4，5，1，3，0
4020  DATA 0，0，0，0.，3.，1，2，0，4.，3.
4030  DATA 3，4，0，4.，0.，0，0，0，8.，3.
4040  DATA 1，2，1，1，3，1，2，3，1，2，4，1，4，3，1
4050  DATA 1.，1.，0.
4060  DATA 2，30.，3，20.，4，10.
4070  DATA "EXAMPLE 11-13 FIG.11-24"
4080  DATA 3，3，3，3，1，1
4090  DATA 0，0，1，0.，0.，0，2，0，300.，0.
4100  DATA 0，3，0，300.，100.
4110  DATA 1，2，1，1，3，2，3，2，3
4120  DATA 1800.，500.，2.E5，2.E4，2.，0.
```

```
4130  DATA 2.E4，1.，0.
4140  DATA 3，10.
4150  DATA 1，4，0.1，0.1
4160  DATA ""，0
```

为节省篇幅，将运行程序所得的打印结果等略去。所得位移和内力的数值与第 11 章手算结果是完全一致的。

习　　题

Ⅰ.1　用连续梁程序计算习题 11.2。

Ⅰ.2　用平面刚架程序计算习题 11.14、11.15、11.16。

Ⅰ.3　习题 11.12 中，设各杆 $E=200$ GPa，$A=20\ \mathrm{cm}^2$，$I=10^4\ \mathrm{cm}^4$，试用平面刚架程序重作计算。

Ⅰ.4　n 阶线性方程组 $\boldsymbol{A\Delta}=\boldsymbol{P}$，$\boldsymbol{A}$ 为下三角矩阵，已知 $\boldsymbol{A}$ 及列阵 $\boldsymbol{P}$，试写出计算 $\boldsymbol{\Delta}$ 的公式及程序段。

Ⅰ.5　n 阶方阵 $\boldsymbol{A}$、$\boldsymbol{B}$、$\boldsymbol{C}$ 有关系式 $\boldsymbol{C}=\boldsymbol{A}^{\mathrm{T}}\boldsymbol{BA}$，已知 $\boldsymbol{A}$、$\boldsymbol{B}$，试写出计算 $\boldsymbol{C}$ 的程序段。

Ⅰ.6　n 阶下三角矩阵 $\boldsymbol{L}$ 及 $n\times m$ 阶矩阵 $\boldsymbol{X}$、$\boldsymbol{B}$，有关系式 $\boldsymbol{LL}^{\mathrm{T}}\boldsymbol{X}=\boldsymbol{B}$，已知 $\boldsymbol{L}$ 及 $\boldsymbol{B}$，试写出计算 $\boldsymbol{X}$ 的程序段。

Ⅰ.7　已知 n 阶方阵 $\boldsymbol{A}$，试用高斯消去法写出计算 $\boldsymbol{A}^{-1}$ 的程序段。

Ⅰ.8　已知 n 阶方阵 $\boldsymbol{A}$，试写出计算 $\boldsymbol{A}$ 的行列式 $|\boldsymbol{A}|$ 的程序段（应选主元）。

Ⅰ.9　试修改连续梁程序，使其能计算单元的杆端剪力及各支座的竖向反力。

Ⅰ.10　用置大数法修改连续梁程序，使程序能应用于某节点发生已知转角的情况。

Ⅰ.11　试修改平面刚架源程序，使程序能计算习题 11.11 所示的 3 种非节点荷载。

Ⅰ.12　试修改连续梁程序，把总刚度矩阵改为半带宽为 2 的等带存贮，然后求解。

Ⅰ.13　试修改连续梁程序，使程序能应用于非节点荷载情况。

Ⅰ.14　试修改平面刚架程序，使其能计算支座反力。

Ⅰ.15　已知节点的约束及联结情况，编写自动形成节点位移号数组 $\boldsymbol{J}_{\mathrm{n}}$ 的程序。

Ⅰ.16　按结构化程序设计的思想，参考总框图Ⅰ-2 改写刚架主程序（FORTRAN 语言）。例如：根据图Ⅰ-2 第 2 框计算并打印半带宽，把主程序49：－69：句拿出，加上必要的语句改为子程序 CALSB，而在主程序中，用下面的调用语句代替。

```
CALL CALSB（NNE，M，JE，JN，N，ND）
```

Ⅰ.17　试编写仅计算平面桁架的程序。

附录Ⅱ 用高斯消去法解线性方程组

高斯消去法是直接法解线性方程组最有效的方法之一。其求解过程分为两步：①经过同解变换把原方程组化为上三角系数矩阵的同解方程组，此过程称为向前消元（简称消元）；②解上三角系数矩阵的方程组，此过程称为向后回代（简称回代）。对系数矩阵不选主元（将位于主对角线上的元素作为主元即消元的除数）而依次消元，称为顺序消元。可以证明：系数矩阵为对称正定矩阵的线性方程组，顺序消元是稳定的，即计算过程中误差的增长可以控制在一定范围内。考虑支承条件后，几何不变结构的总刚度矩阵均为对称正定矩阵，故用高斯顺序消去法求解是可行的，并且是稳定的。

一、一般系数矩阵情况下的高斯消去法

设有一 n 阶线性方程组

$$\boldsymbol{A\Delta} = \boldsymbol{P} \tag{Ⅱ-1}$$

式中

$$\boldsymbol{\Delta} = [\Delta_1 \Delta_2 \cdots \Delta_n]^{\mathrm{T}} \tag{Ⅱ-2}$$

$$\boldsymbol{P} = [P_1 P_2 \cdots P_n]^{\mathrm{T}} = \boldsymbol{P}^{(0)} = [P_1 P_2 \cdots P_n]^{(0)\mathrm{T}*} \tag{Ⅱ-3}$$

$$\boldsymbol{A} = \begin{bmatrix} a_{11} & a_{12} & \cdots & a_{1n} \\ a_{21} & a_{22} & \cdots & a_{2n} \\ \vdots & \vdots & & \vdots \\ a_{n1} & a_{n2} & \cdots & a_{nn} \end{bmatrix} = \boldsymbol{A}^{(0)} = \begin{bmatrix} a_{11} & a_{12} & \cdots & a_{1n} \\ a_{21} & a_{22} & \cdots & a_{2n} \\ \vdots & \vdots & & \vdots \\ a_{n1} & a_{n2} & \cdots & a_{nn} \end{bmatrix}^{(0)} \tag{Ⅱ-4}$$

为求解式（Ⅱ-1），对它进行同解变换，即对系数矩阵 $\boldsymbol{A}$ 和右端列阵 $\boldsymbol{P}$ 组成的增广矩阵 $[\boldsymbol{A} \vdots \boldsymbol{P}]$ 施行 $n-1$ 轮同解行变换。第 k（$k=1, \cdots, n-1$）轮同解行变换可将系数矩阵主对角线元素 $a_{kk}^{(k-1)}$ 以下的元素 $a_{ik}^{(k-1)}$（$i=k+1, k+2, \cdots, n$）都变为零，而经 $n-1$ 轮同解行变换之后 $\boldsymbol{A}^{(0)}$ 即变为上三角系数矩阵 $\boldsymbol{A}^{(n-1)}$。此过程可表达为

$$[\boldsymbol{A} \vdots \boldsymbol{P}]^{(0)} \to [\boldsymbol{A} \vdots \boldsymbol{P}]^{(1)} \to \cdots \to [\boldsymbol{A} \vdots \boldsymbol{P}]^{(k-1)} \to [\boldsymbol{A} \vdots \boldsymbol{P}]^{(k)} \to \cdots \to [\boldsymbol{A} \vdots \boldsymbol{P}]^{(n-1)}$$

通常称此过程为向前消元。

为了理解这一过程，我们先对下边的四阶线性方程组进行向前消元。

$$\begin{bmatrix} 2 & 4 & -4 & 2 \\ 4 & 10 & -4 & -2 \\ -4 & -4 & 6 & -6 \\ 2 & -2 & -6 & 4 \end{bmatrix} \begin{bmatrix} \Delta_1 \\ \Delta_2 \\ \Delta_3 \\ \Delta_4 \end{bmatrix} = \begin{bmatrix} 6 \\ 4 \\ -18 \\ -4 \end{bmatrix} \tag{a}$$

将此方程组写为增广矩阵形式，消元过程为

---

* 矩阵及后面文字符号 a 等之上标圆括号中的数字 k（$k=0, 1, 2, \cdots, n-1$），用以表示这些量系经第 k 轮同解行变换或第 k 轮消元后的结果。

$$
\left[\begin{array}{cccc:c}2 & 4 & -4 & 2 & 6\\4 & 10 & -4 & -2 & 4\\-4 & -4 & 6 & -6 & -18\\2 & -2 & -6 & 4 & -4\end{array}\right]^{(0)} \xrightarrow{1\text{轮}} \left[\begin{array}{cccc:c}2 & 4 & -4 & 2 & 6\\0 & 2 & 4 & -6 & -8\\0 & 4 & -2 & -2 & -6\\0 & -6 & -2 & 2 & -10\end{array}\right]^{(1)} \xrightarrow{2\text{轮}}
$$

$$
\left[\begin{array}{cccc:c}2 & 4 & -4 & 2 & 6\\0 & 2 & 4 & -6 & -8\\0 & 0 & -10 & 10 & 10\\0 & 0 & 10 & -16 & -34\end{array}\right]^{(2)} \xrightarrow{3\text{轮}} \left[\begin{array}{cccc:c}2 & 4 & -4 & 2 & 6\\0 & 2 & 4 & -6 & -8\\0 & 0 & -10 & 10 & 10\\0 & 0 & 0 & -6 & -24\end{array}\right]^{(3)}
$$

经3轮消元后，式（a）变为下面的同解方程组

$$
\begin{bmatrix}2 & 4 & -4 & 2\\0 & 2 & 4 & -6\\0 & 0 & -10 & 10\\0 & 0 & 0 & -6\end{bmatrix}\begin{bmatrix}\Delta_1\\\Delta_2\\\Delta_3\\\Delta_4\end{bmatrix}=\begin{bmatrix}6\\-8\\10\\-24\end{bmatrix} \tag{b}
$$

每轮进行消元的过程如下。

第1轮：

（1）前1行不变。

（2）0轮（i）行－0轮（1）行$\times\frac{a_{i1}^{(0)}}{a_{11}^{(0)}}\rightarrow$1轮（$i$）行*，（$i=2, 3, 4$）。

第2轮：

（1）前2行不变。

（2）1轮（i）行－1轮（2）行$\times\frac{a_{i2}^{(1)}}{a_{22}^{(1)}}\rightarrow$2轮（$i$）行*，（$i=3, 4$）。

第3轮：

（1）前3行不变。

（2）2轮（i）行－2轮（3）行$\times\frac{a_{i3}^{(2)}}{a_{33}^{(2)}}\rightarrow$3轮（$i$）行，（$i=4$）。

现用高斯消去法解式（Ⅱ-1）。若将以上解4阶线性方程组的做法推广到n阶线性方程组，便应做$n-1$轮消元，在第k（$k=1, 2, \cdots, n-1$）轮中，消元过程如下。

$$
\left.\begin{array}{l}\text{(1) 前 } k \text{ 行不变。}\\ \text{(2) } (k-1)\text{ 轮的 } (i) \text{ 行} - (k-1) \text{ 轮的 } (k) \text{ 行} \times \dfrac{a_{ik}^{(k-1)}}{a_{kk}^{(k-1)}} \rightarrow k \text{ 轮 } (i) \text{ 行}\\ \qquad (i=k+1, k+2, \cdots, n)\end{array}\right\} \tag{Ⅱ-5}
$$

已进行$k-1$轮消元后所得到的系数矩阵$\mathbf{A}^{(k-1)}$，其主对线以下且在k列以左的元素均为零，增广矩阵形式为

---

* 此处“0轮”、“1轮”或“2轮”系指未经消元、经第1轮消元后或经第2轮消元后的方程组，以下类推。

$$
[\boldsymbol{A} \vdots \boldsymbol{P}]^{(k-1)} = \left[\begin{array}{ccccccc:c}
a_{11} & \cdots & a_{1,k-1} & a_{1k} & a_{1,k+1} & \cdots & a_{1k} & P_1 \\
0 & \cdots & a_{2,k-1} & a_{1k} & a_{2,k+1} & \cdots & a_{2n} & P_2 \\
\vdots & & \vdots & \vdots & \vdots & & \vdots & \vdots \\
0 & \cdots & a_{k-1,k-1} & a_{k-1,k} & a_{k-1,k+1} & \cdots & a_{k-1,n} & P_{k-1} \\
0 & \cdots & 0 & a_{kk} & a_{k,k+1} & \cdots & a_{kn} & P_k \\
0 & \cdots & 0 & a_{k+1,k} & a_{k+1,k+1} & \cdots & a_{k+1,n} & P_{k+1} \\
\vdots & & \vdots & \vdots & \vdots & & \vdots & \vdots \\
0 & \cdots & 0 & a_{nk} & a_{n,k+1} & \cdots & a_{nn} & P_n
\end{array}\right]^{(k-1)}
$$

进行第 k 轮消元的目的是将系数矩阵中的 $a_{ik}^{(k-1)}$（$i=k+1$，$k+2$，…，n）变为零。根据式（Ⅱ-5），若某行的序号 $i \leqslant k$，该行不加变动；当某行的序号 $i > k$ 时，则应对第 k 行乘以（$-a_{ik}^{(k-1)}/a_{kk}^{(k-1)}$）并将它加在未进行第 k 轮消元前的第 i 行以得出新的第 i 行。可用公式表示为

$$
\left.\begin{aligned}
a_{ij}^{(k)} &= \begin{cases}
a_{ij}^{(k-1)}, (i=1,2,\cdots,k; j=1,2,\cdots,n) & \text{(c)} \\
0, \begin{pmatrix} i=k+1,k+2,\cdots,n \\ j=1,2,\cdots,k \end{pmatrix} & \text{(d)} \\
a_{ij}^{(k-1)} - \dfrac{a_{ik}^{(k-1)}}{a_{kk}^{(k-1)}} \cdot a_{kj}^{(k-1)}, \begin{pmatrix} i=k+1,k+2,\cdots,n \\ j=k+1,k+2,\cdots,n \end{pmatrix} & \text{(e)}
\end{cases} \\
P_i^{(k)} &= \begin{cases}
P_i^{(k-1)}, (i=1,2,\cdots,k) & \text{(f)} \\
P_i^{(k-1)} - \dfrac{a_{ik}^{(k-1)}}{a_{kk}^{(k-1)}} \cdot P_k^{(k-1)}, (i=k+1,k+2,\cdots,n) & \text{(g)}
\end{cases}
\end{aligned}\right\} \quad (\text{Ⅱ-6})
$$

在我们求出新的 $\boldsymbol{A}^{(k)}$ 及 $\boldsymbol{P}^{(k)}$ 后，旧的 $\boldsymbol{A}^{(k-1)}$ 及 $\boldsymbol{P}^{(k-1)}$ 不再使用。为了节省计算机的内存，也为使程序更加简单，我们就直接把新的 $\boldsymbol{A}^{(k)}$ 及 $\boldsymbol{P}^{(k)}$ 存入原来 $\boldsymbol{A}^{(k-1)}$ 及 $\boldsymbol{P}^{(k-1)}$ 的存储地点，计算式（c）及式（f）就无必要再进行。在作完 k 轮消元后，主对角线以下、$k+1$ 列元素以左的各零元素，在以后的计算不再使用，故对编制程序而言式（d）亦可省去。第 k 轮消元，仅需要完成式（e）及式（g）的计算。由此得出向前消元的紧凑电算格式为

$$
\left.\begin{aligned}
&\text{对于 } k = 1,2,\cdots,n-1 \text{ 轮} \\
&\text{完成 } i = k+1,k+2,\cdots,n \text{ 行} \\
&\qquad c \Leftarrow -a_{ik}/a_{kk} \\
&\qquad P_i \Leftarrow P_i + c \cdot P_k \\
&\qquad a_{ij} \Leftarrow a_{ij} + c \cdot a_{kj}, (j = k+1,k+2,\cdots,n)
\end{aligned}\right\} \quad (\text{Ⅱ-7})
$$

因计算机做乘除法的速度慢于做加减法的速度，解线性方程组时，乘除法的次数同加减法的次数近似成比例，我们可仅统计做乘除法的次数，以此来评价其计算效率。按式（Ⅱ-7）写出的向前消元程序所需完成的乘除法的总次数为

$$
N_1 = \frac{n^3}{3} + \frac{n^2}{2} - \frac{5}{6}n\,{}^{*}
$$

---

* 按式（Ⅱ-7），乘除法总次数 $N_1 = \sum\limits_{k=1}^{n-1}\sum\limits_{i=k+1}^{n}(2+\sum\limits_{j=k+1}^{n}1)$ 式中 2 表征 a_{ik}/a_{kk} 及 $c \cdot P_k$ 项的除法及乘法运算，而 1 表征 $c \cdot a_{kj}$ 项的乘法运算。化简此式可得出这一结果。

当用 $n-1$ 轮向前消元得出式（Ⅱ-1）的同解方程组 $\boldsymbol{A}^{(n-1)}\boldsymbol{\Delta}=\boldsymbol{P}^{(n-1)}$后，因 $\boldsymbol{A}^{(n-1)}$是上三角系数矩阵，很容易通过逆序回代依次求出 Δ_n，Δ_{n-1}，…，Δ_1，这一过程称为向后回代。对于式（b），回代的过程为

$$\Delta_4=(-24)/(-6)=4$$

$$\Delta_3=[10-10\times4]/(-10)=3$$

$$\Delta_2=[-8-4\times3-(-6)\times4]/2=2$$

$$\Delta_1=[6-4\times2-(-4)\times3-2\times4]/2=1$$

对于上三角系数矩阵的 n 阶线性方程组，先由最后一式求出 Δ_n，为

$$\Delta_n=P_n/a_{nn}$$

将其代入倒数第 2 式求 Δ_{n-1}，再将 Δ_{n-1}、Δ_n 代入倒数第 3 式求 Δ_{n-2}，依次类推，由第 i 式有

$$a_{ii}\Delta_i+a_{i,i+1}\Delta_{i+1}+\cdots+a_{in}\Delta_n=P_i$$

可解得

$$\Delta_i=(P_i-\sum_{j=i+1}^{n}a_{ij}\Delta_j)/a_{ii},(i=n-1,n-2,\cdots,1)$$

从上式明显可见，仅当求 Δ_i 时，才需用到 P_i；求出 Δ_i 后，P_i 不再需要。为节省内存，可把 Δ_i 存入 P_i 的地点，这样得出向后回代的紧凑电算格式为

$$\left.\begin{aligned}&P_n\Leftarrow P_n/a_{nn}\\&P_i\Leftarrow(P_i-\sum_{j=i+1}^{n}a_{ij}P_j)/a_{ii},(i=n-1,n-2,\cdots,1)\end{aligned}\right\}\quad(Ⅱ\text{-}8)$$

完成运算后，所求 $\boldsymbol{\Delta}$ 已存贮在 $\boldsymbol{P}$ 中。

容易推出向后回代所需乘除法的总次数，为

$$N_2=\frac{n^2}{2}+\frac{n}{2}{}^{*}$$

二、对称系数矩阵情况下的高斯消去法

首先证明对称系数矩阵 $\boldsymbol{A}^{(0)}$，经过 k 轮（$0<k<n-1$）消元得出的系数矩阵 $\boldsymbol{A}^{(k)}$，从 $k+1$ 行及列起，右下角的子矩阵为对称的子矩阵。

经第 k 轮消元后，右下角子矩阵的元素由式（Ⅱ-6）（e）算出为

$$\left.\begin{aligned}a_{ij}^{(k)}&=a_{ij}^{(k-1)}-\frac{a_{ik}^{(k-1)}}{a_{kk}^{(k-1)}}\cdot a_{kj}^{(k-1)}\\a_{ji}^{(k)}&=a_{ji}^{(k-1)}-\frac{a_{jk}^{(k-1)}}{a_{kk}^{(k-1)}}\cdot a_{ki}^{(k-1)}\end{aligned}\right\}\begin{pmatrix}i=k+1,k+2,\cdots,n\\j=k+1,k+2,\cdots,n\end{pmatrix}$$

如 $k-1$ 轮右下角子矩阵是对称的，则上式第一式右边的元素 $a_{ij}^{(k-1)}$、$a_{ik}^{(k-1)}$、$a_{kj}^{(k-1)}$分别等于第二式右边元素 $a_{ji}^{(k-1)}$、$a_{ki}^{(k-1)}$、$a_{jk}^{(k-1)}$，两式右边彼此相等，左边必然相等，即 k 轮消元后所得右下角子矩阵也是对称的。由上述递推性质，可知各轮右下角子矩阵都是对称的（算例见式（a）到式（b）的消元过程）。

---

* 按式（Ⅱ-8），乘除法的总次数 $N_2=1+\sum_{i=n-1}^{1}(1+\sum_{j=i+1}^{n}1)$，化简此式即得出这一结果。

为了减少运算次数，在整个消元过程中，就可以只计算和存贮系数矩阵中的上三角元素，即在式（Ⅱ-6（e））中，把 j 的取值改为 i，$i+1$，…，n，仅计算上三角元素。因式（Ⅱ-6）中的 $a_{ik}^{(k-1)}$ 为下三角元素，就用和它相等的上三角元素 $a_{ki}^{(k-1)}$ 去代替。这样当系数矩阵为对称时，解方程组向前消元的格式为

$$\left.\begin{array}{l}\text{对于 } k=1,2,\cdots,n-1 \text{ 轮}\\ \text{完成 } i=k+1,k+2,\cdots,n \text{ 行}\\ \quad c\Leftarrow -a_{ki}/a_{kk}\\ \quad P_i\Leftarrow P_i+c\cdot P_k\\ \quad a_{ij}\Leftarrow a_{ij}+c\cdot a_{kj},(j=i,i+1,\cdots,n)\end{array}\right\}\qquad(\text{Ⅱ-9})$$

可以推出按上式编写的程序，所需要的乘除法总次数为

$$N_1(\text{对称})=\frac{n^3}{6}+n^2-\frac{7}{6}n\,^*$$

同解一般系数矩阵的解法相比，计算工作量可节省一半。

向后回代仍使用式（Ⅱ-8）。

三、追赶法

追赶法实质上是高斯消去法解系数矩阵为三对角型的线性方程组的一种简化形式，它可避免三条对角线以外的零元素参加运算，从而大为减少计算工作量。

三对角型系数矩阵的元素应满足

$$a_{ij}=0(\text{当}|i-j|>1)$$

在计算式（Ⅱ-7）中，对第 k 轮消元，当 $i>k+1$ 时，$a_{ik}=0$ 时，故 P_i 和 a_{ij} 均可以不再修改。同理，当 $j>k+1$ 时，$a_{kj}=0$，故 a_{ij} 也不用修改。所以式（Ⅱ-7）中的 i 和 j 可以只取 $k+1$。这样，向前消元，也称追法的格式为

$$\left.\begin{array}{l}\text{对于 } k=1,2,\cdots,n-1 \text{ 轮}\\ \text{完成 } i\Leftarrow k+1\\ \quad c\Leftarrow -a_{ik}/a_{kk}\\ \quad P_i\Leftarrow P_i+c\cdot P_k\\ \quad a_{ii}\Leftarrow a_{ii}+c\cdot a_{ki}\end{array}\right\}\qquad(\text{Ⅱ-10})$$

容易推出追法需要乘除法的总次数为

$$N_1(\text{三对角型})=3n-3$$

向后回代，又称赶法。在回代式（Ⅱ-8）中，a_{ij}（$j=i+1$，$i+2$，…，n）仅当 $j=i+1$ 时，才不为零，故

$$\sum_{j=i+1}^{n}a_{ij}P_j=a_{i,i+1}P_{i+1}$$

赶法的电算格式为

$$\left.\begin{array}{l}P_n\Leftarrow P_n/a_{nn}\\ P_i\Leftarrow(P_i-a_{i,i+1}P_{i+1})/a_{ii}(i=n-1,n-2,\cdots,1)\end{array}\right\}\qquad(\text{Ⅱ-11})$$

---

* 按式（Ⅱ-9），乘除法总次数 $N_1=\sum_{k=1}^{n-1}\sum_{i=k+1}^{n}(2+\sum_{j=i}^{n}1)$，化简此式即得出这一结果。

很容易得出赶法需要乘除法的总次数为

$$N_2(\text{三对角型}) = 2n - 1$$

四、等带高斯消去法

只要适当地对结构的节点位移分量编号，结构的总刚度矩阵就会具有带形特征，即非零元素聚集在主对角线的两侧。我们将某行非零元素区域的宽度称为这行的带宽，而主对角线元素到该行非零区域边缘的宽度则称为（左或右）半带宽。各行半带宽的最大值称为此矩阵的最大半带宽，在等带宽存贮中，就简称为半带宽。对于对称矩阵，常采用仅存贮上（或下）三角半带（或称上或下半带）内的元素，以节省内存。

对 n 阶半带宽为 d 的对称方阵 $\boldsymbol{A}$，存贮上半带的非零元素于带形矩阵 $\boldsymbol{B}$ 中，$\boldsymbol{B}$ 为 $n\times d$ 阶。$\boldsymbol{A}$ 的主对角线元素 a_{ii} 对应 $\boldsymbol{B}$ 的第 1 列元素 b_{I1}，$\boldsymbol{A}$ 的上半带的任一元素 a_{ij} 对应 $\boldsymbol{B}$ 的元素 b_{IJ} 如图Ⅱ-1 所示，容易推出行码及列码间的对应关系为

$$\left.\begin{array}{lll} \text{行码} \quad I = i & & \text{(h)} \\ \text{列码} \quad J = j - i + 1 & & \text{(i)} \\ \text{上半带元素条件} \quad i \leqslant j \leqslant \min(i + d - 1, n) & & \text{(j)} \end{array}\right\} \qquad (\text{Ⅱ-12})$$

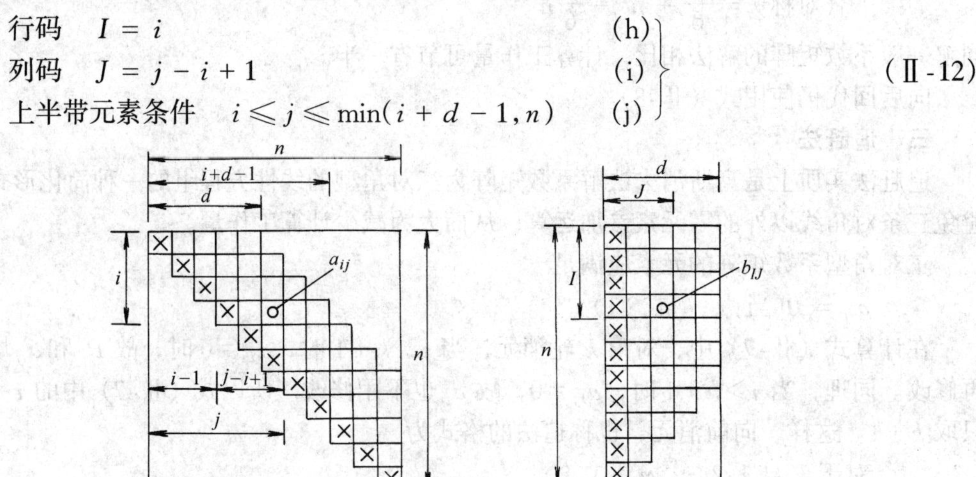

图Ⅱ-1　矩阵 **A**、**B** 中元素对应关系

式（Ⅱ-12）(j) 实际上说明：当 $n\geqslant j>i+d-1$ 时，$a_{ij}=0$。把此条件代入式（Ⅱ-9），有 $a_{ki}=0$（当 $n\geqslant i>k+d-1$）及 $a_{kj}=0$（当 $n\geqslant j>k+d-1$）。为排除上半带以外零元素参加运算，式（Ⅱ-9）可简化为

$$\left.\begin{array}{l} \text{对于 } k = 1,2,\cdots,n-1 \text{ 轮} \\ \quad i_m \Leftarrow \min(k + d - 1, n) \\ \quad \text{完成 } i = k+1, k+2, \cdots, i_m \text{ 行} \\ \quad c \Leftarrow -a_{ki}/a_{kk} \\ \quad P_i \Leftarrow P_i + c \cdot P_k \\ \quad a_{ij} \Leftarrow a_{ij} + c \cdot a_{kj}, (j = i, i+1, \cdots, i_m) \end{array}\right\} \qquad (\text{Ⅱ-13})$$

式（Ⅱ-13）中 $\boldsymbol{A}$ 的元素将存贮在 $n\times d$ 阶的 $\boldsymbol{B}$ 中，寻找元素 a 所对应的元素 b 时，应按式（Ⅱ-12）(i) 改变 a 的列码，即

a_{ki} 对应 $b_{k,i-k+1}$；　　a_{kk} 对应 a_{k1}；　　a_{ij} 对应 $b_{i,j-i+1}$；　　a_{kj} 对应 $b_{k,j-k+1}$

按上面对应关系，用 $\boldsymbol{B}$ 中的元素替换 $\boldsymbol{A}$ 的上半带元素，式（Ⅱ-13）变为以下的等带向前消元格式

$$
\left.\begin{array}{l}
\text{对于 } k = 1,2,\cdots,n-1 \text{ 轮} \\
\quad i_m \Leftarrow \min(k+d-1,n) \\
\quad \text{完成 } i = k+1,k+2,\cdots,i_m \text{ 行} \\
\quad c \Leftarrow -b_{k,i-k+1}/b_{k1} \\
\quad P_i \Leftarrow P_i + c \cdot P_k \\
\quad b_{i,j-i+1} \Leftarrow b_{i,j-i+1} + c \cdot b_{k,j-k+1},(j = i,i+1,\cdots,i_m)
\end{array}\right\} \qquad (\text{Ⅱ-14})
$$

可以推出按上式写出的等带高斯消去法的消元程序所需要的乘除法总次数为

$$N_1(\text{等带}) = \frac{nd^2}{2} + \frac{3nd}{2} - 2n - \frac{d^3}{3} - \frac{d^2}{2} + \frac{5}{6}d^{*}$$

在向后回代式（Ⅱ-8）中，根据式（Ⅱ-12）（j）可知，$a_{ij}=0$（当 $n \geqslant j > i+d-1$ 时），排除上半带以外的零元素参加运算，得

$$\sum_{j=i+1}^{n} a_{ij}P_j = \sum_{j=i+1}^{\min(i+d-1,n)} a_{ij}P_j$$

在式（Ⅱ-8）中，a_{nn} 对应 b_{n1}；a_{ii} 对应 b_{i1}；a_{ij} 对应 $b_{i,j-i+1}$。把这些关系式代入式（Ⅱ-8）得等带向后回代的电算格式

$$
\left.\begin{array}{l}
P_n \Leftarrow P_n/b_{n1} \\
P_i \Leftarrow \left(P_i - \sum\limits_{j=i+1}^{\min(i+d-1,n)} b_{i,j-i+1}P_j\right)/b_{i1},(i = n-1,n-2,\cdots,1)
\end{array}\right\} \qquad (\text{Ⅱ-15})
$$

按上式写出的等带向后回代计算程序，需要的乘除法的总次数为

$$N_2(\text{等带}) = nd - \frac{d^2}{2} + \frac{d}{2}^{**}$$

---

* 按式（Ⅱ-14），乘除法总次数 $N_1 = \sum\limits_{k=1}^{n-1}\sum\limits_{i=k+1}^{i_m}(2+\sum\limits_{j=i}^{i_m}1)$，式中 $i_m = \min(k+d-1,\ n)$，化简上式即可得出这一结果。

** 按式（Ⅱ-15），乘除法总次数 $N_2 = 1 + \sum\limits_{i-n-1}^{1}(1 + \sum\limits_{j=i+1}^{\min(i+d-1,n)} 1)$ 化简此式即可得出这一结果。

第 12 章　结构的动力计算

12.1　概述

一、结构动力计算的特点

前面各章讨论了静荷载作用下的结构计算问题，本章则研究动力荷载作用下结构的内力和位移的计算原理和方法。

首先说明动荷载与静荷载的区别。所谓动荷载，是指大小、方向或作用位置随时间迅速变化，所引起的结构的加速度较大，由此产生的惯性力不容忽视的荷载。若荷载作用于结构后引起的加速度很小，由此产生的惯性力与结构上原有实际荷载相比可以忽略时，则仍可作为静力荷载对待。

与静力计算相区别，动力计算要取时间为自变量，还需要考虑质点的惯性力。在动力问题中，内力与荷载不能构成静力平衡；但根据达朗培尔原理可将动力问题转化为静力平衡问题来处理。只要于某一时刻引进质点的惯性力作为外力，结构即在形式上处于平衡状态。这样，即可用静力学的原理和方法计算结构在该时刻的内力和位移。

引入惯性力后的平衡常称为动力平衡。分析一个处于动力平衡状态的结构，其分析方法虽形式上与静力学问题相似，但问题的实质乃是动力学问题，结构实际上是处于运动状态，所计算的惯性力、位移、内力等都是随时间变化的量值。

结构在动力荷载作用下将发生振动，若起振之后就再无外力的激振作用，这种振动称为自由振动。反之，若结构在振动时不断地受外部动力荷载（或称干扰力）的作用，即称为强迫振动。如爆炸产生的冲击压力，作用于结构的时间很短，当作用时间结束后，结构仍在振动，即属于自由振动。安装在楼板上的电动机在转动期间所引起的楼板振动即属于强迫振动。

由于动力荷载作用使结构产生的内力和位移称为动内力和动位移，统称为动力反应。它们不仅是位置的函数，也是时间的函数。我们学习结构的动力计算，就是要掌握强迫振动时动力反应的计算原理和方法，确定它们随时间改变的规律，从而求出它们的最大值以作为设计的依据。但是，结构的动力反应与结构本身的动力特性有密切关系，而在分析自由振动时所得到的结构自振频率、振型和阻尼参数等正是反映结构动力特性的指标。因此，分析自由振动即成为计算动力反应的前提和准备。在以后的讨论中，对各种结构体系，都先分析它的自由振动，再进一步研究其强迫振动的动力反应。

二、动力荷载的种类

作用于建筑物上的动力荷载，通常有以下几种。

1. 简谐性周期荷载

周期荷载中最简单和最重要的一种动力荷载就是按正弦（或余弦）函数规律变化的周期荷载（图12-1（b））。

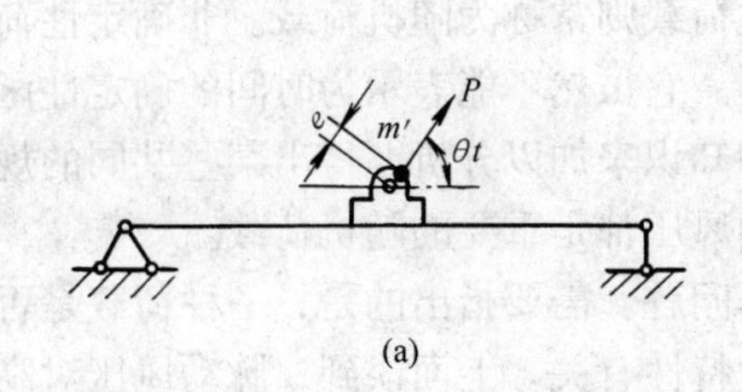

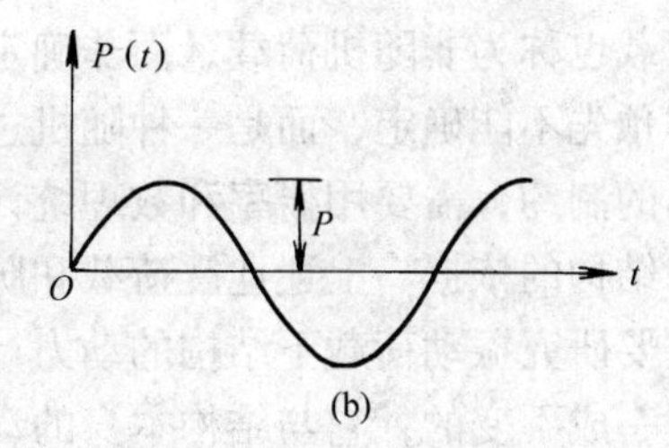

图 12-1　简谐性周期荷载举例

具有偏心质量的机器转子作等速转动时就产生这样的动力荷载。例如某机器的偏心质量 m' 以角速度 θ 作等速转动，偏心质量与转动轴之间的距离为 e，如图 12-1（a）所示，则由偏心质量 m' 产生的传给结构的惯性力（离心力）P 为

$$P = m'\theta^2 e$$

若以通过转轴的水平线作为 x 轴，则经过时间 t 后，偏心质量 m' 转动的角度为 θt，此时离心力 P 的水平分力和竖向分力分别为

$$P_x(t) = P\cos\theta t = m'\theta^2 e\cos\theta t$$

$$P_y(t) = P\sin\theta t = m'\theta^2 e\sin\theta t$$

上式表明离心力的水平分力和竖直分力都是按简谐规律变化的简谐性周期荷载，通常称为振动荷载。

2. 冲击荷载

这类荷载作用于结构的时间很短，对结构的作用主要取决于它的冲量。如锻锤对机器的碰撞即属于这种荷载。由爆炸产生的冲击压力（图 12-2），若作用的时间小于或略大于结构的自振周期时也可看做冲击荷载。

3. 脉动风压

实测资料表明，在一次大风过程中，当风力最强时，结构某一高度处的风压围绕其平均值变化（图 12-3 中 Q_1 表示风压的平均值）。因此可以将它分解为稳定风压和脉动风压。稳定风压对一般结构的作用可看作是静力荷载；而脉动风压则不同，对高耸柔性的结构来说，其动力作用可以是相当大的，应看做动力荷载。

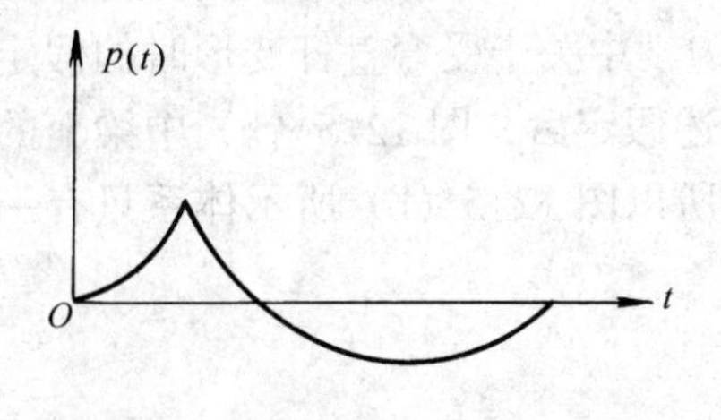

图 12-2　冲击荷载—时间曲线

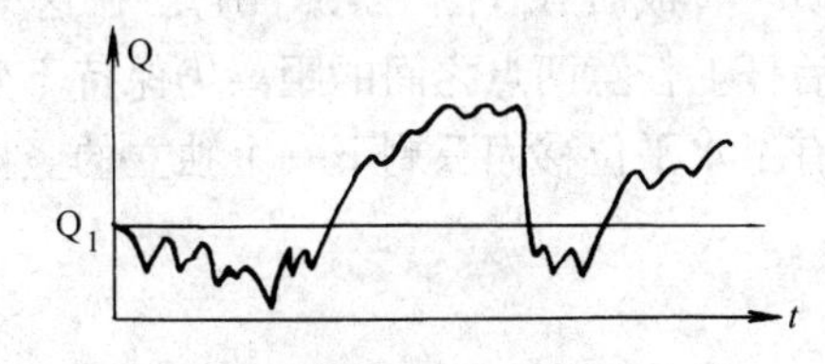

图 12-3　风压—时间曲线

4. 地震荷载

地震时由于建筑物基础的运动而引起结构的振动，由此而产生的惯性力即为地震荷载。

从荷载是否具有随机性的角度看，动力荷载又可分为确定性荷载与非确定性荷载两大类。确定性动力荷载的变化规律是完全可以确知的，无论这种变化是周期或非周期的，是简单还是复杂的，它们都可用确定性函数来描述。上述简谐性周期荷载和冲击荷载都属于此类。这类荷载也称为非随机荷载，而非确定性荷载则常称为随机荷载。非确定性荷载随时间的变化规律预先不能确定，而是一种随机过程。它虽然不能表示为时间的确定性函数，但受统计性规律的制约，需要用概率和数理统计的知识来加以分析，得出某些共同的规律，并以此作为设计结构的依据。上述地震荷载和脉动风压都是重要的随机荷载。

本章主要研究振动荷载下结构的动力计算问题。需要指出的是，一种荷载是否作为动力荷载并不是一成不变的，它与结构本身的动力特性有关。上面谈到，脉动风压对高耸柔性结构的动力作用显著地高于对一般结构的作用。某种荷载对一些结构可以看做静力荷载，而对另一些结构则需看做动力荷载。一般说来，当振动荷载的周期为结构的自振周期 5 倍以上时，动力作用较小，这时可以将它看做静力荷载以简化计算。

三、体系的自由度

前面已经指出，动力问题的特点是需要考虑质点的惯性力。所以在选取动力计算的计算简图时，必须确定质量的分布情况并分析质点的位移行态。在动力计算中，总是以质点的位移作为基本未知量。所以，结构上全部质点有几个独立的位移，就有几个独立的未知量。

在结构运动时，确定全部质点于某一时刻的位置所需要的独立几何参变量的数目，称为体系的自由度，而这些独立的几何参变量则称为体系的几何坐标。在进行结构动力计算时，首先就要确定体系的自由度和选择适当的几何坐标。

实际上，一切结构都具有分布质量，例如图 12-4（a）示一简支梁，单位长度的质量为 $\overline{m}$。若将梁分为无限多个微段 $\mathrm{d}x$（图 12-4（b）），则每一微段的质量为 $\overline{m}\mathrm{d}x$，梁即有无限多个质量为 $\overline{m}\mathrm{d}x$ 的质点，而要完全确定这些质点的位置，就需要无限多个几何坐标。所以具有分布质量的体系就有无限多个自由度。但在一定条件下，我们可以略去次要因素而将问题简化。例如，若梁上有一较大的质块*（图 12-5（a）），其质量为 m，我们可以略去梁的分布质量（或将梁的一部分质量集中到质块所在位置），而将梁简化为具有一个质块的体系。把分布的质量集中使之成为有限个质块或质点的方法叫做集中质量法。对于一个作平面运动的质块，一般需要用两个线位移和一个角位移（共 3 个位移分量）来表示它的位置。相应地，在动力问题中，除去质块的惯性力外，还要考虑质块的惯性力矩。但在建筑结构的振动中，通常惯性力对结构的动内力和动位移的影响是主要的，因此，为了简化计算，可以略去惯性力矩的作用。因而也就不必以质块的角位移作为基本未知量，这样就相当于把质块看成质点（图 12-5（b））。在这里仍利用静力学中关于受弯直杆变形时的假定，即变形后杆上任意两点之间的距离仍保持不变。考虑上述假定后，图 12-5（b）中梁上的质点便没有了水平位移而只剩下一个独立的竖向位移 y，所以图 12-5（b）所示体系只有一个自由度。

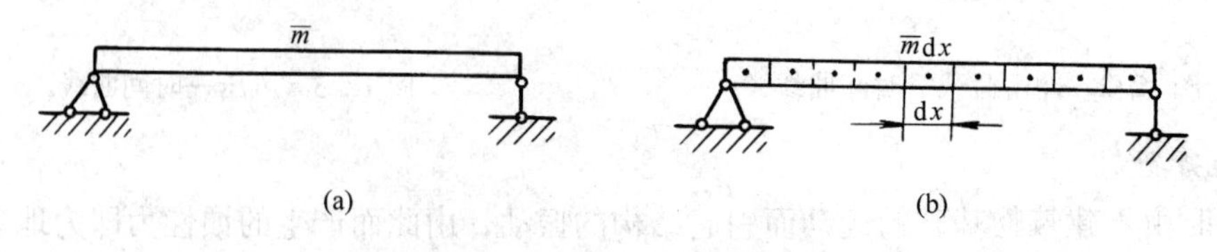

图 12-4 无限自由度体系举例

* 质块指具有一定形状和尺寸的质点的集合体。

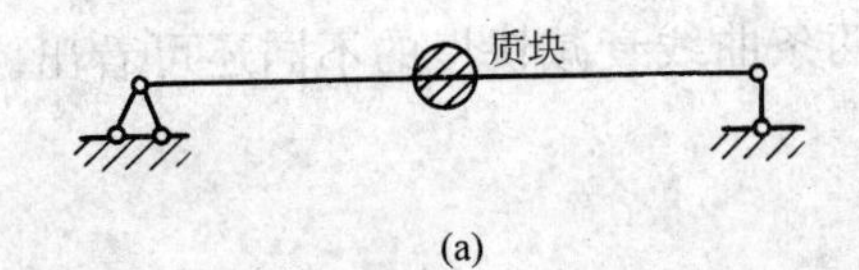

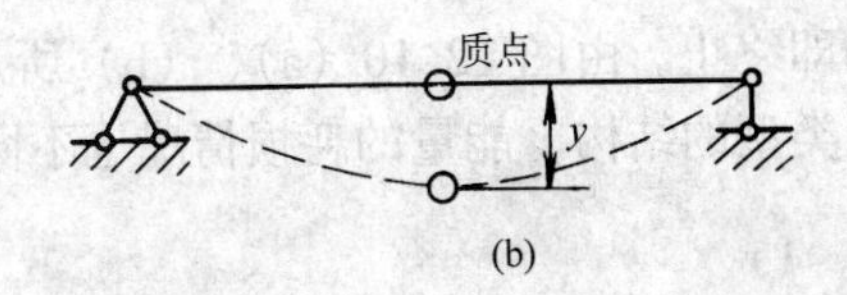

图 12-5　质块自由度的简化举例

对于多层刚架，常把梁、柱和楼板的质量都集中于节点上。如图 12-6（a）示一两层刚架，把各个梁、柱全长范围内总质量的一半分别集中于其两端节点上，即得如图 12-6（b）所示的计算简图，这样简化后体系有 4 个质点。此外若忽略梁、柱的轴向变形，则它们只能有水平位移，且 $y_1 = y_2$、$y_3 = y_4$，即体系只有两个自由度。

图 12-6　多层刚架自由度简化分析

对于图 12-7 所示门式刚架，其上只有一个质点。但在刚架振动时，质点既有水平位移，也有竖向位移。这两个位移之间并不能在计算之前就肯定有什么固定关系存在。所以体系有两个几何坐标，自由度为 2。

图 12-8 所示为一尖顶刚架，根据前面的分析方法，该体系有 2 个自由度。

图 12-9 所示为 $EI = \infty$ 的刚性杆，虽然在杆上有 2 个质点，但独立的几何坐标只有一个，该体系有一个自由度。

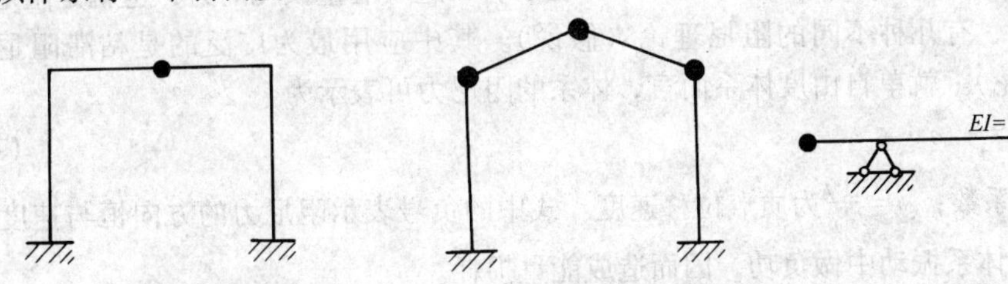

图 12-7　确定体系自由度例　　图 12-8　确定体系自由度例　　图 12-9　确定体系自由度例

由以上几个例子可以看出：确定体系的自由度，与体系是否为静定或超静定并无关系，而且自由度的数目也不一定是质点的数目，既可以比它多，也可以比它少。

将实际结构简化成有限自由度体系的方法很多，如上面介绍的集中质量法，便是其中之一，这种做法比较简单而且物理意义明确，最为常用。

四、体系振动的衰减现象——阻尼力

与静力问题比较，在分析某些动力问题时，除了必须考虑质点的惯性力以外，还需考虑表现体系的另一种重要动力特性的力——阻尼力。图 12-10（a）、（b）分别表示一钢结构模型和一钢筋混凝土楼板在自由振动实验中所得位移（y）－时间（t）曲线的大致形状。实验曲线表明，结构在自由振动时的振幅随时间逐渐减小，直至最后振幅为零时，振动即停止。这种现象称为自由振动的衰减。

因为在振幅位置结构的变形速度为零，故振幅位置的变形势能即代表体系的全部机械能。振幅随时间减小这一现象就表明在振动过程中要产生能量的损耗。当初始能量完全耗尽时，振动即终止。由图 12-10（a）、（b）所示两条曲线衰减快慢的不同还可看出，不同材料、不同类型的结构，能量的耗损情况也不同。

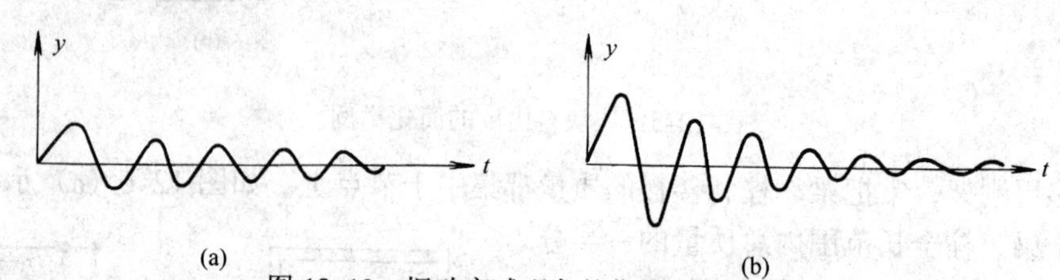

图 12-10　振动衰减现象的位移－时间曲线

引起能量损耗的原因，主要有以下几种：

（1）结构材料的内摩擦阻力；

（2）周围介质对振动的阻力；

（3）支座、节点等构件联结处的摩擦力；

（4）地基土等的内摩擦阻力；

（5）建筑物基础振动引起土体振动，振波在土体中的传播使能量扩散。

我们将以上这些使能量耗散的因素，统称为阻尼。阻尼是结构的一个重要的动力特性。关于阻尼因素的本质，目前研究得还很不够；另外，对一个结构来说，往往同时存在几种不同性质的阻尼因素，这就使数学表达更加困难，因而不得不采用简化的阻尼模型。因为在分析动力问题时，常常要先建立体系的运动方程，为了能反映振动过程中的能量损耗，在建立运动方程时，除了动力荷载、惯性力等以外，还须引入造成能量损耗的力，也就是阻尼力。

关于阻尼力，有几种不同的阻尼理论（假说）。其中应用最为广泛的是粘滞阻尼理论（也称伏伊特理论）。就单自由度体系而言，体系的阻尼力可表示为

$$D(t) = -c \cdot \dot{y} \tag{12-1}$$

式中：c 为阻尼系数；$\dot{y} = \frac{\mathrm{d}y}{\mathrm{d}t}$为质点位移速度。式中的负号表示阻尼力的方向恒与速度 $\dot{y}$ 的方向相反，它在体系振动中做负功，因而造成能量损耗。

思　考　题

（1）动力学中体系的自由度与几何组成分析中体系的自由度的概念有何区别？动力学中体系的自由度如何确定？为什么要以质点处的独立位移数目作为自由度？

（2）质块与质点有何不同？

（3）图 12-6 所示的两层刚架，如考虑梁、柱的轴向变形，该结构上 4 个质点共有多少个自由度？

12.2　单自由度体系的运动方程

图 12-11（a）为一水塔结构，其顶部水柜质量远大于支承部分的质量，因此可略去支架的质量，仅认为在其顶端有一只能作水平运动的质点。当水塔结构在平面内运动时，可简化为一单自由度体系。对单自由度体系的振动可用图12-11（b)所示的弹簧－质块模型来比拟。质块受到两光滑侧面的约束，只能水平移动，若弹簧的质量忽略不计，此模型便只有一

个自由度。取质块质量为水柜质量 m，以弹簧代表支架对水柜水平运动的约束作用。设使弹簧伸长一单位长度所需施加的力（弹簧的刚度系数）为k_{11}，对图12-11（a)所示结构而言即支架顶端发生单位位移所需之力，如图12-11（c)所示。

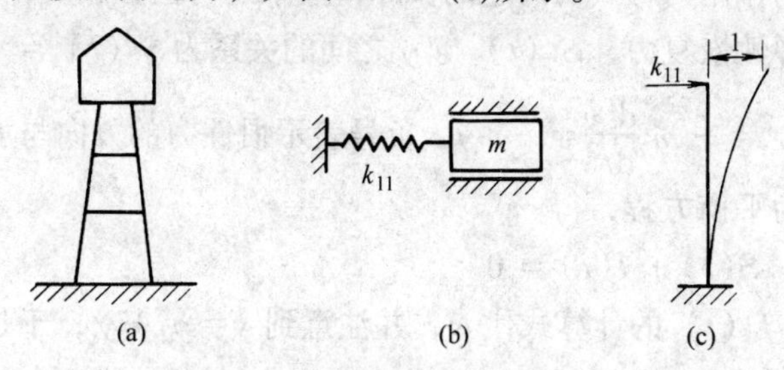

图 12-11　水塔水平运动计算模型

图12-12（a)为一简支梁，在跨中安装一有旋转部件的机器，其质量为 m。若机器质量较大，忽略梁的自重后该体系可简化为一单自由度体系，同样可用弹簧－质块模型来比拟，如图12-12（b)所示，其中弹簧刚度系数k_{11}即梁在质点处发生单位位移所需之力（图 12-12（c)）。

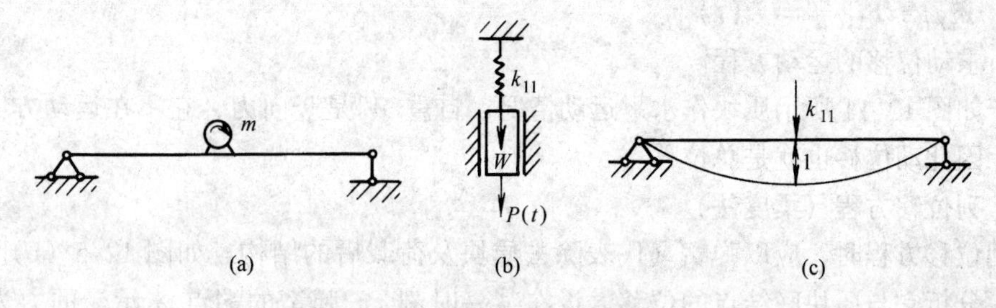

图 12-12　梁竖向振动计算模型

现在我们来建立单自由度体系在振动荷载 P（t）作用下的运动方程。为简明起见，本节建立方程时暂不考虑阻尼的影响。建立运动方程有两种基本做法，现分别说明如下。

一、列动力平衡方程（刚度法）

取图 12-13（a）中的质块为隔离体，如图 12-13（b）所示。设质块在某一时刻 t 的总位移为y，内中包括质块质量所产生的静位移 y_s 和动位移y_d，即 $y=y_s+y_d$。作用于质块上的力（各力皆以指向 y 的正方向为正）有以下几种。

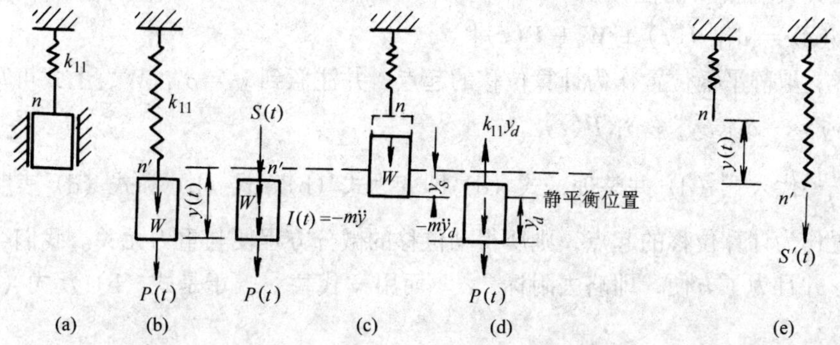

图 12-13　单自由度体系运动分析

(1) 重力 W。

(2) 振动荷载 $P(t)$。

(3) 弹簧对质块的作用力 $S(t)$。它的实际指向永远与位移相反，具有使质块返回原处的作用，故又常称为弹性恢复力，$S(t)$ 与 y 之间的关系为 $S(t)=-k_{11}\cdot y$。

(4) 惯性力 $I(t)=-m\dfrac{d^2y}{dt^2}=-m\ddot{y}$，负号表示惯性力的方向与加速度的方向相反。

由以上各力列动力平衡方程，得

$$W+P(t)+S(t)+I(t)=0$$

将以上所得 $S(t)$ 与 $I(t)$ 的计算式代入，并注意到 $y=y_d+y_s$，于是有

$$m(\ddot{y}_d+\ddot{y}_s)+k_{11}(y_d+y_s)=W+P(t) \tag{a}$$

由于质块重量的静位移 y_s 与重力 W 的关系为

$$k_{11}y_s=W$$

此外，由于 y_s 不随时间改变，而有 $\ddot{y}_s=0$。因此在质块上可以只画出图 12-13 (d) 所示的力，而上式即可改为

$$m\ddot{y}_d+k_{11}y_d=P(t) \tag{b}$$

这就是所求动位移的运动方程。

对于如图 12-11 所示质块作水平运动情况，自重 W 是竖向力，它不在运动方向上产生静位移，因此动位移也就是总位移。

二、列位移方程（柔度法）

在列位移方程时，应以弹簧（代表除去质块及荷载后的结构，如图 12-5 (b) 中的梁）为对象，分析它与质块联结点的位移。设在某一时刻 t，弹簧的端点 n 承受的力为 $S'(t)$（图 12-13 (e)），它使 n 点产生位移 $y(t)$。

按作用力与反作用力的关系，有 $S'(t)=-S(t)$；再根据上述的动力平衡方程可得

$$S'(t)=-S(t)=I(t)+W+P(t) \tag{c}$$

这一关系式表明，可以用 $I(t)+W+P(t)$ 代替 $S'(t)$，而弹簧的实际变形和内力即看做是由 $I(t)+W+P(t)$ 所引起。这样，可以不必将质块从体系中分离出来，而将质块的惯性力作用于质块处，连同所给荷载都看做弹簧（结构）上的外力，即可按静力问题进行计算。这时弹簧端点 n 的位移为

$$y(t)=\delta_{11}[I(t)+W+P(t)]$$

同上面一样，取静平衡位置作为计算位移的起点，并注意到 $y_s=\delta_{11}\cdot W$，上式可写为

$$y_d=-\delta_{11}m\ddot{y}_d+\delta_{11}P(t) \tag{d}$$

若将 $\delta_{11}=\dfrac{1}{k_{11}}$ 代入式 (d) 并整理，式 (d) 即变为式 (b)。式 (b) 和式 (d) 表明，如果取静平衡位置作为计算位移的起点，则所得动位移的微分方程便与重力无关。我们今后即采取这种做法。并且为了方便，即略去附标“d”而用 y 代替 y_d，于是式 (b) 及式 (d) 可分别改写为

$$m\ddot{y}+k_{11}y=P(t) \tag{12-2a}$$

$$y=-\delta_{11}m\ddot{y}+\delta_{11}P(t) \tag{12-2b}$$

思 考 题

(1) 作结构动力计算时，为什么首先建立体系的运动微分方程？

(2) 图示各个体系建立运动微分方程时用哪个方法更为方便？

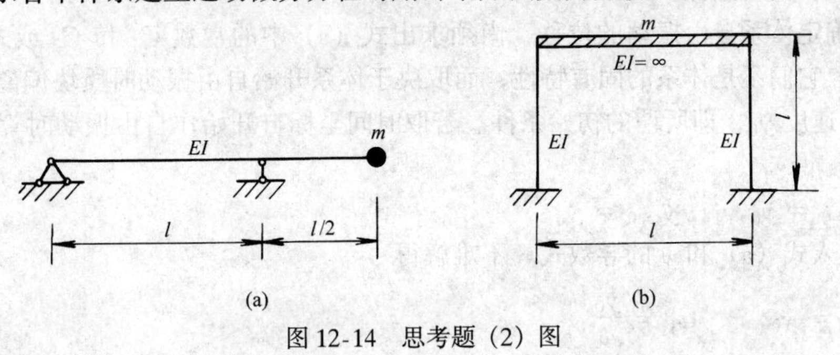

图 12-14 思考题（2）图

12.3 单自由度体系的自由振动

一、无阻尼自由振动

在式（12-2a）中如动力荷载 $P(t)=0$，即得自由振动的运动方程

$$m\ddot{y}+k_{11}y=0 \tag{12-3}$$

由结构静力学的知识可知，k_{11}为正，取 $k_{11}/m=\omega^2$，则式（12-3）可写为

$$\ddot{y}+\omega^2 y=0 \tag{12-4}$$

这是个常系数齐次线性微分方程，它的通解为

$$y=C_1\sin\omega t+C_2\cos\omega t \tag{a}$$

或 $$y=C\sin(\omega t+\varphi) \tag{b}$$

其中 $$C=\sqrt{C_1^2+C_2^2},\quad \tan\varphi=C_2/C_1 \tag{c}$$

式中：C_1 和 C_2 或 C 和 φ 是积分常数。

由式（b）不难看出，图 12-13（a）中的质块将在其静平衡位置上下往复作简谐振动，其中

C：振动时最大的位移，为振幅；φ：初相角，与质点初始状态有关的角度；ω：圆频率。即

$$\omega^2=\frac{k_{11}}{m}=\frac{1}{m\delta_{11}}$$

$$\omega=\sqrt{\frac{k_{11}}{m}}=\sqrt{\frac{1}{m\delta_{11}}}=\sqrt{\frac{g}{W\delta_{11}}} \tag{12-5}$$

式中：$W=mg$ 为质块的重量。

从式（b）可以看出，如果给时间 t 一个增量 $T=\frac{2\pi}{\omega}$，y 和 $\dot{y}$ 的数值不变，这就说明每经过一段时间 T，质块又回到原来的运动状态，故把 T 称为周期，单位为秒（s），即振动一次所需的时间。周期的倒数 $f=1/T$ 表示单位时间内振动的次数，称为工程频率，其单位为1/秒（1/s），也常称为赫兹（Hz）。而 $\omega=\frac{2\pi}{T}$为 2π 个单位时间内振动的次数，称为圆频

率。在结构动力学中通常将圆频率简称为频率，自由振动的圆频率即称为自振频率。由式(12-5) 可以看出，自振频率只决定于体系的质量和刚度而与外界激发自由振动的因素无关。它是体系本身所固有的属性，所以也常将自振频率称为固有频率。刚度愈大或质量愈小，则自振频率愈高，反之愈低。

要完全确定体系自由振动的位移，尚须求出式 (a) 中的常数 C_1 和 C_2 或式 (b) 中的常数 C 和 φ。它们不是体系的固有特性，而取决于体系开始自由振动时质块偏离静平衡位置的位移 y_0 和速度 $\dot{y}_0$，即所谓的初始条件。若取时间坐标自开始作自由振动时算起，则初始条件为

$$y_{t=0} = y_0, \qquad \dot{y}_{t=0} = \dot{y}_0$$

连同 $t=0$ 代入式 (a) 和 y 的导数式。不难解得

$$C_2 = y_0, \qquad C_1 = \frac{\dot{y}_0}{\omega}$$

由 C_1、C_2 可以进一步求出

$$C = \sqrt{y_0^2 + (\dot{y}_0/\omega)^2}, \qquad \varphi = \tan^{-1}\frac{y_0\omega}{\dot{y}_0}$$

分别代入式 (a) 和式 (b)，得

$$y = \frac{\dot{y}_0}{\omega}\sin\omega t + y_0\cos\omega t \tag{12-6a}$$

$$y = \sqrt{y_0^2 + (\dot{y}_0/\omega)^2}\sin(\omega t + \varphi), \qquad \varphi = \tan^{-1}\frac{y_0\omega}{\dot{y}_0} \tag{12-6b}$$

例 12-1 设有一简支梁，长度 $l=4$ m，跨中有一质量为 $m=100$ kg 的动力机械如图 12-15 (a) 所示。梁由 10 号工字钢做成，弹性模量 $E=205.8$ GPa，截面惯性矩 $I=245$ cm^4。求自振频率和周期 (忽略梁本身的分布质量)。

【解】

这是一个单自由度体系，根据 $\omega^2=\dfrac{1}{m\delta_{11}}$计算自振频率

$$\delta_{11} = \int_0^l \frac{\overline{M}_1\overline{M}_1}{EI}\mathrm{d}x = \frac{l^3}{48EI} = \frac{4^3}{48\times 205.8\times 10^9\times 245\times 10^{-8}} = 0.264\times 10^{-5}(\mathrm{m/N})$$

$$\omega = \sqrt{\frac{1}{m\delta_{11}}} = \sqrt{\frac{1}{100\times 0.264\times 10^{-5}}} = 61.5\ (1/\mathrm{s})$$

$$T = \frac{2\pi}{\omega} = \frac{2\times 3.14}{61.5} = 0.102\ (\mathrm{s})$$

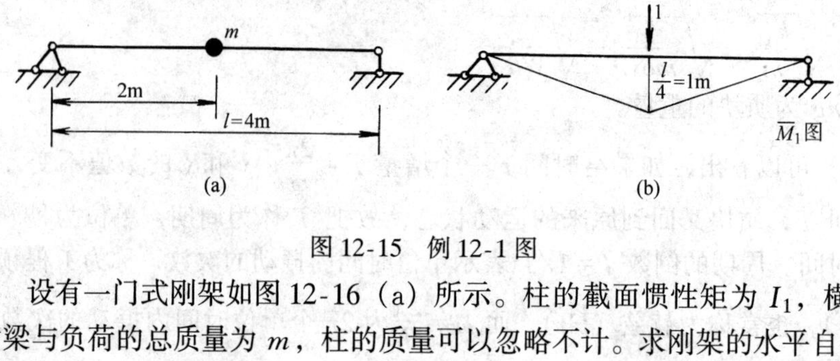

图 12-15 例 12-1 图

例 12-2 设有一门式刚架如图 12-16 (a) 所示。柱的截面惯性矩为 I_1，横梁弯曲刚度 $EI=\infty$；横梁与负荷的总质量为 m，柱的质量可以忽略不计。求刚架的水平自振频率。

【解】

这是一个单自由度体系。略去杆件的轴向变形，所以横梁上各质点的水平位移相等。

先求刚架的侧移刚度系数 k_{11}（k_{11}为使刚架横梁移动单位距离所需的力，参见图 12-16（b））。由表 7-1 查得此时柱端剪力为 $12EI_1/h^3$，以横梁为隔离体（图 12-16（c）），由平衡条件得

$$k_{11}=24EI_1/h^3$$

代入式（12-5）得

$$\omega=\sqrt{\frac{k_{11}}{m}}=\sqrt{\frac{24EI_1}{mh^3}}$$

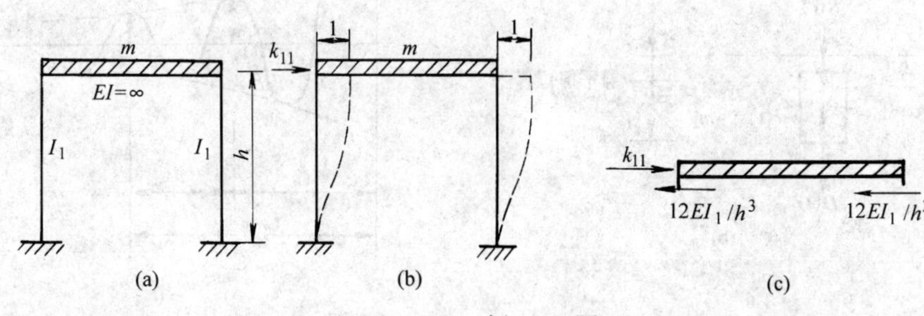

图 12-16　例 12-2 图

二、有阻尼的自由振动

为了体现阻尼的作用，在弹簧－质块模型上加入一个阻尼器，其阻尼系数为 c，如图 12-17（a）所示。

以质块为隔离体，（图 12-17（b）），其上除作用有重力 W、弹簧对质块的作用力 $S(t)$ 以及惯性力 $I(t)$ 外，还有阻尼力 $D(t)$，按照粘滞阻尼理论，由式（12-1）有

$$D(t)=-c\frac{\mathrm{d}y}{\mathrm{d}t}=-c\dot{y}$$

如以静平衡位置作为计算位移的起点，则动力平衡方程为

$$m\ddot{y}+c\dot{y}+k_{11}y=0 \tag{12-7}$$

应用粘滞阻尼理论使所得运动方程仍是线性的，这很有利于问题的求解，其他类型的阻尼力也可简化为等效粘滞阻尼力来分析。

式（12-7）为考虑阻尼时自由振动的基本方程。现引入符号

$$k=\frac{c}{2m} \tag{12-8}$$

上式可改写为

$$\ddot{y}+2k\dot{y}+\omega^2y=0 \tag{12-9}$$

这是一个常系数齐次线性微分方程，其特征方程

$$r^2+2kr+\omega^2=0$$

有两个根

$$r_{1,2}=-k\pm\sqrt{k^2-\omega^2}$$

由此可知，式(12-9)的解与 k 和 ω 的大小有关。下面分三种情况讨论。

1. $k<\omega$　即小阻尼的情况

此时，特征根r_1、r_2是两个复数。式(12-9)的通解可写为

$$y = e^{-kt}(C_1\cos\omega' t + C_2\sin\omega' t) \tag{d}$$

或

$$y = Ce^{-kt}\sin(\omega' t + \varphi) \tag{e}$$

式中

$$\omega' = \sqrt{\omega^2 - k^2} \tag{12-10}$$

C、φ 是积分常数。式(e)代表衰减性的振动。它虽不是周期运动，但可看出，质块相邻两次通过静平衡位置的时间间隔是相等的，此时间间隔 $T' = \frac{2\pi}{\omega'}$ 习惯上也称为周期，ω' 也就是有阻尼自由振动的圆频率。有阻尼自由振动的位移－时间曲线如图(12-18)所示。

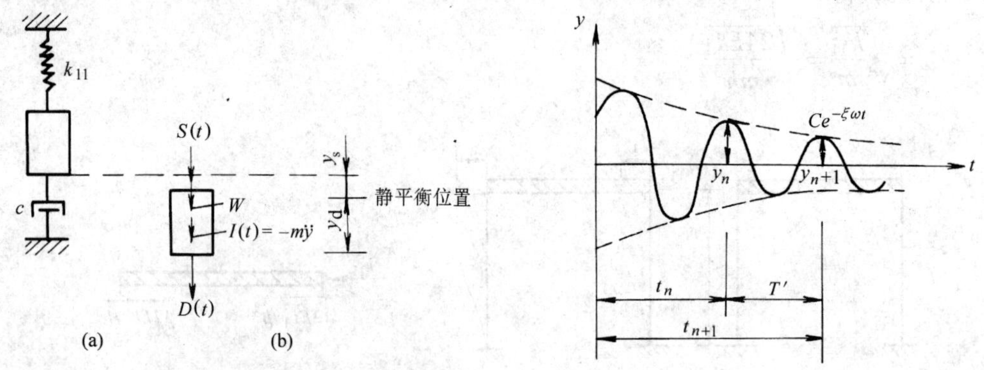

图 12-17　有阻尼单自由度体系自由振动分析　　图 12-18　有阻尼自由振动的位移－时间曲线

2. $k > \omega$　即大阻尼的情况

此时特征根 r_1、r_2 是两个负实数，式（12-9）的通解为

$$y = e^{-kt}(G_1\text{sh}\sqrt{k^2 - \omega^2}t + G_2\text{ch}\sqrt{k^2 - \omega^2}t) \tag{f}$$

上式不含有简谐振动的因子，所以由于大阻尼的作用，受干扰后偏离平衡位置的体系不会产生振动。所积蓄起来的初始能量在恢复平衡位置的过程中全部消耗于克服阻尼，不足以引起体系的振动。

3. $k = \omega$　即临界阻尼的情况

由上面两种情况可以看出，当阻尼系数由小逐渐增大时，体系的运动就从振动形式过渡到非振动形式，而其过渡的临界条件则是上述特征根 r 表达式中根号的数值为零。这时阻尼参数的数值为

$$k = \omega$$

而

$$c = 2m\omega = c_c \tag{12-11}$$

c_c 称为临界的阻尼系数，它代表使运动成为非振动性的相应阻尼系数的最小值。

在这种情况下，特征方程的根是一对重根

$$r_{1,2} = -k$$

方程（12-9）的通解具有如下形式

$$y = (G_1 + G_2 t)\cdot e^{-\omega t} \tag{g}$$

上式也表明体系不再具有在静平衡位置上下振动的性质。

对于建筑结构来说，k 的数值总是比 ω 小得多，给予初位移或初速度后结构将产生如上所述的衰减性振动。下面我们对这种情况再予以补充说明。

在实际问题中，常常不是直接应用阻尼系数 c，而是用阻尼比 ζ 作为阻尼的基本参数。

阻尼比 ζ 为实际的阻尼系数 c 与临界阻尼系数 c_c 的比值，即

$$\zeta=\frac{c}{c_c}=\frac{c}{2m\omega} \tag{12-12}$$

我们以 $c=2m\omega\zeta$ 代替式（12-8）中的 c 后，得

$$k=\zeta\omega$$

这样式（d）可改写为

$$y=e^{-\zeta\omega t}(C_1\cos\omega' t+C_2\sin\omega' t) \tag{12-13}$$

式中 $\omega'=\sqrt{1-\zeta^2}\omega$ （12-14）

或 $y=Ce^{-\zeta\omega t}\sin(\omega' t+\varphi)$ （12-15）

（12-13）中的积分常数 C_1、C_2 或（12-15）式中的积分常数 C、φ 可由初始条件确定。设 $t=0$ 时，$y=y_0$、$\dot{y}=\dot{y}_0$，这样由式（12-13）和 y 的导数式解得

$$C_1=y_0 \qquad C_2=\frac{\dot{y}_0+\zeta\omega y_0}{\omega'}$$

故 $y=e^{-\zeta\omega t}\left(y_0\cos\omega' t+\dfrac{\dot{y}_0+\zeta\omega y_0}{\omega'}\sin\omega' t\right)$ （12-16）

而 $C=\sqrt{y_0^2+\left(\dfrac{\dot{y}_0+\zeta\omega y_0}{\omega'}\right)^2},\quad \varphi=\tan^{-1}\dfrac{\omega' y_0}{\dot{y}_0+\zeta\omega y_0}$ （12-17）

对一般的建筑结构来说，ζ 的值很小，约在 0.01 到 0.1 之间，因此有阻尼频率 ω' 和无阻尼频率 ω 相差不大。在实际计算中，可近似地取

$$\omega=\omega'$$

ζ 值与位移－时间曲线中前后两相邻振幅的比值密切相关，设在时刻 t_n，位移达到振幅值 y_n（图 12-18）时，可取为

$$y_n=Ce^{-\zeta\omega t_n}\text{*}$$

经过一个周期 $T'=\dfrac{2\pi}{\omega'}$ 之后的振幅为

$$y_{n+1}=Ce^{-\zeta\omega(t_n+T')}$$

因此 $\ln\dfrac{y_n}{y_{n+1}}=\zeta\omega T'=\zeta\omega\dfrac{2\pi}{\omega'}\approx 2\pi\zeta$

故 $\zeta\approx\dfrac{1}{2\pi}\ln\dfrac{y_n}{y_{n+1}}=\dfrac{1}{2\pi}\delta$ （12-18）

式中：$\delta=\ln\dfrac{y_n}{y_{n+1}}$，称为振幅的对数递减量。利用上式即可根据实测所得的位移－时间曲线中的两个相邻振幅来计算阻尼比 ζ。

例 12-3 图 12-19 为一门架的计算简图。使门架作自由振动，设 $t=0$ 时，初位移 $y_0=0.5$ cm，初速度 $\dot{y}_0=0$ 且测得 $T'=1.5$ s。在一周期后，横梁摆回的侧移 $y_1=0.4$ cm。试计算门架的阻尼系数及振动 5 周后的振幅。

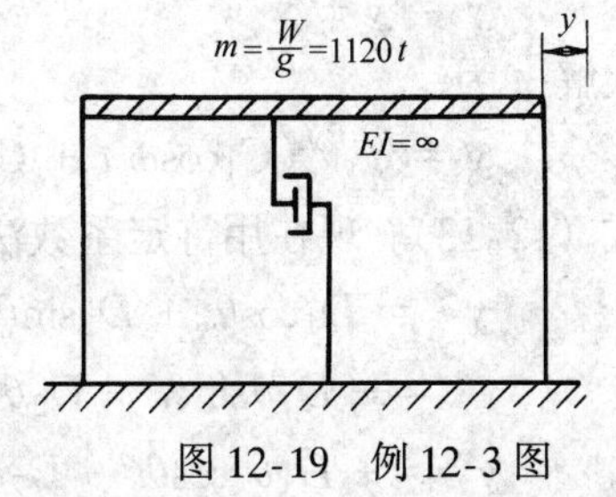

图 12-19 例 12-3 图

* 严格说来，振幅 y_n 并非 $Ce^{-\zeta\omega t_n}$，因 $y=Ce^{-\zeta\omega t}$ 是位移－时间曲线即式（12-15）的包线，包线与位移－时间曲线的切点的位移值是 $Ce^{-\zeta\omega t}$，切点位移值略小于振幅值。实际的振幅应该根据该点速度为零的条件来求，但两者相差不大。

【解】

对数递减量 $\delta=\ln\frac{y_0}{y_1}=\ln\frac{0.5}{0.4}=0.223$

由式（12-18）

$$\zeta\approx\frac{\delta}{2\pi}=\frac{0.223}{2\pi}=0.035\,5$$

因阻尼对周期影响很小，可近似取 $T=T'=1.50$ s，而 $\omega=\frac{2\pi}{1.50}$，于是阻尼系数为

$$\begin{aligned}c&=\zeta\cdot 2m\omega\\&=0.035\,5\times 2\times 1.12\times\frac{2\pi}{1.5}\times 10^6\\&=0.33\ (\mathrm{Mkg/s})\end{aligned}$$

求振动 5 周后的振幅 y_5，根据式（12-15）有

$$y_5/y_0=\mathrm{e}^{-\zeta\omega 5T'},\quad y_1/y_0=\mathrm{e}^{-\zeta\omega T'}$$

故 $$y_5=\left(\frac{y_1}{y_0}\right)^5\cdot y_0=\left(\frac{0.4}{0.5}\right)^5\times 0.5=0.164\ (\mathrm{cm})$$

思 考 题

（1）结构的自振频率与哪些因素有关？阻尼对结构自振频率有无影响？

（2）怎样测定体系振动过程中的阻尼比？

（3）列出有阻尼自由振动时质点振幅的变化规律。

12.4 单自由度体系在简谐荷载作用下的动力计算

本节讨论简谐荷载 $P(t)=P\sin\theta t$（或 $P(t)=P\cos\theta t$）作用下的动力计算问题。首先考虑有阻尼的情形，此时单自由度体系的运动方程为

$$m\ddot{y}+c\dot{y}+k_{11}y=P\sin\theta t$$

或 $$\ddot{y}+2\zeta\omega\dot{y}+\omega^2y=\frac{P}{m}\sin\theta t \tag{12-19}$$

其中 ζ 为阻尼比。上式的通解可以写成两部分

$$y=\bar{y}+y^*$$

齐次解 $\bar{y}$ 为

$$\bar{y}=\mathrm{e}^{-\zeta\omega t}(C_1\cos\omega't+C_2\sin\omega't)$$

即式（12-13）。现在用待定系数法求特解 y^*。设

$$\begin{aligned}y^*&=D_1\cos\theta t+D_2\sin\theta t\\\dot{y}^*&=-D_1\theta\sin\theta t+D_2\theta\cos\theta t\\\ddot{y}^*&=-D_1\theta^2\cos\theta t-D_2\theta^2\sin\theta t\end{aligned}$$

将它们代入方程（12-19），分别令等号两侧 $\cos\theta t$ 和 $\sin\theta t$ 的相应系数相等，整理后可得

$$(\omega^2-\theta^2)D_1+2\zeta\omega\theta D_2=0$$

$$-2\zeta\omega\theta D_1+(\omega^2-\theta^2)D_2=\frac{P}{m}$$

由以上二式可以解出

$$D_1 = -\frac{P}{m}\frac{2\zeta\omega\theta}{(\omega^2-\theta^2)^2+4(\zeta\omega)^2\theta^2}$$

$$D_2 = \frac{P}{m}\frac{\omega^2-\theta^2}{(\omega^2-\theta^2)^2+4(\zeta\omega)^2\theta^2}$$

若将特解 y^* 改写为

$$y^* = A\sin(\theta t-\varphi)$$

则

$$A = \sqrt{D_1^2+D_2^2} = \frac{P}{m\sqrt{(\omega^2-\theta^2)^2+4(\zeta\omega)^2\theta^2}} \tag{12-20}$$

$$\tan\varphi = \frac{2\xi\omega\theta}{\omega^2-\theta^2} \tag{12-21}$$

将以上特解 y^* 与齐次解 $\bar{y}$ 相加，即得式（12-19）的通解

$$y = e^{-\zeta\omega t}(C_1\cos\omega' t + C_2\sin\omega' t) + \frac{P}{m\sqrt{(\omega^2-\theta^2)^2+4\zeta^2\omega^2\theta^2}}\sin(\theta t-\varphi) \tag{a}$$

其中常数 C_1、C_2 由初始条件确定。

设两个初始条件为：$t=0$ 时，$y=y_0$、$\dot{y}=\dot{y}_0$，则通解可改写为

$$y = e^{-\zeta\omega t}y_0\cos\omega' t + e^{-\zeta\omega t}\left(\frac{\dot{y}_0}{\omega'}+\frac{\zeta\omega}{\omega'}y_0\right)\sin\omega' t + e^{-\zeta\omega t}\frac{P\sin\varphi}{m\sqrt{(\omega^2-\theta^2)^2+4\zeta^2\omega^2\theta^2}}\cos\omega' t$$

$$-e^{-\zeta\omega t}\frac{P\left(-\zeta\frac{\omega}{\omega'}\sin\varphi+\frac{\theta}{\omega'}\cos\varphi\right)}{m\sqrt{(\omega^2-\theta^2)^2+4\zeta^2\omega^2\theta^2}}\sin\omega' t + \frac{P}{m\sqrt{(\omega^2-\theta^2)^2+4\zeta^2\omega^2\theta^2}}\sin(\theta t-\varphi) \tag{b}$$

在式（b）中：第一、二项是由初始条件决定的自由振动，当 y_0、$\dot{y}_0$ 全为零时，这两项即不存在；第三、四项也是频率为 ω' 的自由振动，但与初始条件无关，是伴随干扰力的作用而产生的，称为伴生自由振动；这四项都含有因子 $e^{-\zeta\omega t}$，所以随着时间的增长，都将很快衰减；第五项是不随时间衰减而按干扰力的频率进行的振动，称为纯强迫振动。

现在我们分析自由振动部分消失后的稳态振动情况，即在式（b）中除去前四项，这样得

$$y = \frac{P}{m\sqrt{(\omega^2-\theta^2)^2+4\zeta^2\omega^2\theta^2}}\sin(\theta t-\varphi)$$

利用 $m\omega^2=1/\delta_{11}$ 和 $P\delta_{11}=A_S$（A_S 为由干扰力幅值所产生的静位移）的关系，上式可写为

$$y = \frac{A_s}{\sqrt{\left(1-\frac{\theta^2}{\omega^2}\right)^2+\frac{4\zeta^2\theta^2}{\omega^2}}}\sin(\theta t-\varphi) \tag{12-22}$$

以下就几个问题加以讨论。

1. 振幅

由式（12-22）可知，稳态振动时的振幅

$$A = A_s\frac{1}{\sqrt{\left(1-\frac{\theta^2}{\omega^2}\right)^2+\frac{4\zeta^2\theta^2}{\omega^2}}} = \mu_D A_s \tag{12-23}$$

式中

$$\mu_D = \frac{1}{\sqrt{\left(1-\frac{\theta^2}{\omega^2}\right)^2 + \frac{4\zeta^2\theta^2}{\omega^2}}} \tag{12-24}$$

为考虑阻尼时的放大系数，也常称之为动力系数。

由式（12-23）可以看出，振幅大小除与干扰力的幅值有关外，与动力系数 μ_D 也有密切关系。而由式（12-24）可知动力系数则由干扰力频率、结构的自振频率以及阻尼等所决定。图 12-20（a）中给出了 μ_D 与 θ/ω 的关系曲线。

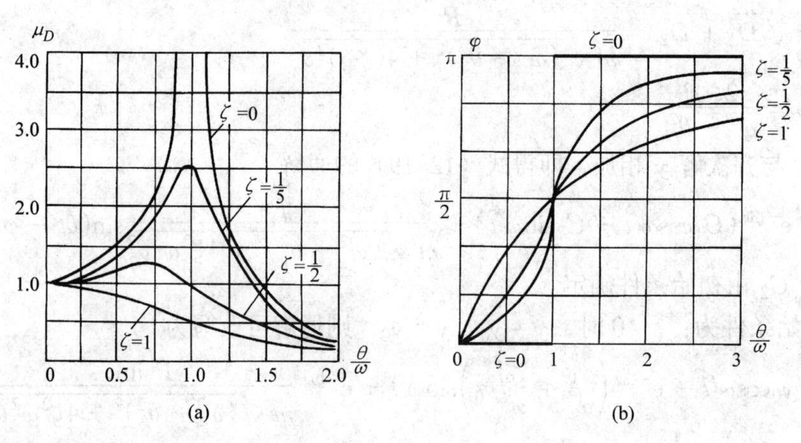

图 12-20　动力系数 μ_D、相位角 φ 与 $\frac{\theta}{\omega}$ 及 ζ 的关系

现在讨论 θ/ω 值不同的几种情况。

〈1〉 $\theta \ll \omega$

此时，$(\theta/\omega)^2$ 值接近于零，μ_D 值则略大于 1，相当于结构刚度极大，或者荷载随时间变化极为缓慢的情况。表明在荷载变化周期远大于结构的自振周期时，可将它当做静荷载处理。

〈2〉 $\theta \gg \omega$

此时，$(\theta/\omega)^2$ 远大于 1，而式（12-24）中根号内的第二项又远小于第一项，所以 μ_D 值很小并可认为与阻尼无关。当 θ 远大于 ω 以致 $\mu_D \approx 0$ 时，结构可看做处于静止状态。

〈3〉 $\theta \to \omega$

θ/ω 接近于1，即干扰力频率接近结构自振频率时，动力系数 μ_D 迅速增大。当 $\theta/\omega=1$ 时，由于存在阻尼。μ_D 虽然不能成为无限大，但仍有很大的值。这种状态称为共振。此时动力系数

$$\mu_D = \frac{1}{2\zeta} \tag{12-25}$$

式（12-25）和图 12-20（a）表明：在靠近共振点范围内，阻尼比 ζ 的数值对动力系数及振幅的大小有决定性的影响。通常将区间 $0.75<\theta/\omega<1.25$ 称为共振区。在共振区内，阻尼因素不能忽略，而且对 ζ 值应该力求精确，因为若 ζ 值有较小差异时，μ_D 值将会有明显的改变。在共振区外，为了简化，可以不考虑阻尼影响，这样做偏于安全。

2. 位移和振动荷载之间的相位关系

由式（12-21）可以看出，相位角 φ 是阻尼比 ζ 和比值 θ/ω 的函数，它们之间的关系如图12-20（b)所示。在不存在阻尼（$\zeta=0$）的理想情况下，若 $\omega>\theta$（$\theta/\omega<1$），则 $\varphi=0$。

这表示位移与荷载或同时达到最大值或同时为零，即二者同相位的。若 $\omega<\theta$（$\theta/\omega>1$），则 $\varphi=\pi$。这表示当荷载由零到最大值时，位移由零到最小值，即二者是反相位的。在考虑阻尼情况下，荷载与位移之间的相位差则永远不等于零。当 $\theta/\omega<1$ 时，$0<\varphi<\frac{\pi}{2}$；当 $\theta/\omega>1$ 时，$\frac{\pi}{2}<\varphi<\pi$；而当 $\theta/\omega=1$ 时，$\varphi=\frac{\pi}{2}$。也就是说只要有阻尼存在，则位移总是滞后于振动荷载。

3. 强迫振动时的能量转换

为了有助于进一步了解强迫振动的现象，我们有必要考虑一下强迫振动时的能量转换关系。

〈1〉振动荷载 $P\sin\theta t$ 在振动一周内所输入的能量 U_P

在时间段 $\mathrm{d}t$ 内，振动荷载所经过的位移为 $\mathrm{d}y=\frac{\mathrm{d}y}{\mathrm{d}t}\mathrm{d}t=\dot{y}\mathrm{d}t$，故振动荷载所做的功为

$$\mathrm{d}T_P = P\sin\theta t\cdot\mathrm{d}y = P\sin\theta t\cdot\dot{y}\mathrm{d}t$$

而振动荷载在振动一周内所做的功，在数值上即等于它所输入的能量，故

$$U_P = \int_0^{2\pi/\theta} P\sin\theta t\dot{y}\mathrm{d}t$$

将 $y=A\sin(\theta t-\varphi)$ 代入，得

$$U_P = \int_0^{2\pi/\theta} P\sin\theta t\cdot A\theta\cos(\theta t-\varphi)\mathrm{d}t$$

或

$$U_P = \pi AP\sin\varphi \tag{c}$$

〈2〉粘滞阻尼力 $-c\dot{y}$ 在振动一周内所消耗的能量 U_D

在时间段 $\mathrm{d}t$ 内，阻尼力所做的功为

$$\mathrm{d}T_D = -c\dot{y}\mathrm{d}y = -c(\dot{y})^2\mathrm{d}t$$

而阻尼力在振动一周内所消耗的能量，在数值上等于它在一周内做功的负值，即

$$U_D = -\int_0^{2\pi/\theta} -c(\dot{y})^2\mathrm{d}t = \int_0^{2\pi/\theta} cA^2\theta^2\cos^2(\theta t-\varphi)\mathrm{d}t$$

$$= \pi cA^2\theta \tag{d}$$

由式（c）可知，简谐荷载输入给体系的能量与荷载和位移两者的幅值成正比，并与相位差 φ 有关。由式（d）可知，按粘滞阻尼理论，在一周内所消耗的能量与阻尼系数、振动的频率及振幅的平方成正比。当体系存在有阻尼时，振动过程中总有能量损耗，为使振动不衰减，就必须经常补充以能量。因此，荷载与位移之间必须存在一定的相位差（$0<\varphi<\pi$）。否则，若 $\varphi=0$ 或 $\varphi=\pi$，此时 $\sin\varphi=0$，由式（c）可知 $U_P=0$，这就表明没有能量补充进来。当振动达到稳定状态时，输入的能量应等于消耗的能量，即 $U_P=U_D$。将式（c）和式（d）代入，则可得

$$A = \frac{P}{c\theta}\sin\varphi$$

由式（12-21）可得

$$\sin\varphi = \frac{2\zeta\omega\theta}{\sqrt{(\omega^2-\theta^2)^2+4\zeta^2\omega^2\theta^2}}$$

将它代入上式，并利用式（12-12）的关系，得

$$A=\frac{P}{m\sqrt{(\omega^2-\theta^2)^2+4\zeta^2\omega^2\theta^2}}$$

这与前面所得的式（12-23）是一致的。

4. 弹性动内力幅值的计算*

结构振动时，动位移随时间而改变，动内力也随时间改变。弹性动内力幅值可由下述方法进行计算。

〈1〉一般方法

以图 12-21（a）所示单自由度体系为例，振动荷载为 $P\sin\theta t$。为求出梁上某一截面的内力幅值，须首先确定何时产生这一幅值。由于结构的弹性内力与位移成正比，所以位移达到幅值时，内力即达到幅值。今设位移达到幅值的时刻为 t^*，将此时刻的振动荷载 $P\sin\theta t^*$ 和惯性力 $I(t^*)$ 一起加于梁上如图 12-21（b）所示，然后用一般静力学方法即可求得反力和内力的幅值。对某些结构来说，在解出动位移后，根据已有的内力－位移关系式，直接由动位移来确定动内力则比较方便。以图 12-22 所示门架结构为例，设在横梁处作用有水平振动荷载 $P\sin\theta t$，经计算得：在稳态阶段，横梁的位移幅值为 A。因已知柱端剪力 Q_{CA} 与横梁的侧移 Δ 的关系式为 $Q_{CA}=\frac{12EI_1}{h^3}\Delta$（参阅表 7-1），故不难求得与 A 值相应的 Q_{CA} 的幅值为 $\frac{12EI_1}{h^3}A$。

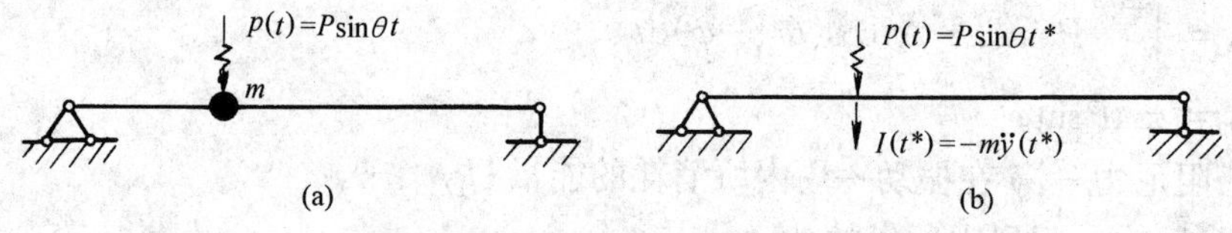

图 12-21 弹性动内力幅值计算（一）

〈2〉振动荷载与惯性力共线时的比例算法

图 12-23（a）为一单自由度体系，动力荷载与惯性力共线。由于弹性结构的位移与外力成正比，而位移的幅值是 A，单位力产生的位移是 δ_{11}，因此产生振幅 A 的外力 F 按比例即应是 $F=\frac{A}{\delta_{11}}=\frac{\mu_D P\delta_{11}}{\delta_{11}}=\mu_D P$。这就意味着，在位移达到幅值的时刻可用 $\mu_D P$ 代替惯性力与振动荷载的共同作用如图 12-23（b）所示。由此可知，将结构在 $P=1$ 作用下的内力图放大 $\mu_D P$ 倍就是结构的弹性动内力幅值图。注意到当位移达到幅值时，速度为零，故此时阻尼力为零，在计算中不必考虑阻尼力的作用。

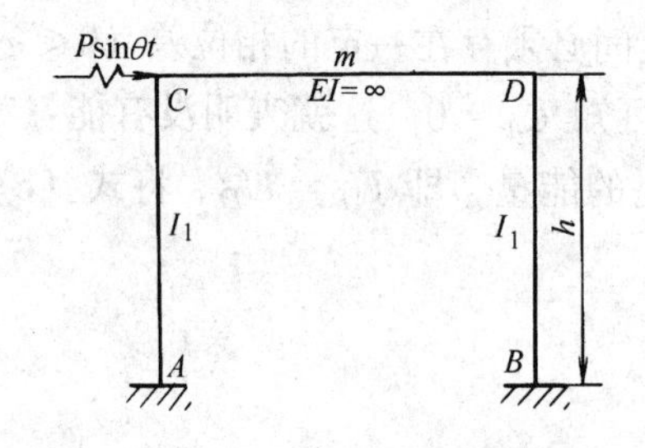

图 12-22 由动位移直接求动内力的例

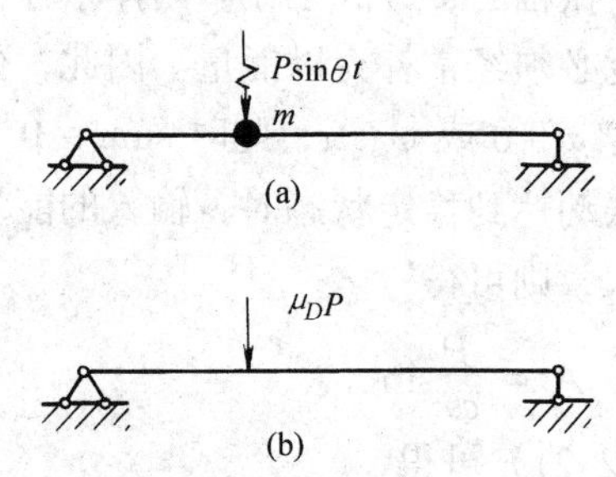

图 12-23 弹性动内力幅值计算（二）

---

* 弹性动内力指依赖于几何、物理关系，与动位移同相变化，由动位移所决定的内力。

5. 不考虑阻尼时的计算结果及实用意义

如前所述，当干扰力频率处于共振区以外时，为简化起见，可不考虑阻尼影响。在以上相应的各式中取 $\zeta=0$，得稳态阶段无阻尼强迫振动的解

$$y = A\sin\theta t = \mu A_s \sin\theta t \tag{12-26}$$

式中

$$\mu = \frac{1}{1-\dfrac{\theta^2}{\omega^2}} \tag{12-27}$$

为无阻尼时的动力系数，则振幅为

$$A = \mu A_s = \frac{P\delta_{11}}{\left(1-\dfrac{\theta^2}{\omega^2}\right)} \tag{12-28}$$

当 $\theta\to\omega$ 时，$A\to\infty$。

概括起来可以说，如果按照无阻尼情形进行动力计算，在共振区外所得振幅与实际出入不大。另外，当 $\theta\to\omega$ 时，所得振幅趋于无穷大的结果虽不符合实际，但却能表现出共振现象；而干扰力与动位移之间存在相位差则不能如实反映。

例 12-4　在例 12-1 中设动力机械旋转部分的质量 $m'=40$ kg，每分钟转数 $n=500$ r/min，质心偏心距 $e=0.4$ mm 求梁中点的振幅。

【解】

干扰力的频率 $\theta=2\pi\dfrac{n}{60}=2\pi\dfrac{500}{60}=52.3$ (1/s)。

离心力的幅值

$$P = m'\theta^2\cdot e = 40\times 52.3^2\times 0.000\,4 = 43.81\ (\text{N})$$

由例 12-1，有

$$\delta_{11} = 0.264\times 10^{-5}\ \text{m/N},\quad \omega = 61.5\ (1/\text{s})$$

将以上各值代入式 (12-28)，得

$$A = \frac{43.81\times 0.264\times 10^{-5}}{1-\dfrac{52.3^2}{61.5^2}} = 418\ (\mu\text{m})$$

所得结果为正，表示当干扰力向下达到幅值时，位移也向下达到幅值。

例 12-5　体系同例 12-4，但考虑阻尼影响，设阻尼比 $\zeta=0.05$，求梁中点振幅及弹性动弯矩的幅值。

【解】

将例 12-4 中 θ、ω、δ_{11}、P 各值代入式 (12-24) 及式 (12-23)，得动力系数

$$\mu_D = \frac{1}{\sqrt{\left(1-\dfrac{\theta^2}{\omega^2}\right)^2+\dfrac{4\zeta^2\theta^2}{\omega^2}}} = \frac{1}{\sqrt{\left(1-\dfrac{52.3^2}{61.5^2}\right)^2+\dfrac{4\times 0.05^2\times 52.3^2}{61.5^2}}} = 3.45$$

及振幅为

$$\begin{aligned} A &= \mu_D P\delta_{11} = 3.45\times 43.81\times 0.264\times 10^{-5} = 39.94\times 10^{-5}\ \text{m} \\ &= 399.4\ (\mu\text{m}) \end{aligned}$$

所得结果与不考虑阻尼的情形相差不大，原因在于 μ_D 式中的 $\left(1-\dfrac{\theta^2}{\omega^2}\right)^2$ 项比 $\dfrac{4\zeta^2\theta^2}{\omega^2}$ 项大得多。

由于自振频率的计算不可能没有误差，现设误差为±25%，故实际的 ω 将是

$$(1-0.25)\times 61.5\leqslant \omega \leqslant (1+0.25)\times 61.5$$

$$46.125\leqslant \omega \leqslant 76.875(1/\mathrm{s})$$

这样，自振频率 ω 即可能与干扰力频率 θ 相等而引起共振。为了保证安全，需考虑一下可能的共振情况。

在共振情况下，$\theta/\omega=1$，由式（12-25）得共振时的动力系数为

$$\mu_D=\frac{1}{2\zeta}=\frac{1}{2\times 0.05}=10$$

此时，梁中点振幅为

$$A=\mu_D P\delta_{11}=10\times 43.81\times 0.264\times 10^{-5}$$

$$=115.66\times 10^{-5}=1\,156.6\ (\mu\mathrm{m})$$

梁中点总位移为静位移与动位移之和。当振动向下达到振幅位置时，总位移最大，设以 $\Delta_{\max}$表示，则

$$\Delta_{\max}=W\delta_{11}+A$$

式中　W 为动力机械的静重。

$$W=mg=100\times 9.8=980\ \mathrm{N}$$

因此　$\Delta_{\max}=980\times 0.264\times 10^{-5}+115.66\times 10^{-5}$

$$=374.38\times 10^{-5}\ \mathrm{m}$$

$$=3.74\ (\mathrm{mm})$$

下面计算弹性动内力（弯矩）幅值。

首先用一般方法计算。为了由式（12-22）确定动位移达到幅值时即 $\sin(\theta t^*-\varphi)=1$ 的时刻 t^*，先由式（12-21）得出 φ 值

$$\tan\varphi=\frac{2\zeta\omega\theta}{\omega^2-\theta^2}=\frac{2\times 0.05\times 61.5\times 52.3}{61.5^2-52.3^2}=0.31$$

$$\varphi=\tan^{-1}0.31=0.30\ (\mathrm{rad})$$

当 $\sin(\theta t^*-\varphi)=1$ 时，$\theta t^*-\varphi=\frac{\pi}{2}$，将 φ 值代入即得

$$t^*=\frac{\frac{\pi}{2}+\varphi}{\theta}=\frac{\frac{\pi}{2}+0.30}{52.3}=0.035\,7\ (\mathrm{s})$$

然后求动位移达到幅值的惯性力 $I(t^*)$、及干扰力 $P\sin\theta t^*$，它们是

$$I(t^*)=-m\ddot{y}|_{t=t^*}=+m\theta^2\mu_D P\delta_{11}\cdot\sin(\theta t^*-\varphi)=m\theta^2\mu_D P\delta_{11}$$

$$=100\times 52.3^2\times 39.94\times 10^{-5}=109.2\ (\mathrm{N})$$

$$P(t^*)=P\sin\theta t^*=43.81\sin(52.3\times 0.035\,7)=41.9\ (\mathrm{N})$$

将 $I(t^*)$（即惯性力幅值）及动荷载 $P(t^*)$ 一起加于质点处，绘出动弯矩幅值图如图 12-24（a）所示。

本例振动荷载与惯性力共线故可用比例算法，用 $\mu_D P=3.45\times 43.81=151.1$（N）代替惯性力与振动荷载共同的作用，按这一方法求得的动弯矩幅值图如图 12-24（b）所示。图 12-24（c）为共振状态下 $\mu_D=10$，$\mu_D P=10\times 43.81=438.1$（N）作用下梁的动弯矩幅值图。由于机械静重引起的梁的弯矩图示于图 12-24（d）。将动力弯矩幅值图（图 12-24（c））

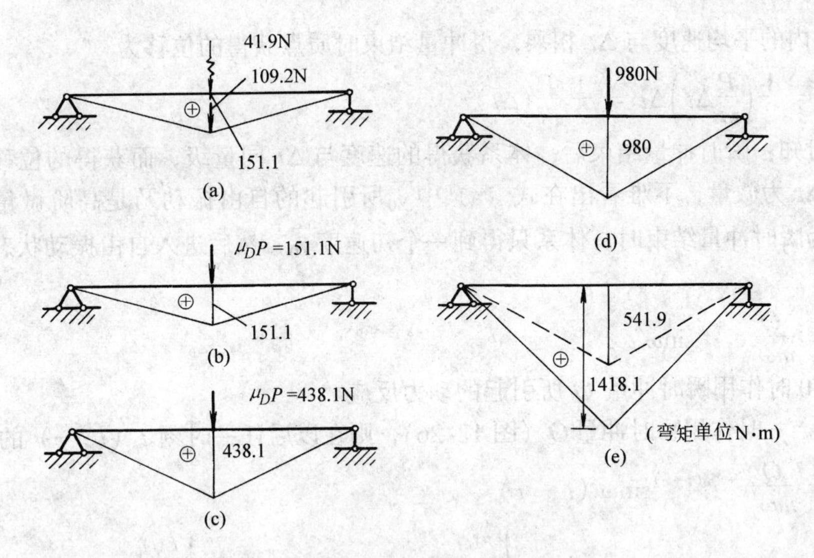

图 12-24 例 12-5 图

与静力弯矩图（图 12-24（d））叠加后，得最后弯矩幅值图（图 12-24（e））。实线及虚线图形分别和动位移向下和向上达到幅值两种情况相对应（在静力弯矩图中忽略了梁自重的影响）。

思 考 题

（1）计算在干扰力作用下体系的振幅时，在什么情况下阻尼的影响最大？

（2）在什么情况下可用 $\mu_D P$ 代替惯性力与振动荷载的作用来计算结构的弹性动内力的幅值？此时阻尼力等于多少？

（3）计算由旋转机械产生的动荷载幅值时所取的质量与计算机械本身给予结构的惯性力时所用的质量是否相同？

（4）对习题 12.2（c）图所示结构（振动荷载与质点不在一处）如何分析其动力反应？

12.5 单自由度体系在任意荷载作用下的动力计算

本节讨论在一般动荷载$P(t)$作用下体系动位移的计算方法。首先研究瞬时冲量的影响。瞬时冲量就是荷载$P(t)$只在极短的时间($\Delta t \to 0$)内作用所给予振动物体的冲量。如图12-25所示，设自$t=0$开始，有荷载 P 于 Δt 时间段内作用于单自由度体系的质点上，冲量为$Q=P\Delta t$。设体系在瞬时冲量作用前处于静止状态，瞬时冲量作用结束后，体系将作自由振动。设自由振动开始时（即瞬时冲量作用结束时）体系的初位移和初速度分别为$\overline{y_0}$和$\overline{\dot{y}_0}$，则按式(12-16)可得体系的动位移为

$$y = e^{-\zeta\omega t}\left(\overline{y_0}\cos\omega' t + \frac{\overline{\dot{y}_0} + \zeta\omega \overline{y_0}}{\omega'}\sin\omega' t\right) \tag{a}$$

质量为 m 的质点，由于冲量 $P\Delta t$ 所产生的速度$\overline{\dot{y}_0}$可用动量定理确定，根据此定理，有

$$Q = P\Delta t = m\overline{\dot{y}_0}$$

于是 $$\overline{\dot{y}_0} = \frac{Q}{m} = \frac{P\Delta t}{m}$$

取 Δt 时间段内的平均速度与 Δt 相乘，得冲量结束时质点获得的位移为

$$\overline{y_0} = \frac{1}{2}\left(\frac{P}{m}\Delta t\right)\Delta t = \frac{1}{2}\frac{P}{m}(\Delta t)^2$$

由以上分析可知：瞬时冲量结束后，体系获得的速度与 Δt 同量级，而获得的位移与 $(\Delta t)^2$ 同量级。因 Δt 为微量，不难看出在式（a）中 $\overline{y_0}$ 所引起的自由振动乃是高阶微量，可以略去。即可认为瞬时冲量结束时，体系只得到一个初速度 $\overline{\dot{y}_0}$，然后进入自由振动状态，这样由式（a）即得

$$y = \frac{Q}{m\omega'}\mathrm{e}^{-\zeta\omega t}\sin\omega' t$$

上式就是 $t=0$ 时作用瞬时冲量 Q 所引起的动力反应。

如果在 $t=\tau$ 时作用瞬时冲量 Q（图 12-26），则在以后任一时刻 t（$t>\tau$）的位移为

$$y = \frac{Q}{m\omega'}\mathrm{e}^{-\zeta\omega(t-\tau)}\sin\omega'(t-\tau) \tag{b}$$

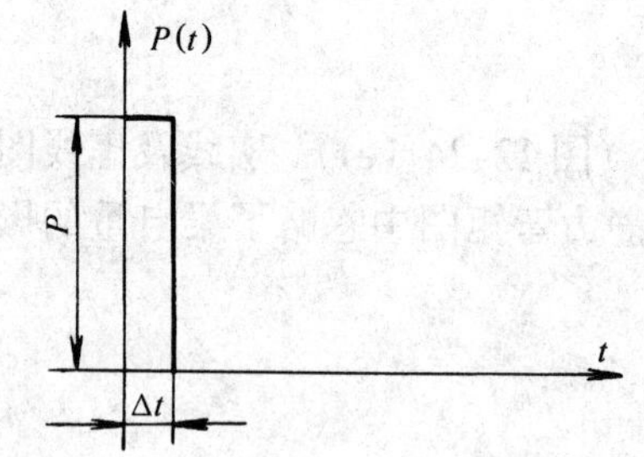

图 12-25　$t=0$ 时的瞬时冲量

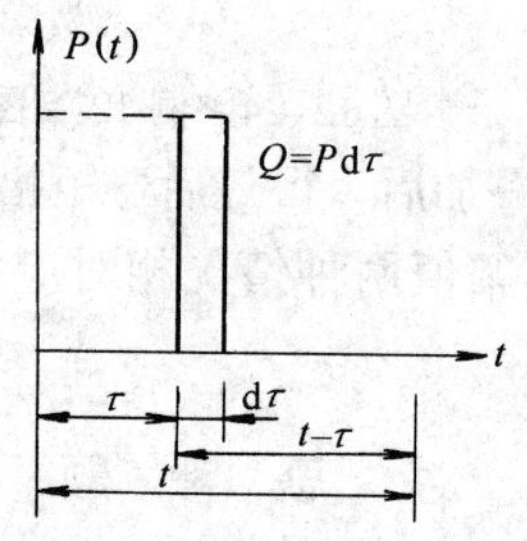

图 12-26　$t=\tau$ 时的瞬时冲量

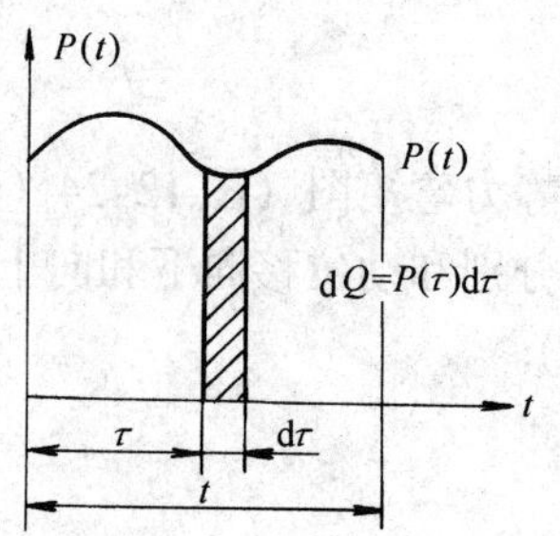

图 12-27　荷载作用的分解

现在讨论图 12-27 所示任意荷载 $P(t)$ 的动力反应。整个加载过程的荷载作用可看作由一系列瞬时冲量所组成。例如在时刻 $t=\tau$ 作用的荷载为 $P(\tau)$，此荷载在微分时段 $\mathrm{d}\tau$ 内产生的冲量为 $P(\tau)\mathrm{d}\tau$。根据式（b），此冲量元引起如下的动力反应：对于 $t>\tau$，则

$$\mathrm{d}y = \frac{P(\tau)\mathrm{d}\tau}{m\omega'}\mathrm{e}^{-\zeta\omega(t-\tau)}\sin\omega'(t-\tau) \tag{c}$$

然后将加载过程中产生的所有微分反应叠加起来，即对式（c）进行积分，可得出总反应

$$y(t) = \frac{1}{m\omega'}\int_0^t P(\tau)\mathrm{e}^{-\zeta\omega(t-\tau)}\sin\omega'(t-\tau)\mathrm{d}\tau \tag{12-29}$$

式（12-29）叫做杜哈米（Duhamel）积分；这就是 $t=0$ 时处于静止状态的单自由度体系在任意动荷载 $P(t)$ 作用下的位移公式。若不考虑阻尼，则有 $\zeta=0$，$\omega'=\omega$，于是

$$y(t) = \frac{1}{m\omega}\int_0^t P(\tau)\sin\omega(t-\tau)\mathrm{d}\tau \tag{12-30}$$

若在 $t=0$ 时，质点原来还具有初始位移 y_0 和初速度 $\dot{y}_0$，则质点位移应为

$$y(t) = \mathrm{e}^{-\zeta\omega t}\left(y_0\cos\omega' t + \frac{\dot{y}_0 + \zeta\omega y_0}{\omega'}\sin\omega' t\right) + \frac{1}{m\omega'}\int_0^t P(\tau)\mathrm{e}^{-\zeta\omega(t-\tau)}\sin\omega'(t-\tau)\mathrm{d}\tau \tag{12-31}$$

如不考虑阻尼则有

$$y(t) = y_0\cos\omega t + \frac{\dot{y}_0}{\omega}\sin\omega t + \frac{1}{m\omega}\int_0^t P(\tau)\sin\omega(t-\tau)\mathrm{d}\tau \tag{12-32}$$

按式（12-29）～式（12-32），只需把已知的干扰力 $P(\tau)$ 代入，进行积分运算，便可解算此种振动荷载作用下的受迫振动。如果荷载只能由时域划分点上离散的数据表达，这就需要借助数值积分求解。

例 12-6 设有一处于静止状态的单自由度体系。在 $t=0$ 时，突然承受荷载 $P(t)=P_0$ 作用。此后，这一荷载即一直停留在体系上。荷载－时间曲线如图 12-28（a）所示，其表达式为

$$P(t)=\begin{cases}0, 当\ t<0\\ P_0, 当\ t\geqslant 0\end{cases}$$

求体系的动位移。

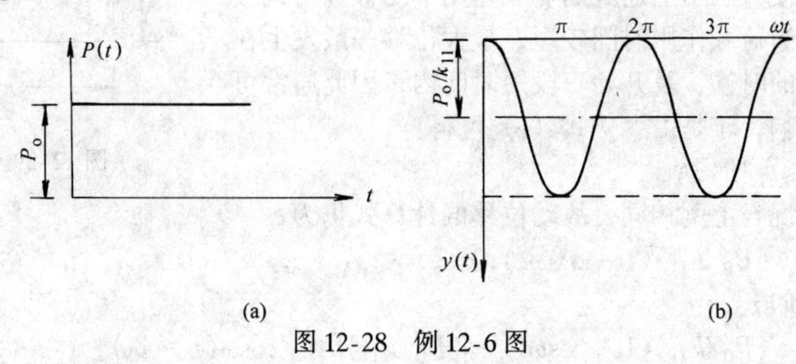

图 12-28 例 12-6 图

【解】

先考虑有阻尼的情形。因初始条件为零，将 $P(\tau)=P_0$ 代入式（12-29），得

$$y(t)=\frac{P_0}{m\omega'}\int_0^t e^{-\zeta\omega(t-\tau)}\sin\omega'(t-\tau)d\tau \tag{a}$$

作变量置换，令 $t'=t-\tau$，因而 $d\tau=-dt'$，于是

$$\begin{aligned}y(t)&=-\frac{P_0}{m\omega'}\int_t^0 e^{-\zeta\omega t'}\sin\omega' t' dt'\\&=\frac{P_0}{m\omega'}\cdot\frac{1}{\zeta^2\omega^2+\omega'^2}\left[\omega'-e^{-\zeta\omega t}(\omega'\cos\omega' t+\zeta\omega\sin\omega' t)\right]\end{aligned}$$

又由于 $\zeta^2\omega^2+\omega'^2=\omega^2$（见式（12-14）），$m\omega^2=k_{11}$，得

$$y(t)=\frac{P_0}{k_{11}}\left[1-e^{-\zeta\omega t}\left(\cos\omega' t+\frac{\zeta\omega}{\omega'}\sin\omega' t\right)\right] \tag{b}$$

或

$$y(t)=\frac{P_0}{k_{11}}\left[1-\frac{e^{-\zeta\omega t}}{\sqrt{1-\zeta^2}}\cos(\omega' t-\psi)\right] \tag{c}$$

其中

$$\psi=\tan^{-1}(\zeta/\sqrt{1-\zeta^2}) \tag{d}$$

式（c）表明，在突加荷载 P_0 作用后，体系除产生静力位移 P_0/k_{11} 外，还将发生振幅为 $\dfrac{P_0 e^{-\zeta\omega t}}{k_{11}\sqrt{1-\zeta^2}}$ 的衰减振动。

若不考虑阻尼影响，可在式（c）中令 $\zeta=0$，$\omega'=\omega$，则得

$$y(t)=\frac{P_0}{k_{11}}(1-\cos\omega t) \tag{e}$$

根据上式可以绘出位移－时间曲线如图 12-28（b）所示。当 $t=\pi/\omega$，$3\pi/\omega$，…时，动位移有最大值 $2P_0/k_{11}$，故动力系数 $\mu=2$。

例 12-7 同上例。但在 $t=t_1$ 时 P_0 又突然移去。荷载的表达式为

$$P(t)=\begin{cases}0, 当\ t<0\\ P_0, 当\ 0\leqslant t\leqslant t_1\\ 0, 当\ t>t_1\end{cases}$$

求体系的动位移及最大值。

【解】

分两个阶段计算，如图 12-29 所示，对于本例可作如下的分析，当 $t=0$ 时有 P_0 突加于结构上一直至 $t=t_1$ 时，又有一个大小相等但方向相反的突加荷载加入以抵消原有荷载的作用。这样，便可利用上述突加荷载作用下的计算公式按叠加法求解。由于荷载作用时间较短，最大位移一般发生在振动衰减还很少的时候，及开始一段短时间内，因此通常可以不考虑阻尼影响，于是由上例式（e）可得：

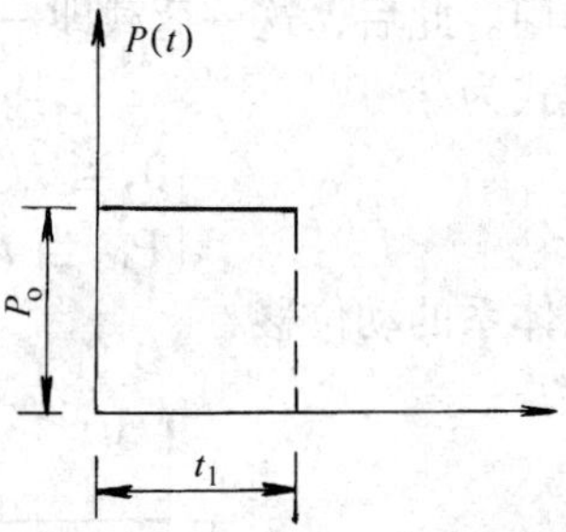

图 12-29　例 12-7 图

〈1〉 $0\leqslant t\leqslant t_1$ 阶段

此时荷载情况与上例相同，故动位移的计算式仍为

$$y(t)=(P_0/k_{11})(1-\cos\omega t), 0\leqslant t\leqslant t_1 \tag{a}$$

〈2〉 $t>t_1$ 阶段

$$\begin{aligned}y(t)&=(P_0/k_{11})(1-\cos\omega t)-(P_0/k_{11})[1-\cos\omega(t-t_1)]\\&=(P_0/k_{11})[\cos\omega(t-t_1)-\cos\omega t]\\&=(2P_0/k_{11})\left[\sin\frac{\omega t_1}{2}\sin\omega\left(t-\frac{t_1}{2}\right)\right],\ t>t_1\end{aligned} \tag{b}$$

下面分两种情况研究体系动位移的最大值。

（1）设 $t_1>\frac{T}{2}$（$T=\frac{2\pi}{\omega}$为体系的自振周期）：在式（a）中如 $t=\frac{T}{2}$则有 $\cos\omega t=\cos\omega\ \frac{T}{2}=\cos\pi=-1$，$y(t)=(P_0/k_{11})\times 2$，故动力系数 $\mu=2$，最大位移反应发生在 $0\leqslant t\leqslant t_1$ 阶段。

（2）设 $t_1<\frac{T}{2}$：根据式（a）及其对时间的导数式可以看出：当 $t=t_1$ 时，位移和速度皆为正值，因此，最大位移反应发生在 $t>t_1$ 阶段。由式（b）可知，当 $\sin\omega\left(t-\frac{t_1}{2}\right)$为 1 时，$y(t)$ 达到最大值 $y_{\max}=\frac{P_0}{k_{11}}\cdot 2\sin\frac{\omega t_1}{2}$，故动力系数 $\mu=2\cdot\sin\frac{\omega t_1}{2}=2\sin\frac{\pi t_1}{T}$。

综合以上两种情况可以看出，动力系数的数值与 t_1/T 有关，亦即短时荷载的动力效果将取决于其作用时间的长短。

例 12-8　设一单自由度体系承受如图 12-30（a）所示三角形冲击荷载 $P(t)=P_0\cdot\left(1-\frac{t}{t_1}\right)$（例如爆炸荷载）。求最大动力位移。

【解】

冲击荷载一般作用时间都很短，其最大位移反应常发生在阻尼力还未能消耗很多能量之前的很短时间内，因此一般可不考虑阻尼的影响。

在初始位移和初速度为零的条件下，三角形冲击荷载引起的动力反应可由杜哈米积分式（12-30）求得。

当 $t\leqslant t_1$ 时

$$y(t)=\frac{1}{m\omega}\int_0^t P_0\left(1-\frac{\tau}{t_1}\right)\sin\omega(t-\tau)\mathrm{d}\tau$$
$$=\frac{P_0}{m\omega^2}\left(1-\cos\omega t-\frac{t}{t_1}+\frac{\sin\omega t}{\omega t_1}\right)$$

即 $$y(t)=y_j\left(1-\cos\omega t-\frac{t}{t_1}+\frac{\sin\omega t}{\omega t_1}\right)$$

其中 $$y_j=\frac{P_0}{m\omega^2}=\frac{P_0}{k_{11}}$$

当 $t\geqslant t_1$ 时

$$y(t)=\frac{1}{m\omega}\int_0^{t_1} P_0\left(1-\frac{\tau}{t_1}\right)\sin\omega(t-\tau)\mathrm{d}\tau$$
$$=y_j\left\{-\cos\omega t+\frac{1}{\omega t_1}[\sin\omega t-\sin\omega(t-t_1)]\right\}$$

结构的动力反应与荷载持续时间 t_1 的长短有关。按照求极值的方法，可求得 $y(t)$ 的极大值，并据此求得结构的动力系 μ。将 ω 改用$\frac{2\pi}{T}$表示，μ 的大小与 t_1/T 有关，其关系曲线如图 12-30（b）所示。由图可知 μ 随时间的增长而加大。当 $t_1<0.35T$ 时，$\mu<1$；而当 $t_1>10T$ 时，μ 值接近于它的极限值 2（当 t_1 趋于无限时，所示荷载变成了突加荷载）。体系最大动力位移可表示为

$$y_{\max}=y_j\cdot\mu=(P_0/k_{11})\cdot\mu$$

由图 12-30（b）中查出相应的 μ 值后代入上式即可确定最大动力位移。

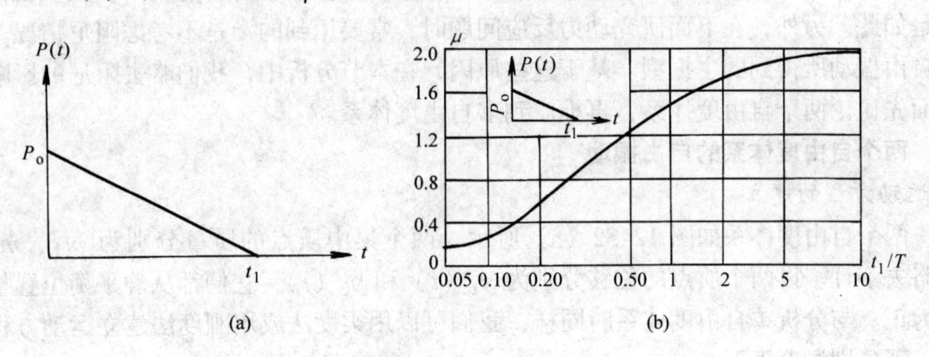

图 12-30 例 12-8 图

最后，简单讨论一下单自由度体系在地震作用下的动力计算问题。图12-31示一单自由度体系。由于地震作用引起地面运动。设基础发生的位移为 $y_F(t)$；质量 m 对基础而言的相对位移为 $y(t)$；其总位移则为 $y_F(t)+y(t)$。作用于质点 m 上的惯性力为 $-m(\ddot{y}_F+\ddot{y})$。

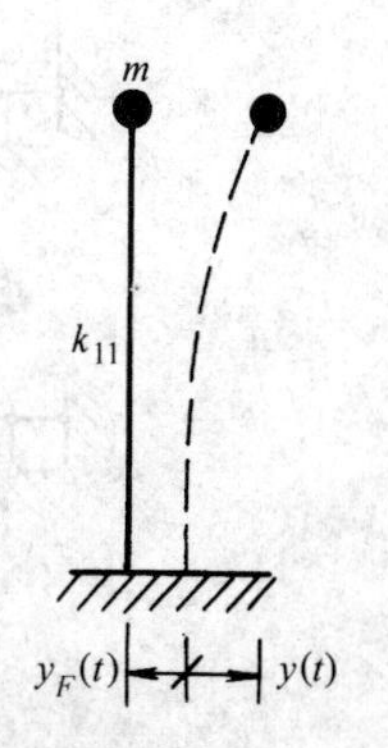

图 12-31 单自由度体系受地震作用

考虑阻尼时这一单自由度体系的动力平衡方程为

$$-m(\ddot{y}_F+\ddot{y})-c\dot{y}-k_{11}y=0$$

即 $$m\ddot{y}+c\dot{y}+k_{11}y=-m\ddot{y}_F \tag{12-33}$$

或 $$\ddot{y}+2\zeta\omega\dot{y}+\omega^2y=-\ddot{y}_F \tag{12-34}$$

式(12-33)或式(12-34)即为单自由度体系在地震作用下的运动

方程。将式（12-33）与式（12-19）进行比较，可见地面加速度 $\ddot{y}_F$ 的影响相当于在质点上加一干扰力 $-m\ddot{y}_F$。利用与推导式（12-29）同样的方法，可以得到初始条件为零情况下的解

$$y(t) = -\frac{1}{\omega'}\int_0^t \ddot{y}_F(\tau)\mathrm{e}^{-\zeta\omega(t-\tau)}\sin\omega'(t-\tau)\mathrm{d}\tau \tag{12-35}$$

由于地震时地面运动是杂乱无章的，难以获得上式的解析解，因此需要应用数值积分的方法进行计算，在此就不再讨论了。

思 考 题

（1）如图 12-29 所示的突加荷载，当 $t > t_1$ 时，体系作什么运动，其初始条件怎样得出？

（2）在杜哈米积分中时间变量 τ 和 t 有什么区别？在什么情况下用数值积分的方法计算动位移？

12.6 多自由度体系的自由振动

多自由度体系在强迫振动时的动力反应与它作自由振动时所表现出来的动力性质（自振频率、主振型等）有密切关系。因此，我们首先要分析多自由度体系的自由振动。

通过前面对单自由度体系的分析已经看到，阻尼对自振频率的影响很小，在多自由度体系中也是如此。另外，在下面研究动力反应问题时，常要用到的乃是不考虑阻尼情况下分析体系的自由振动所得到的主振型。基于这些原因，在本节分析中，我们略去阻尼的影响。

下面先讨论两个自由度体系，再推广到多自由度体系。

一、两个自由度体系的自由振动

1. 运动方程的建立

有一两个自由度体系如图 12-32（a）所示，两个集中质点的质量分别为 m_1、m_2，梁的自重略去不计。设两个质点的位移分别为 y_1（t）和 y_2（t），它们都从静平衡位置量起并以向下为正。与分析单自由度体系时同样，我们可以用柔度法或用刚度法建立运动方程以进行研究。现分别讨论于下。

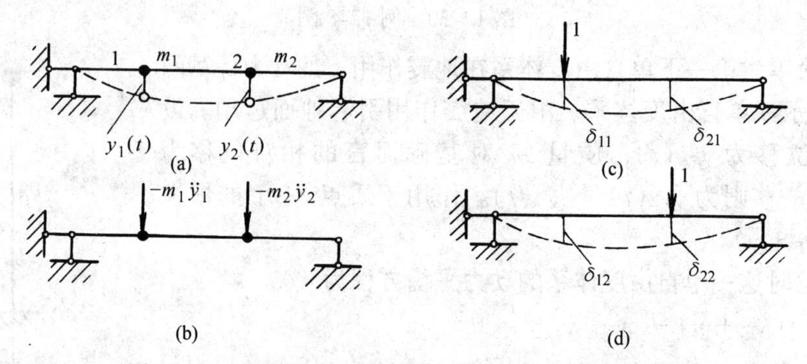

图 12-32 柔度法建立两个自由度体系的自由振动方程

〈1〉柔度法

将惯性力 $-m_1\ddot{y}_1$ 和 $-m_2\ddot{y}_2$ 分别作用在质点 1，2 处（图 12-32（b））。由于在自由振动

时，梁上并无外加动力荷载，因此，梁在某一时刻 t 的位移即等于惯性力所产生的静位移。这样，应用叠加原理可得

$$y_1 = \delta_{11}(-m_1\ddot{y}_1) + \delta_{12}(-m_2\ddot{y}_2)$$
$$y_2 = \delta_{21}(-m_1\ddot{y}_1) + \delta_{22}(-m_2\ddot{y}_2)$$

或

$$\left.\begin{aligned}\delta_{11}m_1\ddot{y}_1 + \delta_{12}m_2\ddot{y}_2 + y_1 = 0\\ \delta_{21}m_1\ddot{y}_1 + \delta_{22}m_2\ddot{y}_2 + y_2 = 0\end{aligned}\right\} \tag{12-36}$$

式中各 δ_{ij} 为柔度影响系数，其意义如第 6 章中所述（参看图 12-32（c）、（d））。由位移互等关系，有 $\delta_{ij} = \delta_{ji}$。

〈2〉刚度法

将质点分离出来，以它们为对象列动力平衡方程。如图 12-33（c）所示，质点 1、2 所受的力有下列两种。

(1) 质点的惯性力 I_1、I_2，它们分别以指向 y_1、y_2 的正方向为正。于是有 $I_1 = -m_1\ddot{y}_1$，$I_2 = -m_2\ddot{y}_2$。

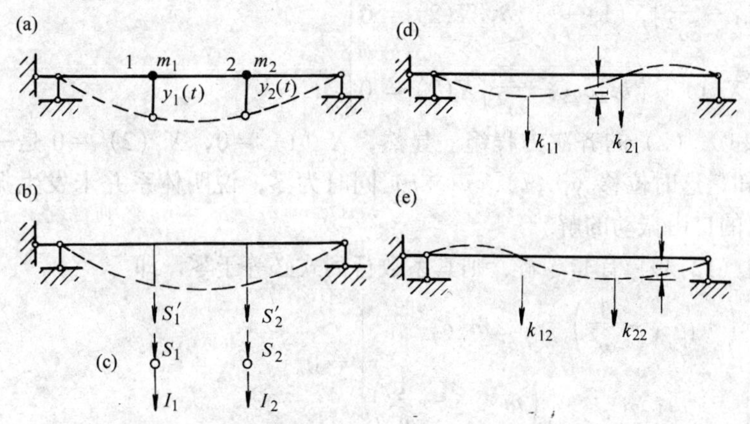

图 12-33 刚度法建立两个自由度体系的自由振动方程

(2) 梁给予质点的弹性恢复力 S_1、S_2。它们也分别以指向 y_1、y_2 的正方向为正。

由达朗培尔原理，可列出质点的平衡方程

$$\left.\begin{aligned}I_1 + S_1 = 0\\ I_2 + S_2 = 0\end{aligned}\right\} \tag{a}$$

在图 12-33（c）中，S_1、S_2 是质点受到的力，而图 12-33（b）中的 S'_1、S'_2 是梁所受的力。S_1 和 S'_1、S_2 和 S'_2 是作用力与反作用力的关系，因同以位移的正方向为正，故有

$$S_1 = -S'_1, S_2 = -S'_2$$

以 k_{ij}（i，j=1，2）代表结构（梁）的刚度影响系数，例如 k_{12} 是使梁的 2 点产生单位位移（1 点位移保持为零）时在 1 点所需施加的力（参看图 12-33（d）、（e）），根据叠加原理得

$$S'_1 = k_{11}y_1 + k_{12}y_2$$
$$S'_2 = k_{21}y_1 + k_{22}y_2$$

于是

$$\left.\begin{aligned}S_1 = -k_{11}y_1 - k_{12}y_2\\ S_2 = -k_{21}y_1 - k_{22}y_2\end{aligned}\right\} \tag{b}$$

将式（b）及 I_1、I_2 的表达式代入式（a），得

$$\left.\begin{aligned} m_1\ddot{y}_1 + k_{11}y_1 + k_{12}y_2 = 0 \\ m_2\ddot{y}_2 + k_{21}y_1 + k_{22}y_2 = 0 \end{aligned}\right\} \tag{12-37}$$

2. *运动方程的求解和频率方程*

求解运动方程时，用式（12-36）或式（12-37）是一样的，以下先采用式（12-36）。

设方程（12-36）有以下形式的解

$$\left.\begin{aligned} y_1(t) = X(1)\sin(\omega t + \varphi) \\ y_2(t) = X(2)\sin(\omega t + \varphi) \end{aligned}\right\} \tag{12-38}$$

式中 X（1）、X（2）是只与1、2点的位置有关的量值。按照这一形式，即是设两个质点以相同的频率 ω 和相同的初相角 φ（常称为同步）作简谐振动。若根据运动方程确定出的 ω 为正实数，即表明运动方程（12-36）有这样形式的特解；在特定的初始条件下，体系可以作这样的运动。

将式（12-38）代入方程（12-36），消去共同因子 sin（$\omega t+\varphi$），经整理后得

$$\left.\begin{aligned} \left(m_1\delta_{11} - \frac{1}{\omega^2}\right)X(1) + m_2\delta_{12}X(2) = 0 \\ m_1\delta_{21}X(1) + \left(m_2\delta_{22} - \frac{1}{\omega^2}\right)X(2) = 0 \end{aligned}\right\} \tag{12-39}$$

上式为 X（1）和 X（2）的齐次方程组。显然，X（1）$=0$，X（2）$=0$ 是一组解。但由式（12-38）可知，这时位移 y_1（t），y_2（t）同时为零，说明体系并未发生振动。因此这并非我们所求出的自由振动的解。

为使方程组（12-39）有非零解，则其系数行列式必等于零，即

$$\Delta = \begin{vmatrix} \left(m_1\delta_{11} - \dfrac{1}{\omega^2}\right) & m_2\delta_{12} \\ m_1\delta_{21} & \left(m_2\delta_{22} - \dfrac{1}{\omega^2}\right) \end{vmatrix} = 0 \tag{12-40a}$$

式（12-40）就是用来确定频率的条件，称为频率方程。将它展开并整理，得

$$m_1m_2(\delta_{11}\delta_{22} - \delta_{12}^2)\omega^4 - (m_1\delta_{11} + m_2\delta_{22})\omega^2 + 1 = 0, \tag{12-41a}$$

上式为 ω^2 的二次方程。因 $\delta_{11}\delta_{22}-\delta_{12}^2>0$*，故解方程可得 ω^2 的两个正实根，由此求得 ω 为正实数，其中较小的一个，设以 ω_1 表示，称为第一频率或基本频率；另一个以 ω_2 表示，称为第二频率。

---

* 根据图 12-32（c）、（d）可知，若梁承受荷载如图 12-34 所示，则 1，2 两点的位移应该分别是 $\Delta_1=\delta_{11}-\dfrac{\delta_{21}}{\delta_{22}}\cdot\delta_{12}$，$\Delta_2=0$；而对一处于稳定状态的梁施加荷载使其变形时，外力功应为正值，即 $1\cdot\left(\delta_{11}-\dfrac{\delta_{12}^2}{\delta_{22}}\right)>0$，由此得 $\delta_{11}\delta_{22}-\delta_{12}^2>0$。

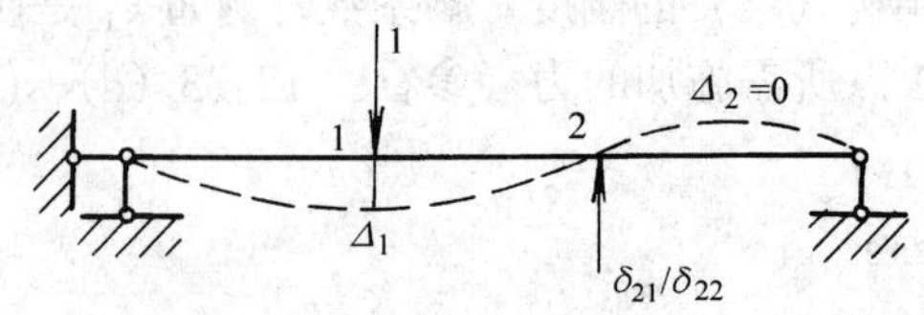

图 12-34 说明 $\delta_{11}\cdot\delta_{22}-\delta_{12}^2>0$，梁的特定受力、变形状态

由方程（12-41a）解得 ω^2 的两个根为

$$\left.\begin{matrix}\omega_1^2\\ \omega_2^2\end{matrix}\right\}=\frac{(m_1\delta_{11}+m_2\delta_{22})\mp\sqrt{(m_1\delta_{11}+m_2\delta_{22})^2-4m_1m_2(\delta_{11}\delta_{22}-\delta_{12}^2)}}{2m_1m_2(\delta_{11}\delta_{22}-\delta_{12}^2)} \tag{12-41b}$$

仿照上面做法，仍设 $y_1(t)$、$y_2(t)$ 的解为式（12-38），代入刚度法所得方程（12-37），则可导出含有刚度影响系数的频率方程

$$\Delta=\begin{vmatrix}(k_{11}-m_1\omega^2) & k_{12}\\ k_{21} & (k_{22}-m_2\omega^2)\end{vmatrix}=0 \tag{12-40b}$$

上式亦是 ω^2 的二次方程，展开并整理，可求出

$$\left.\begin{matrix}\omega_1^2\\ \omega_2^2\end{matrix}\right\}=\frac{(m_1k_{22}+m_2k_{11})\mp\sqrt{(m_1k_{22}+m_2k_{11})^2-4m_1m_2k_{12}^2}}{2m_1m_2} \tag{12-41c}$$

3. 特定初始条件下体系的简谐振动　主振型

对应于两个 ω 值，可以得到 $y_1(t)$、$y_2(t)$ 的两组解。

（1）对应于 ω_1，得

$$\left.\begin{aligned}y_1(t)&=X_1(1)\sin(\omega_1t+\varphi_1)\\ y_2(t)&=X_1(2)\sin(\omega_1t+\varphi_1)\end{aligned}\right\} \tag{12-42a}$$

再将 ω_1 值代入式（12-39）的两个方程求 $X_1(1)$、$X_1(2)$。但由于式（12-39）的系数行列式 $\Delta=0$，两个方程不是独立的，因此，只能由其中任一个方程求得 $X_1(1)$ 与 $X_1(2)$ 的比值

$$\frac{X_1(2)}{X_1(1)}=\frac{1/\omega_1^2-m_1\delta_{11}}{m_2\delta_{12}}=\rho_1 \tag{12-42b}$$

（2）对应于 ω_2，得

$$\left.\begin{aligned}y_1(t)&=X_2(1)\sin(\omega_2t+\varphi_2)\\ y_2(t)&=X_2(2)\sin(\omega_2t+\varphi_2)\end{aligned}\right\} \tag{12-43a}$$

和

$$\frac{X_2(2)}{X_2(1)}=\frac{1/\omega_2^2-m_1\delta_{11}}{m_2\delta_{12}}=\rho_2 \tag{12-43b}$$

以上分析表明：在特定的初始条件下，两个质点 m_1、m_2 按频率 ω_1 或 ω_2 作简谐振动；在振动过程中，两个质点同时经过静平衡位置和振幅位置，位移 $y_1(t)$、$y_2(t)$ 的比值保持为常数，结构的变形形式不变。这种情况下的振动形式称为主振型（有时也简称为振型）。当体系按 ω_1 振动时，两个质点 m_1 和 m_2 位移之比为 $1:\rho_1$，称为第一振型或基本振型。当体系按 ω_2 振动时，两个质点 m_1 和 m_2 位移之比为 $1:\rho_2$，称为第二振型。当多自由度体系按某个主振型作振动时，由于振动形式不变，只需一个几何坐标即能确定全部质点的位置，因此它实际上如同一个单自由度体系那样在振动。

现在我们研究一下图 12-32（a）中体系按主振型作简谐自由振动所需要的特定初始条件。此时，各质点的位移与时间关系式为式（12-42a）或式（12-43a）。可以看出，在振动过程中，不仅各质点的位移保持一定比值，各质点的速度也保持同一比值。因此，各质点的初位移和初速度也必须具有同样的比例关系，若拟通过给以初位移的方式使其产生第一振型（或第二振型）的自由振动，则质点 m_2 的初位移应该是质点 m_1 的初位移的 ρ_1（或 ρ_2）倍。同理，若拟通过给以初速度的方式使其产生某一振型的自由振动，也应该按照上述的比例关

系。

需要指出，体系能否按某一振型作自由振动由初始条件决定；但主振型的形式则和频率一样，与初始条件无关，而是完全由体系本身的动力特性所决定。这由式（12-42b）和式（12-43b）也可看出。

4. 任意初始条件下体系的自由振动

以上所得到的式（12-42a）和式（12-43a）是运动方程（12-36）的两个特解。将两个特解进行线性组合，就得到它的通解

$$\left.\begin{aligned} y_1(t) &= X_1(1)\sin(\omega_1 t + \varphi_1) + X_2(1)\sin(\omega_2 t + \varphi_2) \\ y_2(t) &= X_1(2)\sin(\omega_1 t + \varphi_1) + X_2(2)\sin(\omega_2 t + \varphi_2) \end{aligned}\right\} \tag{12-44}$$

而 $\quad X_1(2)/X_1(1) = \rho_1, X_2(2)/X_2(1) = \rho_2$

所以在一般情况下，体系振动时各质点位移都包含两个分量，即第一和第二振型分量。

式（12-44）中共有 4 个独立的待定常数，即 $X_1(1)$[或 $X_1(2)$]、$X_2(1)$[或 $X_2(2)$]、φ_1 和 φ_2。同时，也存在 4 个初始条件，即质点 m_1 的初位移和初速度以及质点 m_2 的初位移和初速度。所以，给定任意 4 个初始条件后，即可完全确定体系的自由振动。在一般情况下，质点的位移是由具有不同频率的简谐型分量叠加而成，它不再是简谐振动。不同质点的位移的比值也不再是常数，而是随时间变化。因此，在这种自由振动中，体系也不能保持一定的变形形式。

例 12-9 图 12-35（a）所示简支梁在跨度的 1/3 处有两个大小相等的集中质量 m，试求自振频率和主振型。设梁的自重略去不计，EI = 常数。

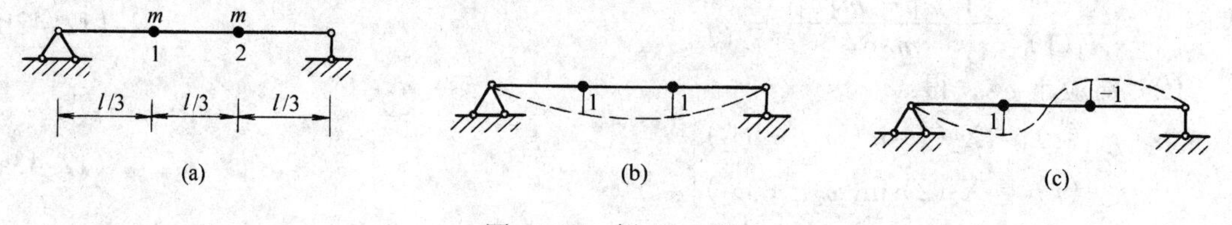

图 12-35　例 12-9 图

【解】

〈1〉求 δ_{ij}

$$\delta_{11} = \delta_{22} = \frac{4}{243}\frac{l^3}{EI}$$

$$\delta_{12} = \delta_{21} = \frac{7}{486}\frac{l^3}{EI}$$

〈2〉求频率

将 δ 和 m 值代入式（12-41a），求得

$$\frac{1}{\omega_1^2} = \frac{5}{162}\frac{ml^3}{EI}$$

$$\frac{1}{\omega_2^2} = \frac{1}{486}\frac{ml^3}{EI}$$

故

$$\omega_1^2 = \frac{162}{5}\cdot\frac{EI}{ml^3}$$

$$\omega_1 = 5.69\sqrt{\frac{EI}{ml^3}}$$

$$\omega_2^2 = 486\frac{EI}{ml^3}，\ \omega_2 = 22\sqrt{\frac{EI}{ml^3}}$$

〈3〉求主振型

将 ω 和 δ 值代入式（12-42b）和式（12-43b）

$$\rho_1 = \frac{\frac{1}{\omega_1^2} - m\delta_{11}}{m\delta_{12}} = \left(\frac{5}{162}\frac{ml^3}{EI} - \frac{4}{243}\frac{ml^3}{EI}\right)\cdot\frac{486}{7}\frac{EI}{ml^3} = 1$$

$$\rho_2 = \frac{\frac{1}{\omega_2^2} - m\delta_{11}}{m\delta_{12}} = \left(\frac{1}{486}\frac{ml^3}{EI} - \frac{4}{243}\frac{ml^3}{EI}\right)\cdot\frac{486}{7}\cdot\frac{EI}{ml^3} = -1$$

因为 $y_1(t)$、$y_2(t)$ 都以向下为正，由 ρ_1、ρ_2 的正负号和其绝对值可知：当梁按频率 ω_1 振动时，两个质点总在梁的同一侧且位移相等，即梁总保持对称形式；而当梁按频率 ω_2 振动时，两个质点的位移的绝对值虽然相等，但总在梁的不同侧，即梁总保持反对称形式。这两个主振型分别如图 12-35（b）、（c）所示。

通过此例可以看出，若一多自由度体系具有对称性，它的主振型便可区分为对称形式及反对称形式的两类。有意识地利用这个特点，在求解频率和主振型时常可得到简便。

二、多自由度体系的自由振动

我们现在讨论多自由度体系的自由振动，在书写方程时，将采用矩阵表示形式。

1. 运动方程

设有一简支梁如图 12-36（a）所示。其上 n 个点处的集中质量分别为 m_1，m_2，…，m_n，梁的自重略而不计，这便是一 n 个自由度体系。y_1，y_2，…，y_n 分别代表这些质点自静平衡位置量起的位移并皆以向下为正。

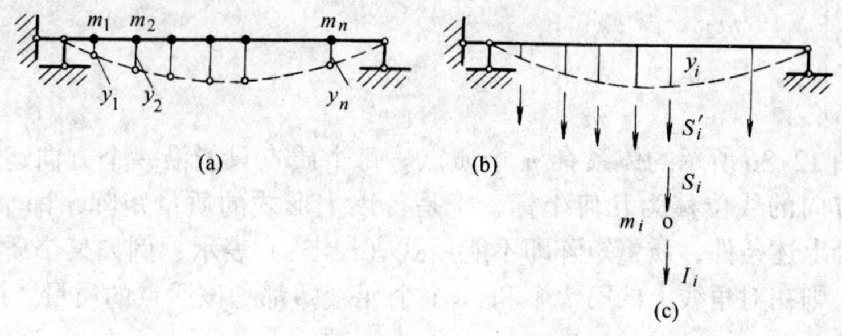

图 12-36　刚度法建立 n 个自由度体系的自由振动方程

参照对两个自由度体系列运动方程的做法，将相应的式（12-37）加以扩展，可得 n 个自由度体系的运动方程。设用刚度法，以 n 个质点中第 i 个（质量为 m_i）为隔离体（图 12-36（c））列动力平衡方程，有

$$I_i + S_i = 0,\quad i = 1,2,\cdots,n \tag{c}$$

式中，惯性力

$$I_i = -m_i\ddot{y}_i \tag{d}$$

弹性恢复力 S_i 为（参照式（b）及图 12-33（b））

$$S_i = -\sum_{j=1}^{n} k_{ij} y_j \tag{e}$$

将式（d）、式（e）代入式（c），得自由振动的微分方程组

$$\left.\begin{aligned}
m_1\ddot{y}_1 + k_{11}y_1 + k_{12}y_2 + \cdots + k_{1n}y_n &= 0\\
m_2\ddot{y}_2 + k_{21}y_1 + k_{22}y_2 + \cdots + k_{2n}y_n &= 0\\
&\vdots\\
m_n\ddot{y}_n + k_{n1}y_1 + k_{n2}y_2 + \cdots + k_{nn}y_n &= 0
\end{aligned}\right\} \tag{12-45}$$

写成矩阵形式为

$$\boldsymbol{M}\ddot{\boldsymbol{Y}} + \boldsymbol{K}\boldsymbol{Y} = \boldsymbol{O} \tag{12-46}$$

现将其中的各个矩阵分别说明如下。

〈1〉 $$\boldsymbol{Y} = [y_1 y_2 \cdots y_n]^{\mathrm{T}} \tag{12-47}$$

为一 $n \times 1$ 阶的位移列阵，也常称为位移向量（n 维），同样

$$\ddot{\boldsymbol{Y}} = [\ddot{y}_1 \ddot{y}_2 \cdots \ddot{y}_n]^{\mathrm{T}} \tag{12-48}$$

称为加速度向量。而 $\boldsymbol{O}$ 是一个 n 维零向量。

〈2〉

$$\boldsymbol{K} = \begin{bmatrix} k_{11} & k_{12} & \cdots & k_{1n}\\ k_{21} & k_{22} & \cdots & k_{2n}\\ \vdots & \vdots & & \vdots\\ k_{n1} & k_{n2} & \cdots & k_{nn} \end{bmatrix} \tag{12-49}$$

是刚度矩阵，它的各个元素即前述的刚度影响系数。因 $k_{ij} = k_{ji}$，故 $\boldsymbol{K}$ 是一个 $n \times n$ 阶的对称方阵。

〈3〉

$$\boldsymbol{M} = \begin{bmatrix} m_1 & & & \\ & m_2 & & \\ & & \ddots & \\ & & & m_n \end{bmatrix} \tag{12-50}$$

是质量矩阵。图 12-36 所示的体系有 n 个质点。每个质点只能沿一个方向运动。在计算中我们即以这个方向的线位移为几何坐标，于是得以上形式的质量矩阵，即 $\boldsymbol{M}$ 为一对角矩阵。假使不符合上述条件，质量矩阵即不能用式（12-50）表示，例如某个质点有两个几何坐标 y_i、y_{i+1}，则在对角线上的第 i 个和 $i+1$ 个元素即都是该质点的质量。此外，$\boldsymbol{M}$ 有时还不是对角矩阵*。

2．频率和主振型

参照两个自由度体系的情况，设方程（12-46）有以下特解

$$\boldsymbol{Y} = \boldsymbol{X}\sin(\omega t + \varphi) \tag{12-51}$$

其中 $$\boldsymbol{X} = [X(1) X(2) \cdots X(n)]^{\mathrm{T}} \tag{12-52}$$

是体系按某一频率 ω 振动时，n 个质点的振幅依次排列的一个列阵（列向量）。所以 X 也表征了主振型，称为振型向量。将位移向量 $\boldsymbol{Y}$ 对时间微分两次，得

* $\boldsymbol{M}$ 为非对角矩阵的问题，因为已超出本书范围，即不再叙述。需要时读者可以参阅进一步的专题参考书，如参考文献 4。

$$\ddot{\boldsymbol{Y}} = -\omega^2 \boldsymbol{X}\sin(\omega t + \varphi) = -\omega^2 \boldsymbol{Y}$$

将上式和式（12-51）代入方程（12-46），消去共同因子 sin（$\omega t + \varphi$），得

$$(\boldsymbol{K} - \omega^2 \boldsymbol{M})\boldsymbol{X} = \boldsymbol{O} \tag{12-53}$$

若体系发生振动，则必须有

$$|\boldsymbol{K} - \omega^2 \boldsymbol{M}| = 0 \tag{12-54}$$

上式就是 n 个自由度体系的频率方程。将式（12-54）展开，可得 ω^2 的 n 次代数方程，它的 n 个根即相当 n 个自振频率；其中最小的 ω_1 为第一频率或基本频率，以下按数值由小到大为第二频率、第三频率等。

求出各个频率后，我们利用式（12-53）研究与各频率 ω 值相应的振型向量 $\boldsymbol{X}$。因为 $\boldsymbol{X}$ 中各元素 $X(i)$ 的系数与 ω 有关，对不同的自振频率，振型向量也是不同的。我们以第 j 个频率 ω_j 的情况为例进行分析。这种情况下第 j 个振型向量 $\boldsymbol{X}_j$ 应满足以下方程

$$(\boldsymbol{K} - \omega_j^2 \boldsymbol{M})\boldsymbol{X}_j = \boldsymbol{O} \tag{12-55}$$

由于其系数行列式必须为零，即有式（12-54），故式（12-55）所包括的 n 个代数方程只能有 $n-1$ 个独立的，因而由此只能得到各 $X_j(i)$ 的相对值。为了使振型向量 $\boldsymbol{X}_j$ 中各元素的大小能够完全确定，还要补充一个条件。经过这样处理后的第 j 个振型向量，称之为第 j 个规准化振型向量，并改以 $\boldsymbol{\Phi}_j$ 表示。一般有以下两种规准化的做法。

（1）在振型向量中任取一个元素作为标准（通常取第一个或最后一个元素，也可以取其中最大的一个元素），并命其值为 1；然后利用式（12-55）即可确定其他元素的值。若取规准化振型向量 $\boldsymbol{\Phi}_j$ 中第一个元素为 1，则确定 $\boldsymbol{\Phi}_j$ 的方程为

$$\left.\begin{aligned} &(\boldsymbol{K} - \omega_j^2 \boldsymbol{M})\boldsymbol{\Phi}_j = \boldsymbol{O} \\ &\Phi_j(1) = 1 \end{aligned}\right\} \tag{12-56}$$

（2）使 $\boldsymbol{\Phi}_j$ 中各元素的数值满足以下条件，即

$$\boldsymbol{\Phi}_j^{\mathrm{T}} \boldsymbol{M} \boldsymbol{\Phi}_j = 1 \tag{12-57}$$

这时，由式（12-56）得

$$\boldsymbol{K}\boldsymbol{\Phi}_j = \omega_j^2 \boldsymbol{M}\boldsymbol{\Phi}_j$$

将其两侧前乘以 $\boldsymbol{\Phi}_j^{\mathrm{T}}$，并考虑式（12-57），可导出以下关系

$$\boldsymbol{\Phi}_j^{\mathrm{T}} \boldsymbol{K} \boldsymbol{\Phi}_j = \omega_j^2 \tag{12-58}$$

以上我们系采用刚度法分析体系的频率和主振型；但若体系的位移易于求得，则也可改用柔度法。这时我们可以将两个自由度体系的式（12-36）扩展得

$$\left.\begin{aligned} &\delta_{11} m_1 \ddot{y}_1 + \delta_{12} m_2 \ddot{y}_2 + \cdots + \delta_{1n} m_n \ddot{y}_n + y_1 = 0 \\ &\delta_{21} m_1 \ddot{y}_1 + \delta_{22} m_2 \ddot{y}_2 + \cdots + \delta_{2n} m_n \ddot{y}_n + y_2 = 0 \\ &\qquad\qquad\qquad \vdots \\ &\delta_{n1} m_1 \ddot{y}_1 + \delta_{n2} m_2 \ddot{y}_2 + \cdots + \delta_{nn} m_n \ddot{y}_n + y_n = 0 \end{aligned}\right\} \tag{12-59}$$

写成矩阵形式为

$$\boldsymbol{F}\boldsymbol{M}\ddot{\boldsymbol{Y}} + \boldsymbol{Y} = \boldsymbol{O} \tag{12-60}$$

式中 $\boldsymbol{M}$、$\boldsymbol{Y}$、$\ddot{\boldsymbol{Y}}$ 的组成及意义同前，$\boldsymbol{F}$ 为体系的柔度矩阵，其组成为

$$\boldsymbol{F} = \begin{bmatrix} \delta_{11} & \delta_{12} & \cdots & \delta_{1n} \\ \delta_{21} & \delta_{22} & \cdots & \delta_{2n} \\ \vdots & \vdots & & \vdots \\ \delta_{n1} & \delta_{n2} & \cdots & \delta_{nn} \end{bmatrix} \tag{12-61}$$

它的元素即结构的各个柔度影响系数。将式（12-61）代入方程（12-60），消去共同因子 $\sin(\omega t+\varphi)$ 并整理得

$$\left(\boldsymbol{FM}-\frac{1}{\omega^2}\boldsymbol{I}\right)\boldsymbol{X}=\boldsymbol{O} \tag{12-62}$$

$\boldsymbol{I}$ 为 n 阶单位矩阵（我们将式（12-53）前乘以 $\boldsymbol{K}^{-1}$，再利用 $\boldsymbol{K}^{-1}=\boldsymbol{F}$* 的关系也可以得到上式）。因体系作自由振动时 $\boldsymbol{X}$ 的元素不能全等于零，据此可得频率方程

$$\left|\boldsymbol{FM}-\frac{1}{\omega^2}\boldsymbol{I}\right|=0 \tag{12-63}$$

求出各频率后，即可利用式（12-62）计算各振型向量。若取规准化后的第一个元素为 1，则确定 $\boldsymbol{\Phi}_j$ 的方程为

$$\left.\begin{aligned}&\left(\boldsymbol{FM}-\frac{1}{\omega_j^2}\boldsymbol{I}\right)\boldsymbol{\Phi}_j=\boldsymbol{O}\\&\Phi_j(1)=1\end{aligned}\right\} \tag{12-64}$$

以上我们分析了与频率 ω_j 相应的规准化振型。同理可以求得与其他自振频率相应的规准化振型。对一 n 个自由度的体系来说，与 n 个自振频率相应，总共即有 n 个规准化振型向量或振型。我们可以用这 n 个规准化振型向量组成一个方阵

$$\boldsymbol{\Phi}=[\boldsymbol{\Phi}_1\boldsymbol{\Phi}_2\cdots\boldsymbol{\Phi}_n]=\begin{pmatrix}\Phi_1(1) & \Phi_2(1) & \cdots & \Phi_n(1)\\ \Phi_1(2) & \Phi_2(2) & \cdots & \Phi_n(2)\\ \vdots & \vdots & & \vdots\\ \Phi_1(n) & \Phi_2(n) & \cdots & \Phi_n(n)\end{pmatrix} \tag{12-65}$$

这个方阵即称为振型矩阵。

例 12-10 图 12-37（a）示一三层刚架式建筑。设自上到下，各层楼面的质量（包括已集中于两端的柱子质量）分别为 $m_3=180$ t，$m_2=270$ t，$m_1=315$ t，各层的侧移刚度系数（即该层柱子上、下端发生单位相对位移时，该层各柱剪力之和）分别为 $k_3=98$ MN/m，$k_2=196$ MN/m，$k_1=245$ MN/m。求刚架的自振频率和主振型。设横梁变形略去不计。

【解】

〈1〉求频率

体系的自由度数为 3，以各楼层的水平位移为几何坐标。频率方程为

$$|\boldsymbol{K}-\omega^2\boldsymbol{M}|=0$$

首先建立刚度矩阵。根据各刚度影响系数的物理意义，分别使各楼层产生一单位位移，并绘结构的变形、受力图，如图 12-37（b）、（c）、（d）所示。由各层的剪力平衡条件，可以求得如图所示的各个 k_{ij} 值。于是得刚度矩阵

$$\boldsymbol{K}=\begin{bmatrix}k_{11} & k_{12} & k_{13}\\ k_{21} & k_{22} & k_{23}\\ k_{31} & k_{32} & k_{33}\end{bmatrix}=98\ \text{MN/m}\begin{bmatrix}4.5 & -2 & 0\\ -2 & 3 & -1\\ 0 & -1 & 1\end{bmatrix} \tag{a}$$

质量矩阵为

---

* 关系式 $\boldsymbol{K}^{-1}=\boldsymbol{F}$ 可以简单证明如下：设结构上作用有荷载向量 $\boldsymbol{P}$，所引起的与之相应的位移向量为 $\boldsymbol{\Delta}$（两个向量的元素分别对应）。按矩阵 $\boldsymbol{K}$、$\boldsymbol{F}$ 的定义，应有 $\boldsymbol{P}=\boldsymbol{K\Delta}$ 及 $\boldsymbol{\Delta}=\boldsymbol{FP}$。将前式代入后式，得 $\boldsymbol{\Delta}=\boldsymbol{FK\Delta}$，故 $\boldsymbol{FK}=\boldsymbol{I}$。

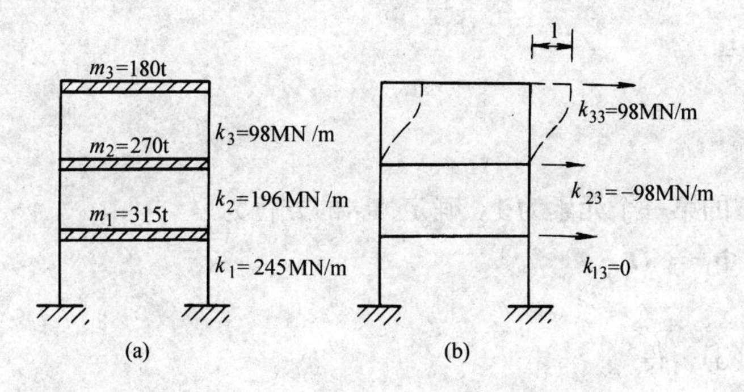

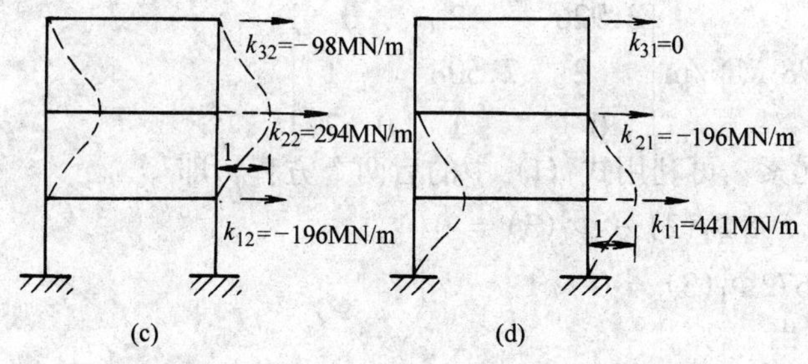

图 12-37　例 12-10 图

$$\boldsymbol{M} = \begin{bmatrix} m_1 & 0 & 0 \\ 0 & m_2 & 0 \\ 0 & 0 & m_3 \end{bmatrix} = 180\ \mathrm{t} \begin{bmatrix} 1.75 & 0 & 0 \\ 0 & 1.5 & 0 \\ 0 & 0 & 1 \end{bmatrix} \tag{b}$$

引入符号 η

$$\eta = \frac{180\ \mathrm{t}}{98\ \mathrm{MN/m}} \cdot \omega^2 \tag{c}$$

则

$$\boldsymbol{K} - \omega^2 \boldsymbol{M} = 98\ \mathrm{MN/m} \begin{bmatrix} 4.5 - 1.75\eta & -2 & 0 \\ -2 & 3 - 1.5\eta & -1 \\ 0 & -1 & 1 - \eta \end{bmatrix} \tag{d}$$

将式(d)代入频率方程，并展开，得

$$\eta^3 - 5.571\eta^2 + 7.524\eta - 1.905 = 0 \tag{e}$$

解得它的 3 个根为

$$\eta_1 = 0.328,\ \eta_2 = 1.588,\ \eta_3 = 3.655$$

代入式（c)，可分别求得 3 个自振频率为

$$\omega_1^2 = \frac{98\ \mathrm{MN/m}}{180\ \mathrm{t}}\eta_1 = \frac{98\ \mathrm{MN/m}}{180\ \mathrm{t}} \times 0.328 = 178.578\ \frac{1}{\mathrm{s}^2}$$

$$\omega_1 = 13.36\ \frac{1}{\mathrm{s}}$$

$$\omega_2^2 = \frac{98\ \mathrm{MN/m}}{180\ \mathrm{t}}\eta_2 = \frac{98\ \mathrm{MN/m}}{180\ \mathrm{t}} \times 1.588 = 864.578\ \frac{1}{\mathrm{s}^2}$$

$$\omega_2 = 29.40\ \frac{1}{\mathrm{s}}$$

$$\omega_3^2 = \frac{98\ \mathrm{MN/m}}{180\ \mathrm{t}}\eta_3 = \frac{98\ \mathrm{MN/m}}{180\ \mathrm{t}} \times 3.655 = 1\ 989.944\ \frac{1}{\mathrm{s}^2}$$

$$\omega_3 = 44.61\ \frac{1}{s}$$

〈2〉求主振型

求第一规准化振型。

设取各规准化振型的第一个元素为1。确定 $\boldsymbol{\Phi}_1$ 的方程为

$$(\boldsymbol{K} - \omega_1^2\boldsymbol{M})\boldsymbol{\Phi}_1 = \boldsymbol{O} \tag{f}$$

$$\Phi_1(1) = 1 \tag{g}$$

将 $\eta_1 = 0.328$ 代入式（d），得

$$\boldsymbol{K} - \omega_1^2\boldsymbol{M} = 98\ \mathrm{MN/m}\begin{bmatrix} 3.926 & -2 & 0 \\ -2 & 2.508 & -1 \\ 0 & -1 & 0.672 \end{bmatrix}$$

为了求 $\boldsymbol{\Phi}_1$ 的其他两个元素，可利用式（f）中的后两个方程，即

$$\left.\begin{aligned} -2\Phi_1(1) + 2.508\Phi_1(2) - \Phi_1(3) = 0 \\ -\Phi_1(2) + 0.672\Phi_1(3) = 0 \end{aligned}\right\} \tag{h}$$

根据式（g）、式（h）解出

$$\Phi_1(2) = 1.961, \Phi_1(3) = 2.918$$

式（f）中的第一个方程，可以用来校核以上计算结果。

将 $\boldsymbol{\Phi}_1$ 的3个元素汇总在一起，得

$$\boldsymbol{\Phi}_1 = [1.000\quad 1.961\quad 2.918]^{\mathrm{T}}$$

求第二和第三规准化振型。

仿照以上做法可得

$$\boldsymbol{\Phi}_2 = [1.000\quad 0.863\quad -1.467]^{\mathrm{T}}$$

$$\boldsymbol{\Phi}_3 = [1.000\quad -0.950\quad 0.358]^{\mathrm{T}}$$

3个振型的大致形状如图12-38所示。

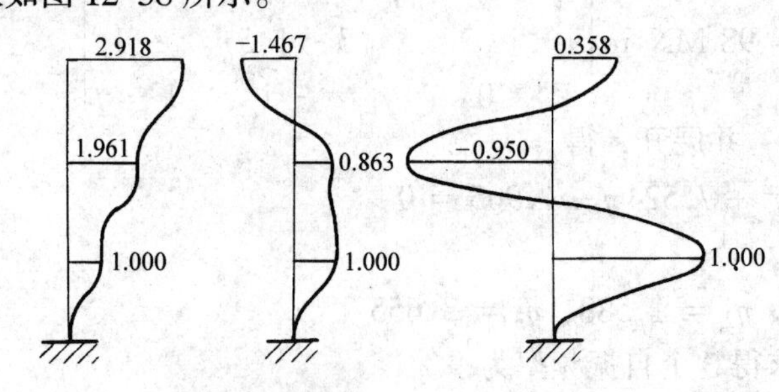

图12-38　例12-10中刚架振型图

例12-11　图12-39（a）示一对称刚架，设横梁的弯曲刚度 $EI = \infty$，两柱的弯曲刚度 $EI_c = 6.0\ \mathrm{MN \cdot m^2}$，横梁的总质量为1 600 kg，两柱中点处的集中质量为300 kg，求刚架的自振频率和主振型。

【解】

由于刚架和质量分布都是对称的，因而当刚架按其自振频率作简谐振动时，其振型不外正对称和反对称两种情况。现在我们即分别研究这两种自由振动的情况。

〈1〉正对称形式的自由振动

这种振动形式下，刚架的内力和位移也都具有对称性。我们可以取半刚架进行计算，由于横梁不能变形，半刚架的计算简图应该如图 12-39（b）所示。这时，只有柱子产生振动，因此，半刚架为一单自由度体系。按柔度法，沿质点运动方向施加一单位力，得弯矩图如图 12-40 所示（可以利用表 7-1 求柱端弯矩，横梁的弯矩图不必绘出）。然后用图乘法求得

$$\delta_{11} = \frac{7\ \mathrm{m}^3}{12EI_c}$$

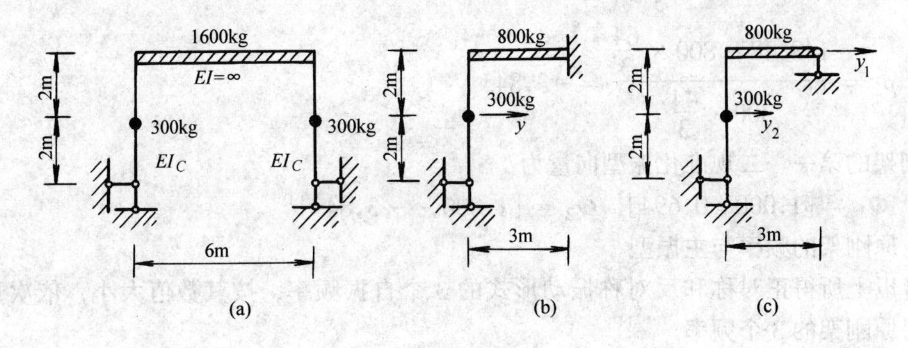

图 12-39　例 12-11 图（一）

将 δ_{11}连同所给的 m（300 kg）和 EI_c 各值代入式（12-5），得

$$\omega = 185.16\ \frac{1}{\mathrm{s}}$$

〈2〉反对称形式的自由振动

这时，刚架的内力和位移也都具有反对称性，我们取图 12-39（c）所示的半刚架进行计算。它有两个自由度，现以图示的 y_1、y_2 为几何坐标。此体系用柔度法分析较为简便，半刚架的单位弯矩图分别如图 12-41（a）、（b）所示，用图乘法求得

$$\delta_{11} = \frac{64\ \mathrm{m}^3}{3EI_c}, \delta_{12} = \frac{44\ \mathrm{m}^3}{3EI_c}, \delta_{22} = \frac{32\ \mathrm{m}^3}{3EI_c}$$

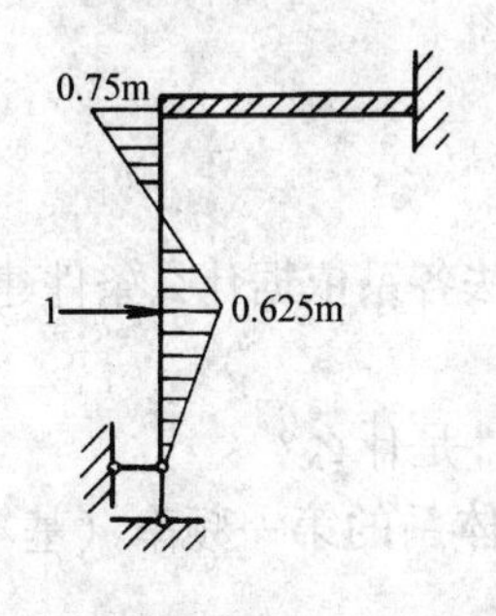

图 12-40　例 12-11 图（二）

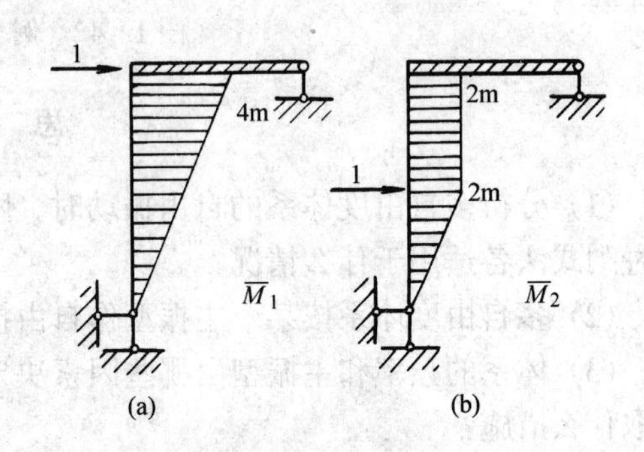

图 12-41　例 12-11 图（三）

将以上各 δ 连同所给的 m_1（800 kg）、m_2（300 kg）值代入式（12-41），解得

$$EI_c\ \frac{1}{\omega_1^2} = 20\ 118.21\ \mathrm{kg \cdot m^3}$$

$$EI_c\ \frac{1}{\omega_2^2} = 148.48\ \mathrm{kg \cdot m^3}$$

将 $EI_c = 6.0\ \text{MN}\cdot\text{m}^2$ 代入，得

$$\omega_1 = 17.27\,\frac{1}{\text{s}}, \omega_2 = 201.02\,\frac{1}{\text{s}}$$

再根据式（12-42b），式（12-43b），可以求得

$$\rho_1 = \frac{20\,118.21 - 800 \times \dfrac{64}{3}}{300 \times \dfrac{44}{3}} = 0.694$$

$$\rho_2 = \frac{148.48 - 800 \times \dfrac{64}{3}}{300 \times \dfrac{44}{3}} = -3.845$$

故此半刚架的第一、二规准化振型向量为

$$\boldsymbol{\Phi}_1 = [1.000 \quad 0.694]^{\text{T}}, \boldsymbol{\Phi}_2 = [1.000 \quad -3.845]^{\text{T}}$$

〈3〉原刚架的频率与主振型

综合以上所得正对称和反对称振动形式的 3 个自振频率，按其数值大小，依次重新排列，即得原刚架的 3 个频率

$$\omega_1 = 17.27\,\frac{1}{\text{s}}(\text{反}), \omega_2 = 185.16\,\frac{1}{\text{s}}(\text{正}), \omega_3 = 201.02\,\frac{1}{\text{s}}(\text{反})$$

相应地也有 3 个主振型，其中第一、第三振型为反对称，第二为正对称。根据以上计算结果，它们的大致形状如图 12-42 所示。

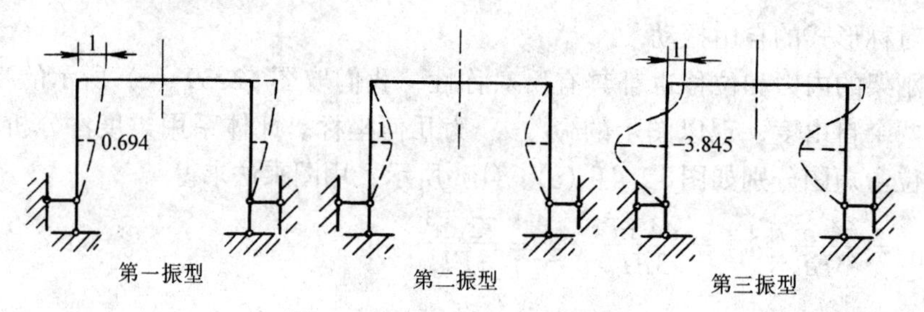

图 12-42　例 12-11 刚架振型图

思　考　题

（1）分析多自由度体系的自由振动时，刚度法和柔度法各系依据什么条件建立方程？这两种列式法各适用于什么情况？

（2）多自由度体系按某个主振型作自由振动的前提条件是什么？

（3）体系的频率和主振型由哪些因素决定？设欲提高体系的第一频率（基本频率），应采取什么措施？

12.7　多自由度体系主振型的正交性

对于同一体系来说，它的不同的两个固有振型之间，存在着一个重要的特性，即主振型（向量）的正交性。在分析体系的动力反应时，常要用到这个特性。

设 ω_i 和 ω_j 分别为图 12-36 所示 n 个自由度体系的第 i 个和第 j 个自振频率，与这两个

频率相应的振型分别示于图 12-43（a）、（b）。在图中并标出了两个振型向量 $\boldsymbol{X}_i$ 和 $\boldsymbol{X}_j$ 的各个元素。

由上述已知，当体系按某一频率作简谐振动时，该频率与相应的振型向量应满足式(12-53)。我们把它改写为

$$\boldsymbol{KX} = \omega^2\boldsymbol{MX}$$

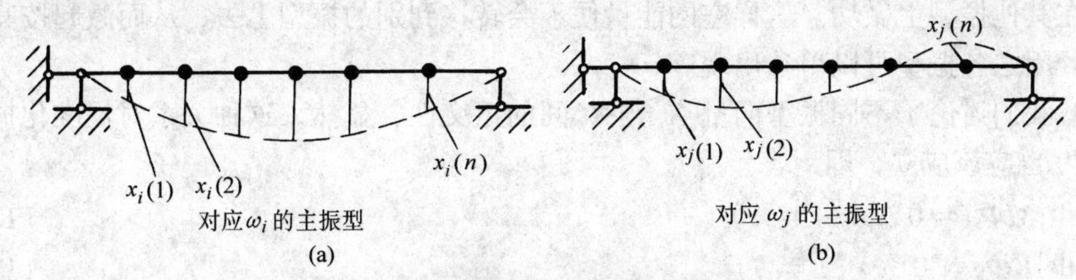

图 12-43 多自由度体系的两个主振型

对于图（12-43（a）、（b））所示的两种状态，可得

$$\boldsymbol{KX}_i = \omega_i^2\boldsymbol{MX}_i \tag{a}$$

$$\boldsymbol{KX}_j = \omega_j^2\boldsymbol{MX}_j \tag{b}$$

以 $\boldsymbol{X}_j$ 的转置矩阵 $\boldsymbol{X}_j^{\mathrm{T}}$ 和 $\boldsymbol{X}_i$ 的转置矩阵 $\boldsymbol{X}_i^{\mathrm{T}}$ 分别前乘式（a）和式（b），可得

$$\boldsymbol{X}_j^{\mathrm{T}}\boldsymbol{KX}_i = \omega_i^2\boldsymbol{X}_j^{\mathrm{T}}\boldsymbol{MX}_i \tag{c}$$

$$\boldsymbol{X}_i^{\mathrm{T}}\boldsymbol{KX}_j = \omega_j^2\boldsymbol{X}_i^{\mathrm{T}}\boldsymbol{MX}_j \tag{d}$$

考虑到 $\boldsymbol{K}$ 是对称矩阵及 $\boldsymbol{M}$ 为一对角矩阵，有 $\boldsymbol{K}^{\mathrm{T}}=\boldsymbol{K}$，$\boldsymbol{M}^{\mathrm{T}}=\boldsymbol{M}$，将式（c）两端转置后，得

$$\boldsymbol{X}_i^{\mathrm{T}}\boldsymbol{KX}_j = \omega_i^2\boldsymbol{X}_i^{\mathrm{T}}\boldsymbol{MX}_j \tag{e}$$

需要注意，在式（e）及式（d）中，等号左或右侧的 3 个矩阵的乘积皆为标量，且转置后结果不变。将以上 2 式相减，得

$$0 = (\omega_i^2 - \omega_j^2)\boldsymbol{X}_j^{\mathrm{T}}\boldsymbol{MX}_i$$

因 $\omega_i \neq \omega_j$，故必有

$$\boldsymbol{X}_j^{\mathrm{T}}\boldsymbol{MX}_i = 0(i \neq j) \tag{12-66}$$

根据式（c），则有

$$\boldsymbol{X}_j^{\mathrm{T}}\boldsymbol{KX}_i = 0(i \neq j) \tag{12-67}$$

式（12-66）和式（12-67）分别表明不同振型对于质量矩阵和刚度矩阵的正交特性。式(12-66）常称为对质量矩阵的带权正交性条件；式（12-67）称为对刚度矩阵的带权正交性条件。

只要注意到振型 $\boldsymbol{X}_i$ 和 $\boldsymbol{X}_j$ 可分别看做由惯性力 $\omega_i^2\boldsymbol{MX}_i$ 及 $\omega_j^2\boldsymbol{MX}_j$ 所产生的静位移这一点，振型的正交性也可以利用功的互等定理推导出。读者试自行推演，此处从略。下面简单地叙述一下它的物理意义。体系分别按 $\boldsymbol{X}_i$、$\boldsymbol{X}_j$ 这两个振型作简谐振动时的位移表达式可记为

$$\boldsymbol{Y}_i = \boldsymbol{X}_i\sin(\omega_i t + \varphi_i)$$

$$\boldsymbol{Y}_j = \boldsymbol{X}_j\sin(\omega_j t + \varphi_j)$$

在某一时刻 t，相应于振型 $\boldsymbol{X}_i$ 自由振动的各质点处的惯性力为

$$-\omega_i^2\boldsymbol{MX}_i\sin(\omega_i t + \varphi_i)$$

在时间段 $\mathrm{d}t$ 内，相应于振型 $\boldsymbol{X}_j$ 自由振动的各质点位移为

$$\frac{\mathrm{d}\boldsymbol{Y}_j}{\mathrm{d}t}\mathrm{d}t = \omega_j \boldsymbol{X}_j \cos(\omega_j t + \varphi_j)\mathrm{d}t$$

因此，在时间段 dt 内，振型 i 的惯性力在振型 j 的位移上所做功为

$$\mathrm{d}T = -\omega_i^2 \omega_j \boldsymbol{X}_j^{\mathrm{T}} \boldsymbol{M} \boldsymbol{X}_i \sin(\omega_i t + \varphi_i)\cos(\varphi_j t + \varphi_j)\mathrm{d}t$$

由正交关系式（12-66）可知：d$T=0$。故表明体系按某一振型振动时，在振动过程中其惯性力不会在其他振型上做功。这样它的能量便不会转移到别的振型上去，从而激起按其他振型的振动，因之各振型可以单独出现。

以上，我们讨论了不同振型向量 $\boldsymbol{X}_i$ 与 $\boldsymbol{X}_j$ 间的正交性，显然，这种关系对规准化振型向量 $\boldsymbol{\Phi}_i$ 与 $\boldsymbol{\Phi}_j$ 也应该成立，即

$$\boldsymbol{\Phi}_j^{\mathrm{T}} \boldsymbol{M} \boldsymbol{\Phi}_i = 0 \quad (i \neq j) \tag{12-68}$$

$$\boldsymbol{\Phi}_j^{\mathrm{T}} \boldsymbol{K} \boldsymbol{\Phi}_i = 0 \quad (i \neq j) \tag{12-69}$$

振型正交性是体系本身所固有而与外加荷载无关的一种特性。在后面将会看到，利用这一特性，多自由度体系的动力计算可以得到很大简化。另外，也可利用它作为检查所得振型是否正确的一个准则。

例 12-12 验算例 12-10 中所得振型的正交性。

【解】

由例 12-10 的计算结果，得

$$\boldsymbol{\Phi}_1 = \begin{bmatrix} 1.000 \\ 1.961 \\ 2.918 \end{bmatrix}, \boldsymbol{\Phi}_2 = \begin{bmatrix} 1.000 \\ 0.863 \\ -1.467 \end{bmatrix}, \boldsymbol{\Phi}_3 = \begin{bmatrix} 1.000 \\ -0.950 \\ 0.358 \end{bmatrix}$$

刚度矩阵和质量矩阵分别见例 12-10 中式（a）及式（b）。

验算 $\boldsymbol{\Phi}_1^{\mathrm{T}} \boldsymbol{M} \boldsymbol{\Phi}_2$：

$$\boldsymbol{\Phi}_1^{\mathrm{T}} \boldsymbol{M} \boldsymbol{\Phi}_2 = [1.000 \quad 1.961 \quad 2.918] \begin{bmatrix} 1.75 & 0 & 0 \\ 0 & 1.5 & 0 \\ 0 & 0 & 1.0 \end{bmatrix} \begin{bmatrix} 1.000 \\ 0.863 \\ -1.467 \end{bmatrix} \times 180$$

$$= 180 \times (1 \times 1.75 \times 1 + 1.961 \times 1.5 \times 0.863 - 2.918 \times 1 \times 1.467)$$

$$= 180 \times (4.288 - 4.281) = 180 \times (0.007)$$

故，可以认为满足正交性要求。

验算 $\boldsymbol{\Phi}_1^{\mathrm{T}} \boldsymbol{K} \boldsymbol{\Phi}_3$：

$$\boldsymbol{\Phi}_1^{\mathrm{T}} \boldsymbol{K} \boldsymbol{\Phi}_3 = [1.000 \quad 1.961 \quad 2.918] \begin{bmatrix} 4.5 & -2 & 0 \\ -2 & 3 & -1 \\ 0 & -1 & 1 \end{bmatrix} \begin{bmatrix} 1.000 \\ -0.950 \\ 0.358 \end{bmatrix} \times 98$$

$$= 98 \times (0.920 - 0.917)$$

$$= 98 \times (0.003)$$

再验算其他正交性要求，也能满足，在此即不赘述。

思 考 题

（1）主振型正交性的物理概念为何?

（2）试用功的互等定理推导出不同主振型间的正交性。

（3）体系的第 j 个主振型，能否通过对第 j 振型以外的其他振型作线性组合得出？试利

用主振型正交性予以讨论。

12.8　多自由度体系的强迫振动　简谐荷载作用下的直接解法

现在我们研究多自由度体系的强迫振动问题。与下一节的振型叠加法的做法不同，在这一节中我们仍然直接以各质点的位移为对象进行计算，这样解法即称为直接解法。

在简谐荷载作用下，设不考虑阻尼影响，应用直接法进行动力计算很方便。

一、运动方程的建立

在分析强迫振动（尤其是在用振型叠加法进行动力计算）时，一般多采用刚度法。

图 12-44（a）示一具有 n 个集中质量 m_1，m_2，$\cdots m_n$ 的体系，在质点处承受动力荷载 $P_1(t)$，$P_2(t)$，$\cdots$，$P_n(t)$。在时刻 t，各质点的位移为 $y_1(t)$，$y_2(t)$，$\cdots$，$y_n(t)$。和 12.6 做法相同，以 n 个质点中第 i 个为隔离体列动力平衡方程，得

$$I_i + S_i + P_i(t) = 0,(i = 1,2,\cdots,n) \tag{a}$$

I_i、S_i 的计算式见 12.6 节中式（d）及式（e）。将它们代入上式后，得

$$m_i\ddot{y}_i + k_{i1}y_1 + k_{i2}y_2 + \cdots k_{in}y_n = P_i(t),(i = 1,2,\cdots,n) \tag{b}$$

将以上 n 个方程写成矩阵形式为

$$\boldsymbol{M\ddot{Y}} + \boldsymbol{KY} = \boldsymbol{P}(t) \tag{12-70}$$

其中 $\boldsymbol{Y}$、$\boldsymbol{\ddot{Y}}$、$\boldsymbol{M}$、$\boldsymbol{K}$ 的意义和组成同前，而 $\boldsymbol{P}(t)$ 为

$$\boldsymbol{P}(t) = [P_1(t)\quad P_2(t)\cdots P_n(t)]^{\mathrm{T}} \tag{12-71}$$

$\boldsymbol{P}(t)$ 称为荷载向量，它的第 i 个元素 $P_i(t)$ 为与第 i 个坐标相应的荷载。

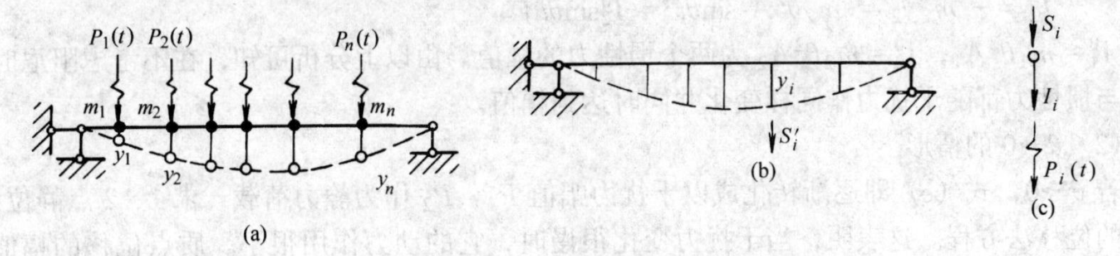

图 12-44　直接解法建立多自由度体系的强迫振动方程

二、运动方程的求解

我们先分析图 12-45（a）所示的两个自由度体系，其上作用简谐荷载 $P_i(t) = P_i\sin\theta t$，$(i=1, 2)$。在方程（12-70）中取 $n=2$，写成展开形式，得

$$\left.\begin{aligned} m_1\ddot{y}_1 + k_{11}y_1 + k_{12}y_2 = P_1\sin\theta t \\ m_2\ddot{y}_2 + k_{21}y_1 + k_{22}y_2 = P_2\sin\theta t \end{aligned}\right\} \tag{c}$$

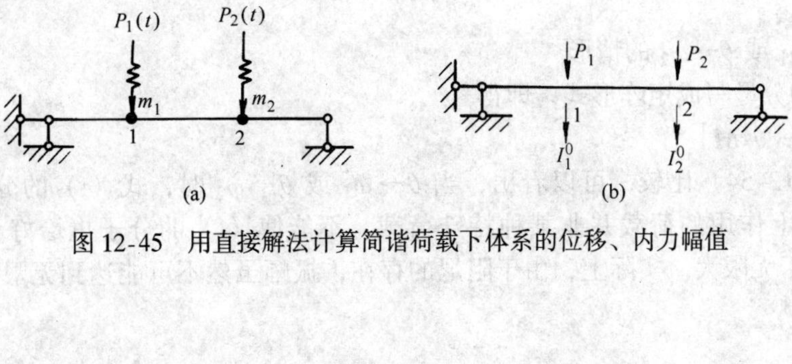

图 12-45　用直接解法计算简谐荷载下体系的位移、内力幅值

式中 P_1、P_2 为干扰力幅值，上式为一非齐次线性常微分方程组，其通解所包含的自由振动部分，实际上由于阻尼作用，会很快衰减掉。现只讨论在达到稳态阶段后所余下的纯强迫振动，亦即按频率 θ 作简谐振动的部分。设它的表达式为

$$y_1(t) = A_1\sin\theta t,\ y_2(t) = A_2\sin\theta t \tag{d}$$

将式（d）代入式（c），消去共同因子 $\sin\theta t$ 并整理，得

$$\left.\begin{aligned}(k_{11} - m_1\theta^2)A_1 + k_{12}A_2 = P_1\\ k_{21}A_1 + (k_{22} - m_2\theta^2)A_2 = P_2\end{aligned}\right\} \tag{e}$$

$$\left.\begin{aligned}A_1 = \frac{\begin{vmatrix}P_1 & k_{12}\\ P_2 & k_{22} - m_2\theta^2\end{vmatrix}}{\begin{vmatrix}k_{11} - m_1\theta^2 & k_{12}\\ k_{21} & k_{22} - m_2\theta^2\end{vmatrix}}\\ A_2 = \frac{\begin{vmatrix}k_{11} - m_1\theta^2 & P_1\\ k_{21} & P_2\end{vmatrix}}{\begin{vmatrix}k_{11} - m_1\theta^2 & k_{12}\\ k_{21} & k_{22} - m_2\theta^2\end{vmatrix}}\end{aligned}\right\} \tag{f}$$

对上述结果讨论于下。

〈1〉在简谐干扰力作用下体系到达稳态运动以后，两个质点也都作简谐运动

式（d）给出它们的位移，两个质点的惯性力分别为

$$\left.\begin{aligned}I_1 = -m_1\ddot{y}_1 = m_1\theta^2A_1\sin\theta t = I_1^0\sin\theta t\\ I_2 = -m_2\ddot{y}_2 = m_2\theta^2A_2\sin\theta t = I_2^0\sin\theta t\end{aligned}\right\} \tag{g}$$

式中 $I_1^0 = m_1\theta^2A_1$，$I_2^0 = m_2\theta^2A_2$ 为两个惯性力的幅值。由以上分析可知，在不考虑阻尼时，位移与惯性力都随干扰力作同样变化并同时达到幅值。

〈2〉$\theta \to 0$ 的情形

若 $\theta \to 0$，式（e）即逐渐转化成以干扰力幅值 P_1、P_2 作为静力荷载，求 1、2 点静位移所列的位移法方程。这表明，当干扰力变化很慢时，它的动力作用很小。质点位移的幅值，即相当于将干扰力幅值当作静力荷载所产生的位移。

〈3〉$\theta \to \infty$的情形

先将式（e）改写成为

$$\left.\begin{aligned}(k_{11}/\theta^2 - m_1)A_1 + (k_{12}/\theta^2)A_2 = P_1/\theta^2\\ (k_{21}/\theta^2)A_1 + (k_{22}/\theta^2 - m_2)A_2 = P_2/\theta^2\end{aligned}\right\} \tag{h}$$

由此式可以看出，当 $\theta \to \infty$时，$A_1 \to 0$、$A_2 \to 0$。这表明，当干扰力频率极大时，动位移则很小。

〈4〉$\theta \to \omega_1$ 或 $\theta \to \omega_2$ 的情形

式（f）的分母写成矩阵形式，即得

$$|\boldsymbol{K} - \theta^2\boldsymbol{M}|$$

与频率方程（12-54）比较，可以看出，当 $\theta \to \omega_1$ 或 $\theta \to \omega_2$ 时，式（f）的分母趋近于零。因此，若体系上作用的荷载并非某种特殊荷载，不能使（f）的分子也恰好为零，则振幅 A_1、A_2 将趋于无限大。实际上，由于阻尼的存在，振幅虽然不可能达到无限大，但仍是很

大的。由此可知，在一般荷载下，两个自由度体系可以有两个共振点，各对应一个自振频率。

〈5〉位移和内力幅值的计算

动位移和动内力在振幅位置（式（d）中 $\sin\theta t=1$ 时）达到幅值。此时，干扰力为幅值 P_1、P_2，而惯性力为幅值 I_1^0、I_2^0。因此，在求得 I_1^0、I_2^0 之后和 P_1、P_2 同时加到体系上，按静力方法计算即可得动位移和动内力幅值（图 12-45（b））。需要注意的是，在将动位移或动内力与静重所生静力值叠加时，应该考虑动位移或动内力可有正负号的变化。

以上就两个自由度体系所得到的一些结论，对多自由度体系承受简谐干扰力的情况也成立。

现在分析 n 个自由度的体系，设各干扰力为简谐力，且频率 θ 和相位都相同，则在稳态阶段，各质点也按频率 θ 作简谐振动，于是有

$$\boldsymbol{P}(t)=\boldsymbol{P}\sin\theta t \tag{12-72}$$

$$\boldsymbol{Y}=\boldsymbol{A}\sin\theta t \tag{12-73}$$

其中

$$\left.\begin{aligned}\boldsymbol{A}&=[A_1\quad A_2\cdots A_n]^{\mathrm{T}}\\ \boldsymbol{P}&=[P_1\quad P_2\cdots P_n]^{\mathrm{T}}\end{aligned}\right\} \tag{12-74}$$

分别为与 n 个几何坐标相应的位移幅值向量与荷载幅值向量。将以上的 $\boldsymbol{P}(t)$、$\boldsymbol{Y}$ 代入式(12-70)消去 $\sin\theta t$ 后，得

$$(\boldsymbol{K}-\theta^2\boldsymbol{M})\boldsymbol{A}=\boldsymbol{P} \tag{12-75}$$

利用上式即可求各位移幅值 A_i（$i=1, 2, \cdots, n$）。然后可进一步求内力幅值。

例 12-13 结构同例 12-10，设在第二楼层作用一水平干扰力 $P(t)=100\sin\theta t$（kN），每分钟振动 200 次（图 12-46（a））。求各楼层的振幅值和各层柱的剪力幅值。

【解】

矩阵 $\boldsymbol{K}$ 及 $\boldsymbol{M}$ 同例 12-10，干扰力频率为

$$\theta=\frac{2\pi}{60}\times 200=20.94\ \frac{1}{\mathrm{s}}$$

而

$$\theta^2=438.48\ \frac{1}{\mathrm{s}^2}$$

〈1〉各楼层的振幅值

$$-\theta^2\boldsymbol{M}=-438.48\ \frac{1}{\mathrm{s}^2}\times 180\ \mathrm{t}\begin{bmatrix}1.75&0&0\\0&1.5&0\\0&0&1\end{bmatrix}$$

$$=-0.805\times 98\ \mathrm{MN/m}\begin{bmatrix}1.75&0&0\\0&1.5&0\\0&0&1\end{bmatrix}$$

$$\boldsymbol{K}-\theta^2\boldsymbol{M}=98\ \mathrm{MN/m}\begin{bmatrix}3.091&-2&0\\-2&1.792&-1\\0&-1&0.195\end{bmatrix} \tag{a}$$

$$(\boldsymbol{K}-\theta^2\boldsymbol{M})^{-1}=\frac{1}{98}\ \mathrm{m/MN}\begin{bmatrix}0.233&-0.140&-0.717\\-0.140&-0.216&-1.107\\-0.717&-1.107&-0.551\end{bmatrix} \tag{b}$$

与几何坐标相应的荷载幅值向量为

$$\boldsymbol{P} = [0 \quad 100 \quad 0]^{\mathrm{T}} \text{ kN} \tag{c}$$

由式（12-75）可得

$$\boldsymbol{A} = (\boldsymbol{K} - \theta^2 \boldsymbol{M})^{-1} \boldsymbol{P}$$

将式（b）、式（c）代入，求得各楼层的振幅为

$$\boldsymbol{A} = \begin{bmatrix} A_1 \\ A_2 \\ A_3 \end{bmatrix} = \begin{bmatrix} -0.143 \\ -0.220 \\ -1.130 \end{bmatrix} \text{ mm} \tag{d}$$

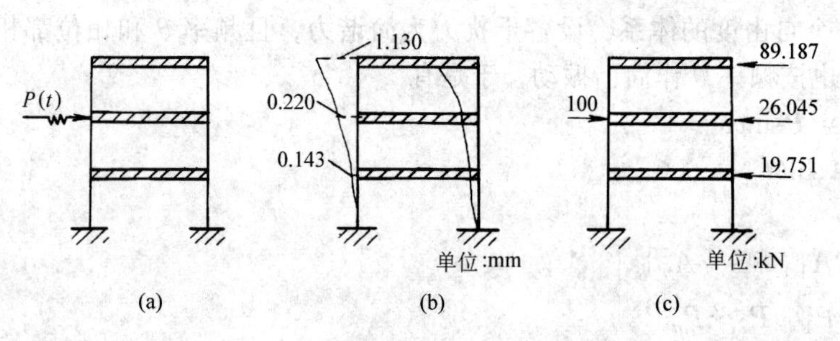

图 12-46　例 12-13 图

负号表示当干扰力向右达到幅值时，位移向左达到幅值，此时结构的变形大致如图 12-46（b）所示。

〈2〉各层柱的剪力幅值

各楼层的惯性力幅值为

$$I_1^0 = m_1 \theta^2 A_1 = 315 \text{ t} \times 438.48 \frac{1}{\text{s}^2}(-0.143 \text{ mm}) = -19.751(\text{kN})$$

$$I_2^0 = m_2 \theta^2 A_2 = 270 \text{ t} \times 438.48 \frac{1}{\text{s}^2}(-0.220 \text{ mm}) = -26.045(\text{kN})$$

$$I_3^0 = m_3 \theta^2 A_3 = 180 \text{ t} \times 438.48 \frac{1}{\text{s}^2}(-1.130 \text{ mm}) = -89.187(\text{kN})$$

负号表示当干扰力向右达到幅值时，惯性力向左达到幅值。

将各惯性力及荷载加于相应楼层处（图 12-46（c）），依次取各楼层以上部分隔离体，由平衡条件得各层柱的总剪力幅值为

$$Q_3 = -89.187(\text{kN})$$

$$Q_2 = -15.232(\text{kN})$$

$$Q_1 = -34.983(\text{kN})$$

以上各剪力值的一半即各该层单根柱的剪力幅值。

对本例，在求得各楼层的振幅之后，也可直接利用各层的侧移刚度系数求剪力幅值、以 Q_3 为例，有

$$Q_3 = (A_3 - A_2)k_3 = [-1.130 \text{ mm} - (-0.220 \text{ mm})] \times 98 \text{ MN/m} = -89.180(\text{kN})$$

思　考　题

（1）在多自由度体系的强迫振动问题中，不同点位移有无统一的动力系数？

（2）简谐荷载作用下，当干扰力频率由小到大逐渐增加时，n 个自由度体系是否一定发生 n 次共振？试以对称结构承受对称或反对称动力荷载为例加以研究。

12.9 多自由度体系的强迫振动 振型叠加法

一、正则坐标

在以上的讨论中，我们采取的是几何坐标，以质点的位移作为计算对象。这样，n 个自由度体系所得到的 n 个运动方程中的每一个，一般都将包含一个以上的未知质点位移，即这些方程互相耦联，因此，必须联立求解。若 n 较大，求解的工作是很繁重的。下面将看到，通过坐标变换，将几何坐标换成同样数目的其他适当的坐标，可将联立方程组变为若干独立的方程，使每个方程只含有一个未知数，可分别独立求解，从而使计算得到简化。将几何坐标转变为正则坐标，就能达到上述简化目的。

我们以先图 12-47（a）所示两个自由度的体系为例说明正则坐标的意义。质点位移 y_1、y_2 是原有的两个几何坐标（图 12-47（b）），设另选两个量 v_1、v_2 作为新的坐标，并使新旧坐标间有如下关系

$$\begin{bmatrix} y_1 \\ y_2 \end{bmatrix} = \begin{bmatrix} \Phi_1(1) & \Phi_2(1) \\ \Phi_1(2) & \Phi_2(2) \end{bmatrix} \begin{bmatrix} v_1 \\ v_2 \end{bmatrix} \tag{a}$$

即是，我们分别选取第一、第二规准化振型向量 $\boldsymbol{\Phi}_1$ 和 $\boldsymbol{\Phi}_2$ 的元素，作为上述关系式中 v_1 及 v_2 的系数，或者说选取体系的振型矩阵作为转换矩阵。

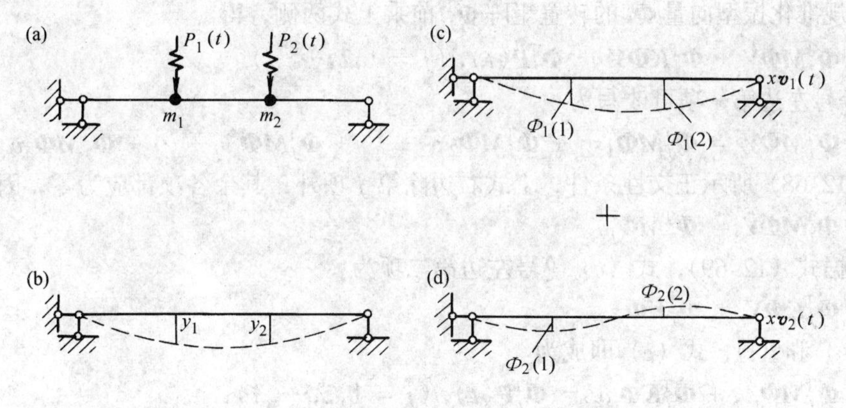

图 12-47 振型叠加法中的坐标变换

我们知道，不同的振型向量间具有正交性，因此，对应不同的频率，它们必然是线性无关的（也就是，体系的某个主振型不可能由该体系其他主振型的线性组合得出，观察前面几个例题的主振型，可以直观地看出这一点）。振型矩阵 $\boldsymbol{\Phi}$ 为一非奇异矩阵，因而以振型矩阵作为转换阵能保证新旧坐标系间存在确定的单值关系。所以这种做法是可靠的，下面将看到，它的巨大优越性还在于，用这种坐标转换方法能使方程组去耦。

现在研究式（a）所代表的几何意义。式（a）表明，体系中每个质点的位移可以看做由两部分组合而成：第一部分是将第一个规准化振型中的对应竖标乘以 v_1 而得到；第二部分则是将第二个规准化振型中的对应竖标乘以 v_2 而得到。换言之，体系的实际位移可以看做

是由固有振型各乘以对应的组合系数 v_1、v_2 之后叠加而成（如图 12-47（c）、（d）所示）。组合系数 v_1、v_2 即称为正则坐标；而式（a）所示的坐标变换即相当将实际位移按振型分解。因此，以上这种做法即称为（主）振型分解法或（主）振型叠加法。

以上坐标变换的做法，不难推广到任意多个自由度的体系。对图 12-36（a）所示 n 个自由度体系，可以利用它的 n 个规准化固有振型将原坐标 y_1，y_2，…，y_n 转换为正则坐标 v_1，v_2，…，v_n。将变换关系写成矩阵形式为

$$\boldsymbol{Y} = \boldsymbol{\Phi V} \tag{12-76}$$

其中 $\boldsymbol{Y}$ 为体系的原坐标向量，即位移向量；$\boldsymbol{V}$ 为正则坐标向量；$\boldsymbol{\Phi}$ 为式（12-65）所示的振型矩阵。$\boldsymbol{Y}$ 与 $\boldsymbol{V}$ 的展开形式如下

$$\left.\begin{aligned} \boldsymbol{Y} &= [y_1(t) \quad y_2(t) \quad \cdots \quad y_n(t)]^{\mathrm{T}} \\ \boldsymbol{V} &= [v_1(t) \quad v_2(t) \quad \cdots \quad v_n(t)]^{\mathrm{T}} \end{aligned}\right\} \tag{12-77}$$

二、按振型叠加法计算强迫振动

1. 正则坐标方程的推导

在上一节，已导出一 n 个自由度体系不考虑阻尼时的动力平衡方程

$$\boldsymbol{M\ddot{Y}} + \boldsymbol{KY} = \boldsymbol{P}(t) \tag{a}$$

下面将看到，利用坐标变换式（12-76），上式中互相耦联的 n 个方程可以转化成 n 个独立方程，这样，计算即得到很大简化。将式（12-76）及对时间变量 t 求导后的 $\boldsymbol{\ddot{Y}} = \boldsymbol{\Phi\ddot{V}}$ 代入上式［即式（12-70）］，得

$$\boldsymbol{M\Phi\ddot{V}} + \boldsymbol{K\Phi V} = \boldsymbol{P}(t) \tag{b}$$

用第 j 个规准化振型向量 $\boldsymbol{\Phi}_j$ 的转置矩阵 $\boldsymbol{\Phi}_j^{\mathrm{T}}$ 前乘上式两侧，得

$$\boldsymbol{\Phi}_j^{\mathrm{T}}\boldsymbol{M\Phi\ddot{V}} + \boldsymbol{\Phi}_j^{\mathrm{T}}\boldsymbol{K\Phi V} = \boldsymbol{\Phi}_j^{\mathrm{T}}\boldsymbol{P}(t),\ (j = 1,2,\cdots,n) \tag{c}$$

式（c）等号左边第一项可改写为

$$\boldsymbol{\Phi}_j^{\mathrm{T}}\boldsymbol{M\Phi\ddot{V}} = \boldsymbol{\Phi}_j^{\mathrm{T}}\boldsymbol{M\Phi}_1\ddot{v}_1 + \boldsymbol{\Phi}_j^{\mathrm{T}}\boldsymbol{M\Phi}_2\ddot{v}_2 + \cdots + \boldsymbol{\Phi}_j^{\mathrm{T}}\boldsymbol{M\Phi}_j\ddot{v}_j + \cdots + \boldsymbol{\Phi}_j^{\mathrm{T}}\boldsymbol{M\Phi}_n\ddot{v}_n \tag{d}$$

根据式（12-68）所示正交性条件，上式右边除第 j 项外，其余各项都应为零，因此得

$$\boldsymbol{\Phi}_j^{\mathrm{T}}\boldsymbol{M\Phi\ddot{V}} = \boldsymbol{\Phi}_j^{\mathrm{T}}\boldsymbol{M\Phi}_j\ddot{v}_j \tag{e}$$

同样，根据式（12-69），式（c）等号左边第二项为

$$\boldsymbol{\Phi}_j^{\mathrm{T}}\boldsymbol{K\Phi V} = \boldsymbol{\Phi}_j^{\mathrm{T}}\boldsymbol{K\Phi}_j v_j \tag{f}$$

根据式（e）和（f），式（c）即成为

$$\boldsymbol{\Phi}_j^{\mathrm{T}}\boldsymbol{M\Phi}_j\ddot{v}_j + \boldsymbol{\Phi}_j^{\mathrm{T}}\boldsymbol{K\Phi}_j v_j = \boldsymbol{\Phi}_j^{\mathrm{T}}\boldsymbol{P}(t),\ (j = 1,2,\cdots,n) \tag{12-78}$$

引入以下符号

$$M_j = \boldsymbol{\Phi}_j^{\mathrm{T}}\boldsymbol{M\Phi}_j \tag{12-79a}$$

$$K_j = \boldsymbol{\Phi}_j^{\mathrm{T}}\boldsymbol{K\Phi}_j \tag{12-79b}$$

$$P_{Nj}(t) = \boldsymbol{\Phi}_j^{\mathrm{T}}\boldsymbol{P}(t) \tag{12-79c}$$

它们分别称为与第 j 个振型对应的正则坐标系的广义质量、广义刚度、广义荷载*，这样，式（12-78）即可改写为

$$M_j\ddot{v}_j + K_j v_j = P_{Nj}(t),\ (j = 1,2,\cdots,n) \tag{12-80}$$

---

* 在有的文献中，M_j、K_j、P_{Nj}（t）分别称为与第 j 个振型对应的振型折算质量、折算刚度和折算荷载。

由式（12-55），有

$$\boldsymbol{K\Phi}_j = \omega_j^2\boldsymbol{M\Phi}_j$$

上式两边前乘以 $\boldsymbol{\Phi}_j^{\mathrm{T}}$，并引用式（12-79）所示的符号，得

$$K_j = \omega_j^2 M_j \tag{12-81}$$

利用此关系式，可将式（12-80）改写成

$$\ddot{v}_j + \omega_j^2 v_j = \frac{P_{Nj}(t)}{M_j},\ (j = 1,2,\cdots,n) \tag{12-82}$$

这是关于正则坐标 v_j 的独立的微分方程。在式（12-82）中，依次取 $j=1$，2，…，n，即得 n 个独立微分方程，每个方程只包含一个正则坐标。式（12-82）与单自由度体系不考虑阻尼时的运动方程完全相似。由此可见，利用体系的振型矩阵，将原几何坐标变换为正则坐标，我们即将一 n 个自由度体系转化为 n 个单自由度体系，它们的自振频率分别等于原体系的 n 个自振频率。

2. 求正则坐标微分方程的解

既然式（12-82）与单自由度体系不考虑阻尼时强迫振动的方程完全相似，因此，可以参照后者解的形式写出式（12-82）的解。式（12-82）的通解由它的齐次解 $\overline{v_j}$ 和一个特解 v_j^* 组成。它的齐次解

$$\overline{v_j} = A_j\cos\omega_j t + B_j\sin\omega_j t \tag{12-83}$$

而满足初始条件为零的特解是

$$v_j^* = \frac{1}{M_j\cdot\omega_j}\int_0^t P_{Nj}(\tau)\sin\omega_j(t-\tau)\mathrm{d}\tau \tag{12-84}$$

这样，式（12-82）的通解为

$$v_j = \overline{v_j} + v_j^* = A_j\cos\omega_j t + B_j\sin\omega_j t + \frac{1}{M_j\omega_j}\int_0^t P_{Nj}(\tau)\sin\omega_j(t-\tau)\mathrm{d}\tau \tag{12-85}$$

其中常数 A_j 和 B_j 由初始条件决定。设 $t=0$ 时，$v_j=v_{j0}$、$\dot{v}_j=\dot{v}_{j0}$，据此，可以求得

$$A_j = v_{j0},\qquad B_j = \frac{\dot{v}_{j0}}{\omega_j} \tag{12-86}$$

v_{j0} 和 $\dot{v}_{j0}$ 分别为与第 j 个正则坐标对应的初位移和初速度，它们可以通过下面所推导的关系式由原几何坐标的初位移和初速度求出。

用 $\boldsymbol{\Phi}_j^{\mathrm{T}}\boldsymbol{M}$ 前乘式（12-76）的两侧，并利用式（12-68）和式（12-79）可得

$$\boldsymbol{\Phi}_j^{\mathrm{T}}\boldsymbol{MY} = \boldsymbol{\Phi}_j^{\mathrm{T}}\boldsymbol{M\Phi V} = \boldsymbol{\Phi}_j^{\mathrm{T}}\boldsymbol{M\Phi}_j v_j = M_j v_j$$

因此，有

$$v_j = \frac{\boldsymbol{\Phi}_j^{\mathrm{T}}\boldsymbol{MY}}{M_j}$$

和
$$\dot{v}_j = \frac{\boldsymbol{\Phi}_j^{\mathrm{T}}\boldsymbol{M\dot{Y}}}{M_j}$$

当 $t=0$ 时，以上二式成为

$$v_{j0} = \frac{\boldsymbol{\Phi}_j^{\mathrm{T}}\boldsymbol{MY}_0}{M_j},\ \dot{v}_{j0} = \frac{\boldsymbol{\Phi}_j^{\mathrm{T}}\boldsymbol{M\dot{Y}}_0}{M_j} \tag{12-87}$$

在任意的确定性荷载作用下，都可利用式（12-85）求得正则坐标 v_j（$j=1$，2，…，n）；而后将它们代入式（12-76），即不难计算原几何坐标系的各个位移。只有简谐荷载作用

下，求体系在稳态阶段的动力反应时，应用上节介绍的直接解法才比较方便，而振型叠加法的适用范围较广。

3. 按振型叠加法计算动力反应的步骤

综上所述，计算步骤可归纳于下。

(1) 根据计算简图计算各刚度（或柔度）系数，形成刚度（或柔度）矩阵和质量矩阵。利用频率方程(12-54)或式(12-63)计算频率。

(2) 根据所得各 ω_j，计算各规准化振型向量 $\boldsymbol{\Phi}_j$（$j=1, 2, \cdots, n$），再按式（12-65）形成振型矩阵 $\boldsymbol{\Phi}$，代入坐标变换关系式

$$\boldsymbol{Y} = \boldsymbol{\Phi V}$$

(3) 依次取 $j=1, 2, \cdots, n$，按式（12-79）计算各广义质量和广义荷载为

$$M_j = \boldsymbol{\Phi}_j^{\mathrm{T}} \boldsymbol{M} \boldsymbol{\Phi}_j, \quad P_{Nj} = \boldsymbol{\Phi}_j^{\mathrm{T}} \boldsymbol{P}(t)$$

(4) 建立基本微分方程，即

$$\ddot{v}_j + \omega_j^2 v_j = \frac{P_{Nj}(t)}{M_j}, \quad (j = 1,2,\cdots,n)$$

并求解。

(5) 解得各正则坐标 v_j 后，应用坐标变换关系式计算位移 y_1（t），y_2（t），…，y_n（t）。需要指出，在一般荷载作用下，任一时刻的位移主要是由相应于前几个振型的分量所组成，高振型的影响较小。因此，在按坐标变换关系式计算位移时，我们可以根据所需要的精度计算到相应于某个振型的分量为止，更高阶振型的成分即予略去。

(6) 求出位移后，可再计算其他动力反应。

例 12-14 体系同例 12-11。设在零初始条件下，在横梁处施加一水平突加荷载 P（t）(图 12-48（a)），求横梁的位移及柱上端的弯矩。P（t）随时间的变化为：当 $t<0$ 时，P（t）$=0$；当 $t \geqslant 0$ 时，P（t）$=P_0=20$ kN。

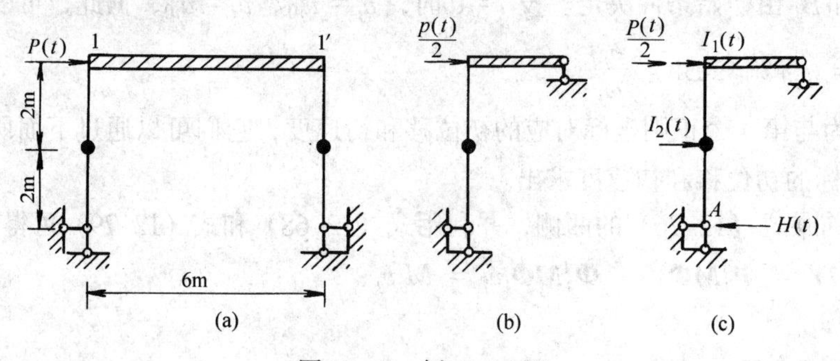

图 12-48 例 12-14 图

【解】

将荷载分解为正对称和反对称两组。前者只使横梁产生轴力，对位移和柱的内力并无影响，故只需考虑后者的作用。此时，在 1、1′两点分别作用有一向右的水平荷载P（t）/2，我们可取图12-48（b)所示半刚架进行计算。

〈1〉 建立坐标变换关系

由例 12-11 得振型矩阵

$$\boldsymbol{\Phi} = [\boldsymbol{\Phi}_1 \quad \boldsymbol{\Phi}_2] = \begin{bmatrix} 1.000 & 1.000 \\ 0.694 & -3.845 \end{bmatrix} \tag{a}$$

故坐标变换关系为

$$\begin{bmatrix} y_1(t) \\ y_2(t) \end{bmatrix} = \begin{bmatrix} 1.000 & 1.000 \\ 0.694 & -3.845 \end{bmatrix} \begin{bmatrix} v_1(t) \\ v_2(t) \end{bmatrix} \tag{b}$$

〈2〉计算广义质量和广义荷载

按式(12-79 (a))，得

$$M_1 = \boldsymbol{\Phi}_1^{\mathrm{T}} \boldsymbol{M} \boldsymbol{\Phi}_1 = [1.000 \quad 0.694] \begin{bmatrix} 800 & 0 \\ 0 & 300 \end{bmatrix} \begin{bmatrix} 1.000 \\ 0.694 \end{bmatrix} = 944.49 \text{ (kg)}$$

$$M_2 = \boldsymbol{\Phi}_2^{\mathrm{T}} \boldsymbol{M} \boldsymbol{\Phi}_2 = [1.000 \quad -3.845] \begin{bmatrix} 800 & 0 \\ 0 & 300 \end{bmatrix} \begin{bmatrix} 1.000 \\ -3.845 \end{bmatrix} = 5\,235.21 \text{ (kg)}$$

再由式（12-79c)，得

$$P_{N1}(t) = \boldsymbol{\Phi}_1^{\mathrm{T}} \boldsymbol{P}(t) = [1.000 \quad 0.694] \begin{bmatrix} \dfrac{P(t)}{2} \\ 0 \end{bmatrix} = \frac{P(t)}{2}$$

$$P_{N2}(t) = \boldsymbol{\Phi}_2^{\mathrm{T}} \boldsymbol{P}(t) [1.000 \quad -3.845] \begin{bmatrix} \dfrac{P(t)}{2} \\ 0 \end{bmatrix} = \frac{P(t)}{2}$$

〈3〉确定正则坐标

由式（12-85)，并注意到在零初始条件下，$A_j = B_j = 0$，有

$$v_1(t) = \frac{1}{M_1 \omega_1} \int_0^t P_{N1}(\tau) \sin\omega_1 (t - \tau) \mathrm{d}\tau$$

因 P_{N1}（τ）$= \dfrac{P_0}{2}$，（$\tau \geqslant 0$)，得

$$v_1(t) = \frac{P_0/2}{M_1 \omega_1^2} (1 - \cos\omega_1 t)$$

同样，得 $\quad v_2(t) = \dfrac{P_0/2}{M_2 \omega_2^2} (1 - \cos\omega_2 t)$

〈4〉确定几何坐标

由式（b）有

$$y_1(t) = v_1(t) + v_2(t) = \frac{P_0/2}{M_1 \omega_1^2} \left[(1 - \cos\omega_1 t) + \frac{M_1}{M_2} \cdot \frac{\omega_1^2}{\omega_2^2} (1 - \cos\omega_2 t) \right]$$

将 $P_0 = 20$ kN，$\omega_1 = 17.27 \dfrac{1}{\mathrm{s}}$，$\omega_2 = 201.02 \dfrac{1}{\mathrm{s}}$及以上求得的 M_1、M_2 值代入，得横梁位移

$$y_1(t) = 3.55[(1 - \cos\omega_1 t) + 0.001\,33(1 - \cos\omega_2 t)] \text{ (cm)}$$

同样可得

$$\begin{aligned} y_2(t) &= 0.694 v_1(t) - 3.845 v_2(t) \\ &= 2.46[(1 - \cos\omega_1 t) - 0.007\,37(1 - \cos\omega_2 t)] \text{ (cm)} \end{aligned}$$

〈5〉求柱上端弯矩

先求各质点处惯性力

$$\begin{aligned} I_1(t) &= -m_1 \ddot{y}_1 \\ &= -800 \text{ kg} \times 0.035\,5 \text{ m} \times \omega_1^2 \left[\cos\omega_1 t + 0.001\,33 \frac{\omega_2^2}{\omega_1^2} \cos\omega_2 t \right] \\ &= -8.47[\cos\omega_1 t + 0.180\,2\cos\omega_2 t] \text{ (kN)} \end{aligned}$$

$$I_2(t) = -m_2\ddot{y}_2$$

$$= -300\ \mathrm{kg} \times 0.024\,6\ \mathrm{m} \times \omega_1^2\left[\cos\omega_1 t - 0.007\,37\frac{\omega_2^2}{\omega_1^2}\cos\omega_2 t\right]$$

$$= -2.20[\cos\omega_1 t - 0.998\,6\cos\omega_2 t]\ (\mathrm{kN})$$

将 $I_1(t)$、$I_2(t)$ 及原给荷载 $P(t)/2$ 加于半刚架如图 12-48c 所示，利用平衡条件得 A 点水平反力为

$$H(t) = \frac{P(t)}{2} + I_1(t) + I_2(t)$$

于是柱上端弯矩为

$$M_1(t) = H(t) \times 4\ \mathrm{m} - I_2(t) \times 2\ \mathrm{m} = 4[10 + I_1(t) + I_2(t)] - 2I_2(t)$$

$$= 40 - 38.28\cos\omega_1 t - 1.72\cos\omega_2 t$$

$$= [38.28(1 - \cos\omega_1 t) + 1.72(1 - \cos\omega_2 t)]\ (\mathrm{kN \cdot m})$$

由以上计算结果可以看出，在本例中，无论位移还是弯矩，相应第二振型的分量远小于相应第一振型的分量。

思 考 题

(1) 在计算体系的动力反应时，什么情况下能用振型叠加法？什么情况下不能应用？

(2) 在何种荷载情况下，多自由度体系的动力反应只包括一种振型成分？

(3) 何谓正则坐标？为什么几何坐标与正则坐标间的变换必然是确定的单值关系？

(4) 为什么在简谐荷载作用下宜用直接解法，而在一般荷载作用下要用振型叠加法？

*12.10 考虑阻尼时多自由度体系的强迫振动

一、考虑阻尼时多自由度体系的运动方程

在 12.8 中，我们已得到不考虑阻尼时多自由度体系的运动方程（12-70），考虑阻尼时再加入阻尼力即可。但和单自由度体系不同，按照粘滞阻尼理论，单自由度体系中质点所受的阻尼力为 $-c\dot{y}$；而多自由度体系的质点，则不仅其本身的速度，其他质点的速度也可能产生阻尼力。以图 12-49 所示的多层刚架的简化阻尼模型为例，可以看出：若相邻两楼层有相对速度时，便会使其间的阻尼器发生作用，所以，楼层 j 的速度也会使楼层 i 产生阻尼力。

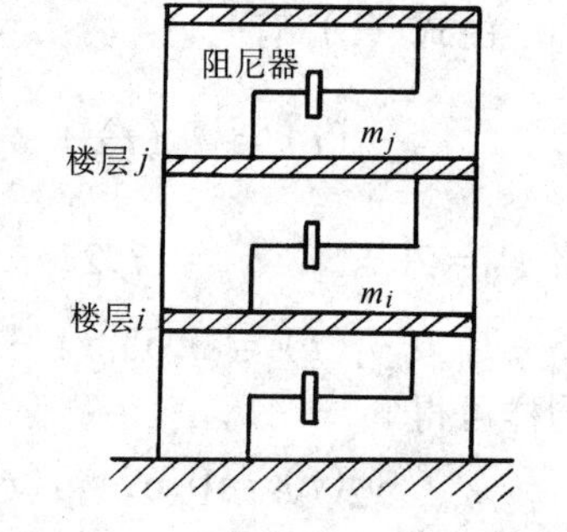

图 12-49 多层刚架阻尼模型

对于一个 n 个自由体系，设以 $-c_{ij}$ 代表坐标 j 处速度为 1，而其他坐标处速度为零时坐标 i 处的阻尼力，则坐标 i 处质点所承受的总阻尼力，按照叠加方法可得

$$D_i(t) = -c_{i1}\dot{y}_1 - c_{i2}\dot{y}_2 \cdots - c_{in}\dot{y}_n$$

$$= -\sum_{j=1}^{n} c_{ij}\dot{y}_j \tag{12-88}$$

加入阻尼力后，与坐标 i 对应的质点的动力平衡方程为

$$I_i(t) + S_i(t) + D_i(t) + P_i(t) = 0, (i = 1,2,\cdots,n) \tag{12-89}$$

将惯性力 $I_i(t)=-m_1\ddot{y}_i$、弹性恢复力 $S_i(t)=-\sum_{j=1}^{n}k_{ij}y_j$ 和阻尼力 $D_i(t)$ 代入上式，则可得

$$m_i\ddot{y}_i+\sum_{j=1}^{n}c_{ij}\dot{y}_j+\sum_{j=1}^{n}k_{ij}y_j=P_i(t),(i=1,2,\cdots,n) \tag{12-90}$$

这样的 n 个动力平衡方程用矩阵形式表示，可得

$$\boldsymbol{M}\ddot{\boldsymbol{Y}}+\boldsymbol{C}\dot{\boldsymbol{Y}}+\boldsymbol{K}\boldsymbol{Y}=\boldsymbol{P}(t) \tag{12-91}$$

上式中 $\boldsymbol{C}$ 称为阻尼矩阵，是 $n\times n$ 阶方阵；$\dot{\boldsymbol{Y}}$ 为 n 维速度向量。它们的展开形式

$$\boldsymbol{C}=\begin{bmatrix} c_{11} & c_{12} & \cdots & c_{1n} \\ c_{21} & c_{22} & \cdots & c_{2n} \\ \vdots & \vdots & & \vdots \\ c_{n1} & c_{n2} & \cdots & c_{nn} \end{bmatrix} \tag{12-92}$$

$$\dot{\boldsymbol{Y}}=[\dot{y}_1\quad \dot{y}_2\quad \cdots\quad \dot{y}_n]^{\mathrm{T}} \tag{12-93}$$

阻尼矩阵中的各元素 c_{ij} 称为阻尼影响系数。其他矩阵见前，即不再给出。式（12-91）即是考虑阻尼时多自由度体系的运动方程。在一般动力荷载作用时，求解此方程多用振型叠加法。

二、阻尼矩阵的形式

阻尼问题涉及的因素很多，要准确地形成阻尼矩阵 $\boldsymbol{C}$ 是很困难的。为使计算简化，目前对阻尼矩阵多采取以下形式

$$\boldsymbol{C}=a\boldsymbol{M}+b\boldsymbol{K} \tag{12-94}$$

式中 a、b 为两个常数。上式表示，阻尼矩阵是质量矩阵和刚度矩阵的线性组合。由于振型向量对质量矩阵和刚度矩阵正交性的成立（见式（12-68）、式（12-69）），不同振型向量对阻尼矩阵的正交性也必然成立，即

$$\boldsymbol{\Phi}_j^{\mathrm{T}}\boldsymbol{C}\boldsymbol{\Phi}_i=a\boldsymbol{\Phi}_j^{\mathrm{T}}\boldsymbol{M}\boldsymbol{\Phi}_i+b\boldsymbol{\Phi}_j^{\mathrm{T}}\boldsymbol{K}\boldsymbol{\Phi}_i=0,j\neq i \tag{12-95}$$

式（12-94）所规定的阻尼，常称为比例阻尼（或瑞雷阻尼），关于常数 a、b 的确定方法，我们将在下面叙述。

三、正则坐标方程的推导及求解

与 12.9 节中不考虑阻尼时的做法相似，首先将几何坐标与正则坐标间转换式（12-76）代入式（12-91），得

$$\boldsymbol{M}\boldsymbol{\Phi}\ddot{\boldsymbol{V}}+\boldsymbol{C}\boldsymbol{\Phi}\dot{\boldsymbol{V}}+\boldsymbol{K}\boldsymbol{\Phi}\boldsymbol{V}=\boldsymbol{P}(t)$$

再以 $\boldsymbol{\Phi}_j^{\mathrm{T}}$ 前乘上式两侧，得

$$\boldsymbol{\Phi}_j^{\mathrm{T}}\boldsymbol{M}\boldsymbol{\Phi}\ddot{\boldsymbol{V}}+\boldsymbol{\Phi}_j^{\mathrm{T}}\boldsymbol{C}\boldsymbol{\Phi}\dot{\boldsymbol{V}}+\boldsymbol{\Phi}_j^{\mathrm{T}}\boldsymbol{K}\boldsymbol{\Phi}\boldsymbol{V}=\boldsymbol{\Phi}_j^{\mathrm{T}}\boldsymbol{P}(t) \tag{12-96}$$

通过 12.9 中的讨论已知，上式左侧第一、三项和右侧项分别是

$$\boldsymbol{\Phi}_j^{\mathrm{T}}\boldsymbol{M}\boldsymbol{\Phi}\ddot{\boldsymbol{V}}=\boldsymbol{\Phi}_j^{\mathrm{T}}\boldsymbol{M}\boldsymbol{\Phi}_j\ddot{v}_j=M_j\ddot{v}_j$$

$$\boldsymbol{\Phi}_j^{\mathrm{T}}\boldsymbol{K}\boldsymbol{\Phi}\boldsymbol{V}=\boldsymbol{\Phi}_j^{\mathrm{T}}\boldsymbol{K}\boldsymbol{\Phi}_j v_j=K_j v_j$$

$$\boldsymbol{\Phi}_j^{\mathrm{T}}\boldsymbol{P}(t)=P_{Nj}(t)$$

M_j、K_j 和 $P_{Nj}(t)$ 即是在前面已定义的与第 j 振型相应的广义质量、广义刚度和广义荷载。由于式（12-95）成立，考虑阻尼后所增加的项可写为

$$\boldsymbol{\Phi}_j^{\mathrm{T}}\boldsymbol{C}\boldsymbol{\Phi}\dot{\boldsymbol{V}} = \boldsymbol{\Phi}_j^{\mathrm{T}}\boldsymbol{C}\boldsymbol{\Phi}_j\dot{v}_j = c_j\dot{v}_j$$

c_j 称为与第 j 振型相应的广义阻尼系数。利用以上几个定义式，式（12-96）可改写成

$$M_j\ddot{v}_j + c_j\dot{v}_j + K_jv_j = P_{Nj}(t), (j = 1,2,\cdots,n) \tag{a}$$

注意到 $K_j = \omega_j^2M_j$ 并以 M_j 除各项，得

$$\ddot{v}_j + \frac{c_j}{M_j}\dot{v}_j + \omega_j^2v_j = \frac{P_{Nj}(t)}{M_j}, (j = 1,2,\cdots,n) \tag{b}$$

仿照单自由度体系时做法，引入新的阻尼系数 ζ_j 置换 c_j，取

$$\zeta_j = \frac{c_j}{2M_j\omega_j} \tag{12-97}$$

其中 ω_j 为与第 j 个振型相应的无阻尼自由振动圆频率；ζ_j 称为第 j 振型阻尼比。因由式（12-94）有 $c_j = aM_j + bK_j$，于是 ζ_j 可进一步写成

$$\zeta_j = \frac{1}{2}\left(\frac{a}{\omega_j} + b\omega_j\right) \tag{12-98}$$

引入 ζ_j 后，式（b）成为

$$\ddot{v}_j + 2\omega_j\zeta_j\dot{v}_j + \omega_j^2v_j = \frac{P_{Nj}(t)}{M_j}, (j = 1,2,\cdots,n) \tag{12-99}$$

至此，我们得到了有阻尼情况下的关于 n 个正则坐标的 n 个互不耦联的微分方程。

现在研究阻尼比 ζ_j 的确定方法。在给定了常数 a、b 后，由式（12-98）即可确定各个振型阻尼比 ζ_j（$j=1$，2，…，n）。但为了较好地反映实际结构的阻尼特性，最好先根据对阻尼的实测资料来确定常数 a、b。我们知道，使实际结构基本上按某一振型（设为第 j 振型）作自由振动是可以实现的；这样获得实验结果后，即可采取与单自由度体系同样的做法（见 12.3）得到与该振型相应的阻尼比（ζ_j）。在有实验结果或已有资料可供参考的条件下，我们选定两个振型的阻尼比，通常取第一、第二振型的，即 ζ_1、ζ_2；而后将 ζ_1、ζ_2 连同相应的频率 ω_1、ω_2 分别代入式（12-98）联立求解，即可求得

$$\left.\begin{aligned} a &= \frac{2\omega_1\omega_2(\zeta_1\omega_2 - \zeta_2\omega_1)}{\omega_2^2 - \omega_1^2} \\ b &= \frac{2(\zeta_2\omega_2 - \zeta_1\omega_1)}{\omega_2^2 - \omega_1^2} \end{aligned}\right\} \tag{12-100}$$

已知 a、b，就可用式（12-98）计算更高阶振型的阻尼比 ζ_3，ζ_4…。

方程（12-99）与单自由度体系考虑阻尼时的运动微分方程是完全相似的，因此，解的形式也完全相同，不需重新推导。倘初始条件全为零，直接参照式（12-29）写出方程的解为

$$v_j = \frac{1}{M_j\omega'_j}\int_0^t P_{Nj}(\tau)\mathrm{e}^{-\zeta_j\omega_j(t-\tau)}\sin\omega'_j(t-\tau)\mathrm{d}\tau, \quad (j = 1,2,\cdots,n) \tag{12-101}$$

$$\omega'_j = \sqrt{1-\zeta_j^2}\,\omega_j \tag{12-102}$$

利用上式求出各正则坐标 v_j 后，代入坐标变换关系式（12-76）即求得各质点处位移 y_1（t），y_2（t），…，y_n（t），然后可进一步求其他动力反应。与上节不考虑阻尼时同样，因一般前几个振型成分在总位移中所占份额较大，根据精度要求，可计算到某个振型为止，更高阶振型成分即忽略不计。

例 12-15 同例 12-13，试用振型叠加法计算顶层的动位移。取 $\zeta_1=\zeta_2=0.05$。

【解】

〈1〉建立坐标变换关系

由例 12-10 得振型矩阵

$$\boldsymbol{\Phi}=[\boldsymbol{\Phi}_1\quad\boldsymbol{\Phi}_2\quad\boldsymbol{\Phi}_3]=\begin{bmatrix}1.000 & 1.000 & 1.000\\ 1.961 & 0.863 & -0.950\\ 2.918 & -1.467 & 0.358\end{bmatrix} \tag{a}$$

故坐标变换关系为

$$\begin{bmatrix}y_1\\ y_2\\ y_3\end{bmatrix}=\begin{bmatrix}1.000 & 1.000 & 1.000\\ 1.961 & 0.863 & -0.950\\ 2.918 & -1.467 & 0.358\end{bmatrix}\begin{bmatrix}v_1\\ v_2\\ v_3\end{bmatrix} \tag{b}$$

〈2〉计算广义质量和广义荷载

利用式（12-79a），得

$$M_1=\boldsymbol{\Phi}_1^{\mathrm{T}}\boldsymbol{M}\boldsymbol{\Phi}_1=180\ \mathrm{t}\begin{bmatrix}1.000\\ 1.961\\ 2.918\end{bmatrix}^T\begin{bmatrix}1.75 & 0 & 0\\ 0 & 1.5 & 0\\ 0 & 0 & 1.0\end{bmatrix}\begin{bmatrix}1.000\\ 1.961\\ 2.918\end{bmatrix}=2\,886.12\ (\mathrm{t})$$

同样可得

$$M_2=\boldsymbol{\Phi}_2^{\mathrm{T}}\boldsymbol{M}\boldsymbol{\Phi}_2=903.54(\mathrm{t}),\quad M_3=\boldsymbol{\Phi}_3^{\mathrm{T}}\boldsymbol{M}\boldsymbol{\Phi}_3=581.74(\mathrm{t})$$

再由式（12-79c），得

$$P_{N1}(t)=\boldsymbol{\Phi}_1^{\mathrm{T}}\boldsymbol{P}(t)=[1.000\quad 1.961\quad 2.918]\begin{bmatrix}0\\ 100\quad\sin\theta t\\ 0\end{bmatrix}=196.1\sin\theta t\ (\mathrm{kN})$$

同样有

$$P_{N2}(t)=\boldsymbol{\Phi}_2^{\mathrm{T}}\boldsymbol{P}(t)=86.3\sin\theta t\ (\mathrm{kN})$$

$$P_{N3}(t)=\boldsymbol{\Phi}_3^{\mathrm{T}}\boldsymbol{P}(t)=-95\sin\theta t\ (\mathrm{kN})$$

〈3〉计算第三振型的阻尼比 ζ_3

先确定系数 a、b。将 $\zeta_1=\zeta_3=0.05$，$\omega_1=13.36\,\frac{1}{\mathrm{s}}$，$\omega_2=29.40\,\frac{1}{\mathrm{s}}$代入式（12-100），得

$$a=\frac{2\times 13.36\times 29.4(29.4-13.36)\times 0.05}{(29.4)^2-(13.36)^2}=0.919\ (\frac{1}{\mathrm{s}})$$

$$b=\frac{2(29.4-13.36)\times 0.05}{(29.4)^2-(13.36)^2}=0.002\,34\ (\mathrm{s})$$

在例 12-10 中已求得 $\omega_3=44.61\,\frac{1}{\mathrm{s}}$，将它和上述 a、b 值一并代入式（12-98），即得

$$\zeta_3=\frac{1}{2}\left(0.002\,34\times 44.61+\frac{0.919}{44.61}\right)=0.062$$

〈4〉确定正则坐标

设以 $v_i(t)$ 代表 $v_1(t)\sim v_3(t)$ 中任一个，由式（12-99）可知，$v_i(t)$ 应满足

$$\ddot{v}_i+2\zeta_i\omega_i\dot{v}_i+\omega_i^2 v_i=\frac{P_{Ni}(t)}{M_i}=\frac{P_{Ni}^0}{M_i}\sin\theta t \tag{c}$$

我们只计算稳态阶段的位移，参照 12.4 节中的公式，得

$$\left.\begin{aligned}v_i(t) &= \frac{P_{Ni}^0}{M_i\omega_i^2}\frac{1}{\sqrt{\left(1-\frac{\theta^2}{\omega_i^2}\right)^2+\left(2\zeta_i\frac{\theta}{\omega_i}\right)^2}}\sin(\theta t-\varphi_i)\\ \tan\varphi_i &= \frac{2\zeta_i\frac{\theta}{\omega_i}}{1-\frac{\theta^2}{\omega_i^2}}\end{aligned}\right\}\tag{d}$$

以下利用上式分别计算 $v_1(t)$ ～ $v_3(t)$。

$v_1(t)$：在式（d）中，取 $i=1$，将 $\omega_1=13.36\ \frac{1}{s}$、$\zeta_1=0.05$、$M_1=2\ 886.12$ t、$\theta=20.94\ \frac{1}{s}$、$P_{N1}^0=196.1$ kN 代入，得

$$\begin{aligned}v_1(t) &= \frac{196.1}{2\ 886.12(13.36)^2}\times\frac{1}{\sqrt{\left[1-\left(\frac{20.94}{13.36}\right)^2\right]^2+\left(2\times0.05\times\frac{20.94}{13.36}\right)^2}}\times\sin(\theta t-\varphi_1)\\ &= 0.000\ 26\times\sin(\theta t-\varphi_1)\ \text{m} = 0.26\times\sin(\theta t-\varphi_1)\ \text{mm}\end{aligned}$$

$$\tan\varphi_1 = \frac{2\times0.05\times\frac{20.94}{13.36}}{1-\left(\frac{20.94}{13.36}\right)^2} = -0.107\ 7$$

$$\varphi_1 = 137°51.2'$$

$v_2(t)$：同上做法，在式（d）中取 $i=2$，将 $\omega_2=29.40\ \frac{1}{s}$、$\zeta_2=0.05$、$M_2=903.54$ t、$\theta=20.94\ \frac{1}{s}$以及 $P_{N2}^0=86.3$ kN 代入，得

$$\begin{aligned}v_2(t) &= 0.000\ 222\times\sin(\theta t-\varphi_2)\ \text{m}\\ &= 0.222\times\sin(\theta t-\varphi_2)\ \text{mm}\end{aligned}$$

$$\tan\varphi_2 = 0.144\ 5,\ \varphi_2 = 8°13.2'$$

$v_3(t)$：在式（d）中取 $i=3$，将有关各值代入，经计算得

$$\begin{aligned}v_3(t) &= -0.000\ 105\times\sin(\theta t-\varphi_3)\ \text{m}\\ &= -0.105\times\sin(\theta t-\varphi_3)\ \text{mm}\end{aligned}$$

$$\tan\varphi_3 = 0.075\ 9,\ \varphi_3 = 4°20.3'$$

〈5〉求顶层位移 $y_3(t)$

由式（b），有

$$y_3(t) = 2.918\times v_1(t) - 1.467\times v_2(t) + 0.358\times v_3(t)$$

代入以上所得 $v_1(t)$ ～ $v_3(t)$ 后，成为

$$y_3(t) = 0.759\sin(\theta t-\varphi_1) - 0.326\sin(\theta t-\varphi_2) - 0.038\sin(\theta t-\varphi_3)\tag{e}$$

因 $y_3(t)$ 是由频率相同的几个正弦函数叠加而成，故叠加后仍应是具有同一频率 θ 的正弦函数。设

$$y_3(t) = A_3\sin(\theta t-\varepsilon_3)\tag{f}$$

使式（e）、式（f）等号以右部分相等，展开并整理后，可得

$$[0.759\cos\varphi_1 - 0.326\cos\varphi_2 - 0.038\cos\varphi_3]\sin\theta t - [0.759\sin\varphi_1 - 0.326\sin\varphi_2$$

$$-0.038\sin\varphi_3]\cos\theta t = A_3\cos\varepsilon_3\sin\theta t - A_3\sin\varepsilon_3\cos\theta t$$

因无论 t 怎样变化，以上等式皆应成立；故等号两边 $\sin\theta t$ 和 $\cos\theta t$ 项的系数应分别相等。在这样所得的两个等式中，将以上已求出的 $\varphi_1 \sim \varphi_3$ 的值代入，经计算得

$$A_3\cos\varepsilon_3 = -1.115\ \text{mm}$$

$$A_3\sin\varepsilon_3 = 0.032\ \text{mm}$$

因此 $$A_3 = \sqrt{(-1.115)^2 + (0.032)^2} \approx 1.115\ \text{mm}$$

$$\tan\varepsilon_3 = -\frac{0.032}{1.115} = -0.028\,7, \varepsilon_3 = 178°21.4'$$

讨论：本例考虑阻尼所得到的顶层位移的幅值与例 12-13 所得结果相差很少，这是由于干扰力频率$\left(\theta = 20.94\ \frac{1}{\text{s}}\right)$和各自振频率相差较多，并未进入共振区的缘故。

思 考 题

(1) 体系的不同主振型之间对于阻尼矩阵的正交性是在什么前提下导出的？

(2) 在式 (12-98) 中，分别取 $a=0$ 及 $b=0$，随着阶次的增加，与各振型相应的阻尼比的变化规律为何？

(3) 倘考虑体系的阻尼，就一般情况而言，多自由度体系在自由振动时是否还能按某个主振型单一的振动？体系具有何种性质的阻尼才能存在这种特定的振动？

(4) 若作用在质点上的各动力荷载随时间有不同的变化规律，用振型叠加法计算动位移应如何处理？

*12.11 无限自由度体系的自由振动

决定体系的计算简图时，若弹性杆的质量按沿杆长分布考虑，体系就将具有无限多个自由度。本节以等截面直杆的弯曲自由振动为例来介绍基本概念。

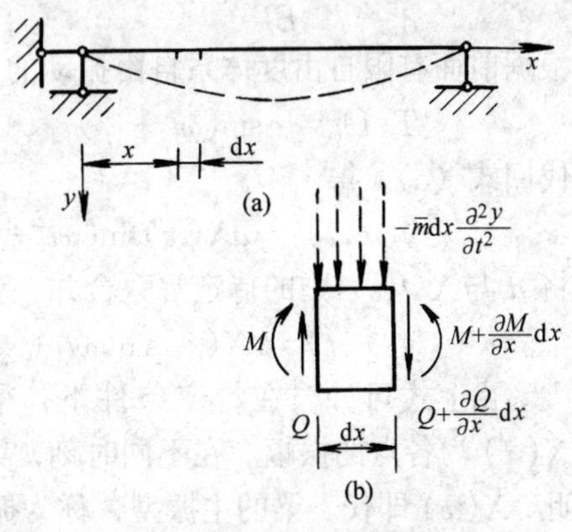

图 12-50 质量分布弹性梁的自由振动

图 12-50 (a) 示一单跨梁，设梁在其本身所在平面内作弯曲振动。以坐标 x 表示各截面位置。设梁的弯曲刚度和单位长度内的质量分别为 EI 和 $\bar{m}$。

仍取质点的位移作为基本未知量，但和有限自由度体系不同，这时不能再用分散型的坐标 $y_1(t)$，$y_2(t)$，…，$y_n(t)$ 来表示集中质量所在点的位移，而应使各质点的位移是 x 的连续函数。即除取时间 t 作独立变量外，还要取位置坐标 x 作独立变量。这样，表示梁的位移要用一二元函数 $y(x, t)$，梁的运动方程成为偏微分方程。

取 x 和 y 的正向如图 12-50 (a) 所示。自梁内截取一微段作为隔离体，依达朗培尔原理，作用其上的力有惯性力 $-\bar{m}\,dx\,\frac{\partial^2 y}{\partial t^2}$ 和两侧的弯矩及剪力 (图 12-50 (b))。由动力平衡条

件，略去高阶微量后得

$$\left.\begin{aligned}\frac{\partial Q}{\partial x}-\bar{m}\frac{\partial^2 y}{\partial t^2}=0\\ Q=\frac{\partial M}{\partial x}\end{aligned}\right\}\tag{a}$$

由此可得

$$\frac{\partial^2 M}{\partial x^2}-\bar{m}\frac{\partial^2 y}{\partial t^2}=0\tag{b}$$

由材料力学知梁的挠曲方程（略去剪切变形影响）为

$$M=-EI\frac{\partial^2 y}{\partial x^2}\tag{c}$$

代入式（b）得等截面杆弯曲自由振动的基本微分方程

$$EI\frac{\partial^4 y}{\partial x^4}+\bar{m}\frac{\partial^2 y}{\partial t^2}=0\tag{12-103}$$

现用分离变量法求解方程（12-103）。设

$$y(x,t)=X(x)T(t)\tag{d}$$

将上式代入，经整理后得

$$\frac{EI\dfrac{\mathrm{d}^4 X}{\mathrm{d}x^4}}{\bar{m}X}=-\frac{\dfrac{\mathrm{d}^2 T}{\mathrm{d}t^2}}{T}$$

由于上式等号左边只与 x 有关，而右边只与 t 有关，因此，为了维持恒等，两边都须等于同一常数。设以 ω^2 代表这个常数，可得以下两个独立的常微分方程

$$\frac{\mathrm{d}^2 T}{\mathrm{d}t^2}+\omega^2 T=0\tag{12-104}$$

$$\frac{\mathrm{d}^4 X}{\mathrm{d}x^4}-\frac{\omega^2\bar{m}}{EI}X=0\tag{12-105}$$

根据前面有限自由度体系自由振动的分析可知，式（12-104）的解是

$$T(t)=a\sin(\omega t+\varphi)$$

代回式（d），得

$$y(x,t)=aX(x)\sin(\omega t+\varphi)$$

将 a 与 X（x）中的待定常数合并，上式可写成

$$y(x,t)=X(x)\sin(\omega t+\varphi)\tag{12-106}$$

由上式可知，在特定条件下，梁上各点将按同一频率作简谐振动，ω 为自振频率，$X(x)$ 为各点的振幅。在不同时刻，梁的变形曲线都与函数 $X(x)$ 成比例而其形状不变。因此，$X(x)$ 即代表梁的主振型，称为振型函数。

以下研究等截面杆的频率和主振型。在式（12-105）中引入符号

$$\lambda^4=\frac{\omega^2\bar{m}}{EI}\tag{12-107}$$

即 $$\omega=\lambda^2\sqrt{\frac{EI}{\bar{m}}}$$

则式（12-105）可改写为

$$\frac{d^4 X}{dx^4} - \lambda^4 X = 0 \tag{12-108}$$

方程（12-108）的通解为

$$X(x) = B_1 \text{ch}\lambda x + B_2 \text{sh}\lambda x + B_3 \cos\lambda x + B_4 \sin\lambda x \tag{12-109}$$

式中 B_1、B_2、B_3 及 B_4 为待定常数。既知 X（x）后，可进一步求与它相应的转角、弯矩和剪力的表达式。

在梁的各种支承处，在挠度、转角、弯矩和剪力这4个量中一般有两个为已知，梁两端便共有4个已知边界条件。根据这些边界条件，可以列出包含 $B_1 \sim B_4$ 的4个齐次方程。为了求得非零解，此方程组的系数行列式应为零，这样就得到用以确定 λ 的特征方程（频率方程）。即知 λ，由式（12-107）可求出自振频率 ω。对一无限自由度体系，特征方程为一超越方程，有无限多个根，随之有无限多个频率 ω_i（$i=1$，2，…）。对每一个频率 ω_i，可求出 B_1、B_2、B_3、B_4 的一组比值，于是由式（12-109）便得到与 ω_i 相应的主振型 X_i（x）。

对应于每一个频率和振型，基本微分方程（12-103）有一个特解

$$y_i(x,t) = X_i(x)\sin(\omega_i t + \varphi_i),\ (i = 1,2,\cdots,\infty)$$

方程的通解应是这些特解的线性组合。即

$$y(x,t) = \sum_{i=1}^{\infty} a_i X_i(x)\sin(\omega_i t + \varphi_i)$$

其中的待定常数 a_i、φ_i 由初始条件确定。一般初始条件下，y（x，t）中含有若干不同频率的特解，它不再是简谐振动；但分析这种振动并无实际意义，不再细述。

例 12-16 求图 12-51 所示等截面简支梁的自振频率和主振型。

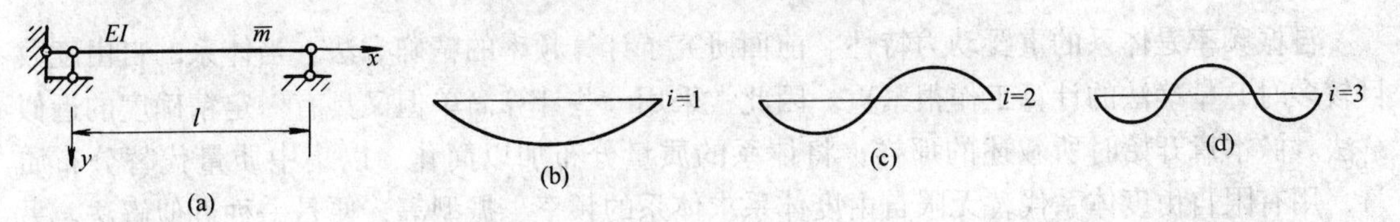

图 12-51 例 12-16 图

【解】

利用梁左端的边界条件

$$X(0) = 0,\ X''(0) = 0$$

由式（12-109）分别得 $B_1 + B_3 = 0$，$B_1 - B_3 = 0$

于是得 $B_1 = B_3 = 0$，式（12-109）简化为

$$X(x) = B_2 \text{sh}\lambda x + B_4 \sin\lambda x \tag{a}$$

右端的边界条件为

$$\left.\begin{aligned} X(l) = 0&:\ B_2 \text{sh}\lambda l + B_4 \sin\lambda l = 0 \\ X''(l) = 0&:\ B_2 \text{sh}\lambda l - B_4 \sin\lambda l = 0 \end{aligned}\right\} \tag{b}$$

使式（b）中齐次方程组的系数行列式为零，得

$$\begin{vmatrix} \text{sh}\lambda l & \sin\lambda l \\ \text{sh}\lambda l & -\sin\lambda l \end{vmatrix} = 0 \tag{c}$$

即 $\text{sh}\lambda l \cdot \sin\lambda l = 0$

因为 $\lambda l \neq 0$（由式（a）可知，若 $\lambda=0$，则 $X(x)=0$，成为无振动的情况），故 $\mathrm{sh}\lambda l \neq 0$，因而有特征方程

$$\sin\lambda l = 0 \tag{d}$$

它有无限多个根为

$$\lambda_i l = i\pi \quad (i = 1,2,3,\cdots)$$

代入式（12-107），得各自振频率

$$\omega_i = \frac{i^2\pi^2}{l^2}\sqrt{\frac{EI}{m}}, \quad (i = 1,2,3,\cdots) \tag{e}$$

为确定振型，可利用式（b）中任一式。因 $\sin\lambda l=0$，得 $B_2=0$，再将待定常数 B_4 改以 C 表示，由式（a）得与 ω_i 相应的振型函数为

$$X_i(x) = C\sin\lambda_i x = C\sin\frac{i\pi x}{l}, (i = 1,2,3,\cdots) \tag{f}$$

由式（f）可知，等截面简支梁的第 i 个振型为含有 i 个半波的正弦曲线，前 3 个如图 12-51（b）、（c）、（d）所示。

思 考 题

对无限自由度体系而言，不同阶次振型间的正交性应怎样表示？试以梁的弯曲振动为例，利用功的互等定理予以推导。

12.12 能量法计算自振频率

自振频率是体系的重要动力特性。前面研究了计算频率的精确方法。当体系的自由度数目较多时，精确法的计算工作很繁重。因此常采用一些计算简单但又具有一定精确度的近似解法。像本章开始时所叙述的那样，将体系的质量分布加以简化，以集中质量代替分布质量，用有限自由度体系代替无限自由度体系求体系的频率、振型等，便是一种近似解法。另一种类型的近似解法是：不从改变体系的质量分布情况入手，而是对体系的振动形式给以简化假设，根据一定准则求得体系频率、振型的近似解。能量法便是以能量准则为依据的这一类型的方法。内中的瑞雷法简便易行，应用广泛，本节即介绍这一方法。

根据能量守恒和转化定律，当体系作自由振动时，在不考虑阻尼的情况下，体系既无能量输入，也无能量耗散，因而在任一时刻，体系的动能与变形势能之和为一常数，即

$$E(t) + U(t) = 常数$$

式中 $E(t)$ 为体系在某一时刻的动能，$U(t)$ 为体系在同一时刻的变形势能。

若体系以某个固有频率 ω 作自由振动，按前面各节所述，此时体系处于简谐振动状态。由简谐振动的特征可知：体系在振动中达到幅值时，各质点速度为零，因而动能为零，而变形势能则有最大值；反之，当体系经过静平衡位置的时刻，各质点速度最大，动能有最大值而变形势能则等于零。对这两个特定时刻，按照上式，可得

$$0 + U_{\max} = E_{\max} + 0$$

或

$$U_{\max} = E_{\max} \tag{2-110}$$

按瑞雷法计算各类结构的自振频率时，利用这一关系式即可得到确定频率的方程。现以梁的

横向振动为例加以说明。

设梁以某个固有频率 ω 作自由振动，以 $X(x)$ 代表振幅曲线（即振型函数），其位移可表示为

$$y(x,t) = X(x)\sin(\omega t + \varphi)$$

速度为

$$\dot{y}(x,t) = X(x)\omega\cos(\omega t + \varphi)$$

因此，其动能为

$$\begin{aligned} E(t) &= \frac{1}{2}\int_0^l \overline{m}(x)[\dot{y}(x,t)]^2 \mathrm{d}x \\ &= \frac{1}{2}\omega^2\cos^2(\omega t + \varphi)\int_0^l \overline{m}(x)X^2(x)\mathrm{d}x \end{aligned}$$

而

$$E_{\max} = \frac{1}{2}\omega^2\int_0^l \overline{m}(x)X^2(x)\mathrm{d}x \tag{12-111}$$

变形势能（只考虑弯曲变形能）为

$$\begin{aligned} U &= \frac{1}{2}\int_0^l \frac{M^2\mathrm{d}x}{EI} = \frac{1}{2}\int_0^l EI[y''(x,t)]^2\mathrm{d}x \\ &= \frac{1}{2}\sin^2(\omega t + \varphi)\int_0^l EI[X''(x)]^2\mathrm{d}x \end{aligned}$$

而

$$U_{\max} = \frac{1}{2}\int_0^l EI[X''(x)]^2\mathrm{d}x \tag{12-112}$$

按式（12-110）所示关系，使式（12-111）和式（12-112）相等，可求得

$$\omega^2 = \frac{\int_0^l EI[X''(x)]^2\mathrm{d}x}{\int_0^l \overline{m}(x)X^2(x)\mathrm{d}x} \tag{12-113}$$

若体系上尚有集中质量 m_i（$i=1, 2, \cdots$），设以 $X(x_i)$ 表示 i 点的振幅，则上式即变为

$$\omega^2 = \frac{\int_0^l EI[X''(x)]^2\mathrm{d}x}{\int_0^l \overline{m}(x)X^2(x)\mathrm{d}x + \sum_i m_i X^2(x_i)} \tag{12-114}$$

式（12-113）和式（12-114）就是用瑞雷法求梁的自振频率的公式。若已知某个主振型，则将振型函数代入即可求得对应的频率精确值。但主振型通常在用瑞雷法求频率时并不知道，这时，可以假定一个近似的振型，将其表达式代入式（12-113）或式（12-114）即可求得自振频率的近似值。显然，所得结果与所假定的振型有关。计算实践表明，用这个方法求得的第一自振频率，精确度较高。若用以求高次频率，一则由于假定高频率的振型比较困难；再则所得结果的误差较大，因此瑞雷法实际上适于计算第一频率。

在设定曲线 $X(x)$ 时，应该尽可能满足结构的边界条件。边界条件包括几何边界条件和力的边界条件两种。对梁的横向振动而言，几何边界条件与位移本身及其一阶导数即转角有关；力的边界条件需以位移的二阶及三阶导数（对应弯矩和剪力）表示。事实上，常不易满足所有要求，但几何边界条件必须满足，否则误差将很大。

通常可取结构在某种静荷载作用下的挠曲作为 $X(x)$。这时，体系的变形势能即可用静荷载所做外力功的值来代替，即

$$U_{\max} = \frac{1}{2}\int_0^l q(x)X(x)\mathrm{d}x + \frac{1}{2}\sum_j P_j X(x_j)$$

式中：$q(x)$、P_j（$j=1, 2, \cdots$）分别为所设的分布荷载和集中荷载，$X(x)$ 为这些荷载作用下的挠曲线。这样，式（12-114）可改写为

$$\omega^2 = \frac{\int_0^l q(x)X(x)\mathrm{d}x + \sum_j P_j X(x_j)}{\int_0^l \overline{m}(x)X^2(x)\mathrm{d}x + \sum_i m_i X^2(x_i)} \tag{12-115}$$

对某些结构（如单跨梁）来说，在求第一频率时，常取自重作用下的挠曲线作为上式中的 $X(x)$。但如考虑水平方向振动，则重力应沿水平方向作用。

若体系的分布质量可不考虑（$\overline{m}=0$），只有若干个位于 x_i 处的集中质量 m_i（$i=1, 2, \cdots$），即成为多自由度体系。此时式（12-115）成为

$$\omega^2 = \frac{\int_0^l q(x)X(x)\mathrm{d}x + \sum_j P_j(x_j)}{\sum_i m_i X^2(x_i)} \tag{12-116}$$

例 12-17 用瑞雷法计算图 12-52 所示两端固定梁的第一频率。设 EI = 常数，单位长的质量为 $\overline{m}$。

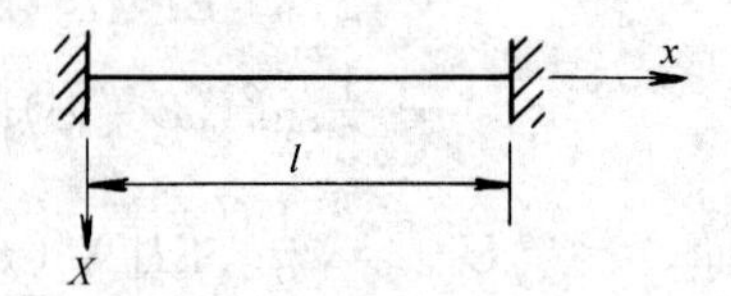

图 12-52 例 12-17 图

【解】

（1）设振幅曲线为

$$X(x) = A\left(1 - \cos\frac{2\pi x}{l}\right)$$

上式满足几何边界条件和力边界条件中梁端弯矩非零的要求，但梁端剪力为零则与实际情况不符。

将上式代入式（12-113），得

$$\omega^2 = \frac{EI\int_0^l [X''(x)]^2\mathrm{d}x}{\overline{m}\int_0^l X^2(x)\mathrm{d}x} = \frac{EI\int_0^l\left(A\,\frac{4\pi^2}{l^2}\cos\frac{2\pi x}{l}\right)^2\mathrm{d}x}{\overline{m}A^2\int_0^l\left(1-\cos\frac{2\pi x}{l}\right)^2\mathrm{d}x}$$

$$= \frac{\dfrac{8\pi^4 EIA^2}{l^3}}{\dfrac{3}{2}\overline{m}lA^2}$$

或 $$\omega^2 = \frac{16\pi^4}{3l^4}\frac{EI}{\overline{m}}$$

$$\omega = \frac{22.8}{l^2}\sqrt{\frac{EI}{\overline{m}}}$$

与精确值 $\omega = \dfrac{22.37}{l^2}\sqrt{\dfrac{EI}{\overline{m}}}$ 相比，误差为 +1.9%。

（2）改取均布荷载 q 作用下的挠曲线为

$$X(x) = \frac{ql^4}{24EI}\left(\frac{x^4}{l^4} - 2\,\frac{x^3}{l^3} + \frac{x^2}{l^2}\right)$$

作为振幅曲线。这时，$X(x)$ 满足全部边界条件。

由式（12-115），得

$$\omega^2=\frac{q\int_0^l X(x)\mathrm{d}x}{\overline{m}\int_0^l X^2(x)\mathrm{d}x}=\frac{q\int_0^l \frac{ql^4}{24EI}\left(\frac{x^4}{l^4}-\frac{2x^3}{l^3}+\frac{x^2}{l^2}\right)\mathrm{d}x}{\overline{m}\int_0^l\left(\frac{ql^4}{24EI}\right)^2\left(\frac{x^4}{l^4}-\frac{2x^3}{l^3}+\frac{x^2}{l^2}\right)^2\mathrm{d}x}$$

$$=\frac{\dfrac{q^2l^5}{720EI}}{\dfrac{q^2\overline{m}l^9}{576\times 630(EI)^2}}$$

或 $$\omega^2=\frac{504}{l^4}\cdot\frac{EI}{\overline{m}}$$

$$\omega=\frac{22.45}{l^2}\sqrt{\frac{EI}{\overline{m}}}$$

与精确值相比误差为+0.4%。

由以上结果可以看出以下两点。

（1）所选的两种振幅曲线，或是大部或是全部符合边界处位移和力的实际情况，因此所得结果误差都较小。且第二种做法所得结果的误差更小，因所选取的振幅曲线更接近第一振型。

（2）所得结果与精确值比较都稍偏大，这是瑞雷法的一个特点。因为假设某一与实际振型有出入的特定曲线作为振型曲线，即相当于在体系上增加某些约束，从而增大了体系的刚度，故所得频率值即将偏大。

例 12-18 用瑞雷法计算例12-10中三层刚架的第一频率。

【解】

例12-10中刚架（重绘于图12-53（a））可看作一剪切型悬臂柱*。这样，原刚架在水平振动时即简化为如图12-53（b)所示的多自由度体系。各质点的质量及各层侧移刚度列于表A中。

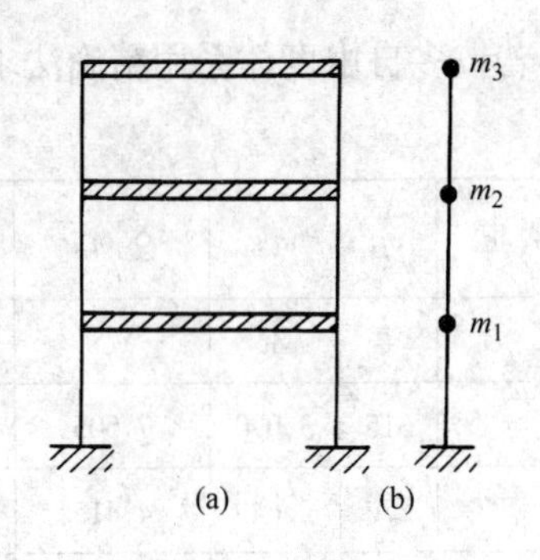

图 12-53 例 12-18 图

设以各层重量m_ig当作水平集中荷载时悬臂柱上各质点的位移$X(i)$（$i=1,2,3$)作为第一振型中该点坐标的近似值。这样，在式(12-116)中，质点序号 i 也就是所设集中荷载序号 j，以下即都以 i 表示，因此有$P_i=m_ig$，此外，$q(x)=0$，于是对本例而言，式(12-116)即成为

$$\omega^2=\frac{\sum_{i=1}^{3}m_ig\cdot X(i)}{\sum_{i=1}^{3}m_iX^2(i)} \tag{a}$$

或

* 当剪切变形起主要作用，确定位移曲线可只考虑剪切变形的杆件，称为剪切型杆件。高宽比不大于 3 的多层刚架受侧向力作用时，其整体位移形态与剪切型悬臂柱的相似。

$$\omega = \frac{\sqrt{g \sum_{i=1}^{3} m_i X(i)}}{\sqrt{\sum_{i=1}^{3} m_i X^2(i)}} \tag{b}$$

再以 k_i 表示第 i 层侧移刚度系数，于是，m_1 所在点的位移为

$$X(1) = \frac{\sum_{r=1}^{3} m_r g}{k_1}$$

m_2 所在点的位移为

$$X(2) = X(1) + \frac{\sum_{r=2}^{3} m_r g}{k_2}$$

m_3 所在点的位移为

$$X(3) = X(2) + \frac{\sum_{r=3}^{3} m_r g}{k_3}$$

计算列表进行，如表 A 表示，最后得

$$\omega = \frac{\sqrt{g \sum_{i=1}^{3} m_i X(i)}}{\sqrt{\sum_{i=1}^{3} m_i X^2(i)}} = \sqrt{\frac{9.81 \times 36.81}{1.97}} = 13.54 \ (\frac{1}{\mathrm{s}})$$

若按多自由度体系用精确法求解，则得 $\omega = 13.36 \ \frac{1}{\mathrm{s}}$（见例 12-10），仅相差 1.35%。

表 A

层	m_i	$m_i g$	$\sum_{r=i}^{3} m_r g$	k_i	$X(i) - X(i-1)$	$X(i)$	$m_i X(i)$	$m_i X^2(i)$
i	t	MN	MN	MN/m	m	m	t·m	t·m²
1	315	3.090	7.505	245	30.63×10^{-3}	30.63×10^{-3}	9.65	0.30
2	270	2.649	4.415	196	22.53×10^{-3}	53.16×10^{-3}	14.35	0.76
3	180	1.766	1.766	98	18.02×10^{-3}	71.18×10^{-3}	12.81	0.91
						$\sum$	36.81	1.97

思 考 题

（1）应用瑞雷法时，所设振幅曲线应满足什么条件？

（2）用瑞雷法求得的第一频率的近似值总是大于真实的频率，这个结论有无前提条件？

（3）用瑞雷法计算多自由度体系的自振频率，若采取直接设出其主振型近似形态的方法，应怎样计算 U_{max}？

习　题

12.1　确定图示体系的自由度。

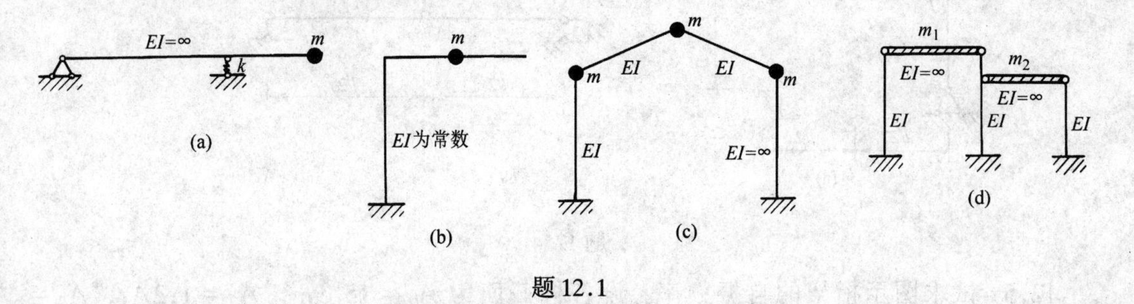

题 12.1

12.2　试列出图示体系的运动方程并计算各系数。不考虑阻尼影响。

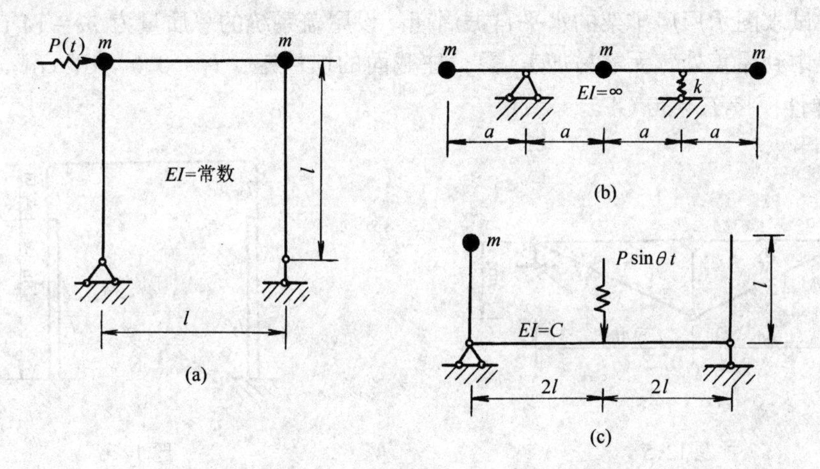

题 12.2

12.3　一等截面梁跨长为 l，集中质量 m 位于梁的中点。试按图示 4 种支承情况分别求自振频率，并分析支承情况对自振频率的影响。

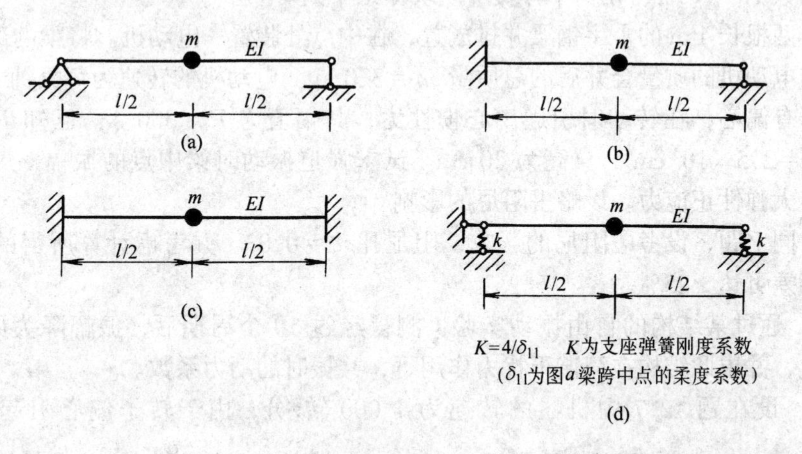

题 12.3

12.4　试求图示体系的自振频率，设杆件自重略去不计，EI 为常数。

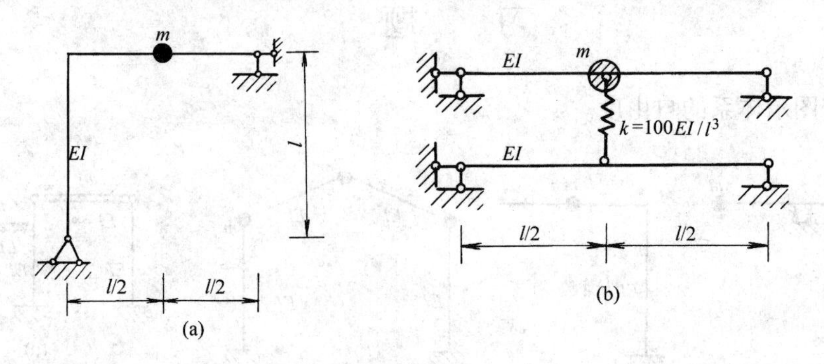

题 12.4

12.5　试求图示桁架的自振频率。设各杆截面为 $A_1 = 15\ \mathrm{cm}^2$，$A_2 = 1.2A_1$，$A_3 = 0.8A_1$，$m = 1\ \mathrm{t}$，$E = 200\ \mathrm{GPa}$。各杆重量及质点 m 水平方向运动略去不计。

12.6　试求图示厂房排架的水平自振周期。设屋盖系统的总质量为 $m = 14\ \mathrm{t}$（柱子的部分质量已集中到屋盖处，无需另加考虑）；柱截面的惯性矩：$I_1 = 0.6\times10^6\ \mathrm{cm}^4$，$I_2 = 0.2\times10^6\ \mathrm{cm}^4$；弹性模量 $E = 30\ \mathrm{GPa}$。

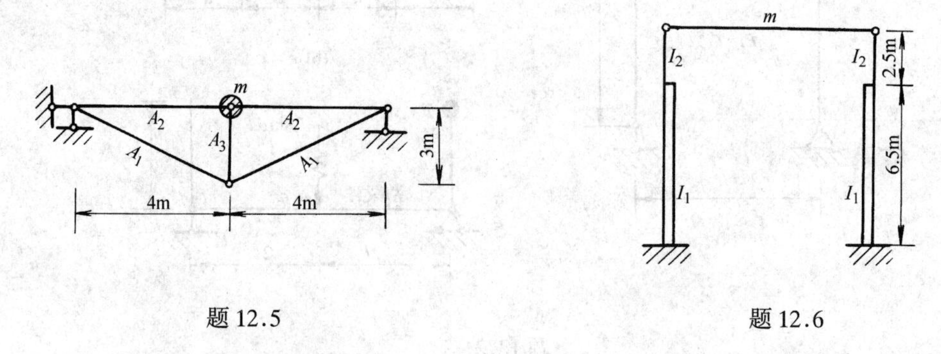

题 12.5　　　　题 12.6

12.7　机器与基座的总质量为 78 t，基座下单位面积土壤的抗压地基刚度系数 $C_z = 6.0\ \mathrm{MN/m^3}$，基座的底面积 $A = 20\ \mathrm{m}^2$。求机器连同基座作竖向振动时的自振频率（总抗压刚度系数 $K_z = C_zA$，相当于弹簧－质块体系中的 k_{11}）。

12.8　两根长 4 m 的Ⅰ字钢梁并排放置，在中点处装置一电动机。将梁的部分质量集中于中点，与电动机的质量合并后的总质量 $m = 320\ \mathrm{kg}$。电动机的转速为每分钟 1 200 转。由于转动部分有偏心，在转动时引起离心惯性力，其幅值为 $P = 300\ \mathrm{N}$。已知 $E = 200\ \mathrm{GPa}$，一根梁的 $I = 2.5\times10^3\ \mathrm{cm}^4$，梁高为 20 cm。试求强迫振动时梁中点的振幅，最大总挠度及梁截面的最大弹性正应力。设略去阻尼的影响。

12.9　同上题，设考虑阻尼的影响，阻尼比 $\zeta = 0.03$。并考虑计算所得的自振频率 ω 与实际者相差可达 $\pm25\%$。

12.10　通过某结构的自由振动实验，测得经过 10 个周期后，振幅降为原来的 15%。试求阻尼比，并求此结构在简谐干扰力作用下，共振时的动力系数。

12.11　设在题 12.7 中机器的转速为 1 000 转/分，由于转子偏心引起的干扰力为 $P(t) = 10\sin\theta t\,\mathrm{kN}$，又土壤的衰减模量 $\Phi = 0.004\ \mathrm{s}$（阻尼比 $\zeta = \frac{\Phi\omega}{2}$，$\omega$ 为体系的自振频率）。

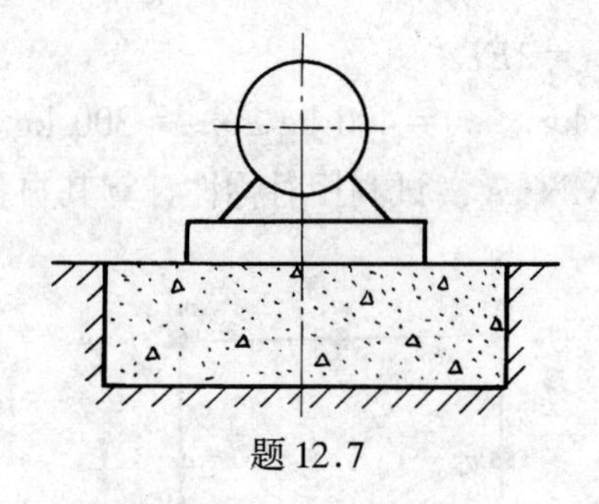

题 12.7

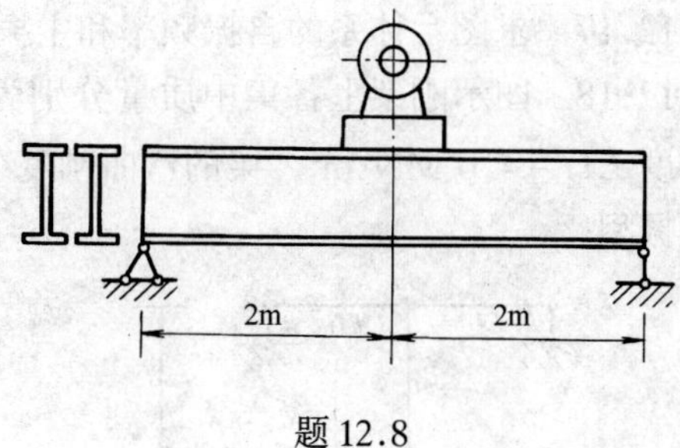

题 12.8

试求机器连同基座作竖向强迫振动时的振幅。

12.12 有一单自由度体系承受半正弦波冲击荷载如图示，设 $P=1$ MN，$k_{11}=2\pi^2$ MN/m，$m=500$ t，试确定最大动位移及其发生的时间。

12.13 求图示刚架的自振频率和主振型。刚架横梁中点处有一集中质量 m，梁、柱本身的分布质量不计。EI 为常数。

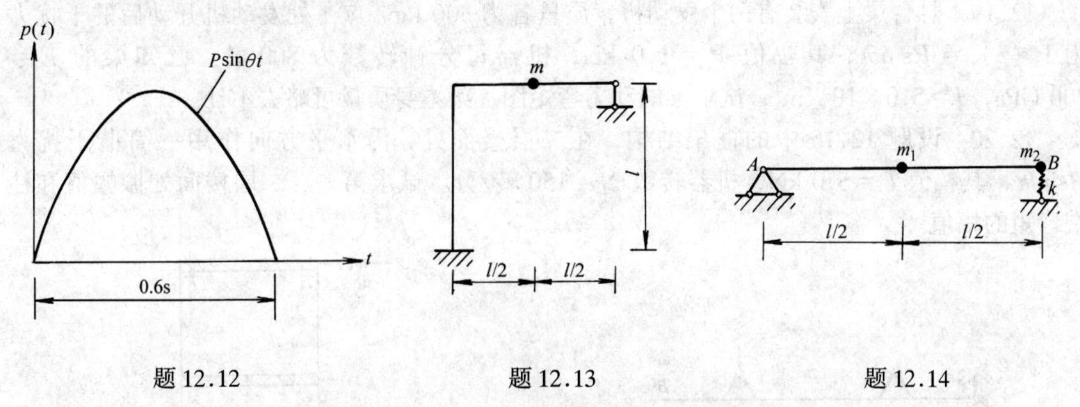

题 12.12 题 12.13 题 12.14

12.14 求图示体系的自振频率和主振型，设质量集中于两点，$m_1=2.7$ t，$m_2=2.0$ t，梁的弯曲刚度 $EI=24.5$ MN·m²。B 端弹簧支座的刚度系数为 $k=\dfrac{48EI}{l^3}$，$l=6$ m。

12.15 试求图示两层框架结构的自振频率和主振型。楼面质量分别为 $m_1=120$ t 和 $m_2=100$ t，柱的线刚度分别为 $i_1=20$ MN·m 和 $i_2=14$ MN·m，设横梁的 $EI=\infty$，柱的质量已集中于楼面，不需另加考虑。

12.16 试求图示梁的自振频率和主振型。设弹性模量 $E=200$ GPa，惯性矩 $I=1.8\times 10^4$ cm⁴，集中质量 $m=1.5$ t。梁的自重略而不计。

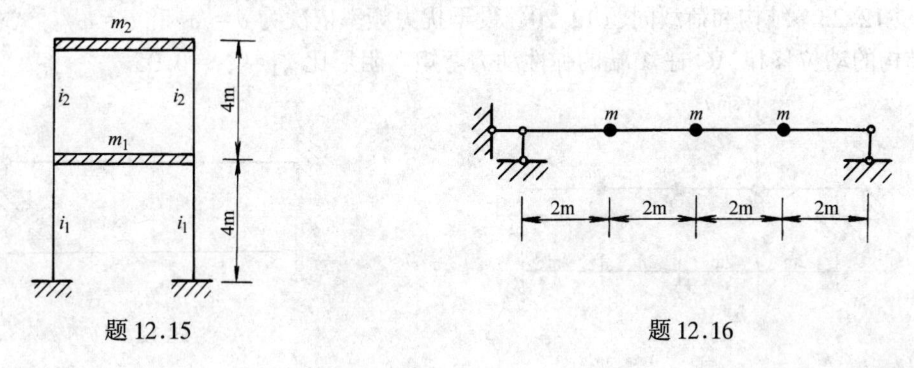

题 12.15 题 12.16

12.17　求图示体系的自振频率和主振型，设 $EI_1=2EI$。

12.18　图示刚架上各集中质量分别为 $m_1=200$ kg，$m_2=400$ kg，$m_3=300$ kg。柱弯曲刚度 $EI_1=4.0$ MN·m^2，梁的弯曲刚度 $EI_2=6.0$ MN·m^2。试利用对称性计算其自振频率和主振型。

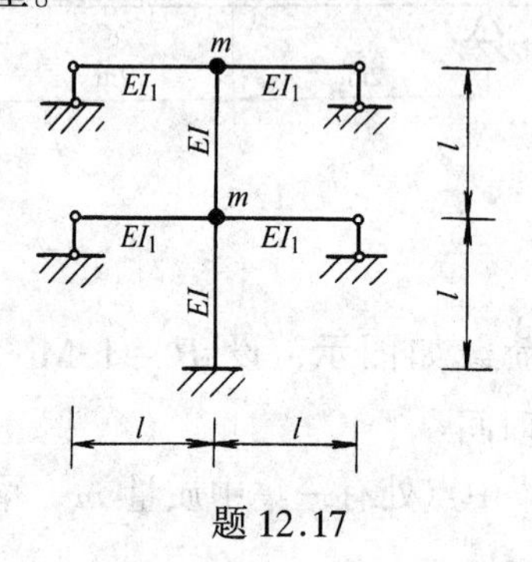

题 12.17

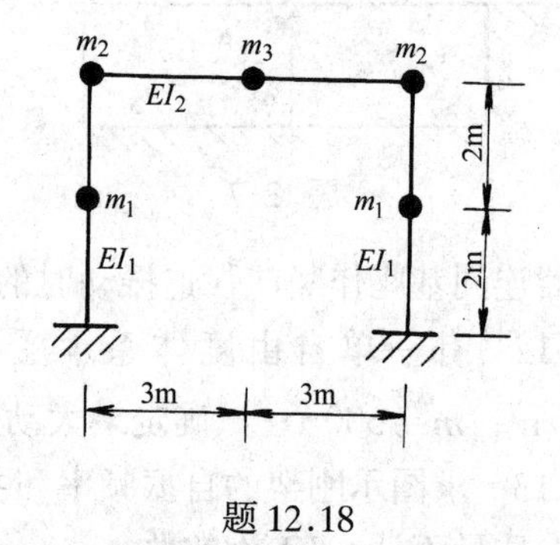

题 12.18

12.19　悬臂梁上安装有两个发动机，质量各为 300 kg。点 1 处发动机开动后的干扰力为 $P(t)=P\sin\theta t$，其幅值 $P=1.0$ kN，机器每分钟转数为 800 转。已知梁的 $E=200$ GPa，$I=5.0\times10^3$ cm^4，试求梁的动力弯矩图，梁本身质量可略去不计。

12.20　设题 12.15 中的框架结构，在二层楼面处，沿水平方向作用一简谐干扰力 $P\sin\theta t$，其幅值 $P=5.0$ kN，机器转数 $N=150$ 转/分。试求第一、二层楼面处振幅值和柱端弯矩的幅值。

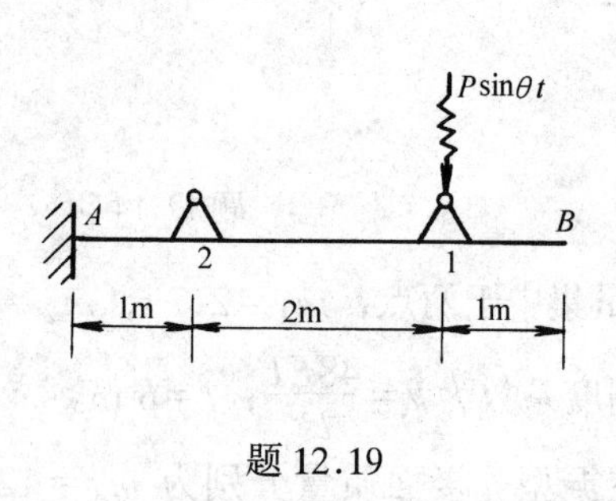

题 12.19

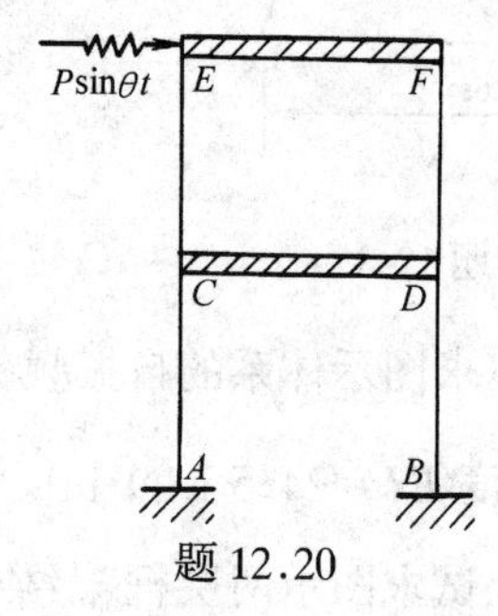

题 12.20

12.21　结构同上题。设在二层楼面处沿水平向作用一突加荷载 P，用振型叠加法求各层楼面的振幅值。

*12.22　设在题 12.16 的梁上作用一振动荷载如图示。$P=1.0$ kN，振动荷载每分钟振动 500 次。考虑阻尼影响，设阻尼比 $\zeta_1=\zeta_2=0.05$。试按振型叠加法求梁中点的位移。

*12.23　结构和荷载同题 12.20。设干扰力频率依次为 $\theta=\omega_1$ 和 $\theta=\omega_2$。试求两种情况下结构的动位移和 AC 柱 A 端的弹性动力弯矩。阻尼比 $\zeta_1=\zeta_2=0.05$。

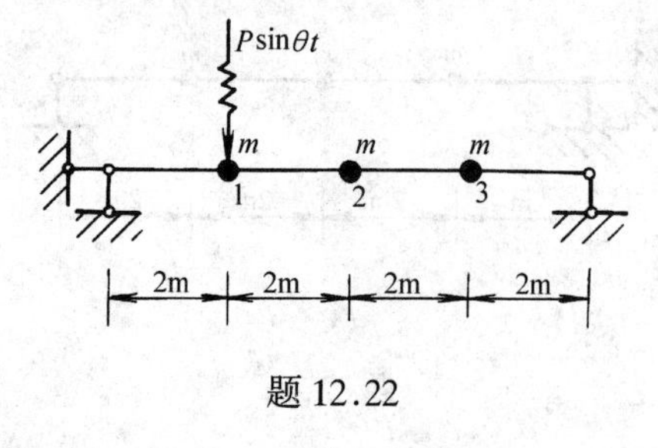

题 12.22

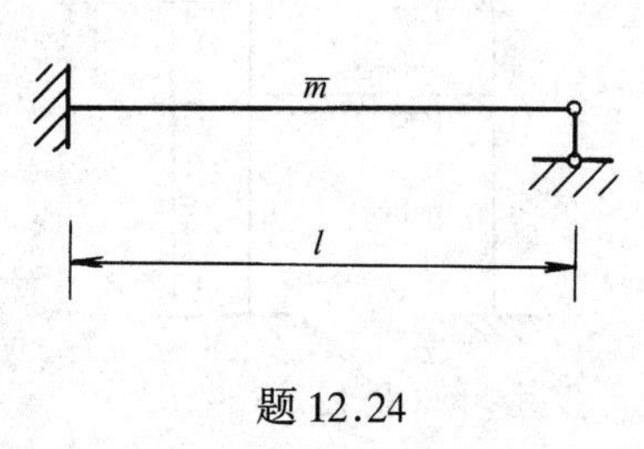

题 12.24

*12.24　试求图示梁的第一和第二自振频率。设均布质量为 $\overline{m}$，$EI=$常数。

*12.25　试求图示连续梁和第一和第二自振频率。设均布质量为 $\overline{m}$，$EI=$常数。提示：利用对称性，取单跨梁进行分析。

题 12.25　　　　题 12.26

*12.26　图示等截面悬臂梁在自由端有一集中质量 $m=180$ kg。试求梁的第一自振频率。设 $\overline{m}=30$ kg/m，$I=2.5\times10^3$ cm^4，$E=200$ GPa，$l=4$ m。

12.27　图示等截面简支梁在跨中有一集中质量 m，试用能量法求其第一频率。设单位长质量为 $\overline{m}$，弯曲刚度为 EI，并取以下曲线作为振型。

（1）无集中质量时简支梁的第一振型曲线，即

$$X(x)=a\sin\frac{\pi x}{l}$$

（2）跨中作用集中力 P 时的弹性曲线，即

$$X(x)=\frac{P}{48EI}(3l^2x-4x^3)\qquad\left(0\leqslant x\leqslant\frac{1}{2}l\right)$$

将两种结果进行比较。

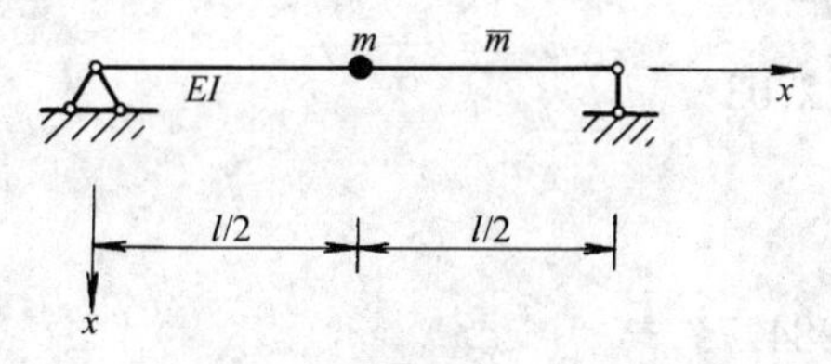

题 12.27

$\overline{m}$ EI x l x

题 12.28

12.28　图示一端铰支另一端固定的等截面梁，试用能量法计算第一频率。以均布荷载 q 作用下的弹性曲线

$$X(x)=\frac{q}{48EI}(l^3x-3lx^3+2x^4)$$

为振型。

12.29　图示三个自由度的剪切型悬臂结构体系，各层质量为：$m_1=2.561$ kt，$m_2=2.545$ kt，$m_3=0.559$ kt；各层侧移刚度系数为：$k_1=543\times10^6$ N/m，$k_2=903\times10^6$ N/m，$k_3=822\times10^6$ N/m。试用能量法求其第一频率。

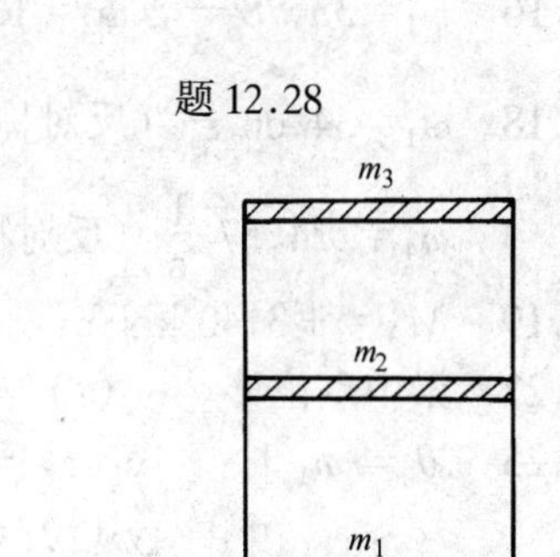

题 12.29

习 题 答 案

12.1　(a) 一个自由度

(b) 二个自由度

12.3 (b) $\omega=\sqrt{\dfrac{768EI}{7ml^3}}$

(d) $\omega=\sqrt{\dfrac{128EI}{3ml^3}}$

12.4 (a) $\omega=\dfrac{16}{l}\sqrt{\dfrac{6EI}{23ml}}$

(b) $\omega=\dfrac{8.97}{l}\sqrt{\dfrac{EI}{ml}}$

12.6 $T=0.63$ s

12.7 $\omega=39.2$ 1/s

12.8 振幅 $A=1.21\times10^{-4}$ m

最大总挠度$=5.38\times10^{-4}$ m

最大正应力$=8.09$ MPa

12.9 共振时振幅 $A=6.65\times10^{-4}$ m

12.10 $\zeta=0.03$，$\mu_D\approx16.67$

12.11 振幅 $A=0.013\,5$ mm

12.13 $\omega_1=2.58\sqrt{\dfrac{EI}{ml^3}}$，　$\omega_2=8.45\sqrt{\dfrac{EI}{ml^3}}$

12.14 $\omega_1=36.7\,\dfrac{1}{s}$，$X_1(2)/X_1(1)=+0.663$

$\omega_2=63.7\,\dfrac{1}{s}$，$X_2(2)/X_2(1)=-2.03$

12.15 $\omega_1=9.88\,\dfrac{1}{s}$，$\omega_2=23.18\,\dfrac{1}{s}$

12.16 $\omega_1=33.78\,\dfrac{1}{s}$，$\omega_2=134.3\,\dfrac{1}{s}$，$\omega_3=284.75\,\dfrac{1}{s}$

12.18 $\omega_1=34.66\,\dfrac{1}{s}$（反对称），$\omega_2=92.23\,\dfrac{1}{s}$（正对称），$\omega_3=223.89\,\dfrac{1}{s}$（正对称）

$\omega_4=224.57\,\dfrac{1}{s}$（反对称）

12.19 $M_A=+3.40$ kN·m

12.22 梁中点位移　$y_2(t)=0.15\sin(\theta t-173°51')$ mm

12.23 $\theta=\omega_1$ 时：$y_1(t)=2.05\sin(\theta t-91°16')$ mm

$y_2(t)=3.83\sin(\theta t-89°34')$ mm

12.24 $\omega_1=15.42\sqrt{\dfrac{EI}{\bar{m}l^4}}$，$\omega_2=49.97\sqrt{\dfrac{EI}{\bar{m}l^4}}$

12.26 $\lambda_1 l=1.14$，$\omega_1=\lambda_1^2\sqrt{\dfrac{EI}{\bar{m}}}$

12.28 $\omega_1=15.45\sqrt{\dfrac{EI}{\bar{m}l^4}}$

12.29 $\omega_1=8.89\,\dfrac{1}{s}$

第 13 章　梁和刚架的极限荷载

13.1　概述

在前几章，我们讨论了结构的内力和位移计算问题。但不论用什么方法以及对哪种结构，我们都假定结构是理想弹性的。也就是说，假定使结构产生变形的荷载全部卸除后，结构仍然恢复原来的形状。此外还假定：材料服从虎克定律，即应力 σ 和应变 ε 成正比，并且结构产生的位移是微小的。基于上述概念，进行内力和位移计算，通常即称为线弹性分析，简称弹性分析。利用弹性分析计算内力，并按许用应力确定截面尺寸的结构设计方法，称为弹性设计。

人们已经认识到，弹性设计具有一定的缺点。例如，对于弹塑性材料的结构，尤其是超静定结构，在最大应力到达屈服极限，甚至结构的某一局部已进入塑性阶段时并不破坏，即结构还没有耗尽全部承载能力，因此按弹性设计是不经济的。

当结构承受较大的荷载作用时，它的局部会引起塑性变形，整个结构则处于弹塑性工作状态。此时，弹性分析已经失效，必须应用弹塑性分析，才能正确计算结构的内力和位移。

材料进入塑性工作阶段后，其应力 σ 与应变 ε 之间的关系不再满足虎克定律，它们具有复杂的非线性关系。对于一般的建筑钢材，为了简化计算，常采用如图 13-1 所示的应力－应变关系。σ_y 为屈服极限，ε_y 为与 σ_y 对应的屈服应变。应力 σ 和应变 ε 在屈服极限 σ_y 之前成正比（材料处于弹性工作阶段），即 $\sigma = E\varepsilon$。到达屈服极限后，材料进入塑性工作阶段。如果结构继续加载，则应力保持不变仍为 σ_y，而应变可继续增加，材料进入塑性流动状态。如果塑性流动至 B 点后发生卸载，则应变 ε 的减小值 $\Delta\varepsilon$ 与应力 σ 的减小值 $\Delta\sigma$ 成正比，在 $\sigma-\varepsilon$ 图上用 BC 线表示，$BC /\!/ OA$，所以有 $\Delta\sigma = E\Delta\varepsilon$。由此看到，材料进入塑性工作阶段后，加载与卸载时描述应力和应变的关系式不同：加载时 $\sigma = \sigma_y$；卸载时 $\Delta\sigma = E\Delta\varepsilon$。服从上述应力－应变关系的材料，我们称其为理想弹塑性材料。本章即以由这种材料构造的结构为讨论对象，此外还假设材料的拉、压屈服极限相同，无论受拉或受压状态，应力－应变间具有同一关系式。

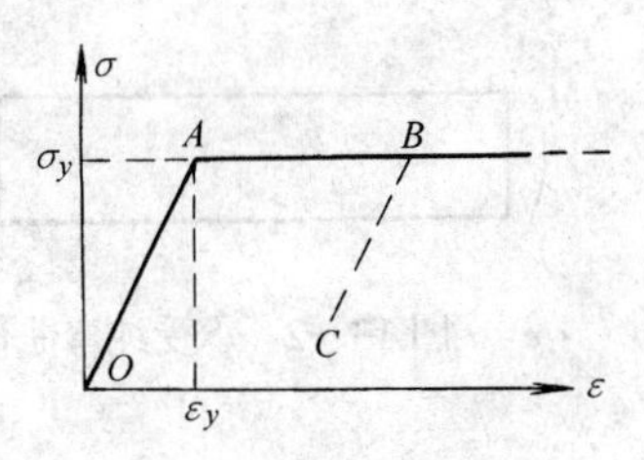

图 13-1　理想弹塑性材料 $\sigma-\varepsilon$ 曲线

对结构进行全面的弹塑性分析是比较复杂的，因为在结构的弹性工作区，材料服从虎克定律；塑性工作区尚需确定处于加载还是卸载状态而用不同的应力－应变关系式。此外，弹塑性区域的分界线还随着加载的过程不断地变化，结构的变形不仅与当前的应力状态有关，还和加载的历史有关。可见，全面进行弹塑性分析是相当复杂的，详细的内容需在塑性力学课程中讲授。本章仅限于论述如何求得梁和刚架的极限荷载。

所谓极限荷载是指结构受给定型式的荷载作用，开始破坏瞬时所对应的荷载值。或者说结构的塑性变形将开始无限制地增长时所对应的荷载值。此时结构所处的状态，则称为极限状态。当然这个状态是与施加的荷载型式有关的。

按照极限状态进行结构设计的方法称为塑性设计，它是为了改进弹性设计的缺点而提出并发展起来的。目前在工程设计中已经得到广泛应用。

13.2 极限弯矩及塑性铰、破坏机构

一、极限弯矩

为了说明极限弯矩的概念，我们考查一由理想弹塑性材料制成的矩形截面梁，设梁承受纯弯曲作用，如图 13-2 所示。假设弯矩作用在对称平面内，随着弯矩的增大，梁的各部分逐渐由弹性阶段过渡到弹塑性阶段，最后到达塑性流动阶段。并且在各个阶段，平截面假定始终适用。

1. 弹性阶段

当荷载较小时，截面上正应力的分布如图 13-3（a）所示。荷载增加至某一值时，梁截面最外侧纤维刚好到达屈服极限 σ_y（图 13-3（b））。截面所承受的弯矩为

$$M_y = \int_{-\frac{h}{2}}^{\frac{h}{2}} \sigma b y \mathrm{d}y$$

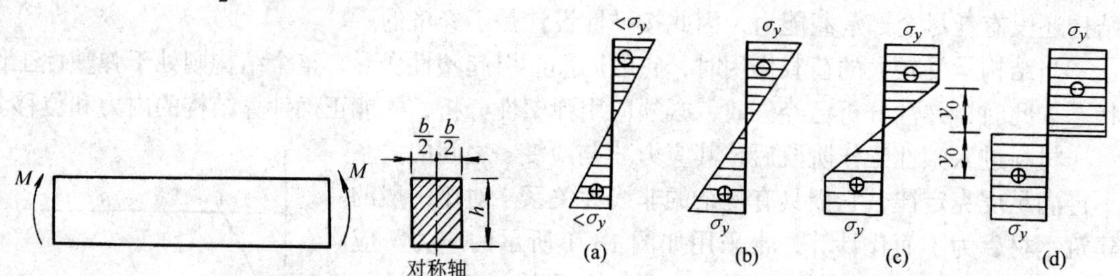

图 13—2 承受纯弯曲作用的梁

图 13-3 各荷载阶段梁截面应力分布图

式中 σ 为距中性轴为 y 处的应力。将 $\sigma = \dfrac{2\sigma_y}{h} y$ 代入，积分后得

$$M_y = \frac{1}{6} b h^2 \sigma_y \tag{13-1}$$

我们定义：截面的最大应力刚好到达屈服极限时，截面所承受的弯矩值为屈服弯矩。这样，由式（13-1）知矩形截面的屈服弯矩为$\dfrac{1}{6} b h^2 \sigma_y$。

2. 弹塑性阶段

当荷载继续加大时，截面外侧将有一部分纤维进入塑性状态，而截面靠近中性轴的部分仍处于弹性状态，整个截面处于弹塑性工作阶段，应力分布情况如图 13-3（c）所示。截面所承受的弯矩为

$$\begin{aligned} M &= 2b\left[\int_0^{y_0} \sigma_y \frac{y}{y_0} y \mathrm{d}y + \int_{y_0}^{\frac{h}{2}} \sigma_y y \mathrm{d}y\right] \\ &= b\sigma_y\left(\frac{h^2}{4} - \frac{y_0^2}{3}\right) \end{aligned} \tag{13-2}$$

3. 塑性流动阶段

当荷载加大致使梁截面完全屈服时，截面上的应力分布如图 13-3（d）所示。此时，截面所承受的弯矩为

$$M_u = 2b\left[\int_0^{\frac{h}{2}} \sigma_y y \mathrm{d}y\right] = \frac{1}{4}bh^2\sigma_y \tag{13-3}$$

我们称 M_u 为截面的极限弯矩。

由上述可见，所谓极限弯矩即整个截面达到塑性流动状态时截面所能承受的最大弯矩值。极限弯矩除了与材料的屈服极限 σ_y 和截面形状有关外，一般情形下还与截面上作用的剪力和轴力有关，但实际计算表明剪力和轴力的影响不大，可以略去不计。

极限弯矩与屈服弯矩之比 α（$\alpha = M_u/M_y$）称为截面形状系数。对于矩形截面 $\alpha = 1.5$；对于圆形截面 $\alpha = \frac{16}{3\pi}$；对于工字形截面 $\alpha \approx 1.15$。

实际应用时，截面的极限弯矩 M_u 可以利用以下的办法求得。以图 13-4（a）所示截面为例，首先定出中性轴的位置，设 A_1 和 A_2 分别代表中性轴以上和以下部分截面面积；A 为总截面积。图 13-4（b）表示极限状态时的应力分布图。由平衡条件

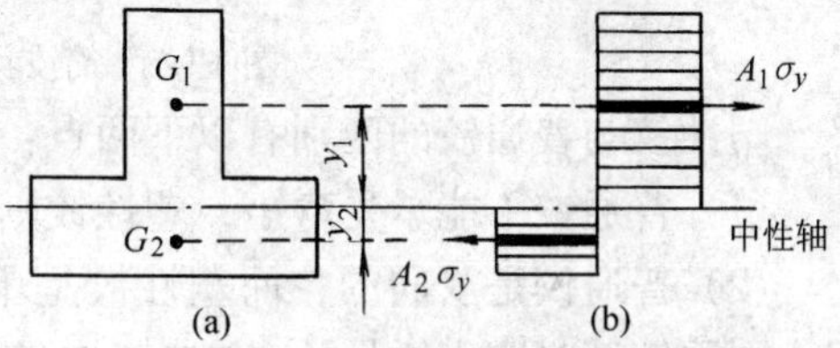

图 13-4　截面极限弯矩的计算

$$A_1\sigma_y - A_2\sigma_y = 0$$

所以 $$A_1 = A_2 = \frac{1}{2}A$$

上式表明：极限状态时中性轴将截面面积分为两个相等部分。为了计算极限弯矩，尚需定出 A_1 和 A_2 两部分面积各自的形心位置（图中用 G_1、G_2 表示）。令 y_1 和 y_2 分别为两个形心到中性轴的距离，则极限弯距为

$$M_u = A_1\sigma_y y_1 + A_2\sigma_y y_2 = \sigma_y\left(\frac{A}{2}y_1 + \frac{A}{2}y_2\right)$$

或 $$M_u = \sigma_y(S_1 + S_2)$$

如令 $$W_y = S_1 + S_2 \tag{13-4}$$

则得 $$M_u = \sigma_y W_y \tag{13-5}$$

式中 $S_1 = \frac{A}{2}y_1$ 和 $S_2 = \frac{A}{2}y_2$ 分别代表 A_1 和 A_2 对中性轴的静矩。W_y 称为塑性截面模量。

二、塑性铰

塑性铰是结构塑性分析中的一个重要概念。我们拟通过一个具体例子说明塑性铰的形成及它的若干特性。图 13-5（a）表示跨中承受集中荷载作用的简支梁。由计算可知集中荷载作用点处截面 C 的弯矩 M_C 比其他截面的都大。随着荷载不断增加，截面 C 的外侧纤维首先屈服。随后，截面 C 上的屈服区逐渐向中心扩展，同时，邻近截面 C 的截面其外侧纤维也开始屈服，形成图 13-5（a）中阴影线所示的塑性区。当荷载增大至某一特定值 P_u 时，截面 C 完全屈服（图 13-5（b））。在极限弯矩 M_u 保持不变的情况下，截面 C 处微段的纵向纤维将呈现缩短或伸长（视位于中性轴的上或下侧而异）的流动状态，于是两个相邻截面可以产生有限的相对转角。这种情况与在其两侧截面承受弯矩 M_u 的铰相当，我们称这样的状态为截面 C 形成了塑性铰。对原结构（图 13-5（b））进行塑性分析时，可用图 13-5（c）

所示的计算图代替。图中的黑圆点表示塑性铰。

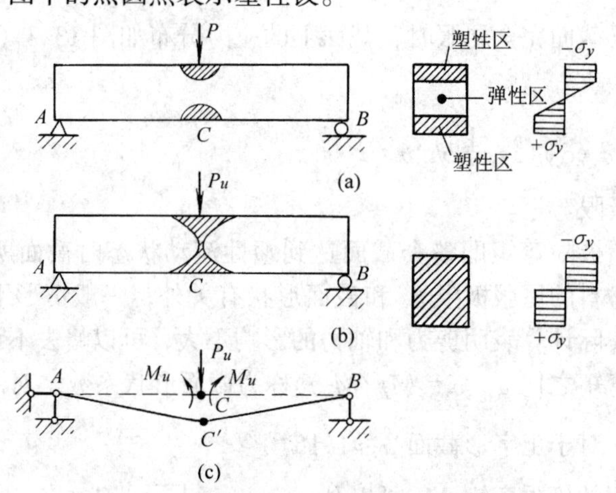

图 13-5　简支梁塑性铰和破坏机构的形成

塑性铰与普通铰的区别有以下两点：

(1) 普通铰不能承受弯矩，塑性铰则能承受一定大小的极限弯矩 M_u；

(2) 普通铰是双向的，而塑性铰是单向的。假设当加载至某一截面出现塑性铰后再卸载，则因卸载时应力增量 $\Delta\sigma$ 与应变增量 $\Delta\varepsilon$ 满足线性关系，该截面恢复其弹性性质，不具有铰的特性。故已形成的塑性铰只能在其两侧截面继续发生与极限弯矩转向一致的相对转动时起铰的作用；反之，当发生反向变形时则不起铰的作用，因而，塑性铰是单向的。

三、破坏机构

图 13-5 (a) 所示简支梁受向下集中荷载 P 作用情况，当截面 C 形成塑性铰后，原结构就要变成一个几何可变体系，失去了承担荷载 P 进一步增值的能力。图 13-5 (c) 所示的几何可变体系我们称之为图 13-5 (a) 所示简支梁的破坏机构。再如图 13-6 (a) 所示超静定梁受均布荷载作用的情形。当荷载较小时，梁处于弹性工作阶段，由弹性分析可以求得其弯矩图如图13-6 (b) 所示。我们看出，固定端 A、B 两处的弯矩值较大，所以两端截面的外侧纤维首先屈服，设此时梁的荷载集度为 q_y。

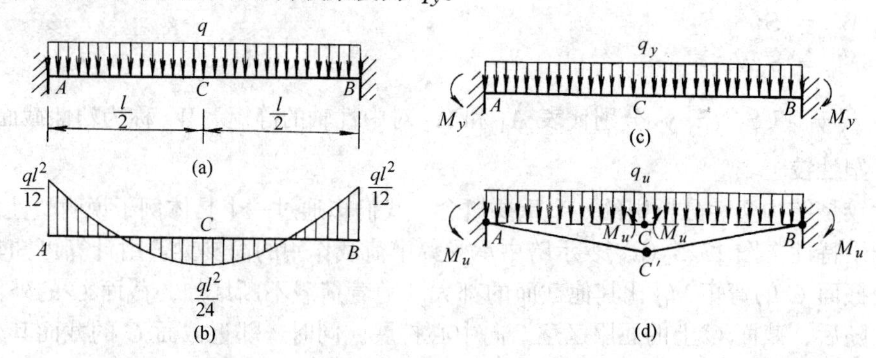

图 13-6　超静定梁塑性铰和破坏机构的形成

当荷载继续加大时，弹性分析已经不适用，必须改用弹塑性分析。这里，不详细介绍弹塑性分析的全过程，而只将其结论简述如下：随着荷载增加，A、B 两端弯矩首先达到极限弯矩值M_u，于是，截面 A、B 即形成塑性铰，而梁的其他截面还处在弹性阶段或弹塑性工作阶段。若再继续加载，塑性铰两侧截面将发生与极限弯矩转向相一致的相对转动，故两端弯矩保持不变，两个塑性铰仍然存在，而跨中截面 C 的弯矩则继续加大。当截面 C 的弯矩达到M_u时，截面 C 也形成塑性铰。这样，对原承载情况而言，梁即成为几何可变体系。所以，图 13-6（d）是原结构的破坏机构。

由上述分析可知，破坏机构是由弹塑性全过程分析中必然会得到的。因塑性铰是单向的，破坏机构必为单向机构。形成破坏机构瞬时所对应的结构变形状态称为结构的极限状态，此时的荷载即为极限荷载（图 13-5（c）中的 P_u 及图 13-6（d）中的 q_u）。如果只限于求结构的极限荷载，而不考查其实际的内力和变形情况，则可将破坏机构作为分析对象，根据极限状态下梁的内力分布，按平衡条件求得极限荷载，这种做法称为极限平衡法。例如图 13-6（a）所示的例子，按照图 13-6（d）所示的破坏机构取 AC 段隔离体并注意到C 端剪力为零，应用平衡条件 $\Sigma M_A=0$，即

$$q_u \times \frac{l}{2} \times \frac{l}{4} - 2M_u = 0$$

$$q_u = \frac{16M_u}{l^2}$$

可以求得极限荷载 q_u。由以上分析看出：我们可以绕过对结构进行弹塑性全过程分析，而取其极限状态所对应的破坏机构，应用静力平衡条件直接计算极限荷载。关于可能破坏机构的选取将在 13.4 节中讲述。

思 考 题

（1）何谓塑性铰？它与普通铰有什么不同？

（2）何谓破坏机构？为什么通过对破坏机构的分析可以绕过对结构进行弹塑性全过程分析而直接求出极限荷载？

13.3 确定极限荷载的几个定理

现在介绍有关极限荷载的几个定理，并只限于讨论比例加载的情况。所谓比例加载即结构上所受的各荷载都按同一比例增加，亦即全部荷载有一公共因子——荷载参数，此参数只是单调增加。在介绍这几个定理之前，我们先指出结构处于极限状态时所须满足的几个条件。

（1）机构条件：当荷载达到极限值时，结构上必须有足够数目的截面形成塑性铰，而使结构变成几何可变体系。

（2）屈服条件：当荷载达到极限值时，结构上各截面的弯矩都不能超过其极限值，即

$$-M_u \leqslant M \leqslant M_u \tag{13-6}$$

（3）平衡条件：当荷载达到极限值时，作用在结构整体上或任一局部上所有的力都必须保持平衡。

下面讲述确定极限荷载的三个定理。

1. 上限定理

这个定理可以表述为：对于一比例加载作用下的给定结构，按照任一可能的破坏机构，由平衡条件所求得的可破坏荷载（即同时满足机构条件和平衡条件的荷载）将大于或等于极限荷载。

这个定理也可以表述为：对于一比例加载作用下的给定结构，按照所有可能的破坏机

构，由平衡条件求出各个可破坏荷载，其中最小者就是极限荷载。

2. 下限定理

这个定理可以表述为：一结构在比例加载作用下，与任一静力可能而又安全（即同时满足平衡条件和屈服条件）的弯矩分布所对应的可接受荷载将小于或等于极限荷载。

这一定理也可以表述为：对于一比例加载作用下的给定结构，与所有静力可能而又安全的弯矩分布所对应的各可接受荷载，其中最大者就是极限荷载。

3. 单值定理

将以上两个定理综合在一起就得到这一定理。它可以表述为：对于一比例加载作用下的给定结构，如荷载既是可破坏荷载，同时又是可接受荷载，则此荷载即极限荷载。

这一定理也可表述为：对于一比例加载作用下的结构，同时满足平衡条件、屈服条件和机构条件的荷载也就是极限荷载。

上限定理证明如下。

设某给定结构，其上作用有 i 个集中荷载，j 段分布荷载，各集中荷载的值用 $P^+\alpha_i$ 表示，各段分布荷载的集度用 $P^+\beta_j$ 表示，P^+ 表示荷载参数。现在设该结构处于某一可能的破坏机构下的平衡状态，塑性铰处截面的极限弯矩用 M_u 表示（不同的塑性铰处，M_u 的数值可以不等）。给该机构一个机动可能的虚位移 δ^+，由虚位移原理得

$$P^+\left[\sum_i \alpha_i\delta_i^+ + \sum_j\int\beta_j\delta_j^+\mathrm{d}s\right] = \sum_r |M_u\theta_r^+| \tag{a}$$

式中 δ_i^+（δ_j^+）为与荷载相应的虚位移，θ_r^+ 为塑性铰 r 处与 δ^+ 相应的截面相对转角。由于它是机动可能的塑性铰，其转动方向与该处弯矩的方向自然一致，因此极限弯矩做的功必为正。所以，式（a）的右端写成绝对值的形式。

再设结构按实际的破坏机构破坏时，对应的荷载参数为 P_u，而它的内力满足屈服条件，即任一截面上的弯矩 M 均满足 $-M_u \leqslant M \leqslant M_u$。我们对目前这个平衡状态，使它产生一个同样的虚位移 δ^+（前述可能破坏机构产生的机动可能虚位移），由虚位移原理得

$$P_u\left[\sum_i \alpha_i\delta_i^+ + \sum_j\int\beta_j\delta_j^+\mathrm{d}s\right] = \sum_r M_r\theta_r^+ \tag{b}$$

由于实际内力状态满足屈服条件，即 $-M_u \leqslant M_r \leqslant M_u$，故

$$\sum_r |M_u\theta_r^+| \geqslant \sum_r M_r\theta_r^+$$

比较式（a）和式（b），并考虑到机动可能的位移 δ^+ 应使式中左侧括号内的数值为正，因此得

$$P^+ \geqslant P_u \tag{13-7}$$

这就证明了上限定理。

下限定理证明如下。

现在设结构按实际的破坏机构而破坏，对应的荷载参数为 P_u，仿照类似于推导式（a）时的步骤，由虚位移原理得

$$P_u\left[\sum_i \alpha_i\delta_i + \sum_j\int\beta_j\delta_j\mathrm{d}s\right] = \sum_k |M_u\theta_k| \tag{c}$$

式中的 δ_i（δ_j）和 θ_k 是实际破坏机构产生的与荷载相应的虚位移和相应塑性铰 K 处截面的相对转角。

为了证明下限定理，我们假设结构具有某一弯矩分布 M，它满足屈服条件和平衡条件。对应的荷载参数为 P^-。对目前这个平衡状态，也使它产生一个虚位移 δ（实际破坏机构产生的虚位移），由虚位移原理得

$$P^-\left[\sum_i \alpha_i\delta_i+\sum_j\int\beta_j\delta_j\mathrm{d}s\right]=\sum_k M_k\theta_k \tag{d}$$

由于假设的弯矩分布满足屈服条件，即 $-M_u\leqslant M_k\leqslant M_u$，故

$$\sum_k M_k\theta_k\leqslant\sum_k|M_u\theta_k|$$

比较式（c）和式（d），考虑到式中左侧括号内的数值为正，因此得

$$P^-\leqslant P_u \tag{13-8}$$

这就证明了下限定理。

单值定理的证明。

由定理要求，设荷载参数 P 既是可破坏荷载又是可接受荷载。则由上限定理知

$$P\geqslant P_u \tag{e}$$

又由下限定理知

$$P\leqslant P_u \tag{f}$$

比较式（e）和式（f），必然有 $P=P_u$。单值定理得到证明。

13.4 超静定梁的极限荷载

一、破坏机构的可能形式

1. 单跨超静定梁的破坏机构

图 13-7（a）示一等截面单跨超静定梁，承受一组集中荷载的作用。该结构是超静定一次的，只要出现两个塑性铰，原结构就会变成几何可变的。我们不难发现：图 13-7（b）、（c）所示的机构 1 和机构 2 是两个可能的破坏机构，而其他形式的破坏机构都是不可能的。例如图 13-7（d）所示的破坏机构，绘出其弯矩图如图 13-7（e）所示。AC 段上的弯矩图如果像图中实线所示，则在 C 点形不成局部最大；如果像图中虚线所示，则弯矩图 C 点处尖角的凸向与该处荷载方向不符，所以形成机构 3 是不可能的。其他形式的破坏机构也可类似地进行分析，证明都是不可能的。

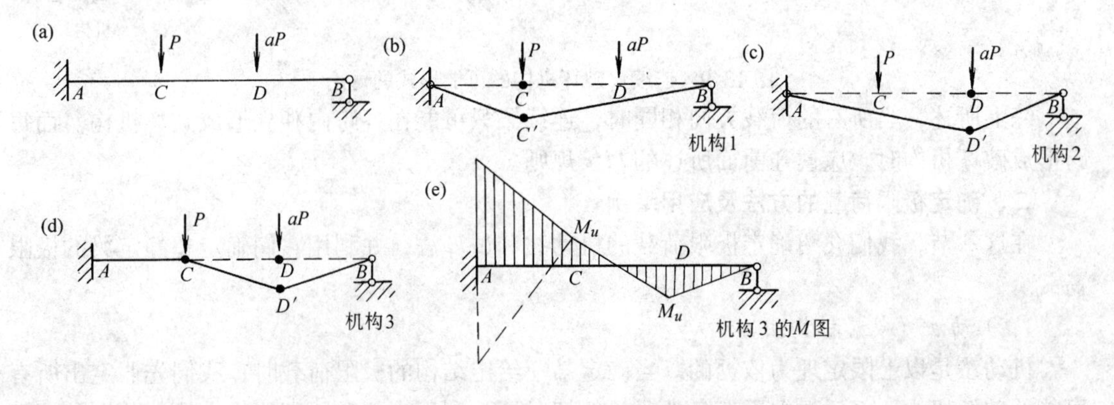

图 13-7　单跨超静定梁的破坏机构分析（一）

为了论述等截面单跨超静定梁破坏机构的可能形式，我们再考查图 13-8（a）所示的梁。该梁的可能破坏机构如图 13-8（b）所示。x（$0<x\leqslant a$）为极限状态下剪力为零的位置。因为只承受均布荷载的梁段其弯矩图为光滑曲线，局部极值处应有$\frac{\mathrm{d}M}{\mathrm{d}x}=0$，所以该处剪力为零。其他形式的破坏机构是不可能的。

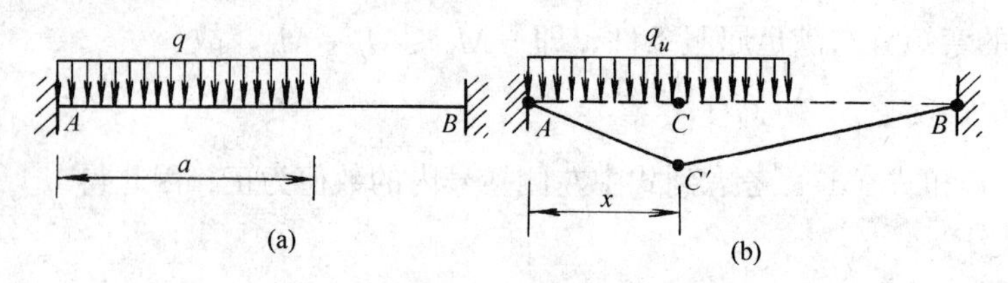

图 13-8　单跨超静定梁的破坏机构分析（二）

综上所述，在假设等截面单跨超静定梁的破坏机构时，应遵守以下两条规则：

（1）跨中出现的塑性铰，它只能出现在集中荷载作用点处，或分布荷载范围内剪力为零的截面上；

（2）当梁上荷载同为向下作用时，负弯矩形成的塑性铰只可能在支座处出现。

2. 连续梁的破坏机构

现在讨论连续梁破坏机构的可能形式。设梁在每一跨度内为等截面，但各跨的截面可以彼此不同。图 13-9（a）示一两跨连续梁，机构 1 和机构 2 是两种可能的破坏机构，其他形式的破坏机构是不可能的。例如图 13-9（d）所示的机构 3，在这个机构中，D 处的塑性铰需由负弯矩形成，可是该处荷载 P_1 系向下作用，弯矩图应有“V”形的尖角，这样 D 点处弯矩值的绝对值与其相邻截面的相比不是最大，所以 D 点处不可能由负弯矩形成塑性铰。因而机构 3 是不可能出现的。

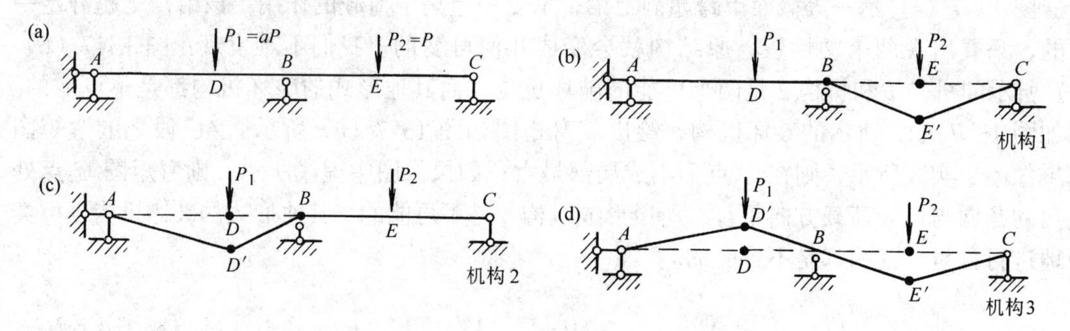

图 13-9　连续梁破坏机构的可能形式的讨论

综上所述，当所有的荷载方向相同时，连续梁只可能在各跨内独立形成破坏机构。而每跨形成破坏机构时，应遵守前面所述的两条规则。

二、确定极限荷载的方法及应用举例

在这一节，我们介绍确定极限荷载的机动法和试算法，并利用它们确定超静定梁的极限荷载。

1. 机动法（或称机构法）

机动法是以上限定理为依据的。当确定某一给定结构的极限荷载时，我们先假定出所有可能的破坏机构，而后根据平衡条件（一般情况下，利用虚位移原理比较方便）分别计算相应的破坏荷载。按照上限定理这些破坏荷载都将大于或等于极限荷载，而其中的最小者就是极限荷载。

例 13-1 求图 13-10（a）所示两端固定梁的极限荷载。已知：梁截面如图 13-10（b）所示，$l=4.37$ m；$\sigma_y=200$ MPa。

【解】

设中性轴的位置用 ζ 表示。则

$$6\times4+3(10-\zeta)=3\times10+3\zeta$$

所以 $\zeta=4$ cm

中性轴以上部分面积的形心 G_1 至中性轴的距离为

$$y_1=\frac{6\times4\times8+3\times6\times3}{6\times4+3\times6}=5.86\ (\text{cm})$$

中性轴以下部分面积的形心 G_2 至中性轴的距离为

$$y_2=\frac{30\times5.5+12\times2}{30+12}=4.51\ (\text{cm})$$

由式（13-4）计算塑性截面模量

$$W_y=42\times5.86+42\times4.51=435.5\ (\text{cm}^3)$$

截面的极限弯矩 M_u 为

$$M_u=\sigma_yW_y=200\times10^3\times435.5\times10^{-6}=87.1\ (\text{kN}\cdot\text{m})$$

设梁的破坏机构如图 13-10（c）所示。由虚位移原理

$$P\times\frac{2l}{3}\times\theta=M_u(2\theta+\theta+3\theta)$$

所以
$$P=\frac{9\times M_u}{4.37}=179.4\ (\text{kN})$$

针对本题，只有图 13-10（c）所设的一种可能破坏机构，所以上述求得的可破坏荷载也就是极限荷载。

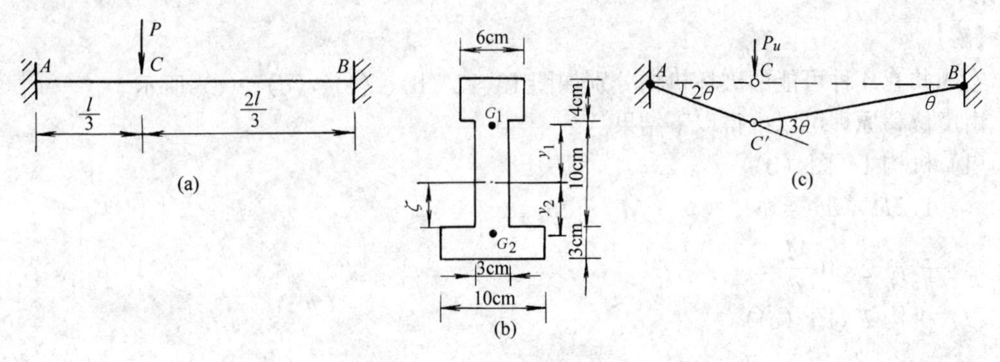

图 13-10　例 13-1 图

例 13-2 求图 13-11（a）所示两跨连续梁的极限荷载。设两跨梁截面的极限弯矩都等于 M_u。

【解】

由前面的分析可知，连续梁只可能在各跨内独立形成破坏机构，但是，本题 AB 跨不可能形成破坏机构，只可能在 BC 跨形成如图 13-11（b）所示的破坏机构。此外，塑性铰 D 处的剪力为零。据此，由 BD 段隔离体平衡条件 $\Sigma M_B=0$ 推得

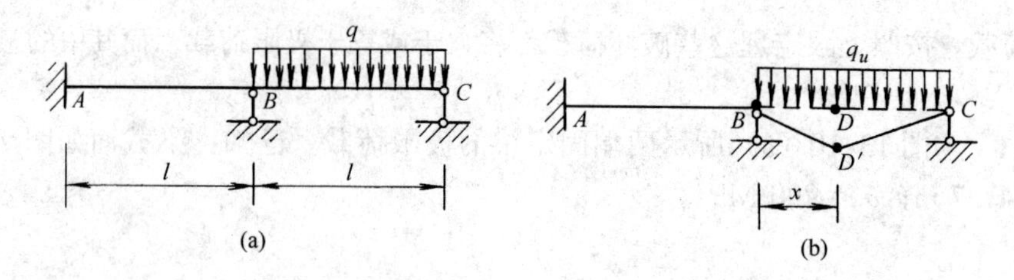

图 13-11　例 13-2 图

$$\frac{1}{2}q_u x^2 - 2M_u = 0$$

所以　$$x = 2\sqrt{\frac{M_u}{q_u}} \tag{a}$$

由 DC 段隔离体平衡条件 $\Sigma M_C = 0$ 推得

$$M_u - \frac{1}{2}q_u(l - x)^2 = 0$$

所以　$$q_u = \frac{2M_u}{(l - x)^2} \tag{b}$$

将式（b）代入式（a）后导得

$$x = \sqrt{2}(l - x)$$

解出　$$x = (2 - \sqrt{2})l$$

故　$$q_u = \frac{2M_u}{(l - 2l + \sqrt{2}l)^2} = \frac{11.66M_u}{l^2}$$

本题在计算 q_u 时直接运用了梁在极限状态下各部分的平衡条件，当然，也可以应用与平衡条件相当的虚位移原理求出 q_u 的值。

因为本题只有一种可能的破坏机构，所以上述求得的可破坏荷载也就是极限荷载。

例 13-3　求图 13-12（a）所示三跨连续梁的极限荷载。设各跨梁截面的极限弯矩都等于 M_u。

【解】

本题共有 4 种可能的破坏机构分别如图 13-12（b）、（c）、（d）、（e）所示。

由虚位移原理可以推得以下结果。

（1）机构 1（图（b））

$$1.2P \times a\theta = M_u \times \theta + M_u \times 2\theta$$

$$P = 2.50\frac{M_u}{a}$$

（2）机构 2（图（c））

$$2 \times \frac{2P}{a} \times a \times \frac{a\theta}{2} = M_u \times \theta + M_u \times 2\theta + M_u \times \theta$$

$$P = 2\frac{M_u}{a}$$

（3）机构 3（图（d））

$$P \times 2a\theta + P \times a\theta = M_u \times 3\theta + M_u \times \theta$$

$$P = 1.33\frac{M_u}{a}$$

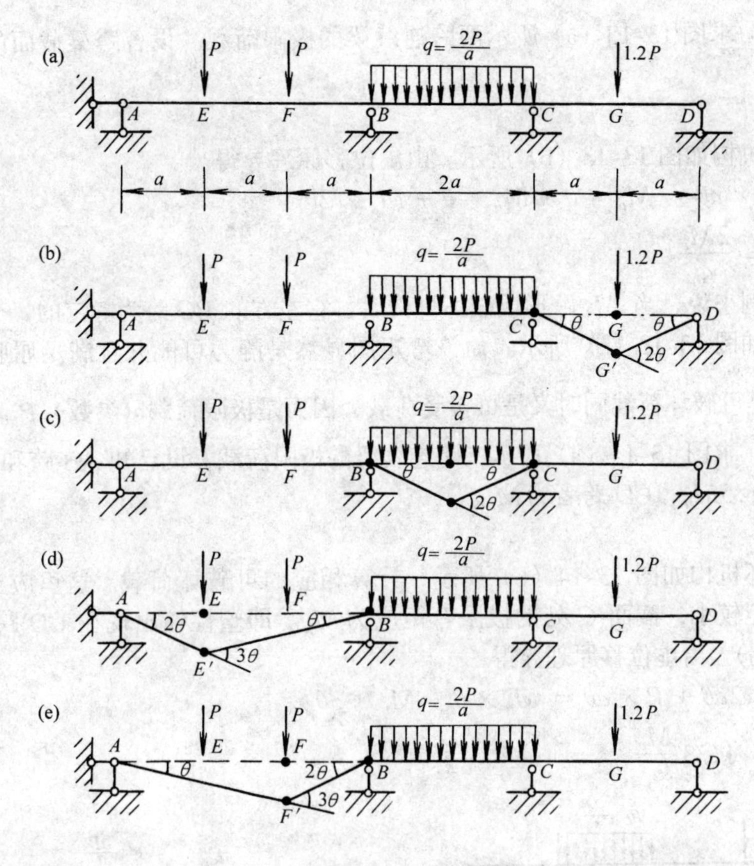

图 13-12　例 13-3 图

（4）机构 4（图（e））

$$P \times a\theta + P \times 2a\theta = M_u \times 3\theta + M_u \times 2\theta$$

$$P = 1.67\frac{M_u}{a}$$

比较以上所得结果，可知机构 3 所对应的可破坏荷载 $1.33\frac{M_u}{a}$ 最小，又因为本题只有上述 4 种可能的破坏形式，所以 $P=1.33\frac{M_u}{a}$ 就是极限荷载（参数）。

实际计算中，有时两个可破坏机构对应同一个可破坏荷载，这说明这两个可破坏机构是可合并出现的。

由上面的例题可以看出，对于连续梁给出所有可能的破坏机构是容易做到的，但是对于其他比较复杂的结构，要想给出所有可能的破坏机构有时不容易做到。这时，按照机动法只能求得极限荷载的上限值。

2. 试算法

试算法是以单值定理为根据的。通过它，有时也可以比较容易地确定结构的极限荷载。其做法是：先假设某个合适的可能破坏机构，由机动法求出相应的可破坏荷载。然后再判断它是否同时也是可接受荷载，当答案肯定时，极限荷载也就找到了。我们称上述求极限荷载的过程为试算法。

例 13-4 求图 13-13（a）所示两跨连续梁的极限荷载。设各跨梁截面的极限弯矩都等于 M_u。

【解】

设破坏机构如图 13-13（b）所示。由虚位移原理导得

$$2P \times a\theta = M_u \times \theta + M_u \times \theta + M_u \times 2\theta$$

$$P = \frac{2M_u}{a}$$

对于本例来说，当 AB 跨形成破坏机构后，它左方的 BC 跨为静定的，全梁的弯矩图可以立刻绘出如图 13-13（c）所示。而该弯矩图显然是静力可能并且满足屈服条件的，所以 $P=\frac{2M_u}{a}$ 既是可破坏荷载同时又是可接受荷载，因而是极限荷载（参数）P_u。

例 13-5 求图 13-14（a）所示三跨连续梁的极限荷载。设已知 AB 跨和 BC 跨梁截面的极限弯矩为 $1.5M_u$，CD 跨者为 M_u。

【解】

先设破坏机构如图 13-14（b）所示，计算相应的可破坏荷载。这里应当注意，因 CD 跨的极限弯矩较小，截面 C 处的极限弯矩应为 M_u。即塑性铰出现在 CD 跨的 C 端（不是 BC 跨的 C 端）。由虚位移原理导得

$$P \times 2a\theta + P \times a\theta = M_u \times \theta + M_u \times 3\theta$$

$$P = 1.33\frac{M_u}{a}$$

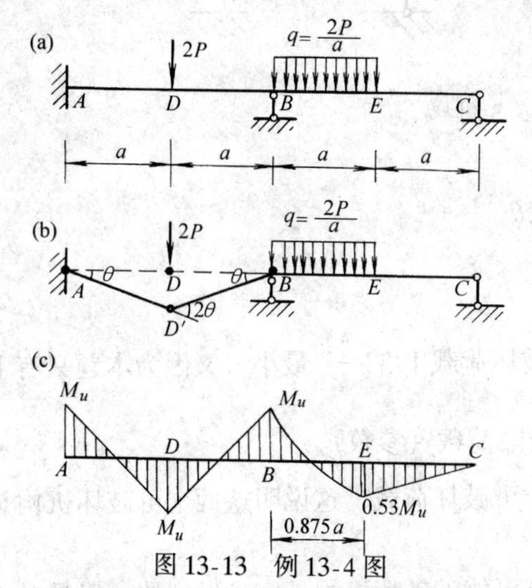

图 13-13　例 13-4 图

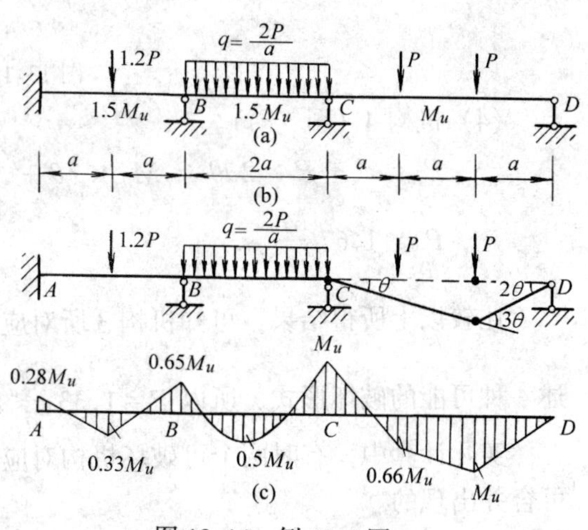

图 13-14　例 13-5 图

对于本例来说，当 CD 跨形成破坏机构后，它左方的 ABC 段为超静定的。此时，该段内的真实弯矩图，若不进行弹塑性分析则无法确定。

为了判断 $P=1.33\frac{M_u}{a}$ 是否同时为可接受荷载，我们取 ABC 段为分析对象，设它处于弹性阶段，并在 C 端作用有外力偶 M_u，然后用力矩分配法计算 ABC 段的弯矩，再结合处于极限平衡的 CD 段的弯矩值，我们便得到了一个满足连续梁全部平衡条件的弯矩图如图 13-14（c）所示；因为图中任意位置的弯矩值都小于或等于相应截面的极限弯矩，所以图 13-14（c）是静力可能且又安全的弯矩分布，而对应的可接受荷载为 $P=1.33\frac{M_u}{a}$。

由上述分析可知，$P=1.33\frac{M_u}{a}$既是可破坏荷载，又是可接受荷载，根据单值定理它即是本例的极限荷载 P_u。

思 考 题

(1) 图 13-14 (c) 所示的弯矩分布图是否就是该例题极限状态时所对应的真实弯矩图，为什么?

(2) 设将例 13-5 中 CD 跨上的集中荷载值改为 $0.8P$，然后仿该例做法，用试算法计算并考虑所得的可破坏荷载能否被判定为极限荷载。

*13.5 用机构法求简单刚架的极限荷载

一、破坏机构的可能形式

刚架可以被看做是由若干根杆件联接而成的。每根杆单独形成破坏机构时，称为梁机构。其塑性铰出现的可能位置与单跨梁时相同。除梁机构外，刚架还可能形成侧移机构而破坏。所谓侧移机构，即是在刚架上形成足够数目的塑性铰，致使其整体或局部（涉及几根杆）可以侧向自由移动的破坏机构。下面通过例题说明单层单跨刚架破坏机构的可能形式。

图 13-15 (a) 示一单层单跨的刚架，它是 3 次超静定的。形成侧移机构时至少在结构上要形成 4 个塑性铰，因为只有这样，才能使原结构成为几何可变体系。对本例而言，塑性铰只可能在 A、B、C、D、E5 点处出现。其可能破坏机构如图 13-15 (b)、(c)、(d) 所示。图 13-15 (b) 为梁机构，图 13-15 (c)、(d) 则为侧移机构。其他形式的破坏机构都是不可能的。例如图 13-15 (e) 所示的破坏机构，在图中，C 点处的塑性铰处截面承受的是使刚架上侧纤维受拉的弯矩，而且弯矩分布图在 C 点处还必须形成局部最大（按绝对值来说）。当弯矩分布图满足前述要求时，其在 C 处形成“Λ”形尖角，这与 C 点处荷载 P 的指向相矛盾。所以，对本例不可能出现图 13-15 (e) 所示的破坏机构。

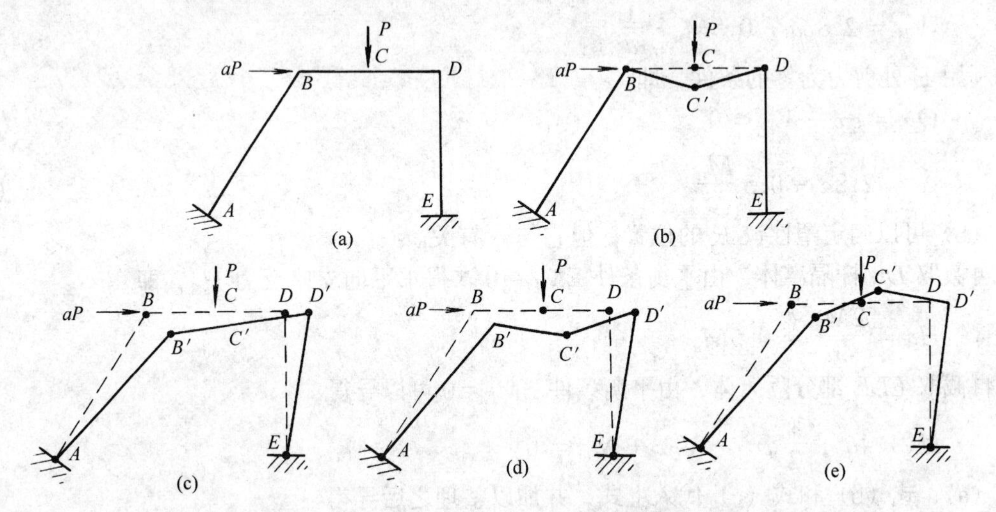

图 13-15　刚架破坏机构的可能形式

二、应用举例

例 13-6 求图 13-16（a）所示刚架的极限荷载。已知 AC 柱和 BD 柱截面的极限弯矩为 M_u，CD 梁截面的极限弯矩为 $2M_u$。

【解】

本题的可能破坏机构如图 13-16（b）、（c）、（d）所示。下面用机动法求极限荷载。

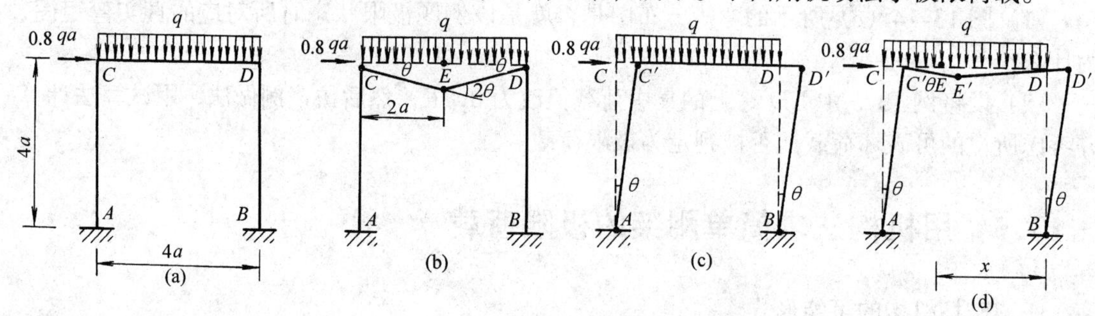

图 13-16 例 13-6 图

对于图 13-16（b）所示机构，显然塑性铰 E 位于 CD 梁的中间，由虚位移原理推得

$$\frac{1}{2}q \times 4a \times \theta \times 2a = M_u \times \theta + M_u \times \theta + 2M_u \times 2\theta$$

$$q = 1.5M_u \cdot \frac{1}{a^2}$$

对于图 13-16（c）所示机构，由虚位移原理可以推得

$$0.8qa \times 4a\theta = 4M_u \times \theta$$

$$q = 1.25M_u \cdot \frac{1}{a^2}$$

对于图 13-16（d）所示机构，塑性铰 E 的位置可由该处剪力为零的条件来确定。为此，首先利用整体平衡条件 $\Sigma M_A = 0$，即

$$0.8qa \times 4a + q \times 4a \times 2a - V_B \times 4a - M_u - M_u = 0$$

求得 $$V_B = 2.8qa - 0.5M_u \cdot \frac{1}{a} \tag{a}$$

然后利用 E 处剪力为零的条件，即

$$Q_E = qx - V_B = 0$$

求得 $$x = 2.8a - 0.5\frac{M_u}{qa} \tag{b}$$

由式（b）可以确定塑性铰 E 的位置，但它与 q 有关。

再截取 DB 杆隔离体，由平衡条件 $\Sigma M_D = 0$ 求得水平向支座反力 H_B，即

$$H_B = \frac{2M_u}{4a} = 0.5M_u \cdot \frac{1}{a} \tag{c}$$

再截取 EDB 部分隔离体，由平衡条件 $\Sigma M_E = 0$ 可以导得

$$H_B \times 4a + \frac{1}{2}qx^2 - V_Bx + M_u = 0$$

将式（a）、式（b）和式（c）代入上式，并加以整理之后导得

$$31.36a^4q^2 - 35.2a^2M_uq + M_u^2 = 0 \tag{d}$$

式（d）的两个根分别为

$$q = 1.093 M_u \frac{1}{a^2},\ q = 0.029 M_u \frac{1}{a^2}$$

但将它们分别代入式（b）中后，求得

$$x = 2.343a,\ x = -14.338a$$

显然后者不合理，所以取 $q = 1.093 M_u \frac{1}{a^2}$。

比较上述 3 种情形所求得的可破坏荷载，以第 3 种情形者为最小，所以 $q = 1.093 M_u \frac{1}{a^2}$ 是本例的极限荷载。

*13.6 用增量变刚度法求刚架的极限荷载

前节讲述的做法一般只适用于简单刚架，本节介绍一种以矩阵位移法为基础的增量变刚度法。它适合于用计算机求解一般刚架的极限荷载。

在下面的讨论中，除本章前面已作的一些假定外，再引入以下两个附加假定。

（1）结构上某处形成塑性铰后，假设塑性区在该处退化为一个截面，而其余部分仍为弹性区。

（2）荷载按比例增加，且为节点荷载。如有非节点荷载，则可将荷载作用点（截面）当节点处理。

引用上述附加假定后，我们可以利用增量变刚度法对结构进行弹塑性分析；求得的应力分布和变形情况是近似的。但是，由此推求的极限荷载按单值定理可以证明是精确的。

现在将增量变刚度法的基本概念简述如下。

因假定所有荷载系按比例单调增加，亦即比例加载。故可用一个荷载参数 P 代表荷载。结构在第一个塑性铰出现之前称为第一阶段。此阶段结束，第一个塑性铰出现时相应的荷载参数用 P_1 表示。随后，每增加一个塑性铰划分一个阶段；其间对应的荷载参数增量用 ΔP_i（$i = 2、3、4、\cdots n$）表示。这样，总的荷载参数可以表达成

$$P = P_1 + \Delta P_2 + \Delta P_3 + \cdots + \cdots + \Delta P_i + \cdots \Delta P_n \tag{13-9}$$

结构上任意截面的弯矩表达成

$$M = P_1 \overline{M_1} + \Delta P_2 \overline{M_2} + \cdots + \Delta P_i \overline{M_i} + \cdots + \Delta P_n \overline{M_n} \tag{13-10}$$

式中 $\overline{M_i}$ 表示第 i 阶段令 $P = 1$ 时的弯矩分布，其图形称为单位弯矩图。由式（13-10）计算出的弯矩称为累加弯矩。因为不同阶段结构上存在的塑性铰数目不同，所以用矩阵位移法求 $\overline{M_i}$ 时所用的结构总刚度矩阵 $\boldsymbol{K}_i$ 也不同。

当结构上出现足够多数目的塑性铰时，相应的总刚度矩阵将变为奇异的。这时，结构形成了破坏机构。按式（13-9）即可求得极限荷载。

上面所述，即为增量变刚度法的基本概念。因其分析过程中应用了荷载增量，并且在不同阶段上还要修正前一阶段的结构总刚度矩阵，故取名为增量变刚度法。关于如何确定出现塑性铰的截面位置，以及如何具体求得各阶段的荷载参数增量 ΔP_i，我们将在下面的例题中加以详细说明。为了节省篇幅起见，只列出计算步骤而略去数字演算。

例 13-7 求图 13-17（a）所示刚架的极限荷载。

【解】

由结构及荷载情况可知，截面 1、2、3、4、5 为控制截面，塑性铰只可能在这 5 处出现。

〈1〉第 1 阶段

根据附加假定（1），结构在第 1 个塑性铰出现之前属于弹性工作阶段，对应该阶段末的荷载参数为 P_1。为了确定 P_1 的值及哪个控制截面首先出现塑性铰，可以令 $P=1$，用矩阵位移法计算结构并给出单位弯矩图 $\overline{M_1}$，如图 13-17（b）所示。此阶段结构的总刚度矩阵设为 $\boldsymbol{K}_1$。

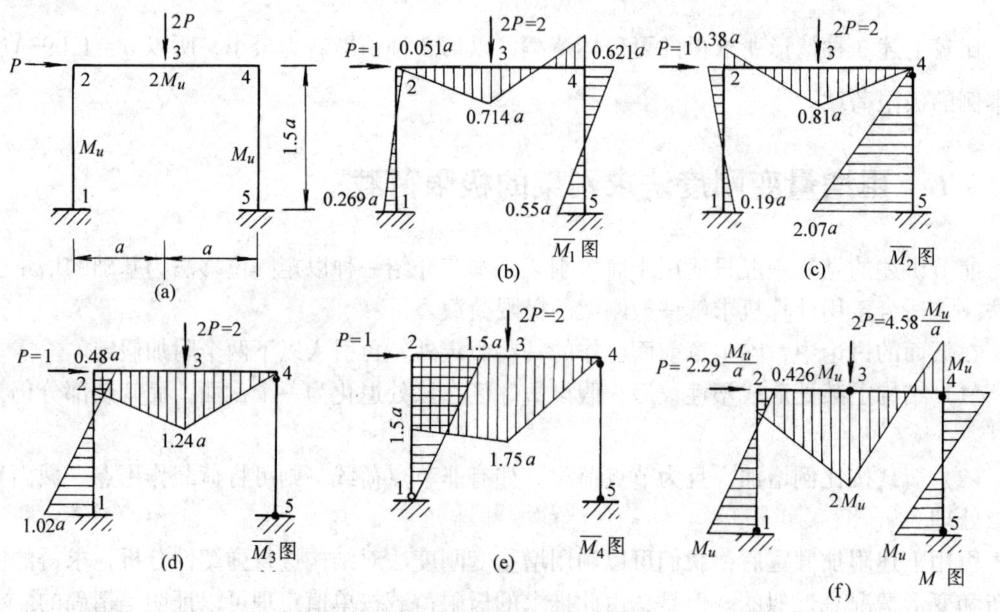

图 13-17　例 13-7 图

由各控制截面的弯矩（内侧纤维受拉者为正）组成单位弯矩数组

$$\{\overline{M_1}\}^* = \{-0.269a \quad 0.051a \quad 0.714a \quad -0.621a \quad 0.550a\}$$

由各控制截面的极限弯矩组成极限弯矩数组

$$\{M_u\} = \{\pm M_u \quad \pm M_u \quad \pm 2M_u \quad \pm M_u \quad \pm M_u\}$$

其中各元素的正负号将视截面由正弯矩或由负弯矩形成塑性铰而定。

由 $\{M_u\}$ 的各元素除以 $\{\overline{M_1}\}$ 的各相应元素组成所谓比数组，即

$$\left\{\frac{M_u}{\overline{M_1}}\right\} = \left\{\frac{-M_u}{-0.269a} \quad \frac{M_u}{0.051a} \quad \frac{2M_u}{0.714a} \quad \frac{-M_u}{-0.621a} \quad \frac{M_u}{0.550a}\right\}$$

此时 $\{M_u\}$ 中各元素的正负号应与 $\{\overline{M_1}\}$ 中相应元素者相同。比数组的各元素以第 4 个数值最小，所以取 $P_1=\dfrac{M_u}{0.621a}$。

利用式（13-10）可以计算第 1 阶段末任意截面的弯矩值。各控制截面的弯矩组成如下数组

$$\{M_1\} = P_1\{\overline{M_1}\} = \{-0.432M_u \quad 0.082M_u \quad 1.15M_u \quad -M_u \quad 0.890M_u\}$$

由此看出第 1 个塑性铰将在截面 4 处出现。

〈2〉第 2 阶段

---

* 为避免对下文式 $\left\{\dfrac{M_u}{\overline{M_1}}\right\}$、$\left\{\dfrac{M_u-M_1}{\overline{M_2}}\right\}$ 等所示分式的误解，与 11.5 节不同，本节改以 {} 号表示数组。

首先将截面 4 处换成铰链并据以形成新的结构总刚度矩阵，设为 $\boldsymbol{K}_2$。令 $P=1$，用矩阵位移法计算新结构并给出单位弯矩图 $\overline{M_2}$，如图 13-17（c）所示。

由各控制截面的弯矩（内侧纤维受拉者为正）组成单位弯矩数组

$$\{\overline{M_2}\} = \{0.19a \quad -0.38a \quad 0.81a \quad 0 \quad 2.07a\}$$

为了确定第 2 阶段荷载增量 ΔP_2 以及何处出现第 2 个塑性铰，特组成下列比数组

$$\left\{\frac{M_u - M_1}{\overline{M_2}}\right\} = \left\{7.537\frac{M_u}{a} \quad 2.847\frac{M_u}{a} \quad 1.049\frac{M_u}{a} \ / \ 0.053\frac{M_u}{a}\right\}$$

此时 $\{M_u\}$ 中各元素的正负取与 $\{\overline{M_2}\}$ 中相应元素者相同。其中第 4 个元素可以不考查，因为截面 4 已形成塑性铰。比数组中数值最小的元素为 $0.053\dfrac{M_u}{a}$，所以令 $\Delta P_2 = 0.053\dfrac{M_u}{a}$。

利用式（13-10）可以计算在第 2 阶段末原结构任意截面的累加弯矩值。各控制截面的累加弯矩组成如下数组

$$\{M_2\} = P_1\{\overline{M_1}\} + \Delta P_2\{\overline{M_2}\} = \{-0.422M_u \quad 0.062M_u \quad 1.193M_u \quad -M_u \quad M_u\}$$

由此看出第 2 个塑性铰将在截面 5 处出现。

〈3〉第 3 阶段

将原结构的截面 4 和截面 5 均换成铰链并据以形成新的总刚度矩阵，设为 $\boldsymbol{K}_3$。令 $P=1$，用矩阵位移法计算并给出单位弯矩图 $\overline{M_3}$，如图 13-17（d）所示。

由各控制截面的弯矩（内侧纤维受拉者为正）组成单位弯矩数组

$$\{\overline{M_3}\} = \{-1.02a \quad 0.48a \quad 1.24a \quad 0 \quad 0\}$$

为了确定第 3 阶段荷载增量 ΔP_3 以及何处出现第 3 个塑性铰，特组成下列比数组

$$\left\{\frac{M_u - M_2}{\overline{M_3}}\right\} = \left\{0.567\frac{M_u}{a} \quad 1.954\frac{M_u}{a} \quad 0.65\frac{M_u}{a} \quad / \quad /\right\}$$

比数组中数值最小的元素为 $0.567\dfrac{M_u}{a}$，所以令 $\Delta P_3 = 0.567\dfrac{M_u}{a}$。

利用式（13-10）可以计算在第 3 阶段末原结构任意截面的累加弯矩值。各控制截面的累加弯矩组成如下数组

$$\begin{aligned}\{M_3\} &= P_1\{\overline{M_1}\} + \Delta P_2\{\overline{M_2}\} + \Delta P_3\{\overline{M_3}\} \\ &= \{-M_u \quad 0.334M_u \quad 1.894M_u \quad -M_u \quad M_u\}\end{aligned}$$

由此看出第 3 个塑性铰将在截面 1 处出现。

〈4〉第 4 阶段

将原结构的截面 4、5、1 均换成铰链并据以形成新的总刚度矩阵，设为 $\boldsymbol{K}_4$。令 $P=1$，用矩阵位移法计算并给出单位弯矩图 $\overline{M_4}$，如图 13-17（e）所示。

由各控制截面的弯矩（内侧纤维受拉者为正）组成单位弯矩数组

$$\{\overline{M_4}\} = \{0 \quad 1.5a \quad 1.75a \quad 0 \quad 0\}$$

比数组为

$$\left\{\frac{M_u - M_3}{\overline{M_4}}\right\} = \left\{/ \quad 0.443\frac{M_u}{a} \quad 0.061\frac{M_u}{a} \quad / \quad /\right\}$$

比数组的元素中数值最小者为 $0.061\dfrac{M_u}{a}$。令 $\Delta P_4 = 0.061\dfrac{M_u}{a}$。

利用式（13-10）可以计算第 4 阶段末原结构任意截面的累加弯矩值。各控制截面累加弯矩组成如下数组

$$\begin{aligned}\{M_4\} &= P_1\{\overline{M_1}\} + \Delta P_2\{\overline{M_2}\} + \Delta P_3\{\overline{M_3}\} + \Delta P_4\{\overline{M_4}\} \\ &= \{-M_u \quad 0.426M_u \quad 2M_u \quad -M_u \quad M_u\}\end{aligned}$$

由此看出第 4 个塑性铰将在截面 3 处出现。

〈5〉第 5 阶段

将原结构的截面 4、5、1、3 均换成铰链并据以形成新的总刚度矩阵 $\boldsymbol{K}_5$。经检验，$\boldsymbol{K}_5$ 是奇异的，说明原结构由于出现了足够多的塑性铰已经到达极限状态。这时，按式（13-9）计算极限荷载参数为

$$P_u = P_1 + \Delta P_1 + \Delta P_2 + \Delta P_3 + \Delta P_4 = 2.291\frac{M_u}{a}$$

利用式（13-10）计算结构任意截面的累加弯矩，其弯矩图如图 13-17（f）所示。

需要指出的是，在加载过程中，我们假设塑性铰一旦形成即不再受反向变形而恢复其弹性作用。所以，在每个阶段都要检查是否满足这个要求，如果结构的实际变形情况并非如此，则以上计算过程需要做相应的修改。对于以上例题，经过验算可知，这一假设是满足的。譬如，在第 3 阶段一开始就要检查第 1 阶段形成的塑性铰和第 2 阶段形成的塑性铰会不会由于荷载继续增加而发生反向变形。为此，在图 13-17（d）状态下求铰 4 和铰 5 处的相对转角，可以证实，在该两处均没有发生相反的转动。其他阶段类推。

思 考 题

求各阶段的荷载增量时为什么取比数组中最小元素的值?

习 题

13.1 设材料的屈服极限 $\sigma_y = 235\ \text{N/mm}^2$，试求下列截面的极限弯矩 M_u。（1）28a 号工字钢（见钢结构中的型钢表）；（2）T 形截面（如图（a））；（3）环形截面（如图（b））。

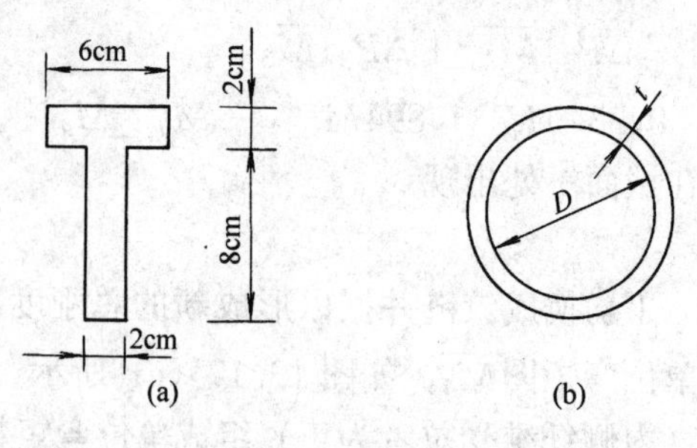

题 13.1

13.2 求图示静定梁的极限荷载。（1）设 $\sigma_y = 235\ \text{N/mm}^2$、矩形截面 $b = 5$ cm、$h = 10$ cm；（2）设 $M_u = 20\ \text{kN·m}$。

13.3 求下列各梁在极限状态时所需截面极限弯矩值。

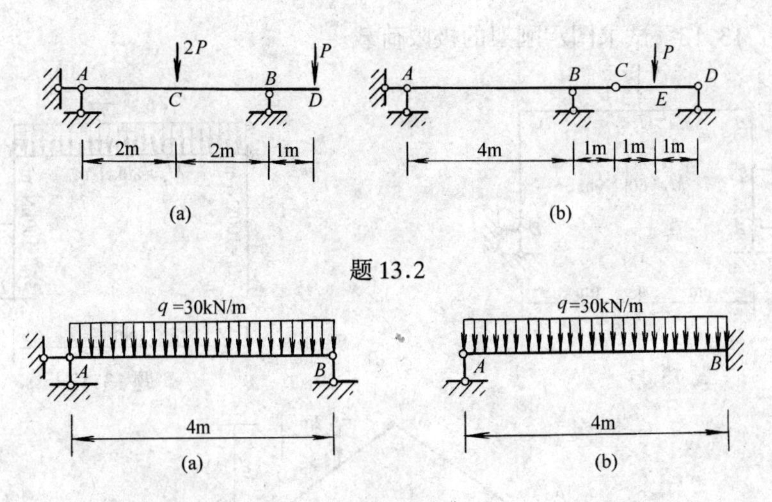

题 13.2

题 13.3

13.4～13.7　求图示单跨超静定梁的极限荷载。

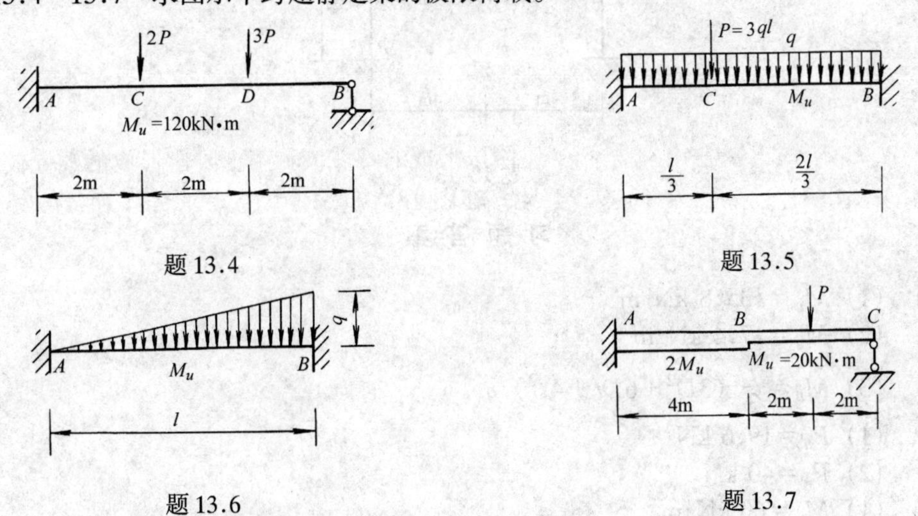

题 13.4

题 13.5

题 13.6

题 13.7

13.8～13.10　求图示连续梁的极限荷载，并作出在刚刚到达极限状态时的 M 图。

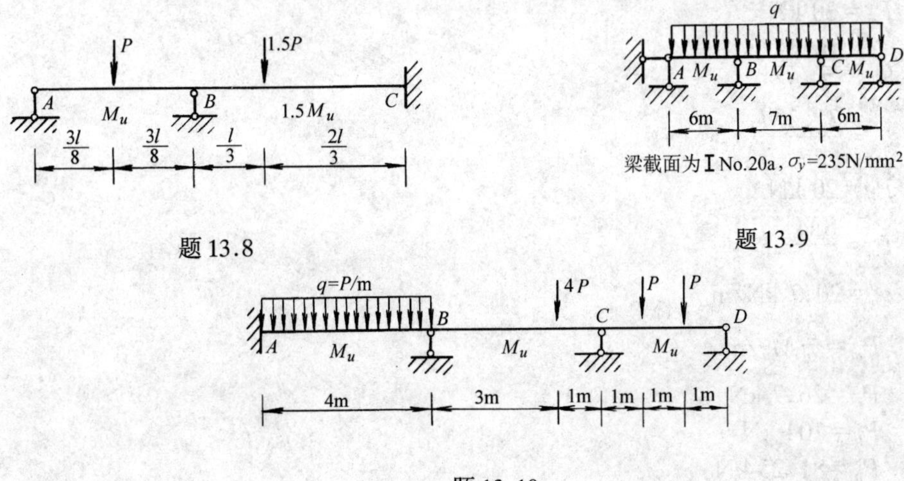

题 13.8

题 13.9

题 13.10

*13.11～*13.13 试求图示刚架的极限荷载。

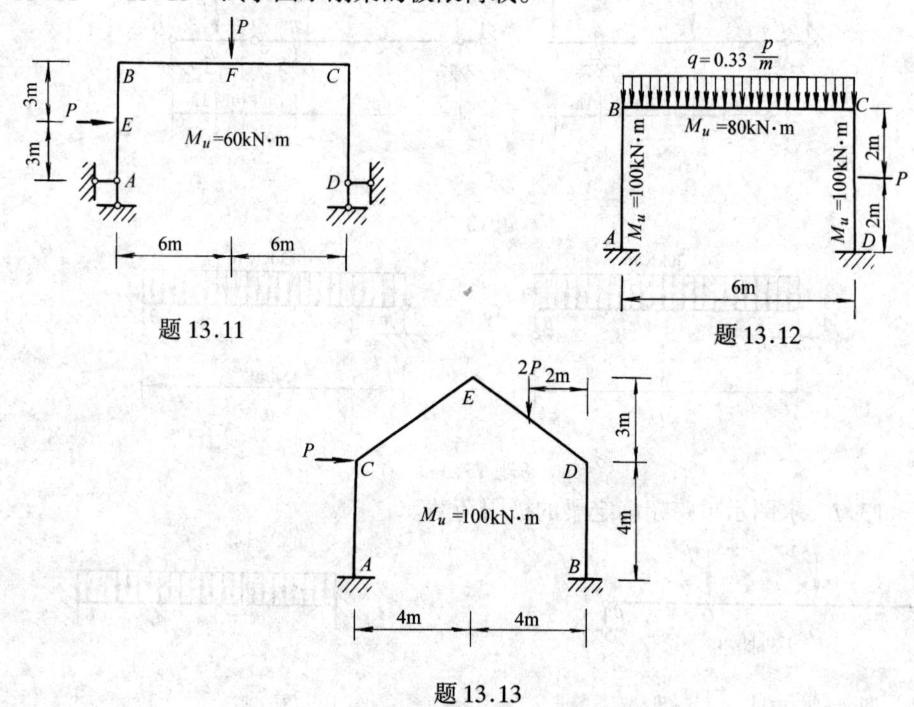

习题答案

13.1 （1）$M_u = 135.8\ \text{kN·m}$

（2）$M_u = 17.4\ \text{kN·m}$

（3）$M_u = \frac{t}{3}\ (3D^2 + 6Dt + 4t^2)\ \sigma_y$

13.2 （1）$P_u = 19.6\ \text{kN}$

（2）$P_u = 40\ \text{kN}$

13.3 （1）$M_u = 60\ \text{kN·m}$

（2）$M_u = 41.2\ \text{kN·m}$

13.4 $P_u = 30\ \text{kN}$

13.5 $q_u = \frac{18}{7}\frac{M_u}{l^2}$

13.6 $q_u = \frac{31.2M_u}{l^2}$

13.7 $P_u = 20\ \text{kN}$

13.8 $P_u = \frac{8M_u}{l}$

13.9 $q_u = 20.7\ \text{kN/m}$

13.10 $P_u = \frac{2}{3}M_u/\text{m}$

13.11 $P_u = 26.7\ \text{kN}$

13.12 $P_u = 104\ \text{kN}$

13.13 $P_u = 81.25\ \text{kN}$

第 14 章　结构的稳定计算

14.1　稳定概念及两类稳定问题

结构承受荷载后，结构整体及其各个组成部分在外力和内力作用下应保持平衡*。但平衡状态必须是稳定的，结构方能正常工作。这里所谓“稳定”是指：假设对结构施加一微小干扰使偏离其初始位置，当干扰撤去后，结构能恢复到原来的平衡位置。反之，若干扰撤除后不能恢复原来位置或产生愈来愈大的偏离，则原来的平衡状态是不稳定的，或称之为该状态丧失了稳定。

在材料力学中，曾讨论过中心受压直杆的稳定问题；此外，偏心受压柱、拱、刚架、薄板及薄壳结构等也都存在稳定问题。近几十年来，由于高强度建筑材料的应用和结构型式的发展，结构趋向轻型、薄壁化，这就更易出现失稳现象。相应地，结构的稳定计算也就日益成为一个重要的问题。

图 14-1（a）示一两端铰支的直杆，当其两端沿轴线作用的力 P 小于某一值 P_{cr} 时，杆件保持原来的直线平衡状态。此时，若有某种微小扰动（譬如说，对杆件作用一微小水平力），则杆件将发生弯曲，而在取消这一扰动后，杆件又将恢复到原来的直线平衡状态。这表明，体系原来的直线平衡状态是稳定的。当 P 超过该特定值 P_{cr} 后，若绝对地没有任何扰动，杆件仍将维持直线平衡形式。但若一旦给以某种扰动，杆件即转变为弯曲平衡形式，而且即使取消扰动，杆件仍将维持弯曲状态而不再回到原来的直线平衡位置（图 14-1（b））。这就表示原来的直线平衡状态已由稳定的变为不稳定的。综上所述可以看出：使荷载 P 由小到大逐渐增加，图 14-1（a）中杆件 AB 的直线平衡状态将由稳定过渡到不稳定，而 $P = P_{cr}$ 正是出现这种过渡的临界点。因之可称 $P = P_{cr}$ 时的状态为临界状态，P_{cr} 即称为临界荷载。

为了较清晰地表明上述平衡状态稳定性的变化，我们绘制图 14-1 中 AB 杆的荷载-位移关系图（如图 14-2 所示）。图中横坐标 Δ_m 代表杆件弯曲平衡位置的最大水平位移，纵坐标 P 代表作用于杆端的竖向压力。在荷载-位移关系曲线上，OA 段上各点代表 $P < P_{cr}$ 时的各个平衡状态，它们是稳定的平衡状态；相应于某一荷载值，杆件 AB 也只有一个保持直线位置（$\Delta_m = 0$）的平衡状态。当 $P > P_{cr}$ 后，以虚线 AD 表征的直线形式的平衡状态变成为不稳定的；此时，相应于某一荷载值 P_n，除去不稳定的直线平衡位置外，尚有一稳定的曲线平衡位置。在图 14-2 中，n_1 与 n_2 点即分别代表与 P_n 相应的上述两种位置，而曲线 AB 即是杆件处于弯曲平衡位置的荷载-位移关系曲线**。因杆件有可能朝相反的方向弯曲图中，

---

*　我们不讨论结构的动力稳定问题，在本章中，设施加于结构的荷载皆为静力荷载。

**　关于 $P > P_{cr}$ 后，荷载-位移曲线之 AB 段的导出及弯曲平衡位置稳定性的讨论，见下面 14.2 节、14.3 节。

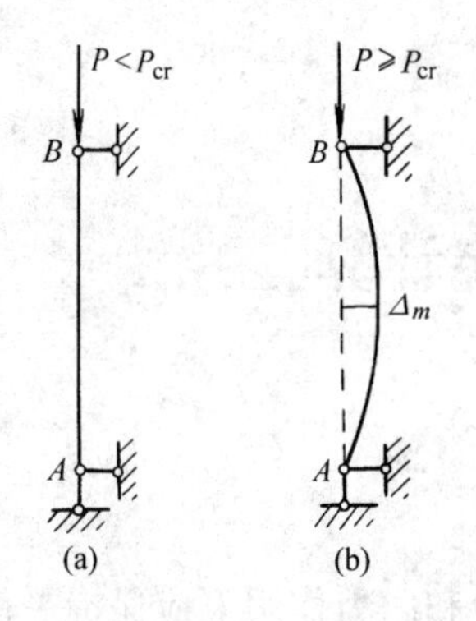

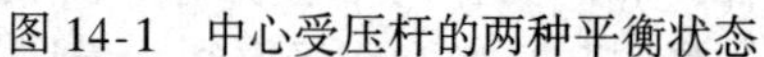
图 14-1　中心受压杆的两种平衡状态

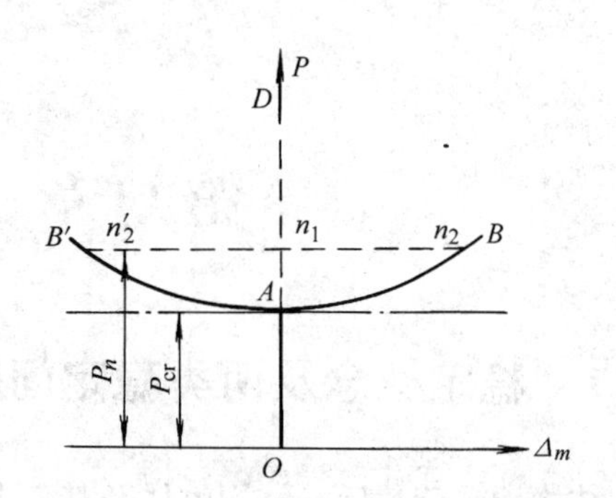

图 14-2　中心受压杆的荷载-位移曲线

也绘出了与曲线 AB 相对称的曲线AB'，上面标出了与 n_2 相对称的 n'_2 点。

图 14-2 中的荷载-位移图上，与 P_{cr}相应的 A 点正是AB 杆直线形式的稳定性发生改变的临界点。从另一角度看，荷载-位移曲线到达A 点后，即出现平衡途径的分枝。稳定的平衡途径由 OA 转向AB 或AB'，故 A 点又称为平衡的分枝点，P_{cr}又可称为分枝荷载。

具有平衡分枝点的稳定问题，常称为第一类稳定问题。除图 14-1（a）所示的中心受压杆外，其他结构在特定荷载情况下也存在第一类稳定问题。如图 14-3 所示的刚架，当 $P<P_{cr}$时，刚架柱处于轴心受压状态，因而只有压缩变形；当 P 到达P_{cr}后，刚架原有的平衡状态变成不稳定的，由于某种扰动，即将出现如图中虚线所示的变形形式。又如图 14-4 所示的薄壁工字梁，当 $P<P_{cr}$时，梁在通过其轴线竖向平面内发生弯曲变形；当 P 到达P_{cr}后，平面弯曲形式的平衡状态成为不稳定的，受扰动影响，梁将出现一种新的平衡形式，偏离原通过梁轴的竖向平面而发生斜弯曲和扭转（如图中虚线所示），即丧失了平面弯曲形式的稳定。

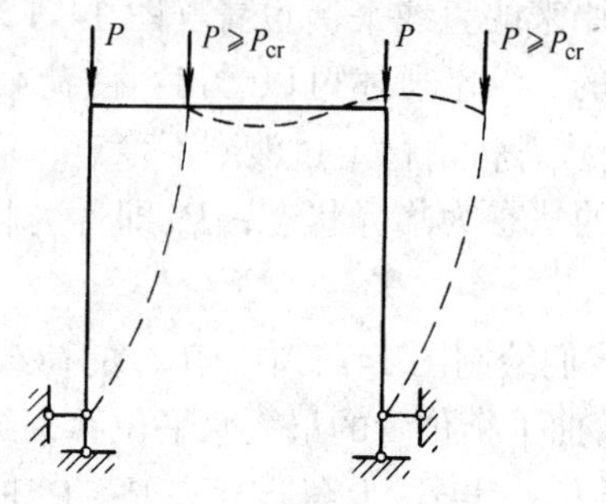

图 14-3　刚架的失稳现象

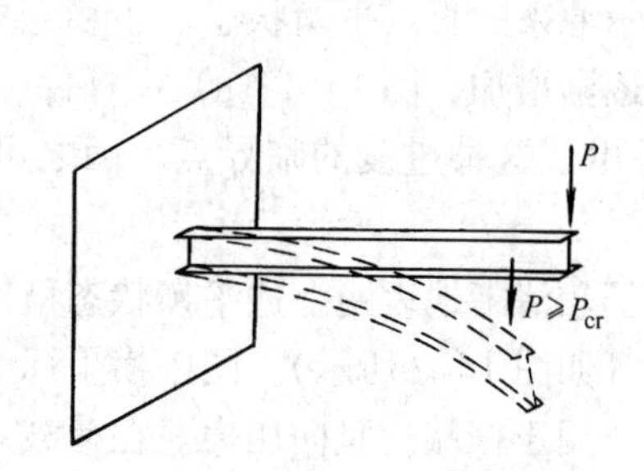

图 14-4　薄壁梁的失稳现象

综上所述可知，体系丧失第一类稳定性时，变形形式产生了性质上的突变。即荷载达到临界值后，原来的平衡形式成为不稳定的，而将出现与原来平衡形式有质的区别的新的平衡形式。这种在同一荷载下，结构形式突然变化现象，称之为屈曲。因此，分枝荷载也可称之为屈曲荷载。压杆和梁等杆件结构产生屈曲后，荷载虽然尚可稍作增加，但因变形将迅速扩大（即图 14-2 中 AB 及AB'线的斜率很小），一般不再考虑这部分承载能力，而以临界荷载作为所能承担荷载的最大值。

下面讨论第二类稳定问题。这类丧失稳定的特征是：结构原来的变形大大发展，而不会出现新的变形形式。即结构的平衡形式并不发生质变，但由于变形的增大或材料的应力超过其许可值，结构将不能正常工作。例如图 14-5（a）所示两端铰支承受偏心压力 P 的直杆，P 作用后，杆件要同时发生压缩和弯曲变形。随着 P 的增长，挠度将不断增加，力 P 和挠度之间为非线性关系。若杆件截面的最大应力可保持在比例极限以内，则当 P 接近中心受压杆的临界值 P_e 时，挠度将趋于无限大如图 14-5（b）中虚线 OC 所示。实际上，当 P 还远小于 P_e 时，杆件中部最外侧纤维的应力已经到达屈服值。随着 P 继续加大，塑性变形逐渐向截面内部扩展。偏心压杆在弹塑性阶段的计算相当复杂，本书不再介绍；图 14-5（b）中的实线 OB 表示有关文献中给出的杆的最大挠度 Δ_m 随荷载变化的关系曲线。由图可以看出，当 P 达到某一数值（相应于曲线上的 A 点）后，曲线开始向下弯曲；这表明即使 P 值不再增加甚至减小，Δ_m 仍继续增加，此时就称杆件丧失了第二类稳定性。因为曲线的 OA 段表示稳定的平衡（加大荷载方能使挠度增加），而 AB 段为不稳定的平衡，故过渡点 A 的荷载也可称之为（第二类稳定问题的）临界荷载。

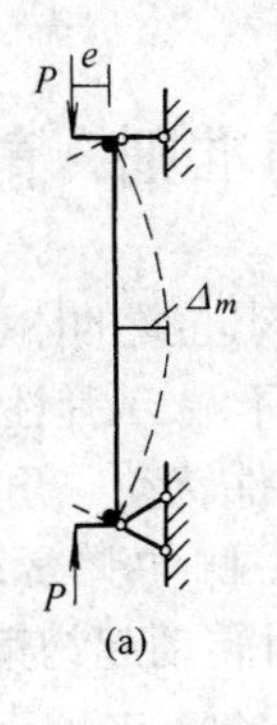

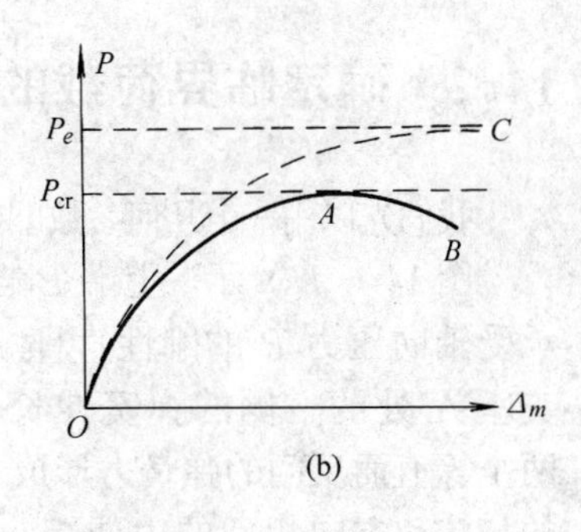

图 14-5　偏心受压杆及荷载-位移曲线

在结构设计中，应使设计荷载值不大于临界荷载值，这样才能保证结构在工作过程中不致由于丧失稳定而处于危险工作状态或破坏。因此，稳定计算的中心问题就是要确定临界荷载值。如果结构承受的是若干集中荷载或均布荷载，则是确定荷载的临界参数 β_{cr}，就是说，各个荷载若按比例同时增大到各自基准值的 β_{cr}倍时，结构即达到临界状态。

一般说来，在第二类稳定问题中，应按大挠度理论建立应变与位移的关系式，且在荷载达到临界值前，结构的某些部分常已进入弹塑性工作阶段，分析此种稳定性比较复杂。本书只讨论若干种结构的第一类稳定问题，研究确定临界荷载（分枝荷载）的方法。

稳定问题与强度问题有根本区别。稳定问题是要研究能使结构同时存在两种本质不同的平衡形态的最小荷载值，寻求给定结构的临界荷载。在分析稳定问题时，需根据结构变形后状态来建立平衡方程，它是一个变形问题，而强度问题则是要找出结构在平衡状态下，由荷载所引起的最大应力。在强度计算中，对绝大多数结构，可以用未变形前的形态为依据建立平衡方程、进行内力分析，它是一个应力（或内力）问题。强度计算的目的是保证结构的实际最大应力不超过相应的强度指标，而稳定计算的目的是防止出现不稳定的平衡状态。

在以下几节中，将先后讨论确定第一类稳定问题之临界荷载的两种最基本、最重要的方法，即静力法和能量法。

思 考 题

（1）杆件“丧失稳定”和“产生屈曲”，这两种说法的含义是否等同？

（2）怎样判断丧失第一和第二类稳定性，试述其各自的特点。一中心受压杆如有初始缺陷，能否出现第一类稳定问题？

（3）稳定问题与强度问题有何本质区别？

14.2 确定临界荷载的静力准则 静力法

我们先以用一个几何参数即能确定其位置的体系（单自由度体系）为例，说明静力法的原理。

图 14-6（a）示一上端 B 自由、下端 A 弹性固定，承受轴向压力 P 的刚性直杆。若杆件转动一角度 θ，支座 A 处的一侧的弹簧伸长，另一侧的弹簧缩短，两个等值而反向的弹簧力形成一个对转动起约束作用的与转动方向相反的力偶矩 $m = k_\theta \cdot \theta$。这种支座为弹性抗转支座，而 k_θ 即是此支座的转动刚度系数。

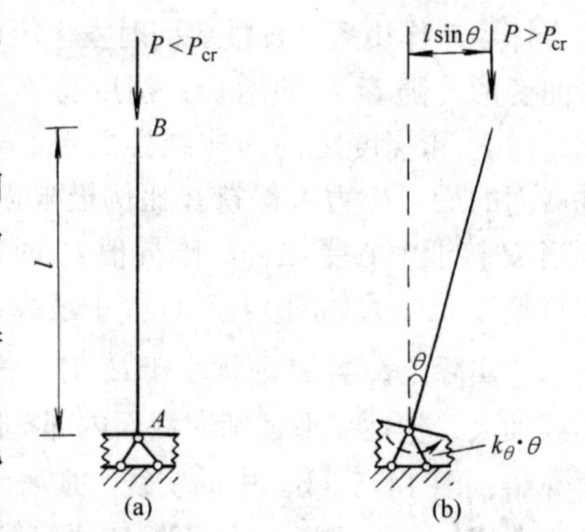

图 14-6 弹性支承刚性压杆的两种平衡状态

当 $P < P_{cr}$ 时，竖直位置是杆件 AB 惟一的平衡状态（图 14-6（a））。当 P 超过 P_{cr} 后，除上述者外，杆件尚存在倾斜位置的平衡状态（图 14-6（b））。现在即是要研究使 AB 杆保持有惟一的竖直平衡状态以及出现并维持倾斜位置的平衡，P 分别应具有怎样的数值。为此，针对图 14-6（b），列出平衡方程 $\Sigma M_A = 0$，得

$$Pl\sin\theta - k_\theta \cdot \theta = 0 \tag{a}$$

满足式（a）的解有两个；（1）$\theta = 0$，P 为任意有限值；（2）$\theta \neq 0$，$P = \dfrac{k_\theta}{l} \cdot \dfrac{\theta}{\sin\theta}$。以下分别按大挠度和小挠度理论（假设），就两种解相应的状态及其稳定性进行讨论。在前一种假设下，因 θ 并非足够小，应认为 $\sin\theta \neq \theta$；而后者则可取 $\sin\theta = \theta$。

一、按大挠度假设分析

1. $\theta = 0$，P 为任意有限值

此种解表征杆件处于竖直位置的平衡状态。为了分析稳定性，我们试给杆件一微小干扰，使 AB 杆偏离竖直位置一微小角度 $\delta\theta$，然后撤除干扰。此时，荷载 P 对 A 点形成的倾覆力矩为 $Pl\sin(\delta\theta)$，而弹性抗转支座提供的抗覆力矩为 $k_\theta \cdot \delta\theta$。将两种力矩作比较并注意到 $\delta\theta$ 为一表征杆件位置稍许变化的微量，可近似地取 $\sin(\delta\theta) = \delta\theta$，于是有下面几种情况。

（1）$P < k_\theta / l$。此时 $Pl\sin(\delta\theta) < k_\theta \cdot \delta\theta$，倾覆力矩＜抗覆力矩；这样干扰撤除后，杆件能向原来的平衡位置转动。或者说，需另外施加一背离竖直位置的水平力 H_d（图 14-7（a））方能维持住倾斜位置的平衡。倘无此力 H_d，杆件将恢复到竖直位置，故竖直的平衡状态是稳定的。

（2）$P > k_\theta / l$。此时 $Pl\sin(\delta\theta) > k \cdot \delta\theta$，倾覆力矩＞抗覆力矩。这时与（1）中情况相反，需施加指向竖直位置的力 H_d' 以维持倾斜位置的平衡（图 14-7（b））。故原竖直位置的平衡状态是不稳定的。

（3）$P = P_{cr} = k_\theta / l$。为以上两种情况的过渡点，为一临界状态*。

---

* 此时若取 $\sin(\delta\theta) = \delta\theta$，便有 $Pl\sin(\delta\theta) = k_\theta \cdot \delta\theta$。对于使杆件竖直位置有稍许微量变化的各个 $\delta\theta$ 值，倾覆力矩皆等于抗覆力矩，意即在各该位置处都能维持杆件的平衡，这表示杆件在临界状态处于随遇平衡。但在 $P = k_\theta / l$ 时，倘认为需考虑 $\sin(\delta\theta)$ 的级数表达式中的高次项，取 $\sin(\delta\theta) = \delta\theta - \dfrac{1}{6}(\delta\theta)^3$，$k \cdot \delta\theta$ 将较 $Pl\sin(\delta\theta)$ 大一高阶微量。因此也有的文献中将临界状态下竖直位置的平衡看做是稳定的。

在图 14-8 的 $P-\theta$ 关系图中，与 P 轴重合的 OD 线表征上述 $\theta=0$ 时的各个平衡状态。内中实线段 OA 相应于 $P\leqslant P_{cr}$ 阶段，平衡是稳定的，虚线段 AD 则相应于 $P>P_{cr}$ 后的不稳定平衡阶段。

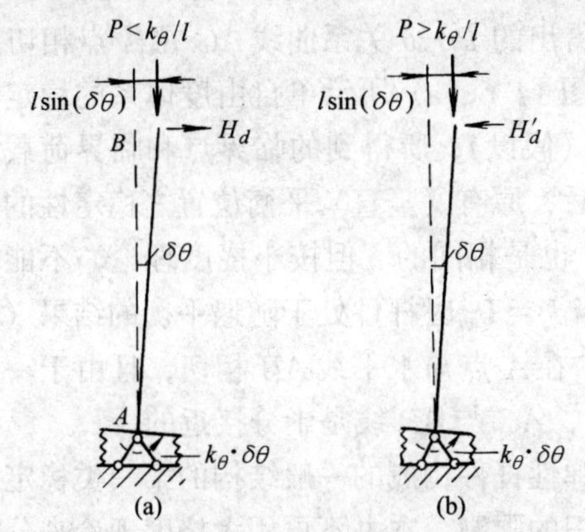

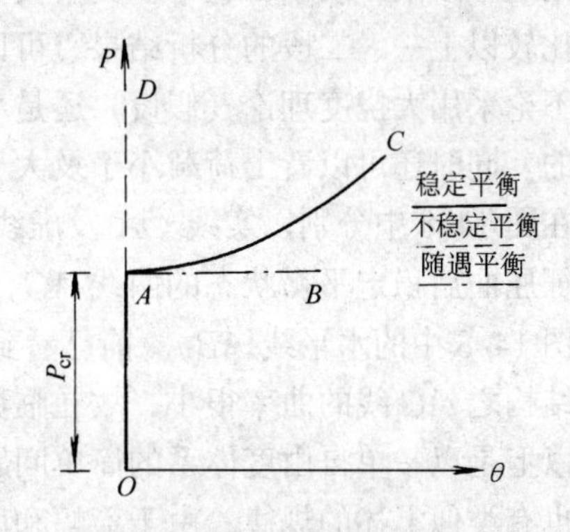

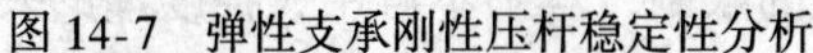

图 14-7 弹性支承刚性压杆稳定性分析

图 14-8 弹性支承刚性压杆的荷载-转角曲线

$$2.\ \theta\neq 0, P=\frac{k_\theta}{l}\cdot\frac{\theta}{\sin\theta} \tag{b}$$

式（b)）为 AB 杆处于倾斜平衡位置时 P 与 θ 间的关系式，相应的关系曲线为图 14-8 中的实线 AC（表征杆件可向相反方向倾斜的曲线未绘出）。为了分析平衡的稳定性，先求出

$$\frac{\mathrm{d}P}{\mathrm{d}\theta}=\frac{k_\theta}{l}\cdot\frac{1}{\sin^2\theta}[\sin\theta-\theta\cos\theta] \tag{c}$$

根据此式可得

$$\left.\frac{\mathrm{d}P}{\mathrm{d}\theta}\right|_{\theta\neq 0}>0^{*} \tag{d}$$

$$\left.\frac{\mathrm{d}P}{\mathrm{d}\theta}\right|_{\theta\to 0}=0^{**} \tag{e}$$

式（d）表朝，需加大荷载 P，方能使倾斜角 θ 增加，即 AC 线所代表的平衡位置是稳定的。而式（e）则表示曲线 AC 在 A 点的切线是一水平线。

二、按小挠度假设分析

下面进一步讨论若分析稳定问题采取小挠度假设，将会出现怎样的结果。按小挠度假设，在图 14-6 中，AB 杆的倾斜角 θ 足够小，可取 $\sin\theta=\theta$，这时与式（a）相当的平衡方程为

$$Pl\theta-k_\theta\cdot\theta=0 \tag{f}$$

满足此式的解有两个：(1) $\theta=0$，P 为任意有限值；(2) $\theta\neq0$，$P=k_\theta/l$。它们分别表示杆件 AB 处于竖直和倾斜的平衡位置，我们现在分析这两种平衡状态的稳定性。

1. $\theta=0$，P 为任意有限值

仿照上一段中 $\theta=0$ 时的分析方法，同样可推出：当 P 值小于或大于 k_θ/l 时，杆件分别处于稳定或不稳定的平衡，而 P 等于 k_θ/l 为临界荷载。

---

* 设式（c）中的三角函数的级数展开式只取到 θ 的三次项为止，$\sin\theta=\theta-\frac{\theta^3}{6}$，$\cos\theta=1-\frac{\theta^2}{2}$，可推出式（d）。

** 应用罗比塔法则计算不定式的极限。

2．$\theta \neq 0$，$P = k_\theta / l$

这组解答表明，在临界状态下，相应于同一荷载 $P = P_{cr} = k_\theta / l$，$AB$ 杆存在（θ 值在小倾角范围内）可连续变化的一系列并非微量的倾斜位置，这种随遇平衡的现象，在图 14-8 中可用水平线 AB 表示，它与上文中按大挠度假设得出的 $P-\theta$ 关系曲线 AC 在 A 点相切。

比较以上一、二段的分析结果，可以看出，对图 14-6（a）所示单自由度体系的稳定问题，不论采用大挠度理论（假设）还是小挠度理论（假设），所得到的临界点和临界荷载是一致的。同时还可以看出荷载小于及大于临界值前后，原有（竖直）平衡位置之稳定性的变化（在图 14-8 中分别以实线 OA 及虚线 AD 表示）也是相同的。但按小挠度理论，不能得出表征屈曲后稳定平衡状态的曲线 AC，而导致了当 $P = P_{cr}$时杆件处于随遇平衡的结果（相应于图 14-8 中的水平线 AB）。前已看到，曲线 AC 在 A 点与水平线 AB 相切，且由于一般杆件结构之 AC 线的曲率很小，故在临界点 A 附近，AC 与 AB 线是十分接近的。

以上是以一单自由度体系的简单问题为例，由弹性杆件构成的一般结构的第一类稳定问题，也有类似上述的规律。由于篇幅和所需数学知识的限制，本书不再用大挠度理论来分析弹性结构了。

既然采用大挠度或小挠度理论得到同样的临界荷载值，对于不需要研究屈曲后状态，只要求确定临界荷载的第一类稳定问题，便完全可以应用小挠度理论并以平衡状态的随遇性，或者说以平衡状态的二重性（以图 14-6（a）中 AB 杆而言，二重性系指在同一荷载下既可维持竖直的，又可保持一系列倾斜的平衡位置）作为体系处于临界状态的特征（称之为临界状态的静力特征）。本书下面即采取这种做法。

现以一端固定、另一端铰支的等截面直杆（图 14-9（a））为例，说明用静力法确定弹性杆的临界荷载的方法和计算步骤。

依上面所述，当 $P = P_{cr}$时，杆件处于随遇平衡状态，可有两种平衡形式，即直线形式和曲线形式（图 14-9（b））。现在就是要研究 P 应具有怎样的数值才能使 AB 杆除竖直状态外，也能维持弯曲的平衡状态。为此，要先列出杆件的挠曲线的基本微分方程并求解，再根据边界条件来确定挠曲线的形式和 P_{cr}的数值。此时，取图示坐标系，则任一截面的弯矩为

$$M = Py + R(l - x) \tag{g}$$

式中 $y = y(x)$ 为曲线形式平衡状态下杆的挠曲线方程；R 为上端的支座反力。因现研究小挠度情况，故可利用挠曲线的近似微分方程

$$EIy'' = -M \tag{14-1}$$

式中 EI 为杆件的弯曲刚度。对于等截面杆，EI 等于常数。

将式（g）代入上式，除以 EI，并令

$$\alpha = \sqrt{\frac{P}{EI}} \tag{14-2}$$

整理后得

$$y'' + \alpha^2 y = -\frac{R}{EI}(l - x) \tag{h}$$

这是一个常系数二阶非齐次线性微分方程，其通解为

$$y = A\cos\alpha x + B\sin\alpha x - \frac{R}{P}(l - x) \tag{i}$$

上式右端的前两项为与式（h）相应的齐次方程的通解；A、B 为待定的积分常数；第三项

为方程（h）的特解；$\frac{R}{P}$是待定量。

对于图 14-9（a）所示的杆件，其边界条件为：

（1）在 $x=0$ 处：$y=0$，$y'=0$；

（2）在 $x=l$ 处：$y=0$。

据此，可得如下的齐次线性代数方程组

$$\left.\begin{aligned} &A - l\frac{R}{P} = 0 \\ &\alpha B + \frac{R}{P} = 0 \\ &A\cos\alpha l + B\sin\alpha l = 0 \end{aligned}\right\} \tag{j}$$

显然 A、B 和$\frac{R}{P}$全等于零是式（j）的一组解，但由式（i）可知，此时杆件上各点的位移 y 全等于零。为了使式（j）还有非零解，亦即杆件除了原来的直线平衡形式以外还有弯曲的平衡形式，应使式（j）的系数行列式等于零，即

$$D = \begin{vmatrix} 1 & 0 & -l \\ 0 & \alpha & 1 \\ \cos\alpha l & \sin\alpha l & 0 \end{vmatrix} = 0 \tag{k}$$

式（k）就是稳定问题中计算临界荷载的特征方程，或简称为稳定方程。展开式（k)，得

$$\tan\alpha l = \alpha l \tag{l}$$

此式可用试算法或图解法求解。用图解法时，在 $\alpha l - u$ 坐标系上作 $u=\alpha l$ 和 $u=\tan\alpha l$ 两组线（如图 14-10 所示），其交点处的 αl 值即方程（l）的解（特征值）。因弹性杆有无限个自由度，便有无穷多个解，相应地有无穷多个特征荷载，其中最小的一个即临界荷载 P_{cr}。由于$(\alpha l)_{\min}=4.493$，故得

$$P_{cr} = (\alpha)^2_{\min}EI = 20.19\frac{EI}{l^2} = \frac{\pi^2 EI}{(0.7l)^2}$$

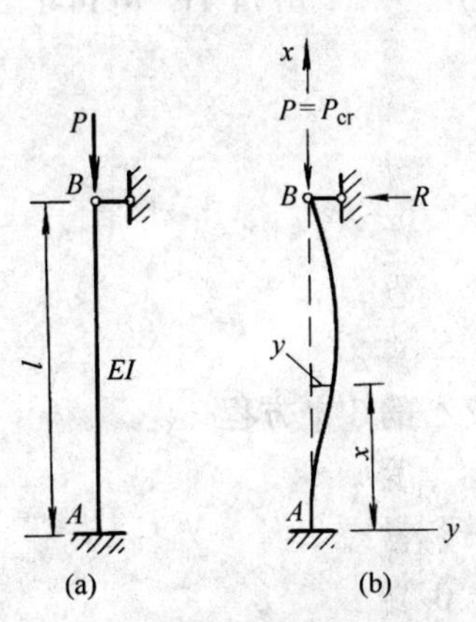

图 14-9　一端固定、另端可动铰支的压杆

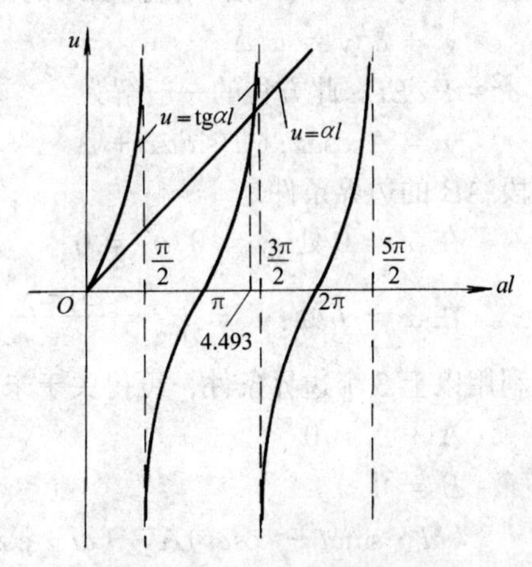

图 14-10　图解法解稳定方程

在稳定计算中，常将弹性直杆的临界荷载的表达式统一写成

$$P_{cr} = \frac{\pi^2 EI}{(\mu l)^2}$$

式中 μ 为计算长度系数，$\mu l = l_0$ 为计算长度。对图 14-9（a）中的杆件，按以上所得结果，

即有 $\mu=0.7$，$l_0=0.7l$。

现分析一下图 14-9 中受压杆在临界状态下挠曲线的形状问题。因式（j）的系数行列式为零，式（j）中的 3 个方程便只有两个是独立的，这样利用此式只能得到 3 个未知常数 A、B 及$\dfrac{R}{P}$的相对值而不能确定出一条惟一的挠曲线。这就意味着，在临界状态下存在有任意多个其弯曲形式相同而幅度不同的弯曲平衡状态，这正是杆件处于随遇平衡的表现。但应注意这是在小挠度假设前提下利用了挠曲线的近似微分方程（14-1）而得出的，若按大挠度理论建立方程，便得不出这种结果了。

由以上分析可以看出，用静力法计算临界荷载，首先假定体系处于微弯的平衡形式，按此状态列出它的平衡微分方程，方程的解包括若干未知常数。然后利用相应的边界条件，可得一组线性代数方程，方程数与未知数数目相同。欲使这组方程有非零解需使其系数行列式 D 等于零，即

$$D=0 \tag{14-3}$$

求解这一方程，即可确定临界荷载。

例 14-1 图 14-11（a）所示一端固定、一端自由的杆件，BC 段为刚体，AB 段弯曲刚度为 EI。试建立确定临界荷载的稳定方程。

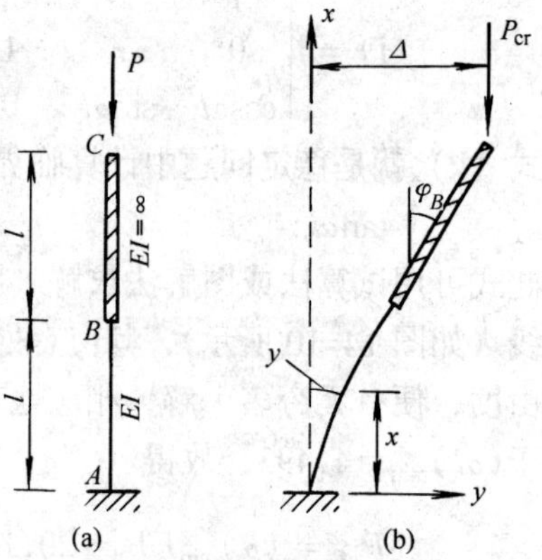

图 14-11 例 14-1 图

【解】

设杆件在临界荷载下，产生了弯曲平衡形式，C 端的水平位移为Δ，BC 段的倾角为φ_B（图 14-11（b））。若任一截面的弯矩写为

$$M=-P(\Delta-y) \tag{a}$$

在图示坐标下，对于杆件的弹性段 AB，仍有 $EIy''=-M$ 的关系，将式（a）代入后，得挠曲线的微分方程为

$$y''+\alpha^2y=\alpha^2\Delta \tag{b}$$

式中 $\alpha^2=P/EI$。此方程的一般解为

$$y=A\cos\alpha x+B\sin\alpha x+\Delta \tag{c}$$

弹性段 AB 的边界条件是

$$\left.\begin{aligned}&\text{在 } x=0 \text{ 处}: y=0, y'=0\\ &\text{在 } x=l \text{ 处}: y'=\varphi_B=\frac{\Delta-y|_{x=l}}{l}\end{aligned}\right\} \tag{d}$$

利用以上 3 个边界条件，可得关于未知常数 A、B 及Δ 的 3 个方程

$$\left.\begin{aligned}&A+\Delta=0\\ &B=0\\ &(\alpha l\cdot\sin\alpha l-\cos\alpha l)A-(\alpha l\cdot\cos\alpha l+\sin\alpha l)B=0\end{aligned}\right\} \tag{e}$$

使式（e）的系数行列式为零，得稳定方程

$$\begin{vmatrix}1 & 0 & 1\\ 0 & 1 & 0\\ \alpha l\sin\alpha l-\cos\alpha l & -\alpha l\cos\alpha l+\sin\alpha l & 0\end{vmatrix}=0$$

展开此行列式，得到

$$\alpha l \cdot \sin\alpha l - \cos\alpha l = 0$$

或 $$\tan\alpha l = 1/\alpha l$$

参照以上单自由度和无限自由度体系的计算过程，加以类比、扩展，可得出多自由度体系临界荷载的确定方法。对一具有 n 个独立位移参数的体系，当荷载逐渐增大，在到达临界状态时，除此前原有的基本平衡形式外，可出现新的与原有者有本质区别、以 n 个独立位移参数描述的平衡状态；据此可列出 n 个独立的平衡方程，它们是含有此 n 个参数的齐次线性代数方程，在系数中包含荷载 P。在临界状态下，位移参数需有非零解，因之，该方程组的系数行列式应为零，由此得出稳定方程。此方程中未知量 P 的最小根即所求临界荷载。

思 考 题

(1) 用静力法确定临界荷载的依据是什么？什么是临界状态的静力特征？

(2) 分别就单自由度和无限自由度体系总结用静力法求临界荷载的解题思路和计算步骤，并分析、比较两者之间的异同。

(3) 图 14-12 示一两个自由度体系，分析怎样求临界荷载，列出稳定方程。

(4) 图 14-9 (a) 中受压弹性杆的稳定问题，在建立边界条件时，为何未列出 $x = l$ 处，$M = 0$ 这一条件？

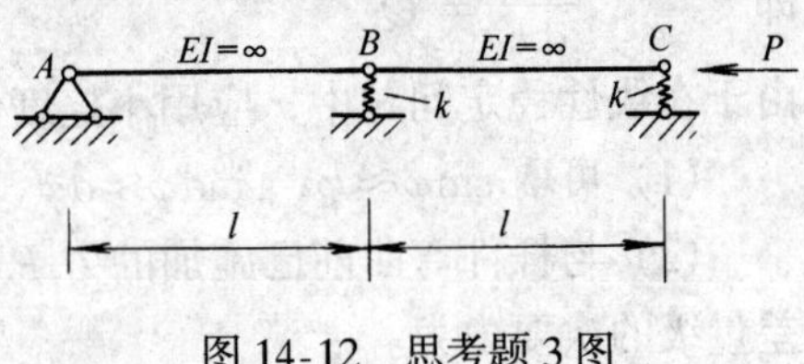

图 14-12 思考题 3 图

14.3 等截面压杆的稳定 应用位移和内力的初参数表达式建立稳定方程

本节继续用静力法分析各种支承情况下等截面中心受压弹性杆的稳定问题。为了使计算临界荷载的过程更为统一化和规律化，我们要建立高阶的、普遍适用于各种情况的微分方程，并推出压杆挠曲后的位移及内力的初参数表达式。

图 14-13 (a) 示一中心受压杆，两端具有不限制轴向相对位移的支座约束，荷载 P 达到临界值时，杆件可由竖直位置转为弯曲平衡位置。此时，在杆件两端，除原有竖向力 P 外，可有水平力和弯矩作用（视约束情况而定)，分别以 H、M_o 和 M_l 表示，两端的水平位

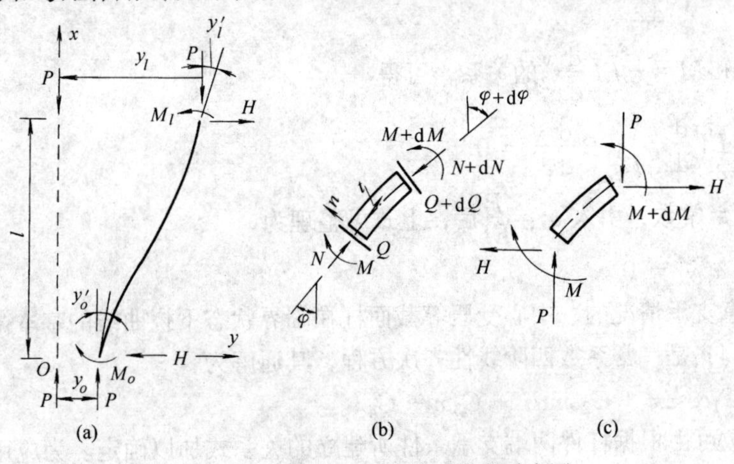

图 14-13 压杆弯曲后位移及微段受力图

移和转角则分别以 y_o、y_o' 和 y_l、y_l' 表示。

前已说明，在分析稳定问题时，要根据体系变形后的位置建立平衡条件，要考虑变形的影响。图 14-13（b）表示杆弯曲后的一个微段，其两端截面的转角分别为 φ 和 $\varphi+\mathrm{d}\varphi$，受力情况也已绘于图中。因在杆件弯曲过程中，$P$ 保持不变，又杆件两端间并无横向荷载，故各个截面上作用力的竖向和水平分量，皆应为 P 及 H（参见图 14-13（c））。于是有

$$N = P \cdot \cos\varphi - H \cdot \sin\varphi \tag{a}$$

以下要以微段轴线下端处的法向（n）和切向（t）为基准列出微段的平衡方程，藉以导出挠曲线的基本微分方程。

由 $\Sigma N=0,(Q+\mathrm{d}Q)\cos\mathrm{d}\varphi-Q-(N+\mathrm{d}N)\sin\mathrm{d}\varphi=0$ (b)

由 $\Sigma T=0,(N+\mathrm{d}N)\cos\mathrm{d}\varphi-N+(Q+\mathrm{d}Q)\sin\mathrm{d}\varphi=0$ (c)

由 $\Sigma M=0,(M+\mathrm{d}M)-M-Q\mathrm{d}x=0$

即 $$\frac{\mathrm{d}M}{\mathrm{d}x} = Q \tag{d}$$

由于在线性稳定问题中，应用小挠度假设，变形是微小的，故：

（1）可取 $\sin\varphi\approx\varphi$，$\sin\mathrm{d}\varphi\approx\mathrm{d}\varphi$，$\cos\varphi\approx1$，$\cos\mathrm{d}\varphi\approx1$；

（2）与杆件弯曲前已施加的力 P 相比，与弯曲变形相关的水平力 H 和截面剪力 Q 都是差量级的次要内力。

另由式（a）可看出，各截面轴力 N 为主要内力。基于以上情况，在建立微段的平衡方程时，应考虑因微段两端截面相对转动 $\mathrm{d}\varphi$ 角引起的主要内力（轴力）在次要力方向（图14-13（b）中 n 向）的投影；反之，则可不必考虑次要内力（剪力）在主要力方向（t 向）的影响。这样，在施行以上各项简化后，式（b）、式（c）及式（a）转化为

$$\mathrm{d}Q - N \cdot \mathrm{d}\varphi = 0 \tag{e}$$

$$\mathrm{d}N = 0 \tag{f}$$

$$N = P \tag{g}$$

利用式（e）及式（g）进一步归结出

$$\mathrm{d}Q = P \cdot \mathrm{d}\varphi \tag{h}$$

由式（d）及式（h）可推出

$$\frac{\mathrm{d}^2M}{\mathrm{d}x^2} = P\frac{\mathrm{d}\varphi}{\mathrm{d}x}$$

再代入 $\varphi=\frac{\mathrm{d}y}{\mathrm{d}x}$ 和 $M=-EI\frac{\mathrm{d}^2y}{\mathrm{d}x^2}$ 的关系，可得

$$\frac{\mathrm{d}^2}{\mathrm{d}x^2}\left(EI\frac{\mathrm{d}^2y}{\mathrm{d}x^2}\right)+P\frac{\mathrm{d}^2y}{\mathrm{d}x^2} = 0$$

对等截面杆 $EI=$ 常数；引入 $\alpha^2=\frac{P}{EI}$ 后，上式可整理为

$$y^{\mathrm{IV}} + \alpha^2 y'' = 0 \tag{14-4}$$

这就是具有任意支承情况的、中心受压等截面杆在临界状态下挠曲线的基本微分方程。

方程（14-4）是一常系数四阶线性齐次方程，其通解为

$$y = C_1\cos\alpha x + C_2\sin\alpha x + C_3x + C_4 \tag{14-5a}$$

式中的积分常数可由根据杆件两端支承条件所建立的关系式加以确定。为应用方便起见，改

用 $x=0$ 处的 4 个初参数，即位移 y_0、转角 y_0'、弯矩 M_0 和剪力 Q_0 作为积分常数。为此，将式（14-5a）对 x 取一次、二次及三次导数，得

$$y' = \frac{dy}{dx} = -C_1\alpha \cdot \sin\alpha x + C_2\alpha \cdot \cos\alpha x + C_3 \tag{14-5b}$$

$$-EIy'' = M = EI(C_1\alpha^2 \cdot \cos\alpha x + C_2\alpha^2\sin\alpha x) \tag{14-5c}$$

$$-EIy''' = Q = EI(-C_1\alpha^3 \cdot \sin\alpha x + C_2\alpha^3 \cdot \cos\alpha x) \tag{14-5d}$$

在以上 4 式中代入 $x=0$，各式左端即为相应的初参数。根据这样得到的 4 个条件，可解得

$$C_1 = \frac{M_0}{EI\alpha^2},\ C_2 = \frac{Q_0}{EI\alpha^3}$$

$$C_3 = y_0' - \frac{Q_0}{EI\alpha^2},\ C_4 = y_0 - \frac{M_0}{EI\alpha^2}$$

将这些关系式再代回到式（14-5）中，即得下列四个初参数方程

$$\left.\begin{aligned}
y &= y_0 + y_0'x - \frac{M_0}{EI\alpha^2}(1-\cos\alpha x) - \frac{Q_0}{EI\alpha^3}(\alpha x - \sin\alpha x)\\
y' &= y_0' - \frac{M_0}{EI\alpha}\sin\alpha x - \frac{Q_0}{EI\alpha^2}(1-\cos\alpha x)\\
M &= M_0\cos\alpha x + \frac{Q_0}{\alpha}\sin\alpha x\\
Q &= Q_0\cos\alpha x - M_0\alpha \cdot \sin\alpha x
\end{aligned}\right\} \tag{14-6}$$

以上 4 个初参数方程可用以建立中心受压等截面杆在各种约束情况下的稳定方程。一般而言，每种杆端支承情况给出两个边界条件，有两个初参数可以予先确定。例如在铰支端，y_0 及 M_0 均为零；在固定端 y_0 及 y_0' 均为零，等等。根据杆件另一端的约束情况，可选用以上式（14-6）中的有关式子，建立其余初参数应满足的方程。所列出的方程组应是齐次的，根据初参数不能全为零的条件，令方程组系数行列式为零，即得所需要的稳定方程。下面举例说明初参数方程的应用。

例 14-2 应用初参数方程重新计算图 14-9 所示受压杆的临界荷载，列出稳定方程。

【解】

已知边界条件为

$x=0$ 处：

$$y_0 = 0,\ y_0' = 0 \tag{a}$$

$x=l$ 处：

$$y_l = 0,\ M_l = 0 \tag{b}$$

根据式（a），4 个初参数中有两个为零，只余两个初参数 M_0、Q_0 为未知，再利用式（b）所示条件，由式（14-6）得以下方程

$$\left.\begin{aligned}
\alpha(1-\cos\alpha l)M_0 + (\alpha l - \sin\alpha l)Q_0 = 0\\
a \cdot \cos\alpha l \cdot M_0 + \sin\alpha l \cdot Q_0 = 0
\end{aligned}\right\} \tag{c}$$

使式（c）中初参数 M_0 及 Q_0 的系数所组成的行列式为零，得

$$\begin{vmatrix} \alpha(1-\cos\alpha l) & \alpha l - \sin\alpha l \\ \alpha \cdot \cos\alpha l & \sin\alpha l \end{vmatrix} = 0$$

展开并整理后，得

$$\tan\alpha l = \alpha l$$

此稳定方程与14.2中所得者完全相同。

例14-3 试求图14-14（a）所示结构的临界荷载。

【解】

原结构的计算简图可进一步简化为图14-14（b）所示，柱 CD 和横梁 BC 对柱 AB 的约束作用，可用柱顶 B 处的弹簧支座代替，因 BC 杆为刚性杆，弹簧刚度系数 k 即应为 CD 柱的侧移刚度系数，$k=\dfrac{3EI_2}{l^3}$。

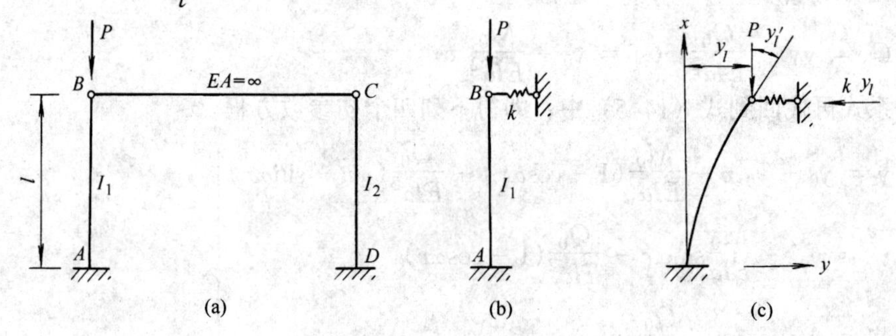

图14-14 例14-3图

已知边界条件为

$x=0$ 处：

$$y_0 = 0,\ y_0{}' = 0 \tag{a}$$

$x=l$ 处：

$$M_l = 0,\ Q_l = Py_l{}' - ky_l \tag{b}$$

上述 $x=l$ 处的第二个条件，是 B 端的剪力条件。因 B 端截面的转角为 $y_l{}'$，故 B 端剪力 Q_l 与力 P 及 ky_l 的关系式为（参看图14-14（c））

$$Q_l = P\cdot\sin y_l{}' - ky_l\cdot\cos y_l{}'$$

AB 杆的位移为小挠度范畴，可取 $\sin y_l{}'=y_l{}'$，$\cos y_l{}'=1$，于是

$$Q_l = P\cdot y_l{}' - ky_l$$

考虑边界条件式（a）后，便只余 M_0、Q_0 两个初参数，由式（14-6）列出 M_l、Q_l、y_l 及 $y_l{}'$ 的表达式$\left(\alpha^2=\dfrac{P}{EI_1}\right)$，代入到式（b）中并加整理，得

$$\left.\begin{aligned}&\cos\alpha l\cdot M_0+\frac{\sin\alpha l}{\alpha}Q_0=0\\&\frac{k}{EI_1\alpha^2}(1-\cos\alpha l)\cdot M_0+\frac{k}{EI_1\alpha^3}\left(\alpha l-\sin\alpha l-\frac{EI_1\alpha^3}{k}\right)Q_0=0\end{aligned}\right\} \tag{c}$$

使上面方程组中系数行列式为零，得

$$\begin{vmatrix}\cos\alpha l & \dfrac{\sin\alpha l}{\alpha}\\ \dfrac{k}{EI_1\alpha^2}(1-\cos\alpha l) & \dfrac{k}{EI_1\alpha^3}\left(\alpha l-\sin\alpha l-\dfrac{EI_1\alpha^3}{k}\right)\end{vmatrix}=0$$

展开整理后得

$$\tan\alpha l = \alpha l - \frac{EI_1\alpha^3}{k} \tag{d}$$

给定 k 值，即可求出稳定方程的最小根，从而定出临界荷载，以下分 3 种情形讨论。

〈1〉 $I_2=0$，即 $k=0$

这时方程（d）成为 $\alpha l - \tan\alpha l = \infty$。因 EI_1 为有限值，$\alpha l \neq \infty$，故 $\tan\alpha l = -\infty$。此方程的最小根为 $(\alpha l)_{\min} = \frac{\pi}{2}$，由此得

$$P_{cr} = \frac{\pi^2 EI_1}{(2l)^2}$$

此值即是悬臂柱的临界荷载，计算长度 $l_0 = 2l$。

〈2〉 $I_2=\infty$，即 $k=\infty$

这时方程（d）成为 $\tan\alpha l = \alpha l$，与例 14-2 所得稳定方程一致。事实上此时 AB 杆所受约束已相当于下端固定、上端铰支情况，稳定方程的最小根为 $(\alpha l)_{\min} = 4.493$。

〈3〉 I_2 在 $0\sim\infty$ 范围内变化

此时 $(\alpha l)_{\min}$ 值在 $\frac{\pi}{2}\sim 4.493$ 范围内。当 $I_2 = I_1$ 时，$k = \frac{3EI_1}{l^3}$，方程（d）成为

$$\tan\alpha l = \alpha l - \frac{(\alpha l)^3}{3} \tag{e}$$

现用试算求解方程（e）。先将上式改写为

$$D = \frac{1}{3}(\alpha l)^3 - \alpha l + \tan\alpha l = 0$$

当 $\alpha l = 2.0$ 时，$\tan\alpha l = -2.185$，$D = -1.518$；

当 $\alpha l = 2.4$ 时，$\tan\alpha l = -0.916$，$D = 1.192$。

故知 αl 的最小值应在 2.0 与 2.4 之间。又

当 $\alpha l = 2.2$ 时，$\tan\alpha l = -1.374$，$D = -0.025$。

再取 $\alpha l = 2.21$ 时，$\tan\alpha l = -1.345$，$D = +0.042$。

因此，我们即取 αl 的最小值为 2.20，于是可得

$$P_{cr} = \alpha^2 EI_1 = (2.20)^2\frac{EI_1}{l^2} = \frac{4.84EI_1}{l^2}$$

或写为 $P_{cr} = \frac{\pi^2 EI_1}{(1.43l)^2}$

故当 $I_2 = I_1$ 时，计算长度为 $l_0 = 1.43l$。

例 14-4 试求图 14-15（a）所示结构的稳定方程。设各杆的 EI 为常数。

【解】

AB 杆为中心受压杆，A 端不能移动；当到达临界状态发生弯曲时，A 端的转动将受到 AC 和 AD 杆抗弯作用的约束。这样，AB 杆即可看做一端铰支，另一端为弹性抗转支座的压杆（图 14-15（b））。转动刚度系数 k_θ 可直接按定义由图 14-15（c）求得

$$k_\theta = \frac{3EI}{l} + \frac{3EI}{l} = \frac{6EI}{l}$$

以 AB 杆的 B 端为坐标原点，边界条件为

$x=0$ 处：

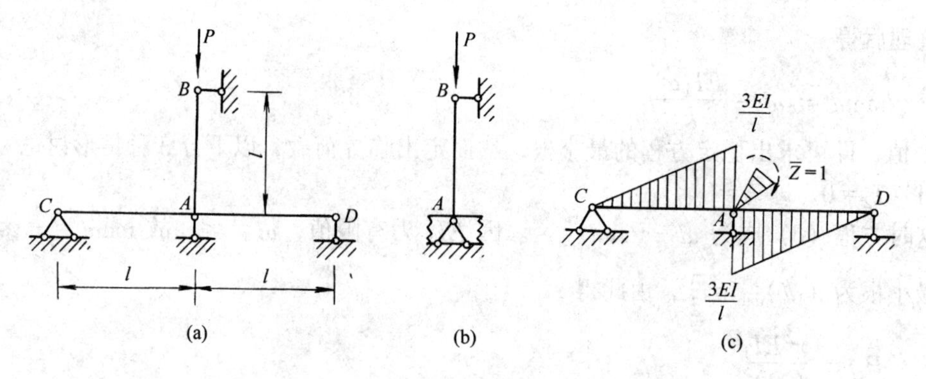

图 14-15　例 14-4 图

$$y_o = 0,\ M_o = 0 \tag{a}$$

$x = l$ 处：

$$y_l = 0,\ M_l = k_\theta y_l{}' \tag{b}$$

考虑边界条件式（a）后，便只余 $y_0{}'$ 和 Q_0 两个未知的初参数，利用式（14-6）列出 y_l、M_l 和 $y_l{}'$ 的表达式，再根据边界条件式（b）可建立以下方程

$$ly_0{}' - \frac{1}{EI\alpha^3}(\alpha l - \sin\alpha l)Q_0 = 0$$

$$k_\theta y_0{}' - \frac{1}{EI\alpha^2}[k_\theta(1 - \cos\alpha l) + \alpha EI \cdot \sin\alpha l]Q_0 = 0$$

取以上方程组的系数行列式为零，即得稳定方程

$$\begin{vmatrix} l & \dfrac{1}{EI\alpha^3}(\alpha l - \sin\alpha l) \\ k_\theta & \dfrac{1}{EI\alpha^2}[k_\theta(1 - \cos\alpha l) + \alpha EI \cdot \sin\alpha l] \end{vmatrix} = 0$$

展开并加以整理，同时将 $k_\theta = \dfrac{6EI}{l}$ 代入，稳定方程归结为

$$\tan\alpha l = \alpha l \cdot \frac{1}{1 + \dfrac{(\alpha l)^2}{6}}$$

思　考　题

（1）与 14.2 节中所述确定弹性杆临界荷载的方法相比，本节做法有何不同点？其优点为何？

（2）改变杆端约束刚度时，压杆的临界荷载和计算长度将怎样变化？

（3）图 14-16 示一单阶柱，试探讨利用式（14-6）建立稳定方程的方法、步骤。

14.4　确定临界荷载的能量准则　能量法

一、考虑临界状态下体系的随遇平衡特性，在变形过程用能量守恒原理建立求临界荷载的准则

通过前面 14.2 节的讨论已经看到，倘若我们以确定临界荷载为目标，而不研究屈曲后

体系的行态，便完全可以应用小挠度理论并认为在临界荷载下体系处于随遇平衡。

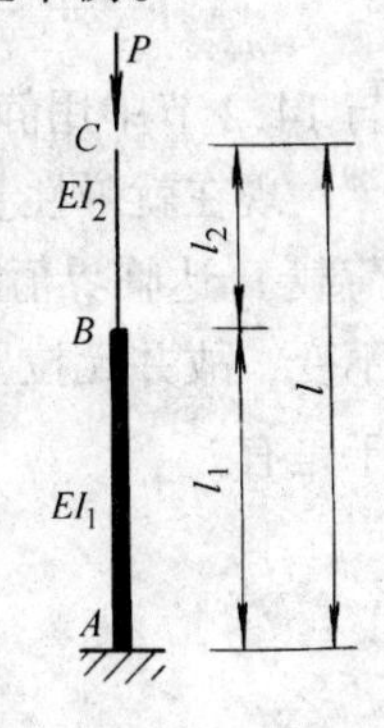

图 14-16 思考题（3）图

先讨论体系处于随遇平衡时的能量特征。仍以图 14-6 中所示的单自由度体系为例，我们取 P 作用后 AB 杆未倾斜前的状态为计算能量的基准，以 U 代表受压杆 AB 由原来的竖直位置转移到一邻近的倾斜位置时体系的变形势能（简称变形能），以 T_r 代表外力 P 因其作用点向下移动所做的功，则依原竖直状态稳定性的不同，U 与 T_r 间有以下不同关系。

1. $P<P_{cr}$，原竖直平衡状态是稳定的

此时，欲使杆件由竖直位置变到倾斜位置，需另加外力 H_d 起推动作用（参见图 14-7（a））。根据能量守恒原理，若一体系受荷载后，在处处保持平衡的前提下，由原位置转移到一新的位置，所积蓄的变形能在数值上必等于外力功。依此便有 $U=T_r+\overline{T}_r$，此处 $\overline{T}_r$ 代表使杆倾斜之推动力 H_d 所做的功；因 $\overline{T}_r$ 为正，故

$$U > T_r$$

2. $P>P_{cr}$，原竖直平衡状态是不稳定的

此时需另加外力 H_d 起阻抗作用，才能使 AB 杆由竖直到倾斜的位移过程中维持一静力平衡过程（参见图 14-7（b））在这种情况下，$\overline{T}_r$ 为负值，故

$$U < T_r \tag{b}$$

3. $P=P_{cr}$，体系处在随遇平衡状态

此时，在 AB 杆由竖直转动到倾斜位置的过程中，不需另加任何外力，便能维持平衡，故

$$U = T_r \tag{14-7}$$

由此可得结论：在受压杆由原平衡位置位移到一邻近位置时，若体系的变形能等于压力 P 的外力功，表征体系处于随遇平衡（临界）状态，而 $U=T_r$ 即是用以确定临界荷载的准则。

式（14-7）称为临界状态方程。如果外力系是保守力系（外力所做的功只决定于作用点的初始和最终位置而与作用点移动的路径无关），临界状态的能量准则可用体系的总势能表示。设以 Π 代表总势能，W 代表外力势能，便有 $\Pi=U+W$。因 $W=-T_r$，于是根据式（14-7）可建立与之相当的另一种形式的临界状态方程

$$\Pi = U - T_r = 0 \tag{14-8}$$

以图 14-6 所示情况为例。现假定 AB 杆转动 θ 角，设此时力 P 向下移动距离为 e（图 14-17），应有

$$e = l(1-\cos\theta)$$

取 $\cos\theta=1-\dfrac{\theta^2}{2}$ 代入上式，得 $e=\dfrac{l\theta^2}{2}$。于是有

$$T_r = Pe = \frac{Pl\theta^2}{2}$$

因 A 端弹性抗转支座的转动刚度系数为 k_θ，故

$$U = \frac{1}{2}k_\theta \cdot \theta^2$$

在临界状态，按式（14-8）求得

$$P_{\mathrm{cr}} = \frac{k_\theta}{l}$$

与 14.2 节中用静力法所得者相同。

现在就弹性直杆稳定问题导出其临界荷载的计算公式。如图 14-18（a）所示受压杆，荷载 P 达临界值时，在杆件的平衡状态由直线形式变为曲线形式的过程中，由于轴力保持不变，故并无拉压变形能产生。又对于细长杆，可不考虑剪切变形能而只计算弯曲变形能，于是有 *

$$U = \frac{1}{2}\int_0^l \frac{M^2}{EI}\mathrm{d}s \tag{14-9}$$

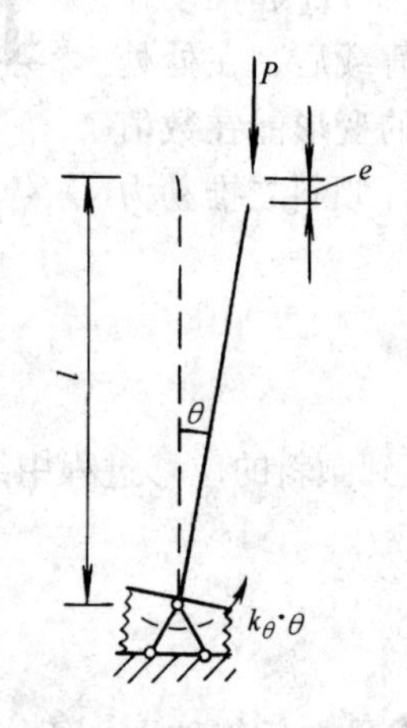

图 14-17　弹性支承刚性压杆临界状态位移图

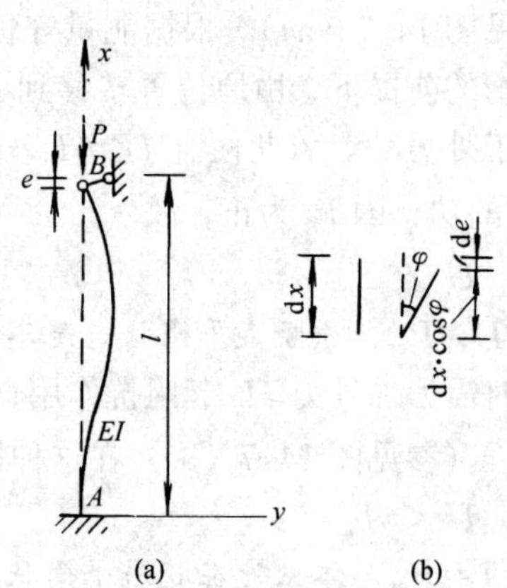

图 14-18　临界状态下压杆及微段变形

式中 M 为杆件偏离原来平衡位置时所产生的弯矩。利用式（14-1）并以弯曲前杆轴为 x 轴，则上式可改写成

$$U = \frac{1}{2}\int_0^l EI(y'')^2\mathrm{d}x \tag{14-10}$$

作用在 B 点并沿杆轴方向的荷载，在杆件弯曲时的外力功为

$$T_r = Pe \tag{14-11}$$

式中 e 为沿 P 方向荷载作用点的位移，它等于杆长 l 与弹性曲线在杆轴上投影之差（图 14-18（a））。取图（14-18（b））所示杆件的微段 $\mathrm{d}x$ 来研究，在弹性曲线上，此微段转变到倾斜位置但长度不变，仍为 $\mathrm{d}x$（可看成直线段）。设转动前后夹角为 φ，则微段原长与其倾斜后竖向投影之差为

$$\mathrm{d}e = \mathrm{d}x - \mathrm{d}x \cdot \cos\varphi = (1 - \cos\varphi)\mathrm{d}x$$

取 $\cos\varphi = 1 - \frac{\varphi^2}{2}$，又因可近似取 $\varphi = \tan\varphi = y'$，于是

$$\mathrm{d}e = \frac{1}{2}(y')^2\mathrm{d}x$$

将上式沿杆长积分，得

$$e = \int_0^l \mathrm{d}e = \frac{1}{2}\int_0^l (y')^2\mathrm{d}x \tag{c}$$

代入式（14-11）中，即得外力功

* 参看 10.3 节中式（10-5）的推导过程。

$$T_r = \frac{1}{2}P\int_0^l (y')^2 \mathrm{d}x \tag{14-12}$$

由式（14-10）和式（14-12），根据式（14-7）可导出压杆临界荷载的计算公式

$$P_{\mathrm{cr}} = \frac{\int_0^1 EI(y'')^2 \mathrm{d}x}{\int_0^l (y')^2 \mathrm{d}x} \tag{14-13}$$

显然，要按上述式子确定临界荷载，首先必须知道体系丧失稳定时变形曲线的方程 $y=y(x)$。但是，此变形曲线事先并不知道，因此，通常只能假设一近似的曲线方程，将它代入上式以确定临界荷载值，按此所求得的解答当然也是近似的。

假设的弹性曲线应满足边界条件和连续条件。它愈接近真实的变形形式，按能量法求得的临界荷载即愈准确。如果所假设的曲线方程与真实变形形式相一致，所得解即为精确值。通常用能量法计算的结果总是大于实际的临界荷载值。因为我们所假设的曲线很难与真实的变形曲线相一致，这就相当于在原来的体系上增加了约束，使其按照所假设的变形曲线来变形。因此增大了抵抗失稳的能力，提高了临界荷载值。当弯曲后变形曲线不易直接设出时，一般可选取杆件在某一横向荷载作用下的挠曲线作为近似曲线。

例 14-5 试用能量法计算图 14-19（a）所示一端固定、另端自由等截面压杆的临界荷载。

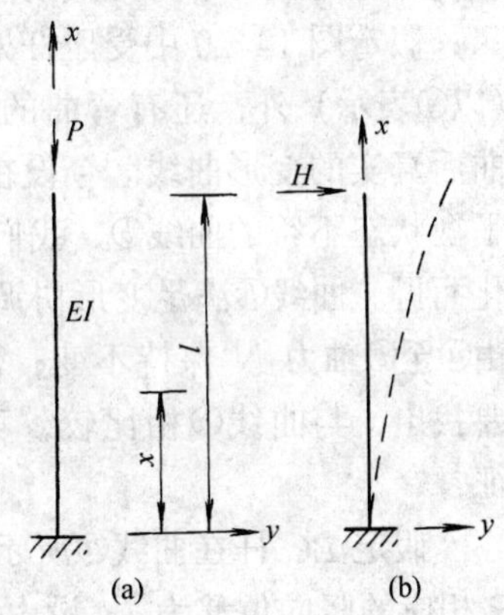

图 14-19 例 14-5 图

【解】

取坐标系如图示，分别设以下不同形式的变形曲线作计算。

(1) 选取在杆件顶端作用横向力 H 时的挠曲线 $y(x)$为近似的变形曲线（图 14-19（b））。由材料力学或应用第 5 章的单位荷载法可得到

$$y(x) = H\left(\frac{lx^2}{2} - \frac{x^3}{6}\right)$$

于是有 $y'(x) = H\left(lx - \dfrac{x^2}{2}\right), y''(x) = H(l - x)$

$$\int_0^l (y'')^2 \mathrm{d}x = \int_0^l H^2(l^2 - 2lx + x^2)\mathrm{d}x = H^2\frac{l^3}{3}$$

$$\int_0^l (y')^2 \mathrm{d}x = \int_0^l H^2\left(l^2x^2 - lx^3 + \frac{x^4}{4}\right)\mathrm{d}x = H^2\frac{2}{15}l^5$$

代入式（14-13），得

$$P_{\mathrm{cr}} = \frac{5EI}{2l^2}$$

P_{cr}的精确值为$\dfrac{\pi^2 EI}{4l^2}$，误差约为 1.4%。

(2) 设 $y(x) = Cx^2$，随之有

$$y'(x) = 2Cx,\ y''(x) = 2C$$

$$\int_0^l (y'')^2 \mathrm{d}x = C^2 \cdot 4l$$

$$\int_0^l (y')^2 \mathrm{d}x = \frac{4}{3}l^3C^2$$

代入式（14-13），得

$$P_{\mathrm{cr}}=\frac{3EI}{l^2}$$

所得结果的误差为21.3%。

以上两种做法的误差相差很多。因两者所设变形曲线虽都能满足杆件固定端的位移条件，但前者尚能满足自由端弯矩为零的静力条件而后者则不能。因此，用能量法求临界荷载时，所假定的变形曲线应尽量满足杆件两端的边界条件。内中位移边界条件必需满足，否则将导致较大误差；在力的边界条件中，影响较大的是弯矩条件，宜先予考虑。

二、根据屈曲后真实变形状态的能量特征，用其势能应为驻值建立求临界荷载的准则

以上在应用式（14-13）计算弹性杆的临界荷载时，实质上是将它考虑为一单自由度体系（所设弹性曲线，只含有一个待定参数）。为了提高所得结果的精度，可选取满足位移边界条件的一组函数 $\varphi_i(x)$（$i=1, 2, 3\cdots, n$），而取变形曲线为以下函数

$$y(x)=a_1\varphi_1(x)+a_2\varphi_2(x)+\cdots+a_n\varphi_n(x)=\sum_{i=1}^{n}a_i\varphi_i(x) \qquad (14\text{-}14)$$

式中的 a_i 为待定的参数，这样即将体系考虑为一多自由度体系。用能量法求其临界荷载时，我们要先建立另一种形式的能量准则。

假定图14-20中受压杆处于临界状态，此时除竖直的平衡形式（以Ⓐ表示）外，还有弯曲的平衡形式，以图中曲线ⓐ代表杆件弯曲后真实的变形曲线。今设在临近曲线ⓐ处，另有一条与实际弯曲平衡状态不符的曲线ⓑ，我们将曲线ⓑ看做系由曲线ⓐ加以微量变化而得。曲线ⓑ满足变形协调条件，且可认为：在外力 P 作用下，由ⓐ至ⓑ轴力 N 保持不变；但这还不能满足全部平衡条件。现在要找出，与曲线ⓑ相比较，真实的变形曲线应具有怎样的能量特征？

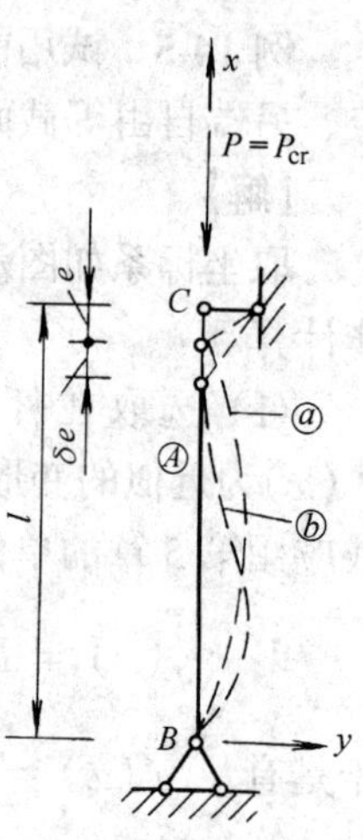

图14-20　压杆临界状态下真假变形曲线示意图

假定 BC 杆在曲线ⓐ所示位置的弯矩为 M，杆弯曲时 C 端与 P 相应的竖向位移为 e。设由ⓐ至ⓑ，杆件上各点曲率的改变以 $\delta\kappa$ 表示，C 端竖向位移的改变以 δe 表示。则弯矩的变化为 $EI\cdot\delta\kappa$，变形势能 U 的变化为（剪切变形能不计）*

$$\delta U=\frac{1}{2}\int_0^l\frac{1}{EI}(M+EI\cdot\delta\kappa)^2\mathrm{d}x-\frac{1}{2}\int_0^l\frac{M^2}{EI}\mathrm{d}x$$

略去高阶微量，并整理，得

$$\delta U=\int_0^l(M\cdot\delta\kappa)\mathrm{d}x$$

另外，外力功 T_r 的变化为

$$\delta T_r=P\cdot\delta e$$

故总势能 Π 的变化为

$$\delta\Pi=\int_0^l(M\cdot\delta\kappa)\mathrm{d}x-P\cdot\delta e \qquad \text{(a)}$$

另一方面，我们可这样考虑：当 $P=P_{\mathrm{cr}}$ 时，BC 杆在位置ⓐ处于平衡状态；既然在由ⓐ至ⓑ的变动中，BC 杆的位移是微小的、连续的，符合边界约束条件的，便可设想平衡状态ⓐ发生

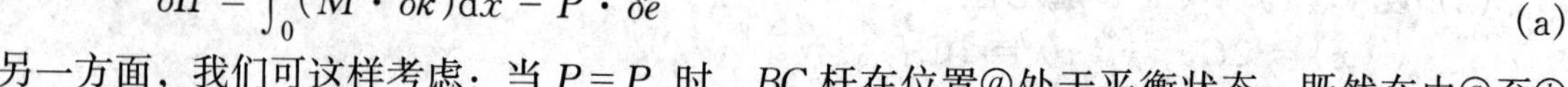

* 因ⓐ、ⓑ两曲线的轴力相同，故由ⓐ至ⓑ无轴向变形及变形能的变化。

了由ⓐ至ⓑ所示的虚位移。根据虚位移原理（无轴向虚变形且与剪力有关的虚变形功不计），有

$$\int_0^l (M \cdot \delta\kappa)\mathrm{d}x = P \cdot \delta e \tag{b}$$

将式（a）及式（b）加以对比，可得

$$\delta\Pi = 0 \tag{14-15}$$

这就意味着，与只满足变形协调条件而不满足全部平衡条件的变形曲线相比较，曲线ⓐ所示状态的总势能 Π 为驻值，这就是临界状态下真实的变形曲线的能量特征*。

现以图 14-20 所示的单根压杆情况为例，说明利用以上能量准则的具体算法。先根据杆件的支承情况，设出几何可能的位移函数族：$\varphi_i(x)$，$(i=1, 2, \cdots, n)$。按式（14-14）组成变形曲线 $y(x)$ 后，可进一步求总势能

$$\begin{aligned}\Pi = U - T_r &= \frac{1}{2}\int_0^l EI(y'')^2\mathrm{d}x - \frac{P}{2}\int_0^l (y')^2\mathrm{d}x \\ &= \frac{1}{2}\int_0^l EI(\sum_{i=1}^n a_i\varphi_i'')^2\mathrm{d}x - \frac{1}{2}P\int_0^l (\sum_{i=1}^n a_i\varphi_i')^2\mathrm{d}x\end{aligned}$$

按式（14-15）所示的真实曲线的能量特征，由势能的驻值条件 $\delta\Pi=0$，即

$$\frac{\partial\Pi}{\partial a_i} = 0 \qquad (i = 1,2,3,\cdots,n)$$

得

$$\sum_{j=1}^n a_j\int_0^l EI\varphi_i''\varphi_j''\mathrm{d}x - \sum_{j=1}^n Pa_j\int_0^l \varphi_i'\varphi_j'\mathrm{d}x = 0 \qquad (i = 1,2,\cdots,n)$$

或

$$\sum_{j=1}^n (A_{ij} - PR_{ij})a_j = 0 \qquad (i = 1,2,\cdots,n) \tag{c}$$

其中

$$A_{ij} = \int_0^l EI\varphi_i''\varphi_j''\mathrm{d}x, \quad R_{ij} = \int_0^l \varphi_i'\varphi_j'\mathrm{d}x \tag{14-16}$$

式（c）是对于 n 个未知参数 a_1，a_2，$\cdots a_n$ 的 n 个线性齐次方程，在临界状态下，这些参数不能全为零，故系数行列式必须等于零，即

$$D = \begin{vmatrix} (A_{11} - PR_{11}) & (A_{12} - PR_{12})\cdots(A_{1n} - PR_{1n}) \\ (A_{21} - PR_{21}) & (A_{22} - PR_{22})\cdots(A_{2n} - PR_{2n}) \\ \cdots\cdots\cdots\cdots & \\ \cdots\cdots\cdots\cdots & \\ (A_{n1} - PR_{n1}) & (A_{n2} - PR_{n2})\cdots(A_{nn} - PR_{nn}) \end{vmatrix} = 0 \tag{14-17}$$

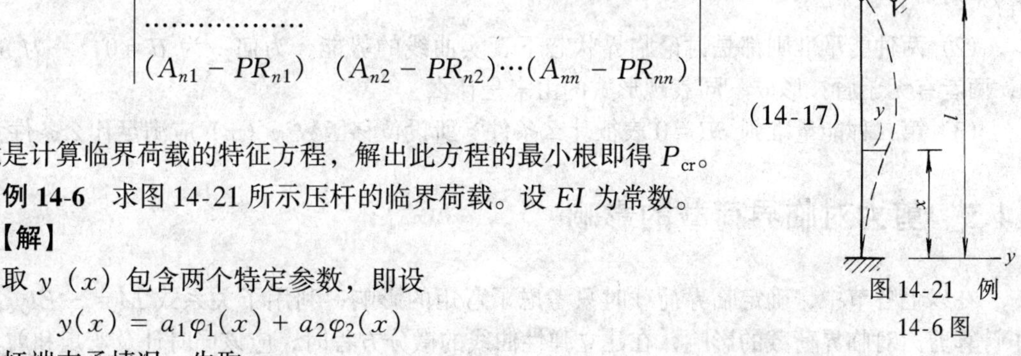

图 14-21 例 14-6 图

这就是计算临界荷载的特征方程，解出此方程的最小根即得 P_{cr}。

例 14-6 求图 14-21 所示压杆的临界荷载。设 EI 为常数。

【解】

取 $y(x)$ 包含两个特定参数，即设

$$y(x) = a_1\varphi_1(x) + a_2\varphi_2(x)$$

根据杆端支承情况，先取

---

* 此处所写，是针对未先学第 10 章情况下的一种推导方法。若已先讲述了势能原理，可以直接应用该原理给出真实曲线的能量特征。

$$\varphi_1(x) = x^2(l - x)$$
$$\varphi_2(x) = x^3(l - x)$$

于是有

$$\varphi_1{'} = 2lx - 3x^2$$
$$\varphi_1{''} = 2l - 6x$$
$$\varphi_2{'} = 3lx^2 - 4x^3$$
$$\varphi_2{''} = 6lx - 12x^2$$

将以上各函数代入式（14-16）中，积分得

$$A_{11} = \int_0^l EI(\varphi_1{''})^2 \mathrm{d}x = 4EIl^3, \quad A_{22} = \int_0^l EI(\varphi_2{''})^2 \mathrm{d}x = 4.8EIl^5$$

$$A_{12} = A_{21} = \int_0^l EI\varphi_1{''}\varphi_2{''} \mathrm{d}x = 4EIl^4, \quad R_{11} = \int_0^l (\varphi_1{'})^2 \mathrm{d}x = 0.133l^5$$

$$R_{22} = \int_0^l (\varphi_2{'})^2 \mathrm{d}x = 0.857l^7, \quad R_{12} = R_{21} = \int_0^l \varphi_1{'}\varphi_2{'} \mathrm{d}x = 0.1l^6$$

将以上各值代入式（14-17）并除以 l^3，得

$$\begin{vmatrix} 4EI - 0.133Pl^2 & 4EIl - 0.1Pl^3 \\ 4EIl - 0.1Pl^3 & 4.8EIl^2 - 0.857Pl^4 \end{vmatrix} = 0$$

展开并整理，得

$$P^2 - 128\frac{EI}{l^2}P + 2\,240\left(\frac{EI}{l^2}\right)^2 = 0$$

解此方程得最小根即临界荷载为

$$P_{\mathrm{cr}} = 20.93\frac{EI}{l^2}$$

较精确解 $20.19\dfrac{EI}{l^2}$ 约大 3.6%。

思 考 题

（1）用能量法计算临界荷载时，为什么所得结果一般都大于精确解？何时方能得到精确解？

（2）两种能量准则都是讨论临界状态下真实曲线的势能，为何一为 $\Pi = 0$，一为 $\delta\Pi = 0$，两者有无矛盾？形成不同表现形式的由来是什么？

（3）第二种能量准则 $\delta\Pi = 0$ 表征什么条件？所设位移函数 $y(x)$ 应满足什么条件？

14.5 剪力对临界荷载的影响

在以上各节中，确定临界荷载时只考虑了弯矩的影响，利用了关系式 $M = -EIy''$。为了计算剪力对临界荷载的影响，在建立弹性曲线的微分方程时，应该同时计及弯矩和剪力所产生的曲率。为简单起见，下面我们讨论等截面杆的情形。

设以 y_M 表示由于弯矩影响所产生的挠度，y_Q 表示由于剪力影响所产生的附加挠度。根据叠加原理，在弯矩和剪力共同影响下所产生的挠度为

$$y = y_M + y_Q$$

将上式对 x 微分两次，得表示曲率的近似公式

$$\frac{d^2 y}{dx^2} = \frac{d^2 y_M}{dx^2} + \frac{d^2 y_Q}{dx^2} \tag{14-18}$$

对于图 14-22（a）所示沿杆轴承受荷载 P 作用的压杆，考虑小变形情况，杆件由于弯矩所引起的曲率为

$$\frac{d^2 y_M}{dx^2} = -\frac{M}{EI} \tag{14-19}$$

为了计算由于剪力所引起附加曲率$\frac{d^2 y_Q}{dx^2}$，我们先求得杆轴切线由于剪力而产生的附加转角为（图14-22（b））

$$\frac{dy_Q}{dx} = \gamma = k\frac{Q}{GA} = \frac{k}{GA} \cdot \frac{dM}{dx}$$

式中 k 为考虑剪应力沿截面实际上非均匀分布而加的修正系数（见 5.4 节），G 为剪切模量，A 为杆的横截面面积。将上式对 x 微分一次，即得由于剪力所引起的曲率

$$\frac{d^2 y_Q}{dx^2} = \frac{k}{GA} \cdot \frac{dQ}{dx} = \frac{k}{GA} \cdot \frac{d^2 M}{dx^2} \tag{14-20}$$

将式（14-19）与（14-20）叠加，则得弯矩和剪力共同影响下弹性曲线的微分方程

$$\frac{d^2 y}{dx^2} = -\frac{M}{EI} + \frac{k}{GA} \cdot \frac{dQ}{dx} \tag{14-21}$$

或
$$\frac{d^2 y}{dx^2} = -\frac{M}{EI} + \frac{k}{GA} \cdot \frac{d^2 M}{dx^2} \tag{14-22}$$

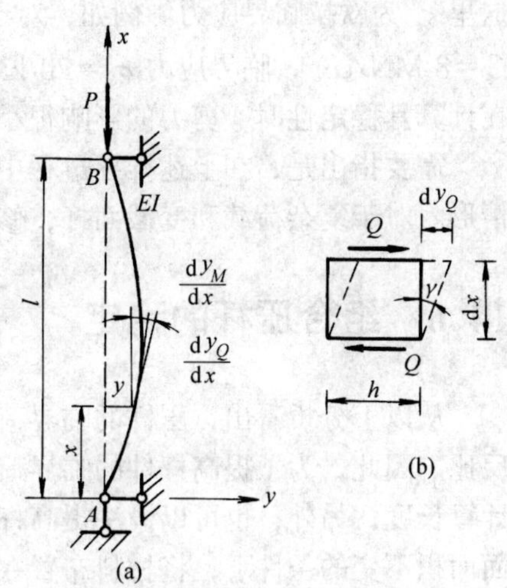

图 14-22　剪力对杆轴切线附加转角的影响

对于图 14-22（a）所示两端铰支的情形，在图示坐标系下，取任一截面弯矩 $M = Py$，相应地有 $M'' = Py''$，把它们代入式（14-22）得

$$EI\left(1 - \frac{kP}{GA}\right)y'' + Py = 0 \tag{14-23}$$

这个方程与不考虑剪力影响时的区别仅在于二阶导数项的系数多了一个因子$\left(1 - \frac{kP}{GA}\right)$。若以 P_e 表示不考虑剪力影响时的临界荷载，即欧拉临界荷载，在上述铰支情况下 $P_e = \frac{\pi^2 EI}{l^2}$，以 P_{cr}表示考虑剪力影响时的临界荷载，则二者之间应有如下关系

$$\frac{P_{cr}}{1 - \frac{kP_{cr}}{GA}} = P_e$$

$$P_{cr} = \frac{P_e}{1 + \frac{kP_e}{GA}} = \kappa P_e \tag{14-24}$$

式中 κ 为修正系数，且

$$\kappa = \frac{1}{1 + \frac{kP_e}{GA}} \tag{14-25}$$

分母中的 kP_e/GA 表示剪力的影响。显然，修正系数 $\kappa<1$，故考虑剪力影响的临界荷载较欧拉临界荷载为小。

在式（14-25）中，剪力影响为

$$\frac{kP_e}{GA} = k\frac{\sigma_e}{G}$$

这里 σ_e 为欧拉临界应力。例如，对于工字形截面的钢杆，近似有 $k=1$，若取剪切弹性模量 $G=8\ \mathrm{MN/cm^2}$，临界应力 $\sigma_e=20\ \mathrm{kN/cm^2}$，则剪力的影响为1/400。因此，对于实体杆件，在计算其稳定性时，剪力的影响很小，通常可略去不计。

需要指出是，在上述推导过程中，我们只考虑等截面和杆端承受轴向压力作用的最简单情形。对于复杂荷载和变截面杆，修正系数 κ 的表达式就需另行推导。

14.6 组合压杆的稳定

从以上分析看出，压杆的临界荷载值与截面的惯性矩成正比，与杆的计算长度的平方成反比。因此，为了提高杆件的临界荷载值，我们可以采取增加杆件约束的办法，以减小杆的计算长度；另外，也可以设法提高杆件截面惯性矩来达到这一目的。由材料力学可知，在截面面积不变的条件下，将材料布置在离截面形心较远的位置，其惯性矩将可提高很多。

在工程结构中，为了在不增大截面面积的前提下提高压杆的稳定性，常采用组合杆件。即把作为承受荷载主要部分的肢杆（通常由两槽钢或工字钢组成）布置在离截面形心较远的位置；而为了保证它们共同工作，肢杆之间则用缀合杆件联结起来。缀合杆件通常有两种形式，即缀条式（图14-23(a)（b））和缀板式（图4-23（c））。缀条与肢杆的联结一般视为铰结，而缀板与肢杆的联结则视为刚结。

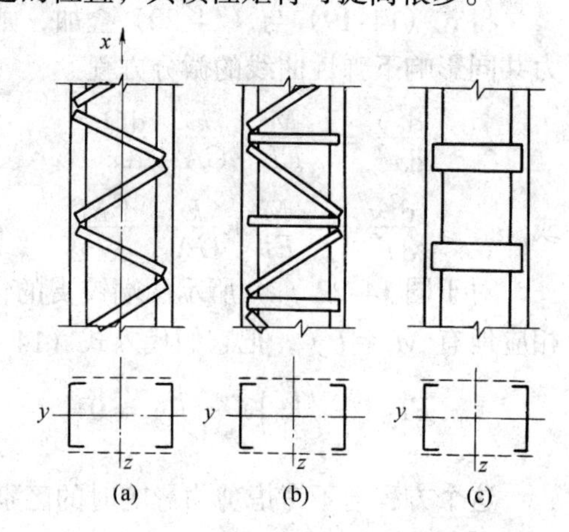

图14-23　组合杆构造简图

中心受压的组合杆件当承受的压力达到临界值时，也将丧失稳定而发生弯曲。其临界荷载值不仅取决于肢杆的横截面面积，而且还与缀合杆件的横截面面积及其排列的形式和位置有关。通常组合杆件的临界荷载小于截面和长细比相同的实体杆件的临界荷载值，这是因为在组合杆件中的剪力影响远比实体杆件中要大。

关于组合杆件的稳定性问题，实用中常采用近似解法。下面我们以两根肢杆的情形为例(图14-24)，应用实体压杆考虑剪力影响的临界荷载公式（14-24）来进行近似计算。当绕 y 轴失稳时（即在 $x-z$ 平面内弯曲），其计算与实体压杆相同；当绕 z 轴失稳时（在 $x-y$ 平面内弯曲），由于肢杆是隔一定间距用缀合杆件相联结的，在应用式（14-24）时，P_e 计算式中惯性矩 I 应采用肢杆横截面对 z 轴的惯性矩，且剪力主要由缀合杆来承受。

在考虑剪力影响时计算实体杆件临界荷载的公式（14-24）中，剪力的影响表现在分母的第二项$\frac{k}{GA}P_e$，也就是$\frac{k}{GA}$部分。如果以组合杆件情况下剪力的影响来代替它，则式（14-24）也可用于组合压杆的情况。对于实体压杆（参看图 14-22（b）），微段 dx 上由于剪力所引起的剪切角为

$$\gamma = \frac{kQ}{GA}$$

或 $$\gamma = \overline{\gamma_0}Q$$

式中$\overline{\gamma_0}=\frac{k}{GA}$为单位剪力$\overline{Q}=1$ 所引起的剪切角。因此，如果求出组合压杆在单位剪力作用下的剪切角$\overline{\gamma_0}$，用它代替式（14-24）中的$\frac{k}{GA}$（$=\overline{\gamma_0}$），则问题就得以解决。

下面分别就缀条式和缀板式两种情况来讨论$\overline{\gamma}$的计算，并给出相应的临界荷载以及工程实际中常用的一些有关公式。

一、缀条式组合杆件的稳定

如图 14-24（a）所示双肢压杆，由斜缀条和横缀条相联结，其横截面如图 14-24（b）所示。设横缀条长为 b，两相邻横缀条的间距为 d，两横缀条截面面积之和为 A_h；两斜缀条的横截面面积之和为 A_i，与横缀条的夹角为 α。

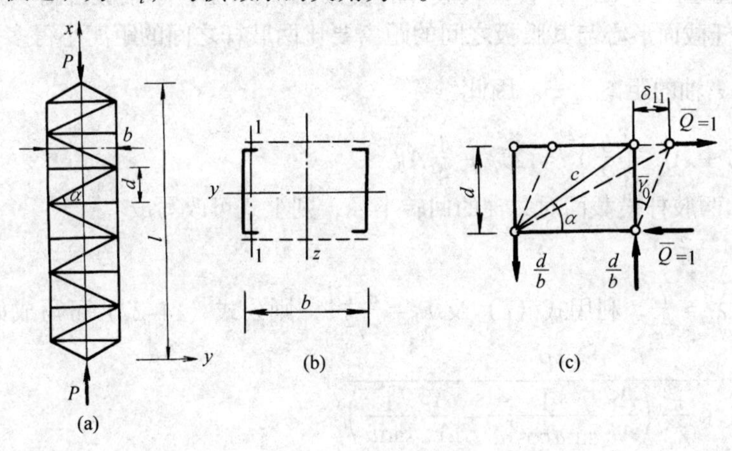

图 14-24 缀条式组合杆$\overline{\gamma_0}$的计算

为计算单位剪力作用下的剪切角，取组合杆的一个节间来考虑。缀条的联结视为铰结。其计算图如图 14-24（c）所示，当剪切变形不大时，近似为

$$\overline{\gamma_0} = \tan\overline{\gamma_0} = \frac{\delta_{11}}{d} \tag{a}$$

式中 δ_{11}表示单位剪力$\overline{Q}=1$ 沿其自身方向所引起的位移。根据公式（5-19），有

$$\delta_{11} = \sum\frac{\overline{N_1}^2 l}{EA} \tag{b}$$

剪力主要由缀条承受。因此，在式（b）中可只计缀条的影响。

对于两横缀条，在$\overline{Q}=1$ 作用下，轴力之和$\overline{N_h}=-1$，而长度 $b=\frac{d}{\tan\alpha}$，横截面面积为 A_h；对于两斜缀条，轴力$\overline{N_i}=\frac{1}{\cos\alpha}$，而长度 $c=\frac{d}{\sin\alpha}$，横截面面积为 A_i，将各值代入式（b），得

$$\delta_{11} = \frac{d}{E}\left(\frac{1}{A_i \sin\alpha \cdot \cos^2\alpha} + \frac{1}{A_h \cdot \tan\alpha}\right) \tag{c}$$

将上式代入式（a）即得单位剪力作用所引起的剪切角

$$\overline{\gamma_0} = \frac{1}{E}\left(\frac{1}{A_i \sin\alpha \cos^2\alpha} + \frac{1}{A_h \tan\alpha}\right) \tag{14-26}$$

将上式中的$\overline{\gamma_0}$代替式（14-24）中的$\frac{k}{GA}$，即得组合杆件临界荷载的近似计算式

$$P_{cr} = \frac{P_e}{1 + \frac{P_e}{E}\left(\frac{1}{A_i \sin\alpha \cos^2\alpha} + \frac{1}{A_h \tan\alpha}\right)} = \kappa_1 P_e \tag{14-27}$$

其中 κ_1 为由于剪力影响的修正系数，且

$$\kappa_1 = \frac{1}{1 + \left(\frac{1}{A_i \sin\alpha \cdot \cos^2\alpha} + \frac{1}{A_h \tan\alpha}\right)\frac{P_e}{E}} \tag{14-28}$$

式中右边分母括号的第一项代表斜缀条的影响，第二项代表横缀条的影响。显然 $\kappa_1 < 1$。前已说明，P_e 为中心受压时的欧拉临界荷载，$P_e = \frac{\pi^2 EI}{l^2}$。这里 I 为两根肢杆的横截面对 z 轴的惯性矩（参见图 14-24（b））。设两根肢杆的横截面积为 A_l，单根肢杆对其形心轴的惯性矩为 I_l，通常肢杆截面形心与其腹板之间的距离要比两肢杆之间的距离小得多，故可近似地认为肢杆形心到 z 轴的距离为$\frac{b}{2}$。因此

$$I = 2I_l + A_l \cdot \left(\frac{b}{2}\right)^2 = 2I_l + \frac{1}{4}A_l b^2 \tag{d}$$

若以 r_z 表示两肢杆横截面对 z 轴的回转半径，则上式可改写成

$$I = A_l \cdot r_z^2 \tag{e}$$

引入长细比 $\lambda_z = \frac{l}{r_z}$，利用式（$e$）及 $P_e = \frac{\pi^2 EI}{l^2}$，则公式（14-27）可写成如下形式

$$P_{cr} = \frac{P_e}{1 + \frac{\pi^2}{\lambda_z^2}\left(\frac{A_l}{A_i}\frac{1}{\sin\alpha \cos^2\alpha} + \frac{A_l}{A_h}\frac{1}{\tan\alpha}\right)} \tag{14-29}$$

现在研究以下两种极端情况。

（1）A_i、A_h 比 A_l 大得多时，即相当于肢杆间为绝对刚性联结。此时，$\frac{A_l}{A_i}$、$\frac{A_l}{A_h}$趋近于零，因此

$$\kappa_1 = 1, P_{cr} = P_e = \frac{\pi^2 EI}{l^2}$$

表明这与惯性矩为 I 的实腹杆的临界荷载相同。

（2）A_i、A_h 比 A_l 小得多时，即相当于肢杆间为绝对柔性联结。此时，$\frac{A_l}{A_i}$或$\frac{A_l}{A_h}$趋近于无穷大，因此

$$\kappa \to 0, P_{cr} \to 0$$

一般情况下，A_i 和 A_h 总是介于上述两种极端情况之间，因此 $\kappa_1 < 1$。$P_{cr} < P_e$ 是由于剪力的影响，且取决于比值$\frac{A_l}{A_i}$和$\frac{A_l}{A_h}$。

由式（14-27）可以看出，横缀条对临界荷载的影响要比斜缀条的影响为小。因此，在近似计算中，通常略去横缀条的影响。这时，式（14-27）、式（14-29）即分别成为

$$P_{cr} = \frac{P_e}{1 + \frac{P_e}{E} \frac{1}{A_i \sin\alpha \cos^2\alpha}} \tag{14-30}$$

和

$$P_{cr} = \frac{P_e}{1 + \frac{\pi^2 A_l}{\lambda_z^2 A_i} \frac{1}{\sin\alpha \cos^2\alpha}} \tag{14-31}$$

也可以将临界荷载改写成统一形式（参见 14.2 节）

$$P_{cr} = \frac{\pi^2 EI}{(\mu l)^2} = \frac{\pi^2 EI}{l_0^2} \tag{14-32}$$

计算长度系数 μ 的计算式为

$$\mu = \sqrt{1 + \frac{\pi^2 I}{l} \frac{1}{A_i \sin\alpha \cos^2\alpha}} \tag{14-33}$$

或

$$\mu = \sqrt{1 + \frac{\pi^2 A_l}{\lambda_z^2 A_i} \frac{1}{\sin\alpha \cos^2\alpha}} \tag{14-34}$$

工程结构中，斜缀条的倾角 α 一般在 40°～70°之间，近似地取

$$\frac{\pi^2}{\sin\alpha \cdot \cos^2\alpha} \approx 27$$

则计算长度系数可写成

$$\mu = \sqrt{1 + \frac{27 A_l}{\lambda_z^2 A_i}} \tag{14-35}$$

换算长细比 λ_0 为

$$\lambda_0 = \mu \lambda_z = \sqrt{\lambda_z^2 + 27 \frac{A_l}{A_i}} \tag{14-36}$$

显然，换算长细比 λ_0 大于长细比 λ_z。

二、缀板式组合杆件的稳定

缀板式杆件通常也称为刚架式组合杆件。图 14-25（a）所示为一双肢缀板式组合杆件，

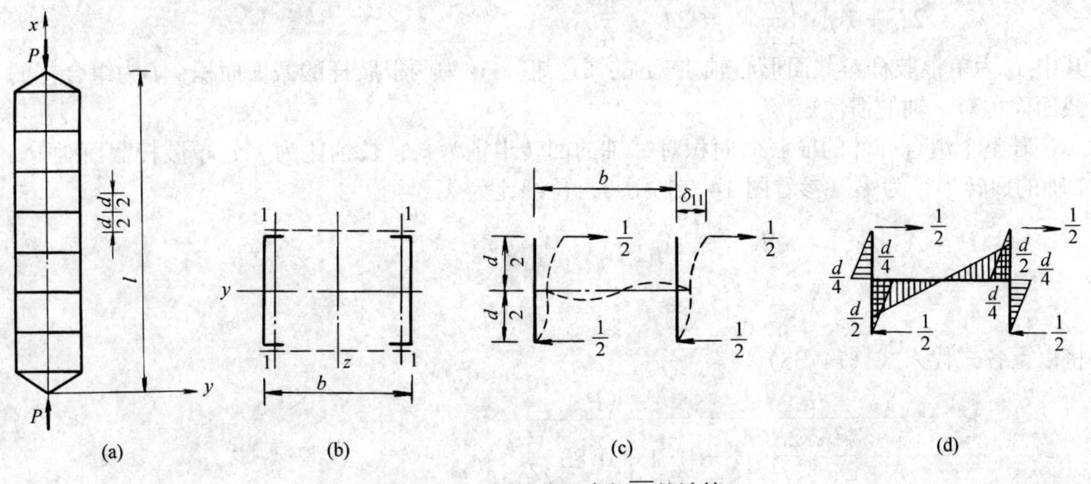

图 14-25　缀板式组合杆$\overline{\gamma_0}$的计算

肢杆之间由横向缀板刚结。在此情况下，我们把它看做为单跨多层刚架，并近似地认为肢杆的反弯点在相邻两节点的中点处。故可截取如图 14-25（c）所示部分来计算其剪切角。此时肢杆上下端截面处的弯矩等于零，而单位剪力$\overline{Q}=1$则平均分配在两根肢杆上。

为了按式（a）计算剪切角$\overline{\gamma}_0$，先作出单位弯矩图如图 14-25（d）所示，应用图乘法求得

$$\delta_{11}=\Sigma\int\frac{M_1^2}{EI}\mathrm{d}s=\frac{d^3}{24EI_l}+\frac{bd^2}{12EI_h} \tag{f}$$

式中各符号的意义同前，I_h 为缀板的惯性矩。将上式代入式（a）得

$$\overline{\gamma_0}=\frac{d^2}{24EI_l}+\frac{bd}{12EI_h} \tag{g}$$

与缀条式的情况相似，把上式代替式（14-24）中的$\frac{k}{GA}$，就可得到缀板式组合压杆的临界荷载

$$P_{\mathrm{cr}}=\frac{P_e}{1+\left(\frac{bd}{12EI_h}+\frac{d^2}{24EI_l}\right)P_e}=\kappa_2P_e \tag{14-37}$$

其中修正系数

$$\kappa_2=\frac{1}{1+\left(\frac{bd}{12EI_h}+\frac{d^2}{24EI_l}P_e\right)}$$

由此可见，随着缀板间距 d 的增大，κ_2 值将减小。同样有 $\kappa_2\leqslant1$。

一般情况下，缀板的刚度远大于肢杆的刚度，因此，可以近似地认为 $EI_h\rightarrow\infty$。这样，以上两式可改写成

$$P_{\mathrm{cr}}=\frac{P_e}{1+P_e\frac{d^2}{24EI_l}}=\frac{P_e}{1+\frac{\pi^2d^2}{24l^2}\frac{I}{I_l}}=\kappa_2{}'P_e \tag{14-38}$$

$$\kappa_2{}'=\frac{1}{1+\frac{\pi^2d^2}{24l^2}\frac{I}{I_l}} \tag{14-39}$$

与前面的讨论一样，这里可以近似地取

$$I=2I_l+A_l\cdot\left(\frac{b}{2}\right)^2=2I_l+\frac{1}{4}A_lb^2$$

其中 I_l 为单根肢杆对截面形心轴 1－1 的惯性矩，A_l 为两根肢杆的截面面积，I 为组合杆的截面面积对 z 轴的惯性矩。

若整个组合杆件的横截面面积对 z 轴的回转半径为 r_z，长细比为 λ_z；单肢杆截面对 1－1 轴的回转半径为 r_l（参看图 14-25（b）），长细比为 λ_l，则

$$I=A_l\cdot r_z^2,\qquad I_l=\frac{1}{2}A_l\cdot r_l^2$$

$$\lambda_z=\frac{l}{r_z},\qquad \lambda_l=\frac{d}{r_l}$$

将以上各式代入式（14-38），得

$$P_{\mathrm{cr}}=\frac{P_e}{1+\frac{\pi^2}{24}\cdot\frac{2d^2r_z^2A_l}{l^2r_l^2A_l}}=\frac{P_e}{1+0.83\frac{\lambda_l^2}{\lambda_z^2}}$$

若近似地以 1 代替 0.83，则上式就变成

$$P_{cr}=\frac{\lambda_z^2}{\lambda_z^2+\lambda_l^2}\cdot P_e \tag{14-40}$$

相应的计算长度系数 μ 和换算长细比 λ_0 分别为

$$\mu=\sqrt{\frac{\lambda_z^2+\lambda_l^2}{\lambda_z^2}} \tag{14-41}$$

$$\lambda_0=\mu\lambda_z=\sqrt{\lambda_z^2+\lambda_l^2} \tag{14-42}$$

综上所述，对于组合杆件，其临界荷载的计算与实体压杆情况类似。在计算时，可先按式（14-35）或式（14-41）求出相应的长度系数 μ，然后代入式（14-32）就可求得组合杆的临界荷载。

应该指出，以上的计算结果都是近似的，但实践证明，只要缀条或缀板之间的距离 d 与整个杆长 l 相比较小时（例如节间数不少于 6 个），上述的近似解法能给出相当满意的计算结果。

*14.7 用矩阵位移法计算刚架的临界荷载

在前面 14.2 节中已看到，某些简单刚架在特定受力条件下可转化为具有弹性支座的压杆来进行稳定分析。本节介绍的方法则系直接以刚架为对象，它可应用于较复杂情况，更具一般性。

如刚架梁作用有非节点竖向荷载，柱子在承受压力的同时，还将产生横向弯曲。当荷载接近临界值时，刚架变形迅速增长，最后丧失第二类稳定性。计算第二类稳定问题的极值点荷载比较复杂，实用上常将横梁上的竖向荷载分解为作用在两端节点上的集中荷载，使柱子在刚架失稳前只承受轴向压力。这样，即将第二类稳定问题简化为第一类稳定问题。除横梁长度远大于柱高这种特殊的刚架以外，按此简化做法所得的临界荷载值可作为设计依据。

图 14-26 示一承受节点荷载的刚架，设各个荷载按比例同时增加，即 α_1 和 α_2 为常数，而 P 单调增长。当荷载小于临界值时，刚架柱只产生轴力；设轴向变形忽略不计，各杆将维持稳定的直线平衡形式而无弯曲作用。当荷载增大到临界值时，除上述平衡状态外，刚架尚存在弯曲平衡形式。按小挠度理论，可设柱内原有轴力在各杆件弯曲过程中保持不变。且与第 7 章中用位移法分析刚架内力时同样，可以认为杆件弯曲后的弦长与弯曲变形前的杆长相等；这样，描述刚架弯曲变形状态所需的独立的节点位移未知量便也与该章完全相同。

与第 11 章用矩阵位移法分析刚架内力相类似，用矩阵位移法求临界荷载，基本上也是包括两方面内容，即：①导出杆件单元的杆端力与杆端位移关系式，形成单元的刚度方程；②根据与节点位移未知量相应的平衡条件，建立结构总体的刚度方程，再进行稳定分析。但在压杆单元的刚度方程中，必须考虑轴向压力对刚度系数的影响。以下分别叙述。

一、压杆单元的刚度方程

图 14-27 所示为刚架中一压杆单元ⓔ，设在压力 P 作用于杆端后，此杆件发生了弯曲变形。取图示局部坐标系，杆端位移和杆端力列阵分别为*

---

* 按前面所述假定，本节作稳定分析时不考虑轴向变形影响，故不必以杆端轴向位移为参数，这与第 11 章不同。为避免混淆，本节对杆端位移，杆端力中各分量采取另一种标记方法。

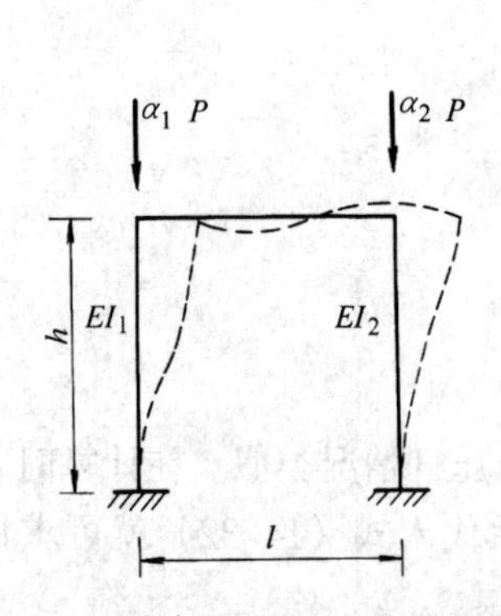

图 14-26 刚架第一类失稳现象

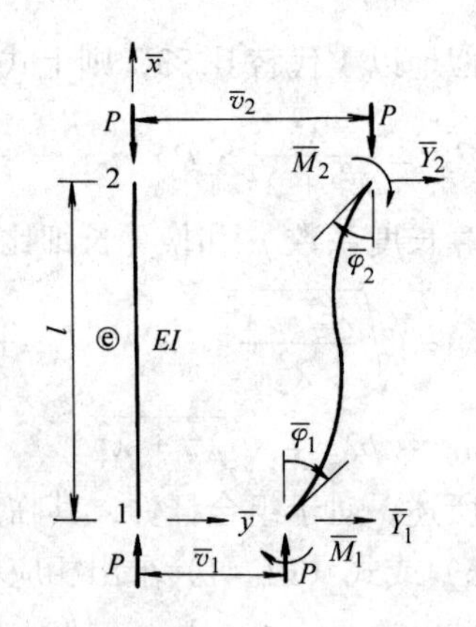

图 14-27 压杆单元弯曲后变形位移

$$\overline{\boldsymbol{\delta}}^{ⓔ} = \begin{pmatrix} \overline{v_1} \\ \overline{\varphi_1} \\ \overline{v_2} \\ \overline{\varphi_2} \end{pmatrix}^{ⓔ}, \overline{\boldsymbol{F}}^{ⓔ} = \begin{pmatrix} \overline{Y_1} \\ \overline{M_1} \\ \overline{Y_2} \\ \overline{M_2} \end{pmatrix}^{ⓔ} \tag{14-43}$$

列阵中各元素的正方向已示于图中。

将单元ⓔ的横向位移设为三次多项式

$$\overline{y}(\overline{x}) = a_1 + a_2\overline{x} + a_3\overline{x}^2 + a_4\overline{x}^3 \tag{a}$$

内 $a_1 \sim a_4$ 为待定常数。根据端点位移条件可得出 $a_1 \sim a_4$ 与杆端位移参数间关系，即

由 $\overline{x} = 0$ 处： $\overline{y} = \overline{v_1}$， $\dfrac{d\overline{y}}{d\overline{x}} = \overline{\varphi_1}$

得出 $a_1 = \overline{v_1}$， $a_2 = \overline{\varphi_1}$

由 $\overline{x} = l$ 处： $\overline{y} = \overline{v_2}$， $\dfrac{d\overline{y}}{d\overline{x}} = \overline{\varphi_2}$

得出 $a_1 + a_2 l + a_3 l^2 + a_4 l^3 = \overline{v_2}$

$a_2 + 2a_3 l + 3a_4 l^2 = \overline{\varphi_2}$

利用以上 4 个关系式解出 $a_1 \sim a_4$，再代回式（a），可得到以杆端位移参数表示的横向位移表达式*。如写成矩阵形式，为

$$\begin{aligned} \overline{y}(\overline{x}) &= [N_1(\overline{x}) \quad N_2(\overline{x}) \quad N_3(\overline{x}) \quad N_4(\overline{x})] \begin{bmatrix} \overline{v_1} \\ \overline{\varphi_1} \\ \overline{v_2} \\ \overline{\varphi_2} \end{bmatrix} \\ &= \boldsymbol{N}\overline{\boldsymbol{\delta}}^{ⓔ} \end{aligned} \tag{14-44}$$

* 欲得出压杆挠曲线的精确表达式，需先列出压-弯杆挠曲线的微分方程，得出通解（见式 14-5（a））后，再利用杆端位移条件可以杆端参数表示积分常数，这样得到的横向值移表达式是$\overline{x}$的超越函数。为计算简便，取与进行刚架内力分析时同样的多项式。有关资料表明，当单元长度 l 使参数 η （$= l\sqrt{\dfrac{P}{EI}}$）小于 3 时，误差不大。

其中

$$
\begin{cases}
N_1(\bar{x}) = 1 - 3\left(\dfrac{\bar{x}}{l}\right)^2 + 2\left(\dfrac{\bar{x}}{l}\right)^3, \\
N_2(\bar{x}) = l\left(\dfrac{\bar{x}}{l}\right)\left[1 - 2\dfrac{\bar{x}}{l} + \left(\dfrac{\bar{x}}{l}\right)^2\right], \\
N_3(\bar{x}) = \left(\dfrac{\bar{x}}{l}\right)^2\left[3 - 2\dfrac{\bar{x}}{l}\right], \\
N_4(\bar{x}) = -l\left(\dfrac{\bar{x}}{l}\right)^2\left(1 - \dfrac{\bar{x}}{l}\right)。
\end{cases}
\tag{14-45}
$$

可以看出，$N_1(\bar{x}) \sim N_4(\bar{x})$ 是 $\bar{\boldsymbol{\delta}}^{ⓔ}$ 中各元素分别取一单位时所引起的杆元的横向位移，称为形状函数。既已确定形状函数，杆元挠曲线便只由 4 个杆端位移参数所决定，即所设挠曲线有 4 个自由度。

将 $\bar{y}(\bar{x})$ 对 $\bar{x}$ 连续微分两次，得

$$y'(\bar{x}) = \frac{\mathrm{d}\boldsymbol{N}}{\mathrm{d}\bar{x}} \cdot \bar{\boldsymbol{\delta}}^{ⓔ} = \boldsymbol{G}\bar{\boldsymbol{\delta}}^{ⓔ} \tag{b}$$

$$y''(\bar{x}) = \frac{\mathrm{d}^2\boldsymbol{N}}{\mathrm{d}\bar{x}^2} \cdot \bar{\boldsymbol{\delta}}^{ⓔ} = \boldsymbol{B}\bar{\boldsymbol{\delta}}^{ⓔ} \tag{c}$$

此处

$$\boldsymbol{G} = \left[\left(-\frac{6\bar{x}}{l^2} + \frac{6\bar{x}^2}{l^3}\right) \quad \left(1 - \frac{4\bar{x}}{l} + \frac{3\bar{x}^2}{l^2}\right) \quad \left(\frac{6\bar{x}}{l^2} - \frac{6\bar{x}^2}{l^3}\right) \quad \left(-\frac{2\bar{x}}{l} + \frac{3\bar{x}^2}{l^2}\right)\right] \tag{d}$$

$$\boldsymbol{B} = \left[\left(-\frac{6}{l^2} + \frac{12\bar{x}}{l^3}\right) \quad \left(-\frac{4}{l} + \frac{6\bar{x}}{l^2}\right) \quad \left(\frac{6}{l^2} - \frac{12\bar{x}}{l^3}\right) \quad \left(-\frac{2}{l} + \frac{6\bar{x}}{l^2}\right)\right] \tag{e}$$

以下利用虚位移原理推导压杆单元的刚度方程。设使挠曲后杆轴产生虚位移，亦即使原挠曲 $\bar{y}(\bar{x})$ 发生无限小改变 $\delta\bar{y}(\bar{x})$，这相当于对 4 个杆端位移参数给以微量变化 $\delta\bar{v}_1$、$\delta\bar{\varphi}_1$、$\delta\bar{v}_2$、$\delta\bar{\varphi}_2$，于是有

$$\delta\bar{y}(\bar{x}) = N_1(\bar{x}) \cdot \delta\overline{v_1} + N_2(\bar{x}) \cdot \delta\overline{\varphi_1} + N_3(\bar{x}) \cdot \delta\overline{v_2} + N_4(\bar{x}) \cdot \delta\overline{\varphi_2}$$

或简写为

$$\delta\bar{y}(\bar{x}) = \boldsymbol{N} \cdot \delta\boldsymbol{\delta}^{ⓔ}$$

与此虚位移相应的倾角变化及曲率变化为*

$$(\delta\bar{y}(\bar{x}))' = \delta(\overline{y'(\bar{x})}) = \boldsymbol{G} \cdot \delta\bar{\boldsymbol{\delta}}^{ⓔ} \tag{g}$$

$$(\delta\bar{y}(\bar{x}))'' = \delta(\overline{y''(\bar{x})}) = \boldsymbol{B} \cdot \delta\bar{\boldsymbol{\delta}}^{ⓔ} \tag{h}$$

杆元在弯曲平衡状态下，各截面的弯矩为

$$M = -EI \cdot \overline{y''}(\bar{x}) = -EI \cdot \boldsymbol{B} \cdot \bar{\boldsymbol{\delta}}^{ⓔ}$$

而在虚位移过程中，微段两侧截面的夹角变化为

$$(\delta\bar{y}(\bar{x}))''\mathrm{d}\bar{x} = \delta(\overline{y''}(\bar{x}))\mathrm{d}\bar{x} = \boldsymbol{B} \cdot \delta\bar{\boldsymbol{\delta}}^{ⓔ} \cdot \mathrm{d}\bar{x}$$

由此产生的在微段范围内切割面内力的虚变形功为（略去剪力做功）

$$
\begin{aligned}
\mathrm{d}(\delta V) &= -M \cdot (\delta\bar{y}(\bar{x}))'' \cdot \mathrm{d}\bar{x} \\
&= (\delta\bar{\boldsymbol{\delta}}^{ⓔ})^{\mathrm{T}}\boldsymbol{B}^{\mathrm{T}}\boldsymbol{B}\boldsymbol{\delta}^{ⓔ} \cdot EI \cdot \mathrm{d}\bar{x}
\end{aligned}
$$

---

* 此处"δ"为变分符号，关于变分与微分的区别以及函数的变分与微分的次序可以互换问题，可参考 10.2 节有关叙述。

因 M 与$\overline{y''}$的正负规定相反（参考式（14-1)，故上式的第一个等号后应加负号。整个杆件范围内的虚变形功为

$$\delta V=(\delta\,\overline{\boldsymbol{\delta}}^{ⓔ})^{\mathrm{T}}\cdot EI\int_0^l \boldsymbol{B}^{\mathrm{T}}\boldsymbol{B}\mathrm{d}\,\overline{x}\cdot\overline{\boldsymbol{\delta}}^{ⓔ} \tag{i}$$

在虚位移过程中，杆端力$\overline{\boldsymbol{F}}^{ⓔ}$的虚外功为

$$\delta T_1=(\delta\,\overline{\boldsymbol{\delta}}^{ⓔ})^{\mathrm{T}}\,\overline{\boldsymbol{F}}^{ⓔ} \tag{j}$$

此外，当杆件由于虚位移而变形时，原作用于杆端的外力 P 也将做功。参考 14.4 节第一段中式（c)，可得出此时杆两端在 P 方向投影长度的变化为

$$\delta e=\frac{1}{2}\int_0^l[\overline{y'}(\overline{x})+\delta(\overline{y'}(\overline{x}))]^2\mathrm{d}\,\overline{x}-\frac{1}{2}\int_0^l[\overline{y'}(\overline{x})]^2\mathrm{d}\,\overline{x}$$

略去高阶微量，得

$$\delta e=\int_0^l\overline{y'}(\overline{x})\cdot\delta(y'(\overline{x}))\cdot\mathrm{d}\,\overline{x}$$

将$\overline{y'}$（$\overline{x}$)、$\delta\,\overline{y'}$（$\overline{x}$）的矩阵表达式代入上式，得

$$\delta e=(\delta\,\overline{\boldsymbol{\delta}}^{ⓔ})^{\mathrm{T}}\int_0^l\boldsymbol{G}^{\mathrm{T}}\boldsymbol{G}\mathrm{d}\,\overline{x}\cdot\overline{\boldsymbol{\delta}}^{ⓔ}$$

于是 P 所做的外力功为

$$\begin{aligned}\delta T_2&=P\cdot\delta e\\&=(\delta\,\overline{\boldsymbol{\delta}}^{ⓔ})^{\mathrm{T}}P\int_0^l\boldsymbol{G}^{\mathrm{T}}\boldsymbol{G}\mathrm{d}\,\overline{x}\cdot\overline{\boldsymbol{\delta}}^{ⓔ}\end{aligned} \tag{k}$$

根据虚位移原理，虚位移过程中的外力功应等于切割面内力的变形功，由式（i)、(j）及（k）便有

$$(\delta\,\overline{\boldsymbol{\delta}}^{ⓔ})^{\mathrm{T}}\,\overline{\boldsymbol{F}}^{ⓔ}=(\delta\,\overline{\boldsymbol{\delta}}^{ⓔ})^{\mathrm{T}}[EI\int_0^l\boldsymbol{B}^{\mathrm{T}}\boldsymbol{B}\cdot\mathrm{d}\,\overline{x}-P\int_0^l\boldsymbol{G}^{\mathrm{T}}\boldsymbol{G}\cdot\mathrm{d}\,\overline{x}]\,\overline{\boldsymbol{\delta}}^{ⓔ}$$

因虚位移有任意性，即不论（$\delta\,\overline{\boldsymbol{\delta}}^{ⓔ}$)^{T} 中各元素怎样任意取值，以上等式皆应成立，故必有

$$\overline{\boldsymbol{F}}^{ⓔ}=[EI\int_0^l\boldsymbol{B}^{\mathrm{T}}\boldsymbol{B}\cdot\mathrm{d}\,\overline{x}-P\int_0^l\boldsymbol{G}^{\mathrm{T}}\boldsymbol{G}\cdot\mathrm{d}\,\overline{x}]\,\overline{\boldsymbol{\delta}}^{ⓔ} \tag{14-46}$$

到此便导出了压杆单元的杆端力与杆端位移间的关系式，即单元的刚度方程。引入符号

$$\left.\begin{aligned}\overline{\boldsymbol{k}_e}^{ⓔ}&=EI\int_0^l\boldsymbol{B}^{\mathrm{T}}\boldsymbol{B}\mathrm{d}\,\overline{x}\\\overline{\boldsymbol{k}_g}^{ⓔ}&=-P\int_0^l\boldsymbol{G}^{\mathrm{T}}\boldsymbol{G}\mathrm{d}\,\overline{x}\\\overline{\boldsymbol{k}}^{ⓔ}&=\overline{\boldsymbol{k}_e}^{ⓔ}+\overline{\boldsymbol{k}_g}^{ⓔ}\end{aligned}\right\} \tag{14-47}$$

压杆单元的刚度方程可写成

$$\overline{\boldsymbol{F}}^{ⓔ}=\overline{\boldsymbol{k}}^{ⓔ}\,\overline{\boldsymbol{\delta}}^{ⓔ} \tag{14-48}$$

故压杆单元的单元刚度矩阵$\overline{\boldsymbol{k}}^{ⓔ}$由两部分组成：第一部分$\overline{\boldsymbol{k}_e}^{ⓔ}$是不考虑轴力作用时弯曲杆元通常的单元刚度矩阵；第二部分 $\boldsymbol{k}_g{}^{ⓔ}$是表征轴向压力影响的附加刚度矩阵，它与材料性质无关，故常称之为单元几何刚度矩阵。

将式（d)、式（e）代入式（14-47）并完成积分运算后，得

$$\overline{k_e}^{ⓔ} = EI\begin{bmatrix} \frac{12}{l^3} & \frac{6}{l^2} & -\frac{12}{l^3} & \frac{6}{l^2} \\ \frac{6}{l^2} & \frac{4}{l} & -\frac{6}{l^2} & \frac{2}{l} \\ -\frac{12}{l^3} & -\frac{6}{l^2} & \frac{12}{l^3} & -\frac{6}{l^2} \\ \frac{6}{l^2} & \frac{2}{l} & -\frac{6}{l^2} & \frac{4}{l} \end{bmatrix} \tag{14-49}$$

$$\overline{k_g}^{ⓔ} = -P\begin{bmatrix} \frac{6}{5l} & \frac{1}{10} & -\frac{6}{5l} & \frac{1}{10} \\ \frac{1}{10} & \frac{2l}{15} & -\frac{1}{10} & -\frac{l}{30} \\ -\frac{6}{5l} & -\frac{1}{10} & \frac{6}{5l} & -\frac{1}{10} \\ \frac{1}{10} & -\frac{l}{30} & -\frac{1}{10} & \frac{2l}{15} \end{bmatrix} \tag{14-50}$$

由式（14-49）可见$\overline{k_e}^{ⓔ}$中各刚度影响系数与第 11 章中为弯曲杆元所得者完全相同。

二、刚架的总刚度方程及临界荷载的确定

在建立了压杆单元的刚度方程后，即可进行刚架的稳定计算。刚架节点处哪些是独立的位移未知量可像第 7 章那样予以确定，进而组成刚架的节点位移列阵 $\boldsymbol{\Delta}$。按照与作刚架内力分析（见第 11 章）时同样的方法、步骤，与 $\boldsymbol{\Delta}$ 相应的总刚度矩阵 $\boldsymbol{K}$ 可由各单元刚度矩阵组集而得；它可分解为有、无荷载因子 P 的两个组成部分 $\boldsymbol{K}_g$ 及 $\boldsymbol{K}_e$。于是得到结构总体的刚度方程

$$[\boldsymbol{K}_e + \boldsymbol{K}_g]\boldsymbol{\Delta} = \boldsymbol{O} \tag{14-51}$$

前已说明，刚架失稳前各杆只受轴力，故等号以右的荷载列阵为 $\boldsymbol{O}$。

在临界状态下，刚架处于随遇平衡，$\boldsymbol{\Delta}$ 中各元素不能全等于零，故需有

$$|\boldsymbol{K}| = |\boldsymbol{K}_e + \boldsymbol{K}_g| = 0 \tag{14-52}$$

展开上式，得未知量 P 的代数方程，其最小根即临界荷载 P_{cr}。

对常见的由横梁和立柱组成的刚架而言，单元刚度矩阵的坐标转换和单元贡献矩阵的形成等都比较简单。限于篇幅，在下面例题中，我们采取“手算”的处置方式，以阐述引入边界条件和形成总刚度矩阵等的原则、过程为主要目的，而不再按编制电算程序的要求详述有关问题了。

例 14-7 试用矩阵位移法计算图 14-28（a）所示刚架的临界荷载。设各杆 EI 为常数。

【解】

因刚架本身对称，且承受对称性的节点荷载，故可能出现反对称变形失稳（图 14-8（b））或对称变形失稳（图 14-28（c）），分别叙述于下。

一、以反对称的变形形式丧失稳定

（1）刚架的节点编号、单元编号和整体坐标如图 14-29 所示。

（2）根据前述刚架稳定分析时的变形假定，此时独立的节点位移为横梁的水平位移 Δ_1，节点 1 及节点 3 的转角 Δ_2，节点 2 的转角 Δ_3；它们组成刚架的节点位移列阵

$\boldsymbol{\Delta} = [\Delta_1\ \Delta_2\ \Delta_3]^T$

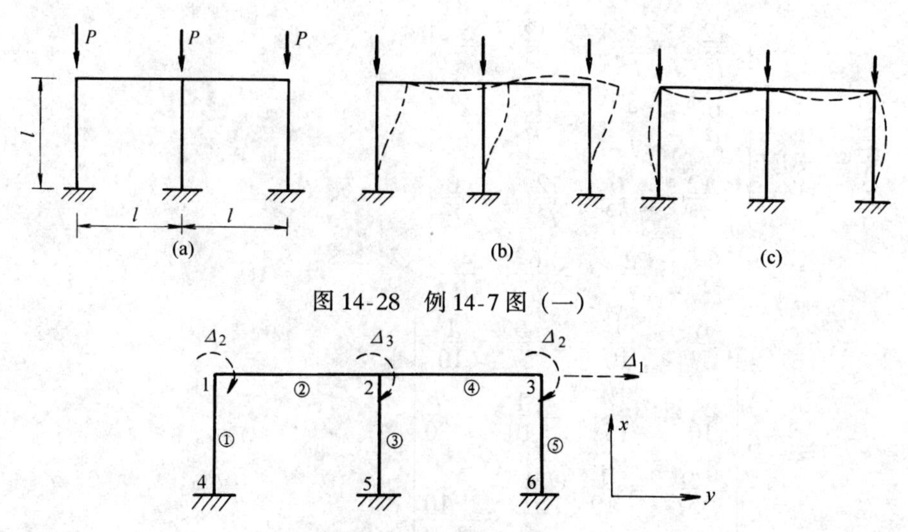

图 14-28　例 14-7 图（一）

图 14-29　例 14-7 图（二）

（3）列各单元的刚度矩阵，将其中各元素就位于结构总体刚度矩阵中应有位置（“对号入座”）。下面以单元①为例作较详细说明。

<u>单元①</u>

①先建立不考虑杆端约束条件时的单元刚度矩阵，注意到单元①的 4、1 端分别相当于图 14-27 中杆元的 1、2 端（始端及终端），利用式（14-47）～式（14-50），得

$$\overline{\boldsymbol{k}^{①}}=EI\begin{bmatrix}\frac{12}{l^3} & \frac{6}{l^2} & -\frac{12}{l^3} & \frac{6}{l^2}\\ \frac{6}{l^2} & \frac{4}{l} & -\frac{6}{l^2} & \frac{2}{l}\\ -\frac{12}{l^3} & -\frac{6}{l^2} & \frac{12}{l^3} & -\frac{6}{l^2}\\ \frac{6}{l^2} & \frac{2}{l} & -\frac{6}{l^2} & \frac{4}{l}\end{bmatrix}-P\begin{bmatrix}\frac{6}{5l} & \frac{1}{10} & -\frac{6}{5l} & \frac{1}{10}\\ \frac{1}{10} & \frac{2l}{15} & -\frac{1}{10} & -\frac{l}{30}\\ -\frac{6}{5l} & -\frac{1}{10} & \frac{6}{5l} & -\frac{1}{10}\\ \frac{1}{10} & -\frac{l}{30} & -\frac{1}{10} & \frac{2l}{15}\end{bmatrix}$$

（行、列依次对应 $\overline{v_4^{①}}$、$\overline{\varphi_4^{①}}$、$\overline{v_1^{①}}$、$\overline{\varphi_1^{①}}$）

②根据 4 点的支承条件，$\overline{v_4^{①}}=0$，$\overline{\varphi_4^{①}}=0$，在上列$\overline{\boldsymbol{k}^{①}}$中去掉相应的行和列，得到考虑 4 端为固定端的刚度矩阵

$$\overline{\boldsymbol{k}^{①}}=EI\begin{bmatrix}\frac{12}{l^3} & -\frac{6}{l^2}\\ -\frac{6}{l^2} & \frac{4}{l}\end{bmatrix}-P\begin{bmatrix}\frac{6}{5l} & -\frac{1}{10}\\ -\frac{1}{10} & \frac{2l}{15}\end{bmatrix}$$

（行、列依次对应 $\overline{v_1^{①}}$、$\overline{\varphi_1^{①}}$）

③根据单元杆端位移与刚架节点位移间的协调关系，将单元刚阵中各元素改换附标（换码）。需要说明的是：在横梁、立柱型刚架中，各单元的杆端位移与结构的节点位移间有一一对应的关系，故在换码之前，不需要对单元刚度矩阵作坐标转换。

对本单元，因$\overline{v_1^{①}}=\Delta_1$，$\overline{\varphi_1^{①}}=\Delta_2$，故上列矩阵中的第一行和第一列对应于 Δ_1，第二行和第二列对应于 Δ_2。即

$$
\boldsymbol{k}^{①} = EI\begin{bmatrix} \frac{12}{l^3} & -\frac{6}{l^2} \\ -\frac{6}{l^2} & \frac{4}{l} \end{bmatrix} - P\begin{bmatrix} \frac{6}{5l} & -\frac{1}{10} \\ -\frac{1}{10} & \frac{2l}{15} \end{bmatrix}\begin{matrix} \Delta_1 \\ \Delta_2 \end{matrix}
$$

（列：Δ_1　Δ_2）

而其中的 4 个元素为

$$
k_{11}^{①} = \frac{12EI}{l^3} - \frac{6P}{5l}, k_{12}^{①} = k_{21}^{①} = -\frac{6EI}{l^2} + \frac{P}{10}, k_{22}^{①} = \frac{4EI}{l} - \frac{2l}{15}P
$$

④按各元素下标，将它们在结构总体刚度矩阵中对号入座。

单元③、⑤

同理可进行单元③、⑤之刚度矩阵中各元素的对号入座，因此二单元的尺寸、底端约束情况等与单元①相同，故有

$$
k_{11}^{③} = k_{11}^{⑤} = k_{11}^{①}, \qquad k_{13}^{③} = k_{31}^{③} = k_{12}^{①}
$$

$$
k_{12}^{⑤} = k_{21}^{⑤} = k_{12}^{①}, \qquad k_{33}^{③} = k_{22}^{①}, k_{22}^{⑤} = k_{22}^{①}
$$

单元②

单元②是通常的梁单元，其两端竖向位移受到约束，决定受力变形情况的是两端转角，$\overline{\varphi_1}^{②}$和$\overline{\varphi_2}^{②}$。故考虑边界条件后的刚度矩阵为

（列：$\overline{\varphi}_1^{②}$　$\overline{\varphi}_2^{②}$）

$$
\overline{\boldsymbol{k}}^{②} = EI\begin{bmatrix} \frac{4}{l} & \frac{2}{l} \\ \frac{2}{l} & \frac{4}{l} \end{bmatrix}
$$

换码后为

（列：Δ_2　Δ_3）

$$
\boldsymbol{k}^{②} = EI\begin{bmatrix} \frac{4}{l} & \frac{2}{l} \\ \frac{2}{l} & \frac{4}{l} \end{bmatrix}\begin{matrix} \Delta_2 \\ \Delta_3 \end{matrix}
$$

其中 4 个元素为

$$
k_{22}^{②} = k_{33}^{②} = \frac{4EI}{l}, k_{23}^{②} = k_{32}^{②} = \frac{2EI}{l}
$$

单元④

与单元②情况相似，同理得

$$
k_{33}^{④} = k_{22}^{④} = \frac{4EI}{l}, k_{23}^{④} = k_{32}^{④} = \frac{2EI}{l}
$$

将所有单元的各个元素对号入座，即得总刚度矩阵，并可写出相应的结构刚度方程为

$$
\begin{bmatrix} k_{11}^{①} + k_{11}^{③} + k_{11}^{⑤}, & k_{12}^{①} + k_{12}^{⑤} & k_{13}^{③} \\ k_{21}^{①} + k_{21}^{⑤} & k_{22}^{①} + k_{22}^{②} + k_{22}^{④} + k_{22}^{⑤} & k_{23}^{②} + k_{23}^{④} \\ k_{31}^{③} & k_{32}^{②} + k_{32}^{④} & k_{33}^{②} + k_{33}^{③} + k_{33}^{④} \end{bmatrix}\begin{bmatrix} \Delta_1 \\ \Delta_2 \\ \Delta_3 \end{bmatrix}
$$

$$
=\begin{bmatrix} \frac{36EI}{l^3}-\frac{18P}{5l} & \frac{-12EI}{l^2}+\frac{P}{5} & -\frac{6EI}{l^2}+\frac{P}{10} \\ \frac{-12EI}{l^2}+\frac{P}{5} & \frac{16EI}{l}-\frac{4lP}{15} & \frac{4EI}{l} \\ \frac{-6EI}{l^2}+\frac{P}{10} & \frac{4EI}{l} & \frac{12EI}{l}-\frac{2lP}{15} \end{bmatrix} \begin{bmatrix} \Delta_1 \\ \Delta_2 \\ \Delta_3 \end{bmatrix} = \begin{bmatrix} 0 \\ 0 \\ 0 \end{bmatrix}
$$

（4）在临界状态下，Δ_1、Δ_2 及 Δ_3 不能全等于零，这便要求总刚度矩阵各元素所组成的行列式为零，即

$$|\boldsymbol{K}|=0$$

展开此行列式，得

$$P^3-158.67\left(\frac{i}{l}\right)P^2+6\,160\left(\frac{i}{l}\right)^2P-38\,400\left(\frac{i}{l}\right)^3=0$$

式中 $i=EI/l$。以上方程最小根即所求临界荷载，得出为

$$P_{\mathrm{cr}}=7.68\frac{i}{l}=7.68\frac{EI}{l^2} \tag{a}$$

与压杆挠曲线采用精确表达式（参看本节小注）时所得的精确解 $P_{\mathrm{cr}}=7.61\dfrac{EI}{l^2}$ 比较，误差约为1%。此时 $\eta=\sqrt{7.61}=2.75$，满足 $\eta<3$ 的要求。

二、以对称的变形形式丧失稳定

按图 14-28（c）所示对称变形形式，横梁中间节点无移动和转动，于是可取如图 14-30（a）所示半刚架计算临界荷载。

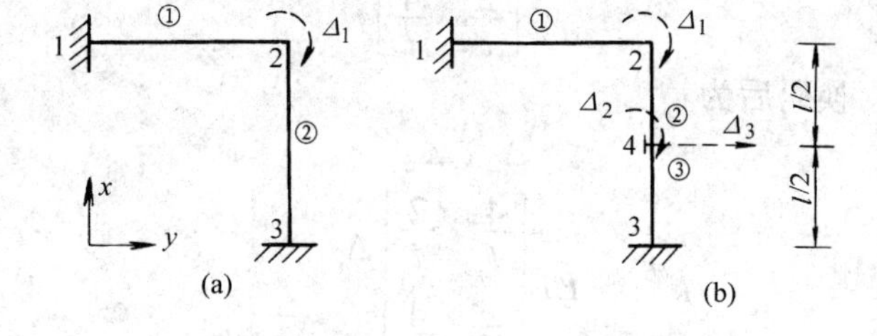

图 14-30 例 14-7 图（三）

结构的节点和单元编号以及整体坐标系已示于图中，独立的节点位移只有节点 2 的转角，设为 Δ_1。

单元①为通常的梁单元，考虑其两端的约束条件后，不难得出刚度矩阵为

$$\overline{\boldsymbol{k}}^{①}=\overset{\overline{\varphi}_2^{①}}{\left[\frac{4EI}{l}\right]}$$

换码后可得与 Δ_1 相应的刚度影响系数 $k_{11}^{①}=\dfrac{4EI}{l}$。

应用式（14-47）～式（14-50），并引入单元两端的约束条件，得单元②的刚度矩阵

$$\overline{\boldsymbol{k}}^{②}=\overset{\overline{\varphi}_2^{②}}{\left[\frac{4EI}{l}-\frac{2l}{15}P\right]}$$

换码后得与 Δ_1 相应的 $k_{11}^{②}$ 为

$$k_{11}^{②}=\frac{4EI}{l}-\frac{2l}{15}P$$

将两单元的刚度影响系数组集后，可进一步列出结构总体的刚度方程

$$(k_{11}^{①}+k_{11}^{②})\Delta_1=\left(\frac{8EI}{l}-\frac{2l}{15}P\right)\Delta_1=0$$

稳定方程为

$$\frac{8EI}{l}-\frac{2l}{15}P=0$$

于是得出 $P_{cr}=60\dfrac{EI}{l^2}$。

此结果与精确解 $P_{cr}=28.40\dfrac{EI}{l^2}$相比较，误差很大；可以看出，此时 $\eta=l\sqrt{\dfrac{P}{EI}}=\sqrt{28.40}=5.33$，已远大于 3。要提高本节所介绍矩阵位移法的计算精度，需设法减少 η 值，即将压杆细分，增加单元数。为此，我们将立柱分为两个单元，再一次进行计算。

此时节点和单元标号如图 14-30（b）所示。节点位移列阵为 $\boldsymbol{\Delta}=[\Delta_1\quad\Delta_2\quad\Delta_3]^{\mathrm{T}}$，其中 Δ_1，Δ_2 分别为节点 2 和节点 4 的转角；Δ_3 为节点 4 的水平位移。仿照前面做法可得出各单元的刚度矩阵并组集成总体刚度矩阵，不再详述。只给出考虑杆端约束条件并经换码后的各单元刚阵和总体刚阵于下

$$\boldsymbol{k}^{①}=\overset{\Delta_1}{\left[\frac{4EI}{l}\right]}\Delta_1$$

$$\boldsymbol{k}^{②}=EI\begin{bmatrix}\frac{8}{l}&\frac{24}{l^2}&\frac{4}{l}\\\frac{24}{l^2}&\frac{96}{l^3}&\frac{24}{l^2}\\\frac{4}{l}&\frac{24}{l^2}&\frac{8}{l}\end{bmatrix}-P\begin{bmatrix}\frac{l}{15}&\frac{1}{10}&-\frac{l}{60}\\\frac{1}{10}&\frac{12}{5l}&\frac{1}{10}\\-\frac{l}{60}&\frac{1}{10}&\frac{l}{15}\end{bmatrix}\begin{matrix}\Delta_1\\\Delta_3\\\Delta_2\end{matrix}$$

（列序：$\Delta_1\quad\Delta_3\quad\Delta_2$）

$$\boldsymbol{k}^{③}=EI\begin{bmatrix}\frac{96}{l^3}&-\frac{24}{l^2}\\-\frac{24}{l^2}&\frac{8}{l}\end{bmatrix}-P\begin{bmatrix}\frac{12}{5l}&-\frac{1}{10}\\-\frac{1}{10}&\frac{l}{15}\end{bmatrix}\begin{matrix}\Delta_3\\\Delta_2\end{matrix}$$

（列序：$\Delta_3\quad\Delta_2$）

$$\boldsymbol{K}=\begin{bmatrix}\left(\frac{12EI}{l}-\frac{lP}{15}\right)&\left(\frac{4EI}{l}+\frac{lP}{60}\right)&-\left(\frac{-24EI}{l^2}+\frac{P}{10}\right)\\\left(\frac{4EI}{l}+\frac{lP}{60}\right)&\left(\frac{16EI}{l}-\frac{2lP}{15}\right)&0\\-\left(\frac{-24EI}{l^2}+\frac{P}{10}\right)&0&\left(\frac{192EI}{l^3}-\frac{24P}{5l}\right)\end{bmatrix}\begin{matrix}\Delta_1\\\Delta_2\\\Delta_3\end{matrix}$$

（列序：$\Delta_1\quad\Delta_2\quad\Delta_3$）

使总体刚度矩阵 $\boldsymbol{K}$ 中各元素所组成的行列式为零，即得稳定方程

$$|\boldsymbol{K}|=0$$

展开上式，得 P 的三次代数方程，其最小根即临界荷载，为

$$P_{cr}=\frac{28.97EI}{l^2}\tag{b}$$

与精确值 $P_{cr}=28.40\dfrac{EI}{l^2}$ 比较，误差减小到2.03%。

三、结论

比较以上两种变形形式下失稳时的临界荷载值（式（a）及式（b））可知，反对称变形形式所相应者较小，故实际的临界荷载应取 $P_{cr}=7.68\dfrac{EI}{l^2}$。

思 考 题

（1）用本节所讲述的矩阵位移法分析刚架稳定，误差的来源为何？无精确解可用于比较时，怎样衡量误差大小？怎样提高计算结果的精度？

（2）若以受压杆的挠曲微分方程解作为其弯曲后挠曲线的形式，则本节所阐述的内容在哪些方面应变更？

习 题

14.1 试用静力法（包括应用初参数方程）求图示压杆的稳定方程，并求其临界荷载。

14.2 试用能量法求题14.1（b）所示压杆的临界荷载。设杆件丧失稳定时的变形曲线近似地取为 $y=\dfrac{1}{2}\Delta\left(1-\cos\dfrac{\pi x}{l}\right)$。

14.3 将图示刚架的竖杆作为弹性支座上的压杆，试用静力法或能量法求临界荷载。设 EI 为常数。

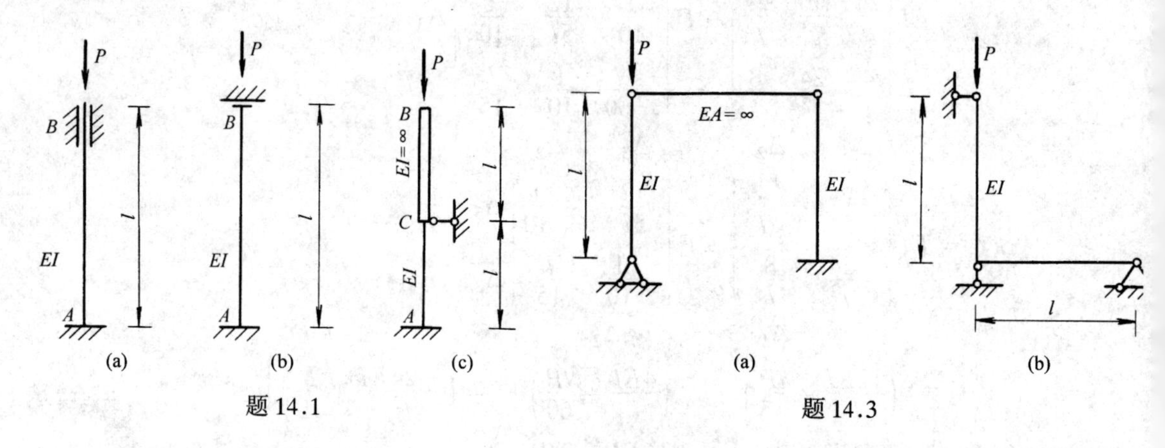

14.4 试用能量法求图示阶形压杆的临界荷载。设取相应等截面压杆丧失稳定形式作为近似变形曲线。

14.5 求图示等截面连续压杆的临界荷载。EI = 常数。

*14.6 试用矩阵位移法求图示刚架的临界荷载。

14.7 用适当的方法列出图示结构的稳定方程。

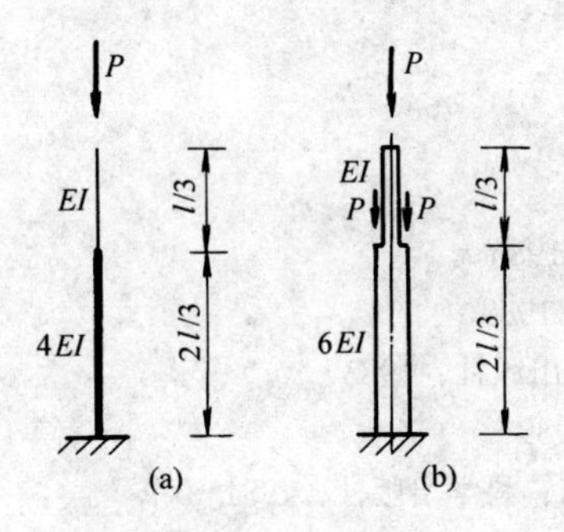

(a) (b)

题 14.4

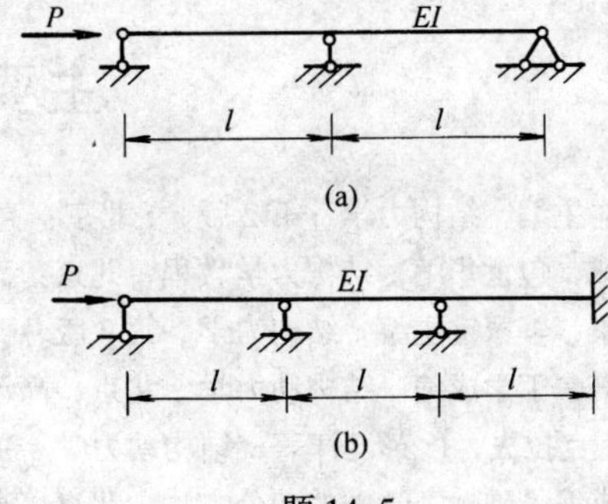

(a)

(b)

题 14.5

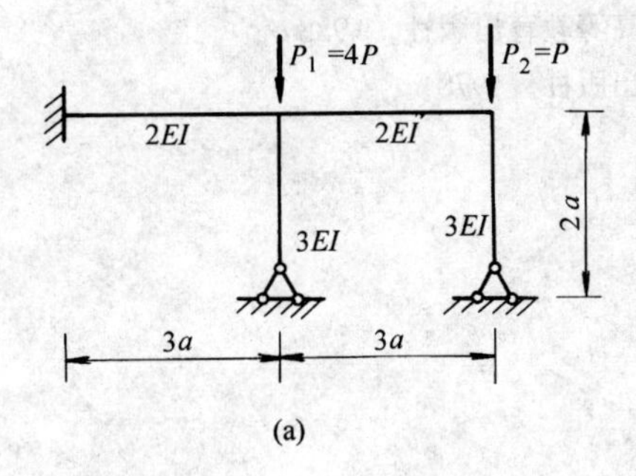

(a)

EI= 常数

(b)

题 14.6

EI= 常数

弹簧刚度系数

$k=\frac{2EI}{l^3}$

(a)

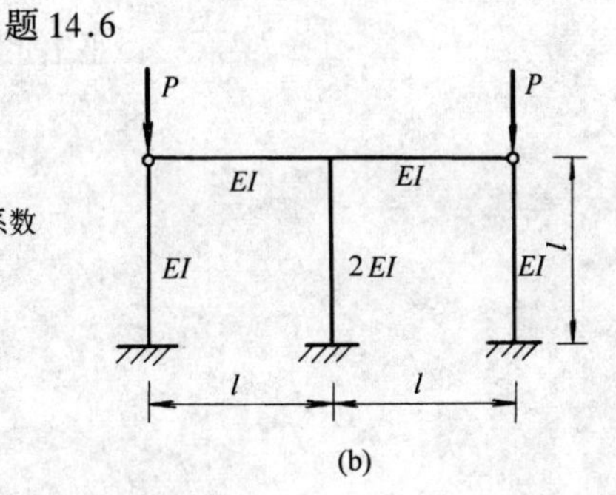

(b)

题 14.7

习 题 答 案

14.1 (a) $P_{cr}=\dfrac{4\pi^2 EI}{l^2}$

14.3 (a) $P_{cr}=\dfrac{3EI}{l^2}$；(b) $P_{cr}=13.89\dfrac{EI}{l^2}$

14.4 (a) $P_{cr}=9.44\dfrac{EI}{l^2}$；(b) $P_{cr}=7.8\dfrac{EI}{l^2}$

14.6 (a) $P_{cr}=2.73\dfrac{EI}{a^2}$；(b) $P_{cr}=7.45\dfrac{EI}{l^2}$

主要参考书目

1 杨天祥主编．结构力学［第2版］．北京：高等教育出版社，1986
2 龙驭球，包世华编．结构力学教程．北京：高等教育出版社，1988
3 杨茀康，李家宝主编．结构力学［第3版］．北京：高等教育出版社，1983
4 刘昭培，丁学成编．结构动力学．北京：高等教育出版社，1989
5 R.W. 克拉夫，J. 彭　津著．结构动力学．王光远等译．北京：科学出版社，1981
6 丁学成编．弹性力学中的变分方法．北京：高等教育出版社，1986
7 徐秉业，刘信声编．结构塑性极限分析．北京：中国建筑工业出版社，1985
8 夏志斌，潘有昌编．结构稳定理论．北京：高等教育出版社，1988
9 龙驭球编．有限元法概论．北京：人民教育出版社，1978